Materials for Solar Cells

太阳电池材料

第二版

杨德仁　编著

化学工业出版社
·北京·

太阳能光电方面的研究和应用在全世界范围内方兴未艾，相关太阳能光电工业发展迅速，是令人瞩目的朝阳产业。本书介绍了太阳能及光电转换的基本原理、太阳电池的基本结构和工艺，着重从材料制备和性能的角度出发，阐述了主要的太阳能光电材料的基本制备原理、制备技术以及材料结构、组成对太阳电池的影响。太阳能光电材料包括直拉单晶硅、铸造多晶硅、带硅、非晶硅、多晶硅薄膜、GaAs 半导体材料、CdTe 和 CdS 薄膜材料、$CuInSe_2$（$CuInS_2$）薄膜材料等。

原书第一版出版后十年时间里，太阳电池材料的技术发展非常迅速，支撑着太阳电池效率的不断提升和太阳能光伏产业规模的不断扩大。因此，有些知识需要更新，有些知识需要增加。这些都在本书第二版中得到充分反映。这本《太阳电池材料》（第二版）将继续伴随着广大读者，亲历我国太阳能光伏行业的不断进步与发展。

本书可供大专院校的半导体材料与器件、材料科学与工程以及太阳能光伏等能源领域的师生作为教学参考书，也可供从事相关研究和开发的太阳能相关行业科技工作者和企业工程师参考。

图书在版编目（CIP）数据

太阳电池材料/杨德仁编著. —2 版 . —北京：化学工业出版社，2017.9（2024.1 重印）
ISBN 978-7-122-30234-2

Ⅰ. ①太…　Ⅱ. ①杨…　Ⅲ. ①太阳能电池-研究
Ⅳ. ①TM914.4

中国版本图书馆 CIP 数据核字（2017）第 167516 号

责任编辑：朱　彤　　　　　　装帧设计：刘丽华
责任校对：王　静

出版发行：化学工业出版社（北京市东城区青年湖南街 13 号　邮政编码 100011）
印　　装：北京盛通数码印刷有限公司
787mm×1092mm　1/16　印张 16¾　字数 430 千字　2024 年 1 月北京第 2 版第 8 次印刷

购书咨询：010-64518888　　　　　售后服务：010-64518899
网　　址：http://www.cip.com.cn
凡购买本书，如有缺损质量问题，本社销售中心负责调换。

定　　价：68.00 元

序

　　人类进入 21 世纪，对能源的需求不断增加，中国经济的腾飞又对能源提出了更多需求。能源，作为国民经济、国家科技发展的发动机，引起了全世界的关注。特别是近两年来，国际石油价格飞涨，更是引起了各国政府、有识人士，甚至普通老百姓对能源的关心。因此，清洁的可再生能源的研究和开发是国际学术界关注的重点。

　　太阳能是人类最重要的无污染、可再生、无穷无尽的新能源，因此，太阳能的研究和应用是今后人类能源发展的主要方向之一。早在 20 世纪 50 年代，第一块硅太阳电池的问世，揭开了现代太阳电池研究和开发的序幕。太阳电池的应用从太空卫星，到偏僻地区的独立电源，到大规模光伏电厂，再到屋顶太阳电池的并网发电，应用领域不断扩展；太阳电池的产量从 20 世纪 80 年代的数十兆瓦，到 2005 年的 1800MW，规模不断增加，而且价格不断降低。因此，太阳电池产业发展迅速，成为世界上备受关注的新兴的朝阳产业。

　　在过去的 50 年中，不仅太阳电池的产业，相关的科学和技术也得到了很大发展。一方面，硅太阳能光电池的效率不断提高，在实验室中达到 25% 左右，逐渐接近理论值；另一方面不断有新的高性能半导体材料被用于太阳能光电材料。除薄膜硅晶体、铸造多晶硅、带硅等新型硅材料以外，许多化合物半导体材料甚至有机材料都被应用于制备太阳电池。太阳电池材料的研究和开发为太阳电池效率的提高、产业的发展提供了重要基础。

　　本书从材料制备和性能的角度出发，着重介绍了应用于太阳电池的主要材料的基本性能、制备原理和制备技术，还介绍了太阳电池材料的结构、组成以及对太阳电池性能的可能影响，并介绍了相关材料研究的新概念、新技术和研究前沿。本书的材料体系齐全，视野独特，既包括直拉单晶硅、铸造多晶硅、带硅、非晶硅薄膜、多晶硅薄膜等硅材料，又包括 GaAs、CdTe 和 $CuInSe_2$（$CuInS_2$）化合物半导体材料。本书可以为太阳能光电材料研究的科研人员、工程技术人员和学生以及太阳电池制备领域的相关人员提供很好的参考资料。

　　目前，我国太阳电池的研究和产业方兴未艾，蓬勃发展，对相关著作多有需求。虽然太阳电池方面的专著已有一些，但是专门介绍太阳电池材料的著述尚不多见。相信本书的出版会对我国太阳电池材料和太阳电池的科研、产业和人才培养起到一定的积极作用。

中国科学院院士

阙端麟

前　　言

《太阳电池材料》第一版自2007年1月出版以来，恰逢国内外光伏产业快速发展，特别是国内产业规模迅猛增长，不少科技人员以及在校大学生、研究生加入到了中国太阳能光伏产业蓬勃发展的队伍之中，大家迫切需要一本合适的参考书。因此，本书第一版的及时出版为相关研究人员、开发人员和在校师生提供了较为实用的参考资料，为迅速进入光伏产业提供了有益的帮助。

承蒙广大读者关心和厚爱，本书第一版在社会和读者中产生了积极反响，本书曾经多次重印。该书还被评为第十届中国石油和化学工业优秀科技图书一等奖，并在中国台湾地区出版、发行。

过去的10年，对太阳能光伏产业而言，是"黄金十年"。2006年全球的太阳能光伏电池的安装量约为1.6GW，而2015年则达到50GW，是10年前的30多倍，其复合增长率达到47%以上。到2015年，全球累计太阳能光伏装机容量超过227GW，其发展速度超过了集成电路，成为世界上最具有发展前景的朝阳工业之一。而在过去的10年中，我国太阳能光伏产业从小到大、从弱变强，其应用几乎是从无到有，快速发展；到2015年，无论是太阳能光伏电池、组件产量，还是太阳能光伏的年安装总量，我国已经居于世界第一位。

过去的10年，太阳电池材料的技术发展也非常迅速，支撑着太阳电池效率的不断提升和太阳能光伏产业规模的不断扩大。因此，有些知识需要更新，有些知识需要增加。正因如此，在化学工业出版社编辑的不断鞭策和支持下，作者再次努力将本书第二版呈现给读者。希望得到读者的批评、指正。

本书出版之时，我的先生中国科学院院士阙端麟教授还为本书写了序，对作者和本书多有鼓励和期待。但在2014年冬，阙先生溘然仙逝，再也见不到本书第二版的出版，令人无限怀念。再版此书，以表深切的思念！

由于时间关系，书中疏漏与不足在所难免，敬请国内、国外同行多加指正。

杨德仁

2017年7月于求是园

第一版前言

太阳能是一种重要的、有效的、可再生清洁能源，其储量巨大，取之不尽，用之不竭，没有环境污染，充满了诱人的前景。广义上讲，太阳能的利用包括间接利用和直接利用。间接利用是指光合作用、风能、潮汐和海洋温差发电等；而直接利用则主要分为两方面，即光热效应和光电效应。光热效应是将太阳能的能量集聚起来，转换成热能，如正在我国城乡广泛推广的太阳能热水器、太阳能灶等，这也包括将太阳能转换成热能后，利用热能发电。光电效应则是将太阳能通过太阳电池，转换成电能，这种光电转换主要借助于半导体器件的光生伏特效应进行，应用于空间站、人造卫星以及遥远地区的供电、输油输气管路的保护等方面，并且已经建成太阳能电站以并网发电。

自 1954 年美国贝尔实验室研制成功光电转换效率 6% 的实用型单晶硅太阳电池以来，太阳能光电技术由于可靠性高、寿命长且能承受各种环境变化等优点，在民用、军事和高科技领域逐渐成为重要的"绿色"能源。特别是 20 世纪 70 年代能源危机爆发以来，各国政府努力发展和扶持太阳能光电材料的研究、开发、生产和应用，如美国的"阳光计划"、"百万屋顶计划"，日本的"阳光计划"、"月光计划"、"朝日计划"以及德国的"十万屋顶计划"等。目前太阳能光电方面的研究和应用在全世界范围内方兴未艾，相关的太阳能光电工业，又称光伏（photovoltaic）工业发展迅速，90 年代以来一直以 30%～40% 的速度上升，在 2004 年甚至达到 60% 的增长速度，成为非常令人瞩目的朝阳产业。

太阳能光电转换的研究和应用可追溯到 1839 年。A. E. Becquerel 用光辐照电解池中的银电极时，发现有电压出现。1877 年，W. Adams 和 R. Day 也发现，用光照射硒时会有电流产生。直到 1949 年，W. Shockley 等发明了晶体管和解释了 p-n 结的工作原理后，太阳能光电转换的研究才真正开始。1954 年美国贝尔实验室的 D. M. Chapin、C. S. Fuller 和 G. L. Pearson 在晶体硅的基础上发明了第一种实际意义上的太阳电池，其光电转换效率达到了 6%。随后的研究进展迅速，太阳电池的光电转换效率很快达到 10%。太阳电池首先应用于空间领域，为人造卫星提供电力能源。

目前，太阳能光电研究和应用取得了许多重大进展，例如，与单晶硅材料相比，价格低廉的利用铸造方法制备的铸造多晶硅材料的应用、带状多晶硅材料的生产、低成本的丝网印刷等技术的发明都大大推动了太阳能光电技术的研究和进展。目前，单晶硅太阳电池产业化转换效率已超过 16%，实验室转换效率超过 24%。

高的光电转换效率和低的生产成本是太阳能光电工业和研究界始终追求的目标，这也是太阳能发电能否与其他能源技术相竞争的关键问题。显然，为了达到这个目的，利用高效率、低成本的太阳能光电转换材料是非常重要的。到目前为止，在太阳能光电工业中应用的主要有直拉单晶硅、铸造多晶硅、带硅、非晶硅、多晶硅和化合物薄膜半导体材料（如 GaAs、CdTe、$CuInSe_2$）。从根本上讲，太阳能光电工业主要是建立在硅材料基础之上。

到目前为止，介绍太阳电池的专著已有多种。但是，专门从材料制备、材料结构和性能角度出发介绍太阳能光电材料的专著还较少。本书正是试图在介绍太阳能光电转化基本原理和太阳电池基本结构和工艺的基础上，重点介绍太阳能光电材料的制备、材料的结构和性能。本书分为三大部分。第一部分是太阳能光电转换的基础知识，包括第 1 章太阳能和光电转换；第 2 章太阳能光电材料及物理基础；第 3 章太阳电池的结构和制备。第二部分是硅太阳电池材料，包括第 4 章单晶硅材料；第 5 章直拉单晶硅中的杂质和位错；第 6 章铸造多晶硅；第 7 章铸造多晶硅中的杂质和缺陷；第 8 章带硅材料；第 9 章非晶硅薄膜和第 10 章多晶硅薄膜。第三部分是化合物太阳电池材料，包括第 11 章 GaAs 半导体材料；第 12 章 CdTe 和 CdS 薄膜材料；第 13 章 CuInSe$_2$（CuInS$_2$）薄膜材料。

在本书的撰写过程中，马向阳教授审阅了第 2、4、5 章的内容，席珍强博士审阅了第 3、6、7、8 章的内容，寥显伯教授、向贤碧教授审阅了第 9、10、11 章的内容，孙云教授、李长健教授审阅了第 12、13 章的内容，冯良桓教授审阅了第 12 章的内容。他们花费了很多时间，并提出了大量宝贵意见，使本书减少了许多可能的错误，作者在此表示衷心的感谢。

另外，编者的博士研究生李红、谢荣国、崔灿、黄国银、杨青、汤会香、张辉等，帮助编者收集了大量资料，付出了辛勤劳动，在此一并表示感谢。

太阳能光电材料体系较多，发展迅速。由于作者的知识面和水平有限，书中肯定会存在一些疏漏，恳请读者批评指正。

编者
2006 年 10 月

目　　录

第1章
太阳能和光电转换

对于人类而言，太阳是非常重要的一颗恒星，为人类提供光和热。太阳高温、高压，蕴藏着巨大能量，不断地通过光线向宇宙放射，太阳能是人类重要的无污染新型能源。当太阳光线到达地球时，一小部分被大气吸收，绝大部分可以直接照射到地球的表面。地球的自转、季节、气候条件和大气层成分等因素，都对地球上接收到的太阳能产生影响，也就是说在地球上不同地区受到的光照是不同的，例如，我国的西藏自治区就是地球上太阳能最丰富的地区之一。

人类利用太阳能有多种方式，包括光化学转化、太阳能光热转化和太阳能光电转化，其中太阳能光电转化是将太阳能转化成电能。早在 19 世纪，人类就认识到光照射在半导体材料上，可以产生电流。20 世纪 50 年代，第一块硅太阳电池在美国贝尔实验室的问世，揭开了现代太阳能光电转化研究和开发的序幕。随着研究的深入，一方面不断有新的半导体材料被用于太阳能光电材料；另一方面，硅太阳能电池的效率不断提高，在实验室中达到 25% 左右。目前，铸造多晶硅、直拉单晶硅、薄膜非晶硅成为最重要的太阳能光电材料，而薄膜化合物太阳能光电材料又是人们研究和开发的希望。由于能源危机，太阳能光电的研究和应用得到了各国政府的支持。在过去的 40 年中，设立和启动了各种太阳能光电计划，促使太阳能光电产业（即光伏产业）的快速发展，使之成为新兴的朝阳产业。

本章首先讨论太阳和太阳能的基本性质，阐述太阳光的反射、散射和吸收，太阳能的辐射、吸收以及大气质量等概念，然后讨论太阳能应用的分类、历史和进展以及国际上的太阳能研究和应用项目，最后介绍太阳能电池和材料的研究及开发，特别是硅太阳电池和化合物太阳电池的发展。

1.1 太阳能

太阳是距离地球最近的恒星，直径约 $1.39 \times 10^6 \, \mathrm{km}$，是地球的 109 倍，而它的体积和质量分别是地球的 130 万倍和 33 万倍。它是由炽热气体构成的一个巨大球体，中心温度约为 $10^7 \, \mathrm{K}$，表面温度接近 5800K，主要由氢和氦组成，其中氢占 80%，氦占 19%。

太阳内部处于高温、高压状态，不停地进行着热核反应，由氢聚变成氦。据测算，每秒约有 $6 \times 10^{11} \, \mathrm{kg}$ 的氢转变成氦，净质量亏损约为 $4 \times 10^3 \, \mathrm{kg}$。根据爱因斯坦相对论，通过热核反应，质量可以转化为能量，其公式为

$$E = mc^2 \tag{1.1}$$

式中，m 为物质的质量；c 为真空中的光速（$3 \times 10^8 \, \mathrm{m/s}$）。在进行热核反应时，生成大量的能量，由式(1.1)可知，1g 物质约可转化为 $9 \times 10^3 \, \mathrm{J}$ 的能量。

巨大的能量不断从太阳向宇宙辐射，达到 $3.6 \times 18^{20} \, \mathrm{MW/s}$，其中约 22 亿分之一辐射到地球上，经过大气层的反射、散射和吸收，约有 70% 的能量辐射到地面。尽管太阳能只有很少的一部分辐射到地球表面，但数量仍然是巨大的，每年辐射到地球表面的太阳能能量约为 $1.8 \times 10^{18} \, \mathrm{kW \cdot h}$，等于 1.3×10^6 亿吨标准煤，是地球年耗费能量的几万倍[1]。按照目

前太阳质量损耗的速率，太阳的热核反应可进行 6×10^{10} 年。对于人类的短暂历史而言，太阳能是"取之不尽，用之不竭"的清洁能源。

地球绕太阳公转的轨道呈椭圆形，离太阳的最远距离和最近距离分别为 1.52×10^8 km 和 1.47×10^8 km，平均距离为 1.49×10^8 km。由于距离的变化，夏天 7 月份（距离太阳最远）地面接收的平均能量为 11 月份（距离太阳最近）的 94%，差别不是很大，可以认为太阳在大气层外的辐射强度是不变的。但是除了由于地球围绕太阳公转的原因之外，地球的自转、气候条件（如云层厚度）和大气层成分等都能对辐射到地球表面的太阳能能量产生影响，因此，在具体某个地区的地面接受到的太阳能在不同的季节和不同的气候条件下是不同的。通常，太阳能资源的丰度用全年辐射总量［单位为 kcal[●]/($m^2 \cdot a$) 或 kW/($m^2 \cdot a$)］和全年日照总时数来表示，它的分布和各地的纬度、海拔高度、地理和气候条件紧密相关。就全球而言，以非洲、澳大利亚、中东、中国西藏和美国西南部的太阳能资源最为丰富。

一般而言，太阳能的辐射强度可以用式（1.2）表达[2]

$$P = I(\varphi)\cos\varphi \tag{1.2}$$

一日内的总辐射量为

$$TSI = 2\int_{}^{D/2} I(\varphi)\cos\varphi'' dt \tag{1.3}$$

式中，I 为太阳光入射能量；φ 为太阳光相对天顶的入射角；φ'' 为太阳光与光线接收器法线的夹角，即 $\varphi'' = \varphi - \alpha$；$\alpha$ 为光线接收器与地面的倾角；D 为日照时间；t 为时间。

就我国而言，三分之二的地区太阳能辐射总量大于 5024MJ/($m^2 \cdot a$)，年日照时数在 2000h 以上，太阳能资源十分丰富。其中西藏、青海、新疆、甘肃、宁夏、内蒙古的辐射总量和日照时数在我国位居前列。除了四川盆地和毗邻地区以外，我国绝大部分地区的太阳能资源超过或相当于国外同纬度地区，优于欧洲和日本。由于南面是海拔约 7000～8850m 的喜马拉雅山脉，阻挡着印度洋的水蒸气，因此青藏高原的太阳能辐射总量达 6670～8374MJ/($m^2 \cdot a$)，年日照时数达 3200～3300h，是我国太阳能资源最好的地区。而四川盆地云雨天气多，是太阳能资源相对较差的地区[1,3]。

1.2　太阳能辐射和吸收

当太阳光照射到地球时，一部分光线被反射或散射，一部分光线被吸收，只有约 70% 的光线能透过大气层，以直射光或散射光到达地球表面。到达地球表面的太阳光一部分被表面物体所吸收，另外一部分又被反射回大气层。图 1.1 所示为太阳光入射地面时的情况。

太阳光在其到达地球的平均距离处的自由空间中的辐射强度被定义为太阳能常数，取值为 1353W/m^2。而大气对地球表面接收太阳光的影响程度被定义为大气质量（air mass）。大气质量为零的状态（AM0），是指在地球外空间接收太阳光的情况，适用于人造卫星和宇宙飞船等应用场合；大气质量为 1 的状态（AM1），是指太阳光直接垂直照射到地球表面的情况，其入射光功率为 925W/m^2，相当于晴朗夏日在海平面上所承受的太阳光。这两者的区别在于大气对太阳光的衰减，主要包括臭氧层对紫外线的吸收、水蒸气对红外线的吸收以及大气中尘埃和悬浮物的散射等。在太阳光入射角与地面成夹角 θ 时，大气质量为

$$AM = \frac{1}{\cos\theta} \tag{1.4}$$

● 1cal=4.1868J，全书同。

当 $\theta=48.2\%$ 时，大气质量为 AM1.5，是指典型晴天时太阳光照射到一般地面的情况，其辐射总量为 $1kW/m^2$，常用于太阳电池和组件效率测试时的标准。

太阳光的波长不是单一的，其范围为 $10pm\sim10km$，但 97% 以上的太阳辐射能的波长位于 $0.29\sim3.0\mu m$ 范围内，相对波长较短，属于短波长辐射。图1.2 所示为太阳光辐射的波长分布图[4]。由图 1.2 可知，由于大气中不同成分气体的作用，在 AM1.5 时，相当一部分波长的太阳光已被散射和吸收。其中，

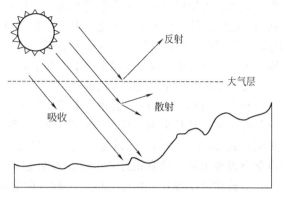

图 1.1 太阳光入射地面时的示意图

臭氧层对紫外线的吸收最为强烈；水蒸气对能量的吸收最大，约 20% 被大气层吸收的太阳能是由于水蒸气的作用；而灰尘既能吸收也能反射太阳光。

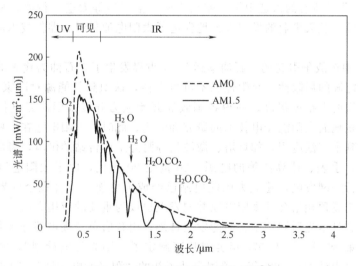

图 1.2 太阳光辐射的波长分布图[4]

1.3 太阳能光电的研究和应用历史

太阳能是极具潜力的洁净新能源，与煤、石油及核能相比，它具有独特的优点：一是没有使用矿物燃料或核燃料时产生的有害废渣和气体，不污染环境；二是没有地域和资源的限制，有阳光的地方到处可以利用，使用方便且安全；三是能源没有限制，属于可再生能源。因此，太阳能的研究和应用是今后人类能源发展的主要方向之一。

太阳能能量的转换方式主要分为光化学转化、太阳能光热转化和太阳能光电转换三种方式。从广义上讲，风能、水能和矿物燃料等也都来源于太阳能。光化学转换是指在太阳光的照射下，物质发生化学、生物发应，从而将太阳能转化成电能等形式的能量。最常见的是植物的光合作用，在植物叶绿素的作用下，二氧化碳和水在光照下发生反应，生成碳水化合物和氧气，从而完成太阳能的转换。太阳能光热转化是指通过反射、吸收等方式收集太阳辐射能，使之转化成热能，如在生活中广泛应用的太阳能热水器、太阳能供暖房、太阳能灶、太

阳能干燥器、太阳能温室、太阳能蒸发器、太阳能水泵和太阳能热机等。太阳能光电转换则是指利用光电转换器件将太阳能转化成电能。最常见的是太阳电池（又称太阳能电池），应用于如灯塔、微波站、铁路信号、电视信号转播、管路保护等野外工作台站的供电，海岛、山区、草原、雪山和沙漠等边远地区的生活用电及手表、计算器、太阳能汽车和卫星等仪器设备的电源，以及太阳能电站并网发电等领域。

早在 1876 年，英国科学家亚当斯等在研究半导体材料时发现：当用太阳光照射硒半导体材料时，如同伏特电池一样，会产生电流，称为光生伏特电[5]。但是，硒产生的光电效应很弱，到 20 世纪中期转化效率仅有 1％左右。1954 年，美国贝尔实验室的 D. M. Chapin 等研制出世界上第一块真正意义上的硅太阳电池[6]，光电转化效率达到 6％左右，很快达到 10％，从此拉开了现代太阳能光电（又称太阳能光伏）的研究、开发和应用的序幕。几乎同时，CuS/CdS 异质结太阳电池也被开发[7]，成为薄膜太阳电池研究的基础。

最初，硅太阳电池的成本很高，较常规电力高 1000 倍以上，仅用于对成本不敏感的太空卫星和航天器上。1958 年美国发射的卫星首次使用了太阳电池；1958 年 5 月，前苏联在人造卫星上安装了太阳电池；1971 年我国发射的第二颗人造卫星也使用了太阳电池。20 世纪 50 年代以后，几乎所有的人造卫星、航天飞机、空间站等太空飞行器，都是利用太阳电池作为主要的电源。航天事业的发展大大地促进了太阳电池材料和器件技术的进步和产业的发展。

1973 年由于中东战争引起的"石油禁运"，全世界发生了以石油为代表的"能源危机"，人们认识到常规能源的局限性、有限性和不可再生性，认识到新能源对国家安全的重要性，加之环境保护意识的大幅度提高，使得各国政府开始大力开展太阳能光电技术的研究和开发，尤其是大面积地面太阳能光电技术的研究和应用。此时，太阳电池在一些小型电源、远程通信等领域得到了广泛应用，如灯塔、微波站等野外工作台站的供电，海岛、沙漠等边远地区的生活用电，手表、计算器等的电源。20 世纪 90 年代，由于太阳电池成本的持续降低，太阳电池实行并网发电，建立太阳能电站已经成为可能[8]，并在全世界范围内逐渐发展。同时，与住宅屋顶相结合的太阳电池并网发电也成为重要的应用方向。

美国、欧洲和日本先后制定了太阳能发展计划，由政府负责提供部分研究开发资金和相关的产业扶持政策[1,9~12]。如 1973 年美国政府制定了"阳光发电计划"，之后将太阳能光伏发电列入公共电力计划；1992 年，美国启动了新的"阳光发电计划"；1997 年，美国又宣布了"太阳能百万屋顶计划"，即在 2010 年以前，在 100 万座建筑物上安装太阳能系统。日本在 20 世纪 70 年代也制定了"阳光计划"，1993 年将"阳光计划"、"月光计划"和"环境计划"组合成"新阳光计划"，2000 年其电池组件的成本降低至 170~210 日元/W，年产量达到 400MW，发电成本降至 25~30 日元/W。欧洲也较早地开展了太阳能光伏发电的研究和开发，瑞士在 20 世纪 90 年代初提出"能源 2000"计划，目标是实现 50MW 光伏产量，2000 年又提出后续的"能源瑞士"计划；荷兰能源与环境部（NOVEM）在 1994 年制定了 NOZ-PV 计划，希望到 2010 年实现 300MW，2020 年实现 1400MW；德国在 1991~1995 年实施了第一个全国性光伏计划"一千屋顶"计划，1999 年起开始实施"十万屋顶"计划；意大利在 1998 年提出"一万屋顶计划"，2001 年，公布"Programmi Fonti Rinnovabili 2001"项目，其中包括光伏项目"Tetti Fotovoltaici"，目标 7MW；西班牙在 1991~2000 年间实行了可再生能源方案，目标 5MW，1999 年制定 2000~2010 年计划"Plan de Fomento de las Energias Renovables"，目标是到 2010 年安装 135MW 系统；芬兰的"国家气候变化"项目，计划到 2010 年安装 40MW 光伏系统。我国在 1980 年以后，国家高技术研究发展计划（863 计划）和国家重大基础研究计划项目（973 项目）等都对太阳能光伏研究和开发给予了重要支持。2002 年我国政府启动"光明工程",投入资金 20 亿元人民币,重点发展太阳能光伏发电。

由此可见,20 世纪 70 年代以来,世界各国政府都加大了对太阳能光电研究和开发的投入,纷纷设立快速发展的屋顶计划,制定各种减免税政策、财政补贴政策,重点扶持本国的太阳能光伏工业,增加其国际竞争力,期望在今后的国际市场中占据更大的份额。与此同时,20 世纪 90 年代后联合国多次召开各种政府首脑会议,讨论和制定世界太阳能发展规划和国际太阳能公约,设立国际太阳能基金,推动全球太阳能技术的开发和利用。

因此,从 20 世纪 70 年代以来,太阳光伏产业发展迅速,1997 年电池组件全球销售 122MW,2001 年的销售接近 400MW[13]。近 10 年来,受石油价格上涨和全球气候变化的影响,太阳能光伏开发和利用日益受到国际社会的重视。2004 年,德国通过了《可再生能源法》(EEG—2004),极大地促进了国际上对太阳能光伏的开发和市场应用;随后,意大利、西班牙等西方发达国家纷纷仿效,制定了自己国家的可再生能源相关法律,使得太阳能光伏市场快速进入了爆发增长时期。2012 年,德国又修订了《可再生能源法》(EEG—2012),提出:在 2020 年之前,可再生能源在德国电力供应中的份额达到 35%;在 2030 年之前,可再生能源份额达到 50%;在 2040 年之前,达到 65%;而在 2050 年之前,可再生能源份额要达到 80%。

21 世纪初,中国在"光明工程"和"送电到乡工程"等国家项目牵引下,以及在国际太阳光伏市场迅速增加的影响下,中国太阳能光伏生产到应用几乎是从无到有,快速发展。2005 年,中国制定了"可再生能源法";2009 年,我国开始"光伏建筑一体化"项目和"金太阳工程";2013 年实施光伏上网电价补贴;到 2015 年,无论是太阳能光伏电池、组件产量,还是太阳能光伏的年安装总量,我国已经居于世界第一位。

可见,在过去 10 年太阳能光伏电池的安装量不断提升,2006 年约 1.6GW,而 2015 年则达到 50GW,几乎是 10 年前的 30 倍,其复合增长率达到 47% 以上,如图 1.3 所示[14]。与此同时,太阳电池的生产成本则以约每年 10% 左右的速度下降;2014 年硅太阳电池和组件的价格和 10 年前相比,降低了约 70%～80%,进一步促进了其生产和应用。到 2015 年,全球累计太阳能光伏装机容量超过 227 GW,其发展速度超过了集成电路,成为世界上最具有发展前景的朝阳产业之一。

尽管太阳能光电在过去的几十年中已经有了长足发展,2015 年硅太阳电池价格已经

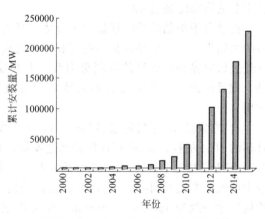

图 1.3 全球太阳能光伏年装机总量[14]

接近 0.3 美元/kW·h,硅太阳电池组件的价格接近 0.6 美元/kW·h。但是,到目前为止,其商业化的太阳电池发电成本依然大于常规能源(如水力、火力和核能)的发电成本。如果仅仅从发电成本和商业生产出发,在最近的 10 年间,太阳电池尚不具备和常规能源竞争的能力。可是,考虑到环境保护、能源的可持续发展和应用等因素,太阳能光电技术和产业已经具有很强的竞争力。在太阳能光伏技术和市场不断发展的情况下,到 2020～2025 年前后,太阳能光伏的发电成本非常有可能达到常规能源的上网电价,从而会引起新的一轮爆发式增长;到 2050 年,太阳能光伏发电有望占据所有能源中总发电量的 30%～40%。

1.4 太阳电池的研究和开发

自 20 世纪 50 年代发明硅太阳电池以来，人们为太阳电池的研究、开发与产业化做出了很大努力。太阳能光电技术中新工艺、新材料和新结构层出不穷，研制成功的太阳电池已达100 多种。从电池的结构上看，有 p-n 同质结、p-n 异质结、金属-半导体的肖特基（Schottky）结构和金属-绝缘体-半导体（MIS）结构等，这些结构在微电子工业中已经得到了广泛应用，因此，太阳电池结构的发展明显得益于微电子工业的技术进步；从材料方面来看，涉及几乎所有半导体材料，包括单晶硅、多晶硅、非晶硅、微晶硅、化合物半导体和有机半导体等。50 年代的硅电池、60 年代的 GaAs 电池、70 年代的非晶硅电池、80 年代的铸造多晶硅电池和 90 年代 Ⅱ-Ⅵ 化合物电池的开发和应用，构成了太阳能光电材料和器件发展的历史脚印。

到目前为止，太阳能光电工业基本是建立在硅材料的基础之上，世界上绝大部分的太阳能光电器件是用晶体硅制造的，其中单晶硅太阳电池是最早被研究和应用的，至今它仍是太阳电池的主要材料之一，主要制备 p-n 同质结太阳电池。单晶硅又分区熔硅（FZ）和直拉硅（CZ）两种，其晶体的生长方式不同，由于价格和机械强度等原因，在太阳电池工业中主要应用直拉单晶硅。单晶硅的晶体非常完整，材料纯度很高，其禁带宽度为 1.12eV，是制备太阳电池的较理想材料。但是，晶体硅是间接禁带半导体材料，其电池的理想光电转换效率略大于 30%。在实验室中，单晶硅太阳电池的转换效率已达到 24.7%[15]，最近，已达到 25.6%。在实际生产线中，高效太阳电池（主要应用于空间）的转换效率已超过 22%；对于常规的地面用商业直拉单晶硅太阳电池，其转换效率一般可达到 19%～19.5%，期望在不久的将来能超过 20%。

正是由于单晶硅是间接禁带半导体，其太阳电池就必须有一定的材料厚度，以便吸收足够的太阳光，加之单晶硅材料提纯和加工的成本较高，使得硅太阳电池的成本相对较高。虽然经过研究界和产业界的共同努力和产业规模的不断扩大，硅太阳电池成本持续降低，但是，就目前而言，其电力成本依然高于常规能源，仍然在阻碍太阳能光电技术的更广泛应用。

自 20 世纪 70 年代铸造多晶硅（mc-Si）发明和应用以来，80 年代末期它仅占太阳电池材料的 10% 左右，在 90 年代得到迅速发展，1996 年底已占整个太阳电池材料的 36% 左右，2001 年更是接近 50%。它以相对低成本高效率的优势不断挤占单晶硅的市场，成为最有竞争力的太阳电池材料[16]。到目前为止，铸造多晶硅的晶锭质量已经达到 800kg，太阳电池片的尺寸一般为 156mm×156mm，在实验室中太阳电池的光电转换效率达到 19.8%[17]；最近，已经达到 20.4% 以上；在商业生产中，其太阳能转换效率一般为 18%～19%。

无论是单晶硅还是铸造多晶硅，在硅片加工过程中，仅仅由于硅片的切割，硅材料的损耗就达到 50%，大大增加了太阳电池的成本。因此，为了进一步降低晶体硅太阳电池的成本，多种带状的太阳电池技术已经被发展[18～21]，其中 EFG 带状硅片自 20 世纪 90 年代就已经在工业界应用；这些带状晶体硅的厚度在 200～350mm 之间，仅仅需要将它们从大块的带状切割成合适的大小，就可以直接用于制备太阳电池，而省去了从硅晶锭切成硅片的过程，所以大大节约了成本。但是，由于带状晶体硅制备工艺自身的原因，造成晶体缺陷和杂质过多等问题难以克服，所以带状晶体硅太阳电池的转换效率依然不够理想。到目前为止，除 EFG 带状晶体硅曾经工业化生产以外，其他带状晶体硅仍然处于实验室研制阶段。

非晶硅（a-Si）是 20 世纪 70 年代发展起来的太阳电池材料[22]，它通常是在玻璃上沉积一层很薄的非晶硅,制备工艺简单且可大面积连续生产,而且可方便地设计成各种结构,易与电子器件集成,因此在计算器、手表、玩具等小功耗器件中得到了广泛应用。但是,非晶硅太阳电池的转换效率相对较低,在实验室中稳定的最高转换效率只有13%左右[23],在实际生产线上,非晶硅太阳电池的转换效率也不超过10%;而且,非晶硅太阳电池的转换效率在太阳光长时间照射下有严重的衰减,阻碍了其应用,到目前为止仍然没有根本解决。

不同于非晶硅太阳电池,具有晶体性质的多晶硅薄膜材料没有转换效率衰减的问题。它直接制备在玻璃、不锈钢等低廉的衬底上,既有晶体硅晶格完整的优点,又有非晶硅成本低廉、制备方便的优点。但是,由于晶粒过于细小等原因,多晶硅薄膜太阳电池的转换效率还是较低,仅有10%左右,只有少量的实验生产线,还未达到实际大规模产业化的水平[24,25]。

尽管硅材料有各种问题,但仍然是目前太阳电池的主要材料,约占据了国际太阳电池材料市场的90%以上,如图1.4所示[26]。而且,新型硅材料也是未来太阳电池的主要希望之一。目前,非晶硅/晶体硅异质结(HIT)太阳电池具有重要的应用前景[27]。

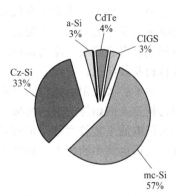

图1.4 各种太阳电池材料的市场份额(2013年)

在硅材料太阳电池发展的同时,一系列化合物半导体太阳电池发展迅速,如GaAs、CdTe、InP、CdS、$CuInS_2$和$CuInSe_2$($CuInGaSe_2$)等。其中GaAs是重要的太阳电池用化合物材料之一,它是直接带隙半导体材料,禁带宽度为1.42eV,具有较高的光吸收系数、抗辐射能力和宽的工作温度范围,其禁带宽度更匹配太阳能光谱。因此,与单晶硅相比,GaAs单晶体具有更高的理论转换效率。目前,主要是利用外延技术制备GaAs晶体,应用于空间太阳电池和聚光电池,在实验室中单结GaAs太阳电池的最高转换效率已达到25.7%[28,29]。多结GaAs电池效率超过40%。

为了进一步增加GaAs太阳电池的转换效率,各种GaAs同质外延和异质外延技术自20世纪80年代有所发展,如在GaAs上外延GaAs、$Al_xGa_{1-x}As$、$Ga_xIn_{1-x}P$或者在Ge衬底、GaSb衬底上外延GaAs薄膜。另外,InP、ZnSe薄膜材料在太阳电池中也得到了研究和应用。

除了Ⅲ-Ⅴ化合物半导体材料和太阳电池以外,Ⅱ-Ⅴ化合物半导体也得到广泛关注,其中CdTe多晶薄膜的禁带宽度为1.45eV,其太阳电池理论转换效率达到27%[30],在实验室中转换效率也超过21%,目前CdTe多晶薄膜太阳电池已投入大规模的实际生产。同时,$CuInSe_2$($CuInGaSe_2$)薄膜材料也是具有重要发展前景的高效化合物半导体太阳电池材料,自30年前被研究以来,其转换效率不断提高,目前在实验室中转换效率已达到17.6%[31,32],近年已经超过20%。另外,CdS也是一种重要的太阳电池材料。由于CdS是直接带隙的光电材料,能带宽度为2.4eV左右,其吸收系数较高,为$10^4 \sim 10^5 cm^{-1}$,所以主要用作薄膜太阳电池的n型窗口材料,可以和CdTe、$CuInSe_2$等薄膜材料形成性能良好的异质结太阳电池[33,34]。

一般而言,化合物半导体材料都是直接禁带材料,光吸收系数较高,因此,仅需要数微米厚的材料就可以制备成高效率的太阳电池。同时,在微电子工业和研究界中广泛采用的化学气相沉积(CVD)技术、金属-有机化学气相沉积(MOCVD)技术和分子束外延(MBE)技术,都可以精确地生长不同成分的薄膜化合物半导体材料。为了充分吸收太阳光的能量,还可以选择具有不同禁带宽度的化合物半导体材料叠加,形成高效率的叠层太阳电池。但是，这些化合物材料和电池无论是工艺技术的成熟程度，还是制造成本，在最近的 10 年间都难以与常规的硅太阳电池相提并论。

尽管经过几十年的努力，硅太阳电池的制造成本有了大幅度降低，可是与常规能源相比，仍然显得比较昂贵，这就限制了它的更进一步大规模应用。鉴于此，人们把目光转向了有机太阳电池，因为有机材料具有低成本、重量轻和分子水平上的可设计性等优点，使其具有很强的竞争力，从而使有机太阳电池成为现阶段的研究热点[35,36]。特别是近年钙钛矿太阳电池研究进展很快，成为研究界关注的重点。但是，有机太阳电池的效率仍然很低，稳定性问题也没有解决，距离真正的实际生产还有很长的路要走。本书将主要介绍无机太阳能光电材料及其应用。

为了扩大太阳能光电的应用，增强其与常规能源的竞争力，高效率和低成本的太阳电池和材料是人们始终追求的目标。随着新技术和新工艺的不断涌现，以及电池材料质量的改善和太阳电池工艺技术水平的提高，太阳电池的效率将会逐渐增加，其制造成本也会不断降低，应用也将不断扩大，最终会成为具有更强竞争力的重要新型能源。

参 考 文 献

[1] 《中国新能源和可再生能源》1999 年白皮书. 北京：中国计划出版社，2000.
[2] 雷永泉. 新能源材料. 天津：天津大学出版社，2001.
[3] 王炳忠，张富国，李立贺. 太阳能学报，1980，1 (1)：1.
[4] Markvart T. Solar Electricity. New York：John Wiley & Sons Pubilication，1995.
[5] Green M A. In：Proceeding of the 21st IEEE Photovoltaic Specialists Conference. Orlando，USA：IEEE Publication，1990.
[6] Chapin D M，Fuller C S，Pearson G L. J Appl Phys，1954，8：676.
[7] Raynolds D C，Leies G，Antesa L L，Marburge R E. Phys Rev，1954，96：533.
[8] Travers D L，Shugar D S. Progr Photovolt，1994，9：293.
[9] 董玉峰，王万录，韩大星. 太阳能，1999，(1)：29.
[10] 李仲明. 太阳能，1999，(2)：21.
[11] 陈君，杨德仁. 太阳能，2003，(1)：41.
[12] Baumann A E，Wilshaw A R，Hill R. In：Proceeding of the 13th European Photovoltaic Solar Energy Conference. Nice，France；1995.
[13] Goetzberger A，Hebling C，Schock H W. Mater Sci & Eng R，2003，40：1.
[14] 中国光伏行业协会等. 2014～2015 年中国光伏产业年度报告.
[15] Zhao J，Wang A，Green M，Ferrazza F. Appl Phys Lett，1998，73：1991.
[16] 席珍强，杨德仁，陈君. 材料导报，2001，15 (2)：67.
[17] Green M A，Emery K，King D L，Igari S，Warta W. Solar Cell Efficiency Tables (Version 21). Progress In Photovoltaics：Research and Applications，2003，11：39.
[18] Ciszek T F. J Crystal Growth，1984，66：655.
[19] Bruton T M. Solar Energy Materials and Solar Cells，2002，72：3.
[20] Surek T，Chalmers B. J Crystal Growth，1975，29：1.
[21] Lange H，Schwirtlsih I A. J Crystal Growth，1990，104：108.
[22] Carlson D E，Wronski C R. Appl Phys Lett，1976，28：671.
[23] Yang J，Banerjee A，Guha S. Appl Phys Lett，1997，70：2975.
[24] Green M A，Zhao J，Zheng G. In：Proceeding of the 14th European Photovoltaic Solar Energy Conference. Barcelona，Spain；1997.
[25] Bergmann R B. Appl Phys A，1999，69：187.

［26］ Goetzberger A，Hebling C，Schock H W. Materials Science and Engineering R，2003，40：41.

［27］ Sakata H，Kawamoto K，Tguchi M，Baba T，Tsuge S，Uchihashi K，Nakamura N，Kiyam S. In：Proceeding of the 28th IEEE Photovoltaic Specialists Conference. Anchorage，USA：2000.

［28］ Kuribayashi K，Matsumoto H，Uda H，Komatsu Y，Nakano A，Ikegami S. Jap J Appl Phys，1983，22：1828.

［29］ Lin Lanying，Fang Zhaoqian，Zhou Bojun，Zhu Shuzheng，Xiang Xianbi，Wu Renyuan. J Crystal Growth，1981，35：535.

［30］ 邹怀松，陆微德，殷志强. 太阳能学报，1998，19（1）：18.

［31］ 李长健，朱践知，飞海东. 太阳能学报，1996，17（4）：297.

［32］ Malle Krunks，Olga Bijakina，Tiit Varema，Valdek Mikli，Enn Mellikov. Thin Solid Films，1999，338：125.

［33］ Oladeji I O，Chow L，Liu J R，Chu W K，Bustamante A N P，Fredricksen C，Schulte A F. Thin Solid Films，2000，359：154.

［34］ Savadogo O. Solar Energy Materials and Solar Cells，1998，52：361.

［35］ Tang C W. Appl Phys Lett，1986，448：183.

［36］ Yu G，Gao J，Hummelen J C，Wudl F. Heeger A J. Science，1995，270：1789.

第2章
太阳能光电材料及物理基础

太阳能光电转化是利用太阳能光电材料组成太阳能光电池,将太阳光的光能转化成电能。而太阳能光电材料是一类重要的半导体材料,具有半导体材料的性质。虽然半导体材料的种类很多,可以分为无机半导体和有机半导体,无机半导体又分为元素半导体和化合物半导体,但由于材料物理和材料制备等方面的原因,实际应用于太阳能光电研究和开发的半导体材料并不多。

作为半导体材料,太阳能光电材料需要高纯材料,可以分为电子导电的 n 型和空穴导电的 p 型,具有一定宽度的禁带,其载流子的分布符合费米分布。在光照等作用下,在价带中的电子能够吸收能量,跃迁到导带,产生非平衡的载流子,在一定时间后复合并产生扩散和漂移。如果将 n 型半导体和 p 型半导体相连,将组成 p-n 结,具有整流特性。在太阳光的作用下,p-n 结及其他类似结构,可以产生电子和空穴,给外加电路提供电流,形成太阳能光电池。

本章首先讲述太阳能光电材料和半导体材料的基本性质,说明半导体材料中电子和空穴载流子产生的原理和能带结构,以及杂质和缺陷引起的浅能级、深能级和缺陷能级,介绍热平衡条件下本征和杂质半导体的载流子统计和分布,以及非平衡少数载流子的产生、复合、扩散和漂移;进一步阐述了 p-n 结、金属-半导体接触和 MIS 结构的制备、能带特点及电流电压特性;最后阐述半导体的光吸收和光生伏特效应。

2.1 半导体材料和太阳能光电材料

2.1.1 半导体材料[1,2]

固体材料按照导电性能,可分为绝缘体、导体和半导体。绝缘体的电阻率很高,如水泥、玻璃等,电阻率达到 $10^{10}\Omega\cdot cm$ 以上;导体的电阻率很低,一般在 $10^{-6}\sim10^{-5}\Omega\cdot cm$ 以下;而半导体材料的电阻率一般在 $10^{-5}\sim10^8\Omega\cdot cm$。半导体材料具有许多独特的性能,它能够制成晶体管和集成电路,也能制成探测器和微波器件。半导体材料的电阻率对温度、光照、磁场、压力、湿度、杂质浓度等因素非常敏感,能够制成发光、光电、磁敏、压敏、气敏、湿敏、热电转换等器件,有广泛用途。

半导体材料的种类很多,其中硅材料是最重要的半导体材料。按照成分从大范围分,半导体材料可分为有机半导体和无机半导体,而无机半导体又可分为元素半导体(Si、Ge、Se、C 等)和化合物半导体(GaAs、InP、GaAlAs、GaN 等)。按晶体结构分,又分为晶体半导体和非晶体半导体。还可以按照半导体的特性和功能分为微电子材料、光电子材料、光电转换(光伏)材料、微波材料、传感器材料等。因此要简单地对半导体材料进行分类是困难的,一般都按半导体材料的成分和结构来分类。

元素半导体有 12 种,包括硅、锗、硼、碳、灰锡、磷、灰砷、灰锑、硫、硒、碲和碘,其中锡、锑和砷只有在特定的固相时才显示半导体性质。由于高纯、单晶元素半导体制备较困难等原因，到目前为止，只有硅、锗和硒在实际产业中得到应用。

化合物半导体种类众多，又可分为：Ⅲ-Ⅴ族半导体；Ⅱ-Ⅴ族半导体；Ⅳ-Ⅵ族半导体；Ⅴ-Ⅵ族半导体；氧化物半导体；硫化物半导体；稀土化合物半导体。不同的化合物半导体，具有不同的电学性能，如不同的电子迁移率、不同的禁带宽度和不同的光吸收系数等，从而应用于微波、光电等不同领域。

尽管半导体材料的种类众多，但是都具有相同的基本特征。

① 电阻率特性　即电阻率在杂质、光、电、磁等因素的作用下，可以产生大范围的波动，从而使其电学性能可以被调控。

② 导电特性　即有两种导电的载流子，一种是电子，为带负电荷的载流子；另一种是空穴，为带正电荷的载流子。而在普通的金属导体中，仅仅是电子作为载流子导电。

③ 负的电阻率温度系数　即随温度的升高，其电阻率下降；而金属则恰恰相反，随温度升高，电阻率也增大。

④ 整流特性　即可以由电子导电的 n 型半导体和以空穴导电的 p 型半导体组成 p-n 结，实现单向导电。

⑤ 光电特性　即能在太阳光照射下产生光生电荷载流子效应。

半导体材料的研究始于 19 世纪初，最早被研究的半导体材料是硒、碲、氧化物和硫化物。20 世纪初，人们开始利用氧化亚铜、硒制备整流器、曝光计，利用半导体硅材料制备高频无线电检波器；到了 1948 年，锗晶体管的发明，使得锗半导体成为主要的半导体。但是，随着温度的升高，锗晶体管的漏电流增大；而且氧化锗会溶于水，不能作为器件的绝缘层。因此，在 20 世纪 60 年代以后，硅半导体材料成为最主要的半导体材料，广泛地应用于各种电子器件、微电子器件和太阳能光电器件等领域；而同时发展的许多Ⅲ-Ⅴ和Ⅱ-Ⅵ化合物半导体材料，尽管有着比硅材料更好的电学和光学性能，但是由于成本等原因，主要应用于微波和光电子领域。另外，在 20 世纪，有机半导体材料也得到了广泛关注，但是由于有机材料的稳定性差等原因，有机半导体材料还没有大规模应用，本书主要介绍无机半导体材料及相应的太阳能光电材料。

2.1.2　太阳能光电材料

从原则上讲，所有的半导体材料都有光伏效应，都可以用作太阳电池的基础材料。因此，所有的半导体材料都应该是太阳能光电材料。太阳能光电材料是应用光伏特性制备太阳电池的半导体材料，是半导体材料的一种应用，具有半导体材料所有的基本物理性质。本章所提及的太阳能光电材料的物理性质实际上就是半导体材料的物理性质。

但是，由于三方面的原因，并不是所有半导体材料都能用于实际太阳能光电材料。一方面是材料物理性质的限制，如禁带宽度、载流子迁移率和光吸收系数等，使得一些材料制备的太阳电池的理论转换效率很低，没有开发和应用价值。另一方面是材料提纯、制备困难，在目前的技术条件下，并不是所有的半导体材料都能够制备成太阳电池所需的高纯度；再者，是对材料和电池制备的成本问题。如果相关的成本过高，也就失去了开发和应用的意义。

因此，虽然半导体材料的种类很多，真正实际应用于太阳电池产业的半导体材料并不多。早在 19 世纪，研究者就发现了硒半导体的光伏效应，即在太阳光的照射下，半导体材料会出现电流，但是一直没有被广泛研究和应用。直到 20 世纪 50 年代，由于锗、硅晶体管的发明，使得太阳能光电转换的应用有了可能。1954 年单晶硅太阳电池被开发，其光电转换效率很快达到 10% 以上，在卫星等空间飞行器上有了实际应用。随后，非晶硅、铸造多晶硅、薄膜多晶硅都被作为太阳能光电材料而广泛研究和应用。同时，GaAs 基系 Ⅲ-Ⅴ 化合物半导体材料，包括在 GaAs 上外延 GaAs、$Al_xGa_{1-x}As$、$Ga_xIn_{1-x}P$ 或者在 Ge 衬底、GaSb 衬底上外延 GaAs 薄膜，作为高效太阳能光电材料而受到关注。另外，Ⅱ-Ⅵ 化合物半导体中的 CdTe、$CuInSe_2$（$CuInGaSe_2$）、CuInS 和 CdS 薄膜材料，由于其合适的禁带宽度和光吸收系数而被作为重要的太阳能光电材料而广泛研究。

2.2 载流子和能带

2.2.1 载流子

导体（如金属材料）的导电是由于电子的移动而造成的。但在太阳能光电材料（半导体材料）中，除电子以外，还有一种带正电的空穴也可以导电，材料的导电性能同时取决于电子和空穴的浓度、分布和迁移率。这些导电的电子、空穴被称为载流子，它们的浓度是半导体材料的基本参数，对电学性能有极为重要的影响。

一般而言，半导体材料都是利用高纯材料，然后人为地加入不同类型、不同浓度的杂质，精确控制其电子或空穴的浓度。在超高纯没有掺入杂质的半导体材料中，电子和空穴的浓度相等，称为本征半导体。如果在超高纯半导体材料中掺入某种杂质元素，使得电子浓度大于空穴浓度，称其为 n 型半导体，而此时的电子称为多数载流子，空穴称为少数载流子；反之，如果在超高纯半导体材料中掺入某种杂质元素，使得空穴浓度大于电子浓度，则称其为 p 型半导体，此时的空穴称为多数载流子，电子称为少数载流子。相应地，这些杂质被称为 n 型掺杂剂（施主杂质）或 p 型掺杂剂（受主杂质）。

对于一般的导电材料，其电导率 σ 可用式(2.1) 表示

$$\sigma = ne\mu \tag{2.1}$$

式中，n 为载流子浓度，原子/cm^3；e 为电子的电荷，C；μ 为载流子的迁移率（单位电场强度下载流子的运动速度），$cm^2/(V \cdot s)$。载流子在这里为电子。对于半导体材料，由于电子和空穴同时导电，存在两种载流子，因此式(2.1) 可变为

$$\sigma = ne\mu_e + pe\mu_p \tag{2.2}$$

式中，n 为电子浓度；p 为空穴浓度；e 为电子的电荷；μ_e 和 μ_p 分别为电子和空穴的迁移率。如果电子浓度 n 远远大于空穴浓度 p，则材料的电导率为 $\sigma \approx ne\mu_e$；反之，材料的电导率为 $\sigma \approx pe\mu_p$。

2.2.2 能带结构[3,4]

半导体材料的物理性质是与电子和空穴的运动状态紧密相关的，而它们的运动状态的描述和理解建立在能带理论的基础上。从大的范围讲，半导体的物理性质是建立在能带理论上的。

绝大部分半导体材料是晶体，所谓的晶体就是原子（分子）在空间三维方向上周期性地重复排列。如果以单个原子为例，由于原子是由电子和原子核组成的，电子处于一定的分裂能级上，围绕原子核运动。电子的运动轨道可分为 1s2s2p3s3p3d 等，这些运动轨道对应于不同的电子能级。以氢原子为例（玻尔模型），假设：

① 电子以一固定的速度围绕原子核做圆周运动；

② 电子在特定的轨道上，以相应角动量 $h/2\pi$（h 为普朗克常数）的整数倍运动；

③ 电子的总能量等于动能与势能之和。

此时，由假设①可知，电子的库仑作用力和洛伦兹作用力相平衡

$$\frac{1}{4\pi\varepsilon_0}\frac{q^2}{r^2}=\frac{mv^2}{r} \tag{2.3}$$

式中，m 为电子质量；q 为电子电荷量；v 为电子做圆周运动的速度；r 为电子的圆周运动半径；ε_0 为材料的真空介电常数。

由假设②可知

$$mvr=n\frac{h}{2\pi} \tag{2.4}$$

式中，n 为量子数，取正整数（$1,2,3,4,\cdots$）。

而电子的总能量为

$$E_n=\frac{1}{2}mv^2+\left(-\frac{q^2}{4\pi\varepsilon_0 r}\right) \tag{2.5}$$

将式(2.3) 和式(2.4) 代入可得

$$E_n=-\frac{mq^4}{8\varepsilon_0^2 h^2 n^2}=-\frac{13.6}{n^2} \quad (\text{eV}) \tag{2.6}$$

当电子处于基态时，$n=1$，$E_1=-13.6\text{eV}$；当电子处于第二激发态时，$n=2$，$E_2=-3.4\text{eV}$，依此类推。

由此可知，电子处于一系列特定的运动状态，称为量子态。每个量子态中，电子的能量是一定的，称为能级。靠近原子核的能级，电子受的束缚强，能级就低；远离原子核的能级，受的束缚弱，能级就高。原子能级示意图如图 2.1 所示。根据一定原则，电子只能在这些分裂的能级间跃迁，当电子从低能级跃迁至高能级时，电子要吸收能量；当电子从高能级跃迁至低能级时，电子要放出能量。而且，每个能级上只能容纳两个运动方向相反的电子。

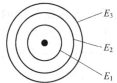
图 2.1 原子能级示意图

图 2.2 原子组成晶体时电子的运动情况

当原子沿空间三维方向周期性重复排列组成晶体时，相邻原子间的距离只有 10^{-10} m 数量级，原子核周围的电子会发生相互作用。图 2.2 所示为原子组成晶体时电子的运动情况。此时，相邻原子间的电子壳层发生重叠，最外层的电子重叠较多，内壳层的电子重叠较少，也就是说相邻原子间的相同电子能级发生了重叠，如 2p 能级和相邻原子的 2p 能级重叠、3s 能级和相邻原子的 3s 能级重叠。这时，晶体原子的内壳层电子，由于基本没有发生重叠，依然围绕原子核运动；而外壳层电子，由于发生能级重叠，电子不再局限于一个原子，而是可以很容易地从一个原子转移到相邻原子上去，可以在整个晶体中运动，称为电子的共有化。

实际上，当单个原子组成晶体时，原子的能级并不是固定不变的。如两个相距很远的独立原子逐渐接近时，每个原子中的电子除了受到自身原子的势场作用外，还受到另一个原子势场的作用。其结果是根据电子能级的简并情况，原有的单一能级会分裂成 m 个相近的能级（m 是能级的简并度）。如果 N 个原子组成晶体时，每个原子的能级都会分裂成 m 个相近的能级，该 mN 个能级将组成一个能量相近的能带。这些分裂能级的总数量很大，因此，此能带中的能级可视为连续的。这时共有化的电子不是在一个能级内运

动，而是在一个晶体的能带间运动，此能带称为允带。允带之间是没有电子在运动的，被称为禁带。

原子的内壳层电子能级低，简并程度低，共有化程度也低，因此其能级分裂得很小，能带很窄；而外壳层电子（特别是价电子）能级高，简并程度也高，基本处于共有化状态，因此能级分裂得多，能带宽。图 2.3 所示为原子能级组成晶体时分裂成能带的情况。

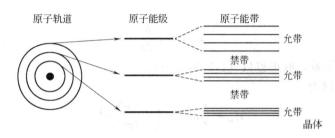

图 2.3　原子能级组成晶体时分裂成能带的示意图

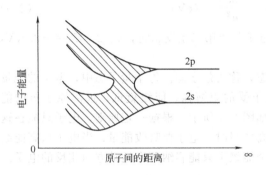

图 2.4　硅原子组成晶体时的能带形成图

对于半导体硅，其原子的最外层有 4 个价电子，2 个是 3s 电子，2 个是 3p 电子。当 N 个硅原子相互接近组成硅晶体时（N 约为 10^{22} 个原子/cm³），原来独立原子的能级发生分裂，组成能带。图 2.4 所示为硅原子组成晶体时的能带形成图。当原子间的距离变小时，3s、3p 相应的能级开始分裂，形成能带；由于 3s、3p 的简并度分别为 1 和 3，因此，每个相应的能带中含有 $2N$ 和 $6N$ 个细小能级，而电子可能占据其中的一个细小能级（或称电子态）；当原子间的距离进一步变小时，一个原子上的 3s、3p 电子开始与相邻的原子共有，发生共有化运动，开始产生 s-p 轨道杂化，两个能带合并成一个能带；当原子间的距离接近平衡距离时，再次分裂成两个能带，能级重新分配，每个能带具有 $4N$ 个细小能级，分别可以容纳 $4N$ 个电子。

根据能量最低原则，低温时，N 个原子的 4 个价电子将全部占据低能量的能带，而高能量的能带则是空的，没有电子占据。

对于其他半导体材料，也有类似情况。图 2.5 所示为半导体晶体材料的能带示意图。通常，在能量低的能带中都填满了电子，这些能带称为满带；而能带图中能量最高的能带，往往是全空或半空的，电子没有填满，此能带称为导带（导带底能量为 E_c）；在导带下的那个满带，其电子有可能跃迁到导带，此能带称为价带（价带顶能量为 E_v）；两者之间电子不能存在运动的区域称为禁带（禁带宽度为 E_g）。由图中可以看出，电子可以在不同的能带中运动，也可以在不同的能带间跃迁，但不能在能带之间的区域运动。为了简化，图 2.5 所示的能带图还可以用图 2.6 所示的形式来表示。

就一般材料而言，其电导率取决于能带结构和导带电子的性质。金属导电材料的导带和价带是重合的，中间没有禁带，因此，在价带中存在大量的自由电子，导电能力很强；绝缘体材料，导带是空的，没有自由电子，而且禁带的宽度很宽，价带的电子也不可能跃迁到导带上，导带中始终没有自由电子，所以绝缘体材料不导电。半导体材料的情况与前两者都不同，虽然价带中一般没有电子，但是在一定条件下，价带的电子可以跃迁到导带上，在价带中留下空穴，电子和空穴可以同时导电。图 2.7 所示为导体、绝缘体和半导体的能带示意图。

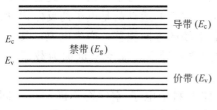

图2.5 半导体晶体材料的能带示意图

图2.6 半导体晶体材料的能带简化示意图

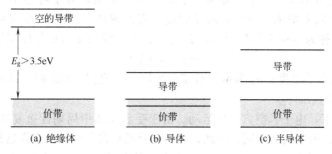

图2.7 导体、绝缘体和半导体的能带示意图

因此，半导体材料的禁带宽度是一个决定电学和光学性能的重要参数，表2.1列出了重要的太阳能光电半导体材料的禁带宽度。

表2.1 重要的太阳能光电半导体材料的禁带宽度

材　料	禁带宽度/eV	材　料	禁带宽度/eV
单晶硅	1.12	CdTe	1.45
非晶硅	约1.75	GaAs	1.42
$CuInSe_2$	1.05	InP	1.34

2.2.3 电子和空穴

半导体材料导电是由两种载流子（电子和空穴）的定向运动而实现的。在低温状态，价电子被完全束缚在原子核周围，不能在晶体中运动，这时在能带图中，价带是充满的，而导带是全空的。随着温度的升高，由于晶格热振动等原因，一部分电子脱离原子核的束缚，产生价电子共有化，变成自由电子，可以在整个晶体中运动。而在原来电子的位置上，留下了一个电子的空位，称为空穴。图2.8所示为半导体材料中电子-空穴对产生示意图。

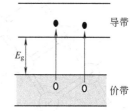

图2.8 半导体材料中电子-空穴对产生示意图

当价电子成为自由电子后，作为负电荷（－e），在晶体中可以做无规则的热运动。此时，从能带的角度讲，电子吸收了能量，从价带跃迁到导带（见图2.8）。在外电场的作用下，除了做热运动外，电子沿着与电场相反的方向漂移，产生电流，其方向和电场方向相同。这种自由电子运载电流的导电机构，称为电子导电，而电子称为载流子。

在电子未成为自由电子之前，原子是电中性的；电子成为自由电子在整个晶体中运动后，原来电子的位置就缺少一个负电荷，呈现正电荷（＋e），称为空穴。此时，从能带的角度讲，由于电子跃迁到导带，在价带上留下了空穴（见图2.8）。如果邻近的电子进入该位置，那么这个电子的位子就空了出来，显现正电，就好像空穴进行了移动。该过程如果连续不断地进行，空穴就可以在整个晶体中运动。实际上，空穴的运动就是电子的反向运动。在外电场的作用下，除了做热运动外，空穴还要在沿着电场的方向漂移，产生电流，其方向与电场方向相反。这种空穴运载电流的导电机构，称为空穴导电，而空穴也称为载流子。所以，在半导体材料中，有电子和空穴两种载流子导电。

在一定温度下，由于热振动能量的吸收，半导体材料中电子-空穴对不断产生；同时，当电子和空穴相遇时，又产生复合；即导带中的电子又跃迁到价带上，与价带上的空穴复合，导致电子-空穴对消失。显然，如果没有故意掺入杂质，对于纯净半导体而言，在热平衡状态，其电子-空穴对的浓度主要取决于温度。温度越高，则电子-空穴对的浓度越高。这样的半导体材料就称为本征半导体材料，其电子、空穴的浓度（单位体积的载流子数）为

$$n=p=n_i(T) \tag{2.7}$$

式中，T 为热力学温度；n_i 为本征载流子浓度。在室温 300K 时，硅材料的本征载流子浓度为 1.5×10^{10}个/cm^3。

在外电场作用下，电子、空穴产生运动。由于受到晶体中周期性重复排列的原子的作用，其运动状态与完全自由空间的不同，因此，利用有效质量代替质量来表征这样的不同。设电子和空穴的有效质量分别为 m_n 和 m_p，这时，它们在外电场（E）中运动的加速度分别为

$$a_n=-\frac{qE}{m_n} \quad（电子） \tag{2.8}$$

$$a_p=\frac{qE}{m_p} \quad（空穴） \tag{2.9}$$

式中，q 为电子电荷量。

2.3 杂质和缺陷能级

2.3.1 杂质半导体

在本征半导体的热平衡状态，电子和空穴的浓度是相等的。如果掺入了杂质，会在禁带中引入杂质能级，这些杂质在室温下电离后，或在导带中引入电子，或在价带中引入空穴。因此，对于半导体材料，可以通过控制掺入杂质的类型和浓度来控制材料中电子和空穴的浓度，最终达到控制材料电学性能的目的。

如果在半导体材料中人为掺入杂质提供电子，就形成 n 型半导体材料，该杂质称为施主；此时电子浓度大于空穴浓度，为多数载流子，而空穴的浓度较低，为少数载流子，最终电子的浓度取决于掺入杂质的含量。

在四价的高纯半导体晶体硅中，加入Ⅴ族的元素（磷、砷、锑），则使得其中的电子浓度大于空穴的浓度，晶体硅成为 n 型半导体。图 2.9 所示为 n 型掺磷硅半导体形成的结构示意图。由图 2.9 中可以看出，硅原子有 4 个价

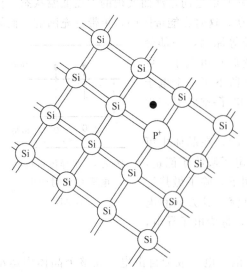

图 2.9 n型掺磷硅半导体晶体的原子结构示意图

电子，与邻近的 4 个硅原子组成 4 个稳定的共价键。当五价的磷原子掺入到晶体硅中，磷原子会替换硅原子占据晶格位置，它的 4 个价电子与邻近的 4 个硅原子的价电子组成 4 个共价键，另外一个价电子则被束缚在原子核周围；一旦接受能量，这个价电子很容易脱离原子核的束缚，可以在整个晶体中运动，成为自由电子，即该电子接受能量后，从杂质能级跃迁到导带。因此，形成了电子浓度大于空穴浓度的 n 型半导体。

根据式(2.6)，由于晶体硅中的电子有效质量为 m_n，介电常数为 ε，则第五个价电子的结合能（$n=1$）为

$$E = -\frac{m_n q^4}{8\varepsilon^2 h^2} = \frac{m q^4}{8\varepsilon_0^2 h^2} \frac{m_n}{m} \frac{\varepsilon_0^2}{\varepsilon^2}$$

$$= -13.6 \frac{m_n}{m} \left(\frac{\varepsilon_0}{\varepsilon}\right)^2 \quad (\text{eV}) \qquad (2.10)$$

同样的，如果在四价的高纯半导体晶体硅中，加入Ⅲ族的元素（硼等），则使得其中的空穴浓度大于电子浓度，晶体硅成为 p 型半导体。图 2.10 所示为 p 型硅半导体形成的结构示意图。由图 2.10 中可以看出，当三价的硼原子掺入到晶体硅中，硼原子也会替换硅原子占据晶格位置，它的 3 个价电子与邻近的 3 个硅原子的价电子组成 3 个共价键，而相邻的一个硅原子多余一个价电子，具有接受自由电子的能力，形成空穴。一旦邻近的电子进入空穴，则空穴就移动到邻近位置，最终空穴作为载流子可以在整个晶体中运动。此时，晶体硅为 p 型半导体。

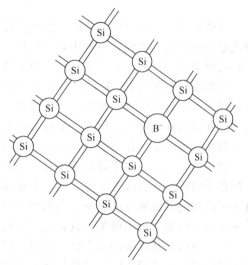

图 2.10 p 型掺硼硅半导体晶体的原子结构示意图

2.3.2 杂质能级[5,6]

人们为了控制半导体材料（太阳能光电材料）的电学性能，在高纯的本征半导体中要加入不同类型和含量的杂质，形成 n 型和 p 型半导体材料。同时，在实际半导体材料的制备和加工过程中，会不可避免地引入少量不需要的杂质。这些杂质在禁带中间引入新的能级，如果杂质能级的位置靠近导带底或价带顶，在室温下电离，对半导体材料提供额外的载流子，就称为浅能级杂质。如果杂质能级位于禁带中心附近，室温下基本不电离，成为少数载流子的复合中心，被称为深能级中心。

以 n 型半导体晶体硅为例，当晶体硅中掺入五价磷原子后，磷原子的 4 个价电子和硅原子的价电子组成共价键，另外一个价电子被磷原子微弱地束缚在周围。在吸收一定能量后，这个价电子会电离，脱离磷原子的束缚。由于这个电子是被微弱地束缚，所以电离过程所需的能量比较小，其电子从磷原子束缚中脱离的最小能量就是它的电离能。

从能带的角度讲，这个多余的围绕磷原子运动的电子，具有一个相对应的局域化能级，此能级位于禁带中间，此能级称为杂质能级。当接受能量时，这个价电子脱离束缚，成为自由电子。也就是说，这个价电子接受能量从杂质能级跃迁到导带，如图 2.11 所示。因为这个电子的电离能很小，也就是说只要很小的能量，电子就会跃迁到导带，所以磷原子的这个价电子的能级在导带下的禁带之中，而且距离导带底很近。因此，对于晶体硅来说，磷原子属于浅能级杂质。

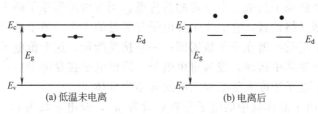

图 2.11　施主能级

　　像磷原子一样能够向晶体硅提供电子作为载流子的杂质，就称为施主杂质，其所引起的杂质能级称为施主能级，一般用 E_d 来表示。在半导体晶体硅中，Ⅴ族元素磷、砷、锑都能起到提供电子的作用，是施主杂质，也是浅能级杂质。

　　在温度很低接近 0K 时，多余的电子没有电离，占据了施主能级，此时施主是中性的，也就是说每个施主能级上都有一个束缚电子。当温度升高时，施主杂质电离，多余的电子将从施主能级跃迁到导带，留下一个局域化的空能级。由于杂质的电离能很小，一般而言（即在非简并半导体中）在室温下，施主杂质都能全部电离，施主能级没有被电子占据。

　　同样的，对于 p 型半导体晶体硅，当晶体硅中掺入三价硼原子后，硼原子的 3 个价电子和硅原子的价电子组成共价键，而一个相邻硅原子多余一个价电子。在吸收能量后，这个价电子可以接受其他地方的电子，在形成共价键的同时，在其他地方产生一个空穴。硼原子接受一个电子所需的最小能量，就是它的电离能。

　　另一方面，从能带的角度讲，硼原子接受的这个电子，具有一个相对应的局域化能级，这个能级也位于禁带中间，同样是杂质能级。当接受能量时，这个电子会与硅原子的悬挂键结合，在其他地方产生自由空穴，也就是说，接受能量后电子从价带跃迁到杂质能级，在价带中留下一个空穴，如图 2.12 所示。因为电子的电离能很小，所以这个杂质能级在禁带之中，而且距离价带顶很近。

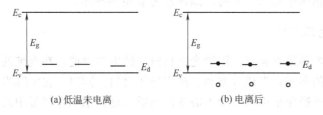

图 2.12　受主能级

　　像硼原子一样能够向晶体硅提供空穴作为载流子的杂质，就称为受主杂质，其所引起的杂质能级称为受主能级，一般用 E_a 来表示。在半导体晶体硅中，Ⅲ族元素硼、铝、镓、铟都能起到提供空穴的作用，是受主杂质。由于它们的电离能很小，所以它们也是浅能级杂质。

　　在温度很低接近 0K 时，受主能级是空的，受主杂质是中性的。当温度升高时，电子从价带跃迁到受主能级，在价带中留下一个自由空穴。而在室温下，对于简单的非简并半导体，受主杂质全部电离，受主能级被电子占据。

2.3.3　深能级

　　当杂质掺入半导体材料时，可以在禁带中引入两类杂质能级：浅能级和深能级。如果杂质能级的位置位于导带底或价带顶附近，即电离能很小，这些杂质就是浅能级杂质，如硅晶体中掺入Ⅲ、Ⅴ族元素杂质。

如果杂质能级的位置位于禁带中心附近，电离能较大，在室温下，处于这些杂质能级上的杂质一般不电离，对半导体材料的载流子没有贡献，但是它们可以作为电子或空穴的复合中心，影响非平衡少数载流子的寿命，这类杂质称为深能级杂质，所引入的能级为深能级。与浅能级杂质相比，除了能级的位置和电离能的大小不同外，深能级杂质还可以多次电离，在禁带中引入多个能级，这些能级可以是施主能级，也可以是受主能级，有些深能级杂质可以同时引入施主能级和受主能级。

对于晶体硅而言，金属杂质特别是过渡金属杂质，基本上都属于深能级杂质，在硅晶体的禁带中引入深能级，直接影响硅晶体少数载流子的寿命。对硅太阳电池而言，这些深能级杂质是有害的，会直接影响太阳能光电转换效率。

如硅中的钴（Co）金属，一般以替代位置存在于晶体硅中，它既可以引入施主型深能级，又可以引入受主型深能级。其施主能级为双重态，是 $(E_v+0.23)\text{eV}$ 和 $(E_v+0.41)\text{eV}$；其受主能级也是双重态，分别为 $(E_c-0.41)\text{eV}$ 和 $(E_c-0.217)\text{eV}$。硅中的金是另一种重要的深能级杂质，在硅中也是处于替代位置，它有两个能级，分别为施主能级 $(E_v+0.347)\text{eV}$ 和受主能级 $(E_c-0.554)\text{eV}$。在掺杂浓度较低的情况下，这两个能级可以同时出现；在掺杂浓度较高的情况下，则是分别出现。对于重掺 n 型单晶硅，由于电子是多数载流子，浓度相对较高，金原子很容易得到电子而成为带负电的金离子（Au^-），所以只有受主能级出现；对于重掺 p 型单晶硅，由于电子是少数载流子，浓度相对较低，金原子很容易释放出电子而成为带正电的金离子（Au^+），所以只有施主能级出现。当硅中深能级杂质浓度较高时，一旦电离，也会对晶体硅中的载流子浓度产生补偿，影响器件性能。当然，在硅半导体器件中，有时也会利用掺杂来控制少数载流子的寿命，达到调控器件性能的目的，如高速开关管及双极型数字逻辑集成电路就是利用掺入深能级杂质金来控制少数载流子的寿命。

2.3.4 缺陷能级

理想的半导体材料应该是完美晶体，即原子在三维空间有规律地、周期性地排列，没有杂质和缺陷。在实际的半导体材料中，包括太阳能光电材料，除了可能引入各种杂质外，也可能引入各种缺陷，即原子在三维空间有规律的、周期性的排列被打乱。这些缺陷包括点缺陷、线缺陷、面缺陷和体缺陷，都有可能在禁带中引入相关能级，即缺陷能级。

在单质元素Ⅳ族半导体材料（如硅）中，点缺陷主要包括空位、自间隙原子和杂质原子。杂质原子可以引入杂质能级（浅能级和深能级），而空位和自间隙原子主要由温度决定，属于热点缺陷，又称本征点缺陷。在晶体硅中存在空位时，空位相邻的 4 个硅原子各有一个未饱和的悬挂键，倾向于接受电子，呈现出受主性质；而硅自间隙原子具有 4 个价电子，可以提供给晶体硅自由电子，呈现出施主性质。

但是对于离子型化合物半导体材料而言，它们是由电负性相差较大的正、负离子组成的稳定结构，如Ⅳ-Ⅵ族中的 PbS、PbSe 和 PbTe 以及Ⅱ-Ⅵ族的 CdS、CdSe 和 CdTe 等。由于正、负离子都是电活性中心，因此，晶体点阵中如果出现间隙原子或者空位，都会形成新的电活性中心，导致缺陷能级的产生。此时的能级不是由掺杂原子引起的，而是由晶格缺陷引起的。如果多出来的间隙原子是正离子，或者出现负离子的空位，都会在晶体中引入正电中心。这些正电中心本来束缚一个负电子，只是负电子电离成为自由电子后，才留下一个正电中心。显然，正电中心给基体提供电子，它引入的缺陷能级是施主能级。相反的，如果多出来的间隙原子是负离子，或者出现正离子空位，则它们可以引入受主型的缺陷能级。同样的，Ⅲ-Ⅴ族半导体材料的点缺陷也会引入缺陷能级，如 GaAs 中的砷空位和镓空位均表现出受主性质。

线缺陷主要是指位错，包括刃位错、螺位错和混合位错。一般认为位错具有悬挂键，可以在禁带中引入能级，即缺陷能级。但也有研究表明，纯净的位错是没有电学性质的，在禁带中没有引入能级；如果位错上聚集了金属或其他杂质，就有可能引入能级。面缺陷则包括晶界和表面，由于晶体的界面和表面都有悬挂键，所以可以在禁带中引入缺陷能级，而且往往是深能级。体缺陷是指三维空间的缺陷，如沉淀或空洞，这些体缺陷本身一般不引起缺陷能级，但是它们和基体的界面往往会产生缺陷能级。

这些缺陷能级和杂质引入的深能级一样，会影响少数载流子的寿命。对于太阳能光电材料而言，则会影响太阳能光电转换效率。因此，太阳能光电材料不仅需要尽量高纯度，减少杂质能级，而且需要晶体结构尽量完整，减少晶体缺陷，从而提高太阳能光电转换效率。

2.4 热平衡下的载流子

半导体材料的性质强烈地取决于其载流子浓度，在掺杂浓度一定的情况下，载流子浓度主要由温度所决定[3,4,7]。

在绝对零度时，对于本征半导体而言，电子束缚在价带上，半导体材料没有自由电子和空穴，也就没有载流子；随着温度的升高，电子从热振动的晶格中吸收能量，电子从低能态跃迁到高能态，如从价带跃迁到导带，形成自由的导带电子和价带空穴，称为本征激发。对于杂质半导体而言，除本征激发外，还有杂质的电离；在极低温时，杂质电子也束缚在杂质能级上，当温度升高，电子吸收能量后，也从低能态跃迁到高能态，如从施主能级跃迁到导带产生自由的导带电子，或者从价带跃迁到受主能级产生自由的价带空穴。因此，随着温度的升高，不断有载流子产生。

在没有外界光、电、磁等作用时，在一定温度下，从低能态跃迁到高能态的载流子也会产生相反方向的运动，即从高能态向低能态跃迁，同时释放出一定能量，称为载流子的复合。所以，在一定温度下，在载流子不断产生的同时，又不断有载流子复合，最终载流子浓度会达到一定的稳定值，此时半导体处于热平衡状态。

要得到热平衡状态下的载流子浓度，可以计算热平衡状态下电子的统计分布和可能的量子态密度，各量子态上的载流子浓度总和就是半导体的载流子浓度。

2.4.1 载流子的状态密度和统计分布

2.4.1.1 费米分布函数

载流子在半导体材料中的状态一般用量子统计的方法进行研究，其中状态密度和在能级中的费米统计分布是其主要表示形式。以电子为例，在利用量子统计处理半导体中电子的状态和分布时，认为：电子是独立体，电子之间的作用力很弱；同一体系中的电子是全同且不可分辨的，任何两个电子的交换并不引起新的微观状态；在同一个能级中的电子数不能超过2；由于电子的自旋量子数为1/2，所以每个量子态最多只能容纳一个电子。

在此基础上，电子的分布遵守费米-狄拉克分布，即能量为 E 的电子能级被一个电子占据的概率 $f(E)$ 为

$$f(E) = \frac{1}{e^{\frac{E-E_f}{\kappa T}} + 1}$$ (2.11)

式中，$f(E)$ 为费米分布函数；κ 为玻耳兹曼常数；T 为热力学温度；E_f 为费米能级。当能量与费米能量相等时，费米分布函数为

$$f(E) = \frac{1}{e^{\frac{E - E_f}{\kappa T}} + 1} = \frac{1}{2} \qquad (2.12)$$

即电子占有率为 1/2 的能级为费米能级。

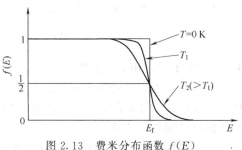

图 2.13 所示为费米分布函数 $f(E)$ 随能级能量的变化情况。由图 2.13 可知，$f(E)$ 相对于 $E = E_f$ 是对称的。在 $T = 0\mathrm{K}$ 时

如果 $E < E_f$，则 $f(E) = 1$

如果 $E > E_f$，则 $f(E) = 0$

图 2.13 费米分布函数 $f(E)$ 随能级能量的变化

这说明在绝对零度时，比 E_f 小的能级被电子占据的概率为 100%，没有空的能级；而比 E_f 大的能级被电子占据的概率为零，全部能级都空着。

在 $T > 0\mathrm{K}$ 时，比 E_f 小的能级被电子占据的概率随能级升高逐渐减小，而比 E_f 大的能级被电子占据的概率随能级降低而逐渐增大。也就是说，在 E_f 附近且能量小于 E_f 的能级上的电子，吸收能量后跃迁到大于 E_f 的能级上，在原来的地方留下了空位。显然，电子从低能级跃迁到高能级，就相当于空穴从高能级跃迁到低能级；电子占据的能级越高，空穴占据的能级越低，体系的能量就越高。因此，相对于电子的分布概率，空穴的分布概率为 $[1 - f(E)]$。

在 $(E - E_f) \gg \kappa T$ 时，$e^{\frac{E - E_f}{\kappa T}} \gg 1$，则式 (2.11) 可以简化为

$$f(E) \approx e^{\frac{E_f - E}{\kappa T}} \qquad (2.13)$$

此时的费米分布函数与经典的玻耳兹曼分布是一致的。

2.4.1.2 状态密度

半导体的电子占据一定的能级，可以用电子波矢 $\mathbf{k}$ 表示，其对应的能级为 $E(\mathbf{k})$。由于能级不是连续的，所以波矢 $\mathbf{k}$ 不能取任意值，而是受到一定边界条件的束缚。在导带底附近，$E(\mathbf{k})$ 与 $\mathbf{k}$ 的关系为

$$E(\mathbf{k}) = E_c + \frac{(h\mathbf{k})^2}{2m^*} \qquad (2.14)$$

式中，h 为普朗克常数；m^* 为电子的有效质量。由式 (2.14) 可知

$$\mathbf{k} = \frac{(2m_n^*)^{1/2}(E - E_c)^{1/2}}{h} \qquad (2.15)$$

$$\mathbf{k}\,\mathrm{d}\mathbf{k} = \frac{m_n^*\,\mathrm{d}E}{h^2} \qquad (2.16)$$

在电子波矢 $\mathbf{k}$ 空间中，以 $\mathbf{k}$ 和 $(\mathbf{k} + \mathrm{d}\mathbf{k})$ 为半径的球面，分别是能量 $E(\mathbf{k})$ 和 $(E + \mathrm{d}E)$ 的等能面，这两个等能面之间的体积为 $4\pi\mathbf{k}^2\mathrm{d}\mathbf{k}$。而在 $\mathbf{k}$ 空间中，量子态的总密度为 $2V$（V 为半导体晶体体积），则在能量 $E \sim (E + \mathrm{d}E)$ 间的量子数为

$$\mathrm{d}Z = 2V \times 4\pi\mathbf{k}^2\mathrm{d}\mathbf{k}$$

将式 (2.15) 和式 (2.16) 代入上式，其量子数为

$$\mathrm{d}Z = 4\pi V \frac{(2m_n^*)^{3/2}}{h^3}(E - E_c)^{1/2}\mathrm{d}E \qquad (2.17)$$

从而可得导带底附近电子的状态密度为

$$g_c(E) = \frac{\mathrm{d}Z}{\mathrm{d}E} = 4\pi V \frac{(2m_n^*)^{3/2}}{h^3}(E - E_c)^{1/2} \qquad (2.18)$$

式 (2.18) 表明，导带底附近电子的状态密度随着电子能量的增加而增大。

同样的，对于价带顶空穴的状态密度为

$$g_v(E) = 4\pi V \frac{(2m_p^*)^{3/2}}{h^3}(E_v - E)^{1/2} \qquad (2.19)$$

2.4.1.3 电子浓度和空穴浓度

尽管实际上能带中的能级不是连续的，但是由于能级的间隔非常小，因此，可以认为能带中的能级是连续分布的，在计算电子、空穴浓度时，可以像计算状态密度一样，将能带分成细小的能量间隔来处理。

对于导带底附近的电子而言，其占据能量为 E 的能级的概率服从费米分布函数，为 $f(E)$，而在能量 $E \sim (E+dE)$ 之间的量子态数为 dZ，则在能量 $E \sim (E+dE)$ 之间被电子占据的量子态为 $f(E)dZ$，因为每个被占据的量子态只有一个电子，所以在能量 $E \sim (E+dE)$ 之间的电子数就是 $f(E)dZ$。如果将导带的电子数相加，即从导带底到导带顶积分，即可得到导带内总的电子数，再除以半导体晶体的体积，即可得到导带中的电子浓度。

由上述分析可知，在能量 $E \sim (E+dE)$ 之间的电子数 dN 为

$$dN = f(E)dZ = f(E)g_c(E)dE$$

将式（2.13）和式（2.19）代入，得

$$dN = 4\pi V \frac{(2m_n^*)^{3/2}}{h^3}(E - E_c)^{1/2}\exp\left(\frac{E_f - E}{\kappa T}\right)dE$$

则能量 $E \sim (E+dE)$ 之间单位体积中的电子数，即电子浓度为

$$dn = \frac{dN}{V} = 4\pi \frac{(2m_n^*)^{3/2}}{h^3}(E - E_c)^{1/2}\exp\left(\frac{E_f - E}{\kappa T}\right)dE$$

将上式从导带底（E_c）到导带顶（∞）积分，即可得到半导体晶体中的电子浓度：

$$n_0 = \int_{E_c}^{\infty} 4\pi \frac{(2m_n^*)^{3/2}}{h^3}(E - E_c)^{1/2}\exp\left(\frac{E_f - E}{\kappa T}\right)dE \qquad (2.20)$$

设 $x = \frac{E - E_c}{\kappa T}$，则根据积分公式 $\int_0^{\infty} x^{1/2}e^{-x}dx = \sqrt{\pi}/2$，式（2.20）为

$$n_0 = 2 \times \frac{(2\pi m_n^* \kappa T)^{3/2}}{h^3}\exp\frac{E_f - E_c}{\kappa T} \qquad (2.21)$$

设 $N_c = 2 \times \frac{(2\pi m_n^* \kappa T)^{3/2}}{h^3}$，称为导带的有效状态密度，则导带中的电子浓度为

$$n_0 = N_c \exp\frac{E_f - E_c}{\kappa T} \qquad (2.22)$$

同样的，热平衡条件下，价带中空穴的浓度 p_0 为

$$p_0 = \int_{-\infty}^{E_v}[1 - f(E)]\frac{g_v(E)}{V}dE \qquad (2.23)$$

设 $N_v = 2 \times \frac{(2\pi m_p^* \kappa T)^{3/2}}{h^3}$，为价带的有效状态密度，$m_p$ 为空穴的有效质量，则空穴浓度为

$$p_0 = N_v \exp\frac{E_v - E_f}{\kappa T} \qquad (2.24)$$

由此可见，半导体中的电子和空穴浓度主要取决于温度和费米能级，而费米能级则与温度和半导体材料中的掺杂类型和掺杂浓度相关。对于晶体硅，在室温 300K 时，$N_c = 2.8 \times 10^{19}$ 个/cm^3，$N_v = 2.8 \times 10^{19}$ 个/cm^3。

如果将电子浓度和空穴浓度相乘，可以得到载流子浓度的乘积

$$n_0 p_0 = N_c N_v \exp\left(-\frac{E_c - E_v}{\kappa T}\right) = N_c N_v \exp\left(-\frac{E_g}{\kappa T}\right) \quad (2.25)$$

式中，$E_g = E_c - E_v$，是半导体的禁带宽度。然后，将 N_c、N_v 代入式（2.25），可得

$$n_0 p_0 = 4\left(\frac{2\pi\kappa}{h^2}\right)^3 (m_n^* m_p^*)^{3/2} T^3 \exp\left(-\frac{E_g}{\kappa T}\right) \quad (2.26)$$

由式（2.26）可知，载流子浓度的乘积仅与温度有关，而与费米能级等其他因素无关。也就是说，对于某种半导体材料，其禁带宽度 E_g 固定，则在一定温度下，其热平衡的载流子浓度乘积是一定的，与半导体的掺杂类型和掺杂浓度无关。

2.4.2 本征半导体的载流子浓度

本征半导体是指没有杂质、没有缺陷的近乎完美的单晶半导体。在绝对零度时，所有的价带都被电子占据，所有的导带都是空的，没有任何自由电子。温度升高时产生本征激发，即价带电子吸收晶格能量，从价带跃迁到导带上，成为自由电子，同时在价带中出现相等数量的空穴。由于电子、空穴是成对出现，因此，在本征半导体中，电子浓度 n_0 与空穴浓度 p_0 是相等的。如果设本征半导体载流子浓度为 n_i，则

$$n_0 p_0 = n_i^2 \quad (2.27)$$

将式（2.25）和式（2.26）代入，本征半导体载流子浓度为

$$\begin{aligned} n_i &= \sqrt{N_c N_v} \exp\left(-\frac{E_g}{2\kappa T}\right) \\ &= 2\left(\frac{2\pi\kappa}{h^2}\right)^{3/2} (m_n^* m_p^*)^{3/4} T^{3/2} \exp\left(-\frac{E_g}{2\kappa T}\right) \end{aligned}$$

$$(2.28)$$

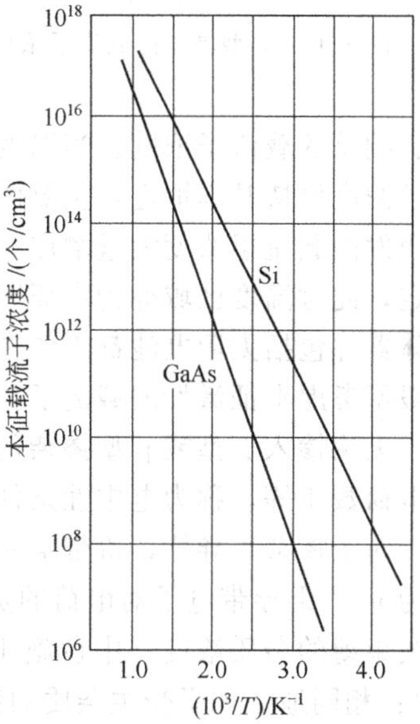

图 2.14 Si 和 GaAs 的本征载流子
浓度 n_i 与温度的关系

由式（2.28）可知，n_i 是温度 T 的函数。如果忽略 $T^{3/2}$ 项的影响，n_i 就近似随温度呈线性变化。图 2.14 所示为 Si 和 GaAs 的本征载流子浓度 n_i 与温度的关系。由图 2.14 可知，在室温 300K 时，晶体硅的本征载流子浓度约为 2×10^{10} 个/cm^3，与价电子的浓度或金属导电电子的浓度（约为 10^{22} 个/cm^3）相比，显得极小。因此，在室温下，本征半导体是不导电的。

因为本征半导体的电子、空穴浓度相等（$n_0 = p_0$），则根据式（2.22）和式（2.24）

$$N_c \exp\frac{E_f - E_c}{\kappa T} = N_v \exp\frac{E_v - E_f}{\kappa T}$$

得到本征半导体的费米能级 E_i

$$E_i = E_f = \frac{E_c + E_v}{2} + \frac{\kappa T}{2}\ln\frac{N_v}{N_c} = \frac{E_c + E_v}{2} + \frac{3\kappa T}{4}\ln\frac{m_p^*}{m_n^*} \quad (2.29)$$

如果电子和空穴的有效质量相等，式（2.29）的第二项为零，说明本征半导体的费米能级在禁带的中间。实际上，对于大部分半导体如硅材料，电子和空穴的有效质量相差很小，而且在室温 300K 下，κT 仅约为 0.026eV，所以，式（2.29）第二项的值很小。因此，一般可以认为，本征半导体的费米能级位于禁带中央。

2.4.3 杂质半导体的载流子浓度和补偿

本征半导体的载流子浓度仅为 10^{10} 个/cm^3 左右，是不导电的。通常需要在本征半导体

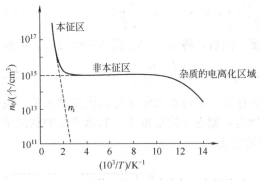

本征区

10^{17}

10^{15}

非本征区

杂质的电离化区域

$n_0/(个/cm^3)$

10^{13}

n_i

10^{11}

0 2 4 6 8 10 12 14

$(10^3/T)/K^{-1}$

图 2.15 n 型晶体硅载流子浓度与温度的关系

中掺入一定量杂质，控制电学性能，形成杂质半导体。因为杂质的电离能比禁带宽度小得多，所以杂质的电离和半导体的本征激发发生在不同的温度范围。在极低温时，首先发生的是电子从施主能级激发到导带，或者空穴由受主能级激发到价带的杂质电离，因此，随着温度升高，载流子浓度不断增大，当达到一定的浓度时，杂质达到饱和电离，即所有的杂质都电离，如图 2.15 所示，此温度区域称为杂质电离区；此时，本征激发的载流子浓度很低，

不影响总的载流子浓度。当温度进一步升高，本征激发的载流子浓度依然较低，半导体的载流子浓度保持基本恒定，主要由电离的杂质浓度决定，称为非本征区；当温度继续升高，本征激发的载流子浓度大量增加，此时的载流子浓度由电离的杂质浓度和本征载流子浓度共同决定，此时温度区域称为本征区。因此，为了准确控制半导体的载流子浓度和电学性能，半导体器件包括太阳电池都工作在本征激发载流子浓度较低的非本征区，此时杂质全部电离，一般不考虑本征激发的载流子，载流子浓度主要由掺杂杂质浓度决定。

无论掺入 n 型或 p 型掺杂剂，其杂质半导体必然是电中性的，即半导体中的正电荷数和负电荷数相等，称为电中性条件。

对于掺杂半导体，价带空穴密度为 p_0，则价带空穴对电荷的贡献为 ep_0；导带电子密度为 n_0，则导带电子对电荷的贡献为 $(-e)n_0$；如果施主杂质的浓度为 N_d，施主能级上电子被束缚的杂质浓度（中性施主的杂质浓度）为 n_d，则施主能级对电荷的贡献为 $e(N_d - n_d)$；相同地，如果受主杂质的浓度为 N_a，受主能级上中性杂质的浓度为 p_a，则受主能级对电荷的贡献为 $e(N_a - n_a)$。根据电中性条件，式（2.30）成立

$$p_0 + (N_d - n_d) = n_0 + (N_a - p_a) \tag{2.30}$$

2.4.3.1 n 型半导体的载流子浓度

对于只有施主存在的 n 型半导体，电中性条件的式（2.30）即成为

$$p_0 + (N_d - n_d) = n_0 \tag{2.31}$$

设施主杂质的能级为 E_d，根据费米分布函数式（2.11），得到施主能级上电子被束缚的杂质浓度（中性施主的杂质浓度）

$$n_d = N_d f(E_d) = \frac{N_d}{1 + \exp \dfrac{E_d - E_f}{\kappa T}} \tag{2.32}$$

如果施主杂质全部电离，即饱和电离，则 $n_d \approx 0$。联立式（2.27）和式（2.31），可得到 n 型半导体的载流子浓度

$$n_0 = \frac{1}{2}\left(N_d + \sqrt{N_d^2 + 4n_i^2}\right) \tag{2.33}$$

$$p_0 = \frac{n_i^2}{N_d} \tag{2.34}$$

因为 n 型半导体的 $N_d \gg n_i$，所以电子浓度简化为

$$n_0 \approx N_d \tag{2.35}$$

将式（2.35）代入式（2.22），可得到饱和电离的 n 型半导体的费米能级

$$E_f = E_c - \kappa T \ln \frac{N_c}{N_d} \tag{2.36}$$

由此可见，n 型半导体随温度的升高，E_f 逐渐偏离 E_c，趋近禁带中央，呈线性降低。

2.4.3.2　p 型半导体的载流子浓度

同样的，对于只有受主存在的 p 型半导体，电中性条件的式(2.30) 即成为

$$n_0 + (N_a - p_a) = p_0 \tag{2.37}$$

设受主杂质的能级为 E_a，根据费米分布函数式(2.11)，得到受主能级上中性杂质的浓度为

$$p_a = N_a [1 - f(E_d)] = N_a \left(1 - \frac{1}{1 + \exp \dfrac{E_a - E_f}{\kappa T}} \right) \tag{2.38}$$

如果受主杂质全部电离，则 $p_a \approx 0$。此时 p 型半导体的载流子浓度为

$$p_0 = N_a \tag{2.39}$$

$$n_0 = \frac{n_i^2}{N_a} \tag{2.40}$$

将式(2.39) 代入式(2.24)，可得到饱和电离的 p 型半导体的费米能级

$$E_f = E_v + \kappa T \ln \frac{N_v}{N_a} \tag{2.41}$$

2.4.3.3　载流子浓度的补偿

假如半导体既有施主杂质，又有受主杂质，当电离时，施主杂质电离的电子首先要跃迁到能量低的受主杂质能级，产生杂质补偿，所以其电中性条件就是式(2.30)。

如果施主杂质和受主杂质全部电离，则 $n_d \approx 0$，$p_a \approx 0$，那么，式(2.30) 变为

$$p_0 + N_d = n_0 + N_a \tag{2.42}$$

当 $N_d > N_a$ 时，施主杂质补偿完受主杂质后，仍然有多余的施主杂质可以电离电子，从施主杂质能级跃迁到导带，为 n 型半导体，此时只要将式(2.34) 和式(2.35) 中的 N_d 换成 $(N_d - N_a)$，就可以计算相应的载流子浓度。相反的，当 $N_d < N_a$ 时，施主杂质补偿完受主杂质后，仍然有多余的受主杂质能级上的空穴跃迁到价带，为 p 型半导体，此时只要将式(2.39) 和式(2.40) 中的 N_a 换成 $(N_a - N_d)$，就可以计算相应的载流子浓度。

2.5　非平衡少数载流子

在热平衡状态下，电子不停地从价带激发到导带，产生电子-空穴对；同时，它们又不停地复合，从而保持总的载流子浓度不变[3,7]。对于 n 型半导体，电子浓度大于空穴浓度，电子是多数载流子，空穴是少数载流子；对于 p 型半导体，空穴则是多数载流子，电子是少数载流子。

但是，当半导体材料处于光照条件下时，载流子浓度就会发生变化，处于非平衡状态。太阳能光电应用就是典型的半导体材料在非平衡状态下的应用。当光照射在半导体上时，价带上的电子能够吸收能量跃迁到导带，产生额外的电子-空穴对，从而引起载流子浓度的增大，出现了比平衡状态多的载流子，称为非平衡载流子。其他方式如金属探针加电压，也可以在半导体材料中引入非平衡载流子。

对于 n 型半导体，空穴是少数载流子，如果出现非平衡载流子，则其中的空穴称为非平衡少数载流子；而对于 p 型半导体，非平衡载流子中的电子为非平衡少数载流子。一般情况下，非平衡载流子浓度与掺杂浓度（及多数载流子浓度）相比很小，对多数载流子浓度影响

不大；但是，它与半导体中的少数载流子浓度相当，严重影响少数载流子浓度及相关性质，所以，在非平衡载流子中，非平衡少数载流子对半导体的作用是至关重要的。

2.5.1　非平衡载流子的产生、复合和寿命

当半导体被能量为 E 的光子照射时，如果 E 大于禁带宽度，那么半导体价带上的电子就会被激发到导带上，产生新的电子-空穴对，此过程称为非平衡载流子的产生或注入，如图 2.16 所示。

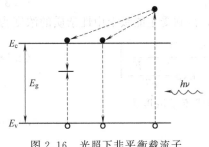

图 2.16　光照下非平衡载流子的产生和复合

非平衡载流子产生后并不是稳定的，要重新复合。复合时，导带上的电子首先跃迁到导带底，将能量传给晶格，变成热能；然后，导带底的电子跃迁到价带与空位复合，这种复合称为直接复合。如果禁带中有缺陷能级，包括体内缺陷引起的能级和表面态引起的能级，则价带上的电子就会被激发到缺陷能级上，缺陷能级上的电子可能被激发到导带上；而复合时，从导带底跃迁的电子，首先会跃迁到缺陷能级，然后再跃迁到价带与空穴复合，这种复合称为间接复合，这种缺陷又称为复合中心。

非平衡载流子复合时，从能量高的能级跃迁到能量低的能级，会放出多余的能量。根据能量释放的方式，复合又可以分为以下三种形式：

① 载流子复合时，发射光子，产生发光现象，称为辐射复合或发光复合；

② 载流子复合时，发射声子，将能量传递给晶格，产生热能，称为非辐射复合；

③ 载流子复合时，将能量传给其他载流子，增加它们的能量，称为俄歇复合。

由此可见，在外界条件的作用下，非平衡载流子产生并出现不同形式的复合；如果外界作用始终存在，非平衡载流子不断产生，也不断复合，最终产生的非平衡载流子和复合的非平衡载流子要达到新的平衡；如果外界作用消失，这些产生的非平衡载流子会因复合而很快消失，恢复到原来的平衡状态。如果设非平衡载流子的平均生存时间为非平衡载流子的寿命，用 τ 表示，则 $(1/\tau)$ 就是单位时间内非平衡载流子的复合概率。在非平衡载流子中，非平衡少数载流子起决定性的主导作用，因此，τ 又称为非平衡少数载流子的寿命。

以 n 型半导体为例，当光照在半导体上，产生非平衡载流子，用 Δn 和 Δp 表示，而且 $\Delta n = \Delta p$；停止光照后，非平衡载流子进行复合。对非平衡少数载流子而言，单位时间内浓度的减少 $-\mathrm{d}p(t)/\mathrm{d}t$ 等于复合掉的非平衡少数载流子 $\Delta p(t)/\tau$，即

$$\frac{\mathrm{d}\Delta p(t)}{\mathrm{d}t} = -\frac{\Delta p(t)}{\tau} \tag{2.43}$$

在一般小注入的情况下，τ 为恒量，则式(2.43) 为

$$\Delta p(t) = (\Delta p)_0 e^{-t/\tau} \tag{2.44}$$

式中，$(\Delta p)_0$ 是时间 t 为零，即复合刚开始时的非平衡少数载流子浓度。由式(2.44)可以看出，非平衡少数载流子浓度随时间呈指数衰减，其衰减规律如图 2.17 所示。

对于直接复合而言，如果将电子-空穴复合概率设为 r，这是表示具有不同热运动速度的电子和空穴复合概率的平均值，是温度的函数，与半导体的原始电子浓度 n_0 和空穴浓度 p_0 无关，那么，非平衡载流子的寿命可以表达为[3]

$$\tau = \frac{1}{r\left[(n_0 + p_0) + \Delta p\right]} \tag{2.45}$$

当 $\Delta p \ll (n_0 + p_0)$，即小注入时，式（2.45）成为

$$\tau = \frac{1}{r(n_0 + p_0)} \qquad (2.46)$$

如果是 n 型半导体，则 $n_0 \gg p_0$，式（2.46）又成为

$$\tau = \frac{1}{rn_0} \qquad (2.47)$$

说明在小注入条件下，半导体材料的寿命和电子-空穴对的复合概率成反比，在温度和载流子浓度一定的情况下，寿命是一个恒定的值。

反之，在大注入情况下，$\Delta p \gg (n_0 + p_0)$，式（2.45）变为

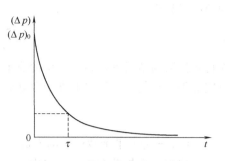

图 2.17 非平衡少数载流子浓度随时间的变化

$$\tau = \frac{1}{r\Delta p} \qquad (2.48)$$

对于间接复合而言，情况要复杂得多，它包括导带底电子和复合中心（缺陷能级）上空穴的复合过程与复合中心电子和价带空穴的复合过程。如果设 $n_1 = N_c \exp\dfrac{E - E_c}{\kappa T}$，即费米能级和缺陷能级重合时导带的平衡电子浓度，相应地，p_1 为费米能级和缺陷能级重合时价带的平衡空穴浓度，那么半导体材料非平衡载流子的寿命为

$$\tau = \frac{r_n(n_0 + n_1 + \Delta n) + r_p(p_0 + p_1 + \Delta p)}{Nr_nr_p(n_0 + p_0 + \Delta p)} \qquad (2.49)$$

式中，N 为复合中心的浓度。

2.5.2 非平衡载流子的扩散

当在物体一端加热时，随着时间的延长，物体的另一端也会发热，这是因为热传导能使热能从温度高的部位向温度低的部位传递，也可以说热能从温度高的部位向温度低的部位扩散。同理，对于非平衡载流子而言，也会发生从高浓度向低浓度的扩散过程。如果光照射在半导体材料的局部位置，产生了非平衡载流子，然后去除光照，显然，产生的非平衡载流子产生复合；但与此同时，非平衡载流子将以光照点为中心，沿三维方向向低浓度部位扩散，直到非平衡载流子由于复合而消失。

以非平衡载流子的一维扩散为例，如图 2.18 所示，非平衡的电子沿 x 方向扩散。在扩散距离增加 dx 时，电子在 x 方向上的浓度梯度为 $d\Delta n(x)/dx$，则单位时间通过垂直于单位面积的电子数，即电子的扩散流密度 S_n 为

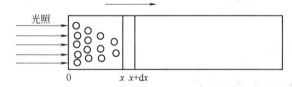

图 2.18 非平衡载流子（电子）一维扩散示意图

$$S_n = -D_n \frac{d\Delta n(x)}{dx} \qquad (2.50)$$

式中，D_n 为电子的扩散系数，cm^2/s，表示作为非平衡载流子的电子的扩散能力；负号表示电子由高浓度向低浓度扩散。

如果用恒定的光源照射半导体材料，光照点处的非平衡载流子浓度将保持稳定的值（$\Delta p_0 = \Delta n_0$），而且由于扩散而存在的其他部位的载流子浓度也保持不变，这种情况称为稳定扩散。此时，由于 S_n 将随位置 x 的变化而变化，则在单位时间内一维方向单位体积内增

加的电子数为

$$-\frac{\mathrm{d}S_n(x)}{\mathrm{d}x}=D_n\frac{\mathrm{d}^2\Delta n(x)}{\mathrm{d}x} \tag{2.51}$$

在稳定扩散的情况下，各个部位的非平衡载流子浓度应保持不变，即单位体积内增加的电子数应等于由于复合而消失的电子数 $\mathrm{d}\Delta n(x)/\tau$，则

$$D_n\frac{\mathrm{d}^2\Delta n(x)}{\mathrm{d}x}=\frac{\Delta n(x)}{\tau} \tag{2.52}$$

式中，τ 为非平衡载流子的寿命。这就是一维稳定扩散情况下的非平衡载流子的扩散方程，又称为稳态扩散方程，其解为

$$\Delta n(x)=A\exp-\frac{x}{L_n}+B\exp\frac{x}{L_n} \tag{2.53}$$

式中，$L_n=\sqrt{D_n\tau}$，称为扩散长度。当 $x=0$ 时，$\Delta n(0)=\Delta n_0$，由式（2.53）可知，$\Delta n_0=A+B$。

当样品相当厚时，非平衡载流子不能扩散到样品的另一端，此时的非平衡载流子浓度为零，即当 x 趋向于无穷大时，$\Delta n-0$。因此，$B=0$，$A=\Delta n_0$，则式（2.53）成为

$$\Delta n(x)=\Delta n_0\exp\left(-\frac{x}{L_n}\right) \tag{2.54}$$

式（2.54）表明，如果样品足够厚，由于扩散，非平衡载流子浓度从光照点到材料内部是呈指数衰减的。

如果样品的厚度为 W，并在样品的另一端由于非平衡载流子被引出，其浓度为零，则有边界条件：$x=W$ 时，$\Delta n=0$；$x=0$ 时，$\Delta n(0)=\Delta n_0$。如果 $W\ll L_n$，将边界条件代入式（2.53），解联立方程，并简化得

$$\Delta n(x)=\Delta n_0\left(1-\frac{x}{W}\right) \tag{2.55}$$

可见，对于一定厚度的样品，由于扩散，非平衡载流子浓度从光照点到材料内部是接近线性衰减的。

同样的，在三维方向上扩散时，除要考虑 x 方向以外，还要考虑 y、z 方向。设载流子在各个方向的扩散系数相同，那么电子的扩散流密度为

$$S_n=-D_n\nabla\Delta n \tag{2.56}$$

此时的稳态扩散方程为

$$D_n\nabla^2\Delta n=\frac{\Delta n}{\tau} \tag{2.57}$$

2.5.3　非平衡载流子在电场下的漂移和扩散

非平衡载流子具有电荷，它们产生后的扩散和复合也伴随着电流的扩散和消失。如果电子的扩散流密度为 S_n，则电子在一维方向扩散时的扩散电流密度为

$$(J_n)_{护}=-qS_n=qD_n\frac{\mathrm{d}\Delta n(x)}{\mathrm{d}x} \tag{2.58}$$

同样，空穴的扩散电流密度为

$$(J_p)_{护}=qS_p=-qD_p\frac{\mathrm{d}\Delta p(x)}{\mathrm{d}x} \tag{2.59}$$

如果半导体材料处于电场下，显然，这些具有电荷的非平衡载流子会受到电场的作用，产生新的运动，称为电场下的漂移。图2.19所示为非平衡载流子在一维方向电场下的运动。

很明显，除了原有的载流子扩散外，又增加了载流子的漂移运动，此时的总电流就等于载流子扩散形成的电流和漂移形成的电流之和。

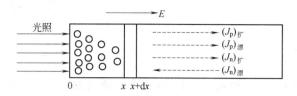

图 2.19 非平衡载流子（电子）在电场下的一维方向扩散和漂移示意图

在电场下，由电子引起的漂流电流为

$$(J_n)_{漂} = \sigma |E| = q(n_0 + \Delta n)\mu_n |E| \tag{2.60}$$

而空穴引起的漂移电流为

$$(J_p)_{漂} = \sigma |E| = q(p_0 + \Delta p)\mu_p |E| \tag{2.61}$$

由图 2.19 可知，光照时一维方向的电子引起的总电流为

$$J_n = (J_n)_{漂} + (J_n)_{扩} = q(n_0 + \Delta n)\mu_n |E| + qD_n \frac{d\Delta n}{dx} \tag{2.62}$$

空穴引起的总电流为

$$J_p = (J_p)_{漂} + (J_p)_{扩} = q(p_0 + \Delta p)\mu_p |E| + qD_p \frac{d\Delta p}{dx} \tag{2.63}$$

而载流子在电场下扩散和漂移引起的总电流为

$$J = J_n + J_p \tag{2.64}$$

进一步对 n 型半导体材料而言，如图 2.19 所示，由于扩散，单位时间单位体积内积累的空穴数为

$$-\frac{1}{q}\frac{\partial (J_p)_{扩}}{\partial x} = D_p \frac{\partial^2 p}{\partial x^2} \tag{2.65}$$

由于漂移，单位时间单位体积内积累的空穴数为

$$-\frac{1}{q}\frac{\partial (J_p)_{漂}}{\partial x} = -\mu_p |E| \frac{\partial p}{\partial x} - \mu_p p \frac{\partial |E|}{\partial x} \tag{2.66}$$

在小注入情况下，单位时间内复合消失的孔穴数为 $\Delta p/\tau$。设 g_p 是由其他因素引起的单位时间单位体积内空穴的变化，那么单位体积内空穴随时间的变化率为

$$\frac{\partial p}{\partial t} = D_p \frac{\partial^2 p}{\partial x^2} - \mu_p |E| \frac{\partial p}{\partial x} - \mu_p p \frac{\partial |E|}{\partial x} - \frac{\Delta p}{\tau} + g_p \tag{2.67}$$

式（2.67）就是在电场下，非平衡少数载流子同时存在扩散和漂移时的运动方程，称为连续性方程。

如果没有外加电场，在光照下产生非平衡载流子并扩散，在光照处附近留下不能移动的电离杂质，这些电离杂质和扩散的载流子使得半导体材料内部不再处处保持电中性，而存在新的静电场 $|E|$，该电场也能使载流子产生漂移电流

$$(J_n)_{漂} = n(x)q\mu_n |E| \tag{2.68}$$

$$(J_p)_{漂} = p(x)q\mu_p |E| \tag{2.69}$$

由于没有外加电场，半导体材料此时不存在宏观的电流，所以平衡时电子的总电流和空穴的总电流分别等于零，因此

$$(J_n) = (J_n)_{漂} + (J_n)_{扩} \tag{2.70}$$

$$(J_p) = (J_p)_{漂} + (J_p)_{扩} \tag{2.71}$$

结合式（2.58）、式（2.59）、式（2.68）和式（2.69），可以推导出[3,4]

$$\frac{D_n}{\mu_n} = \frac{\kappa T}{q} \tag{2.72}$$

$$\frac{D_p}{\mu_p} = \frac{\kappa T}{q} \tag{2.73}$$

式(2.72) 和式(2.73) 称为爱因斯坦关系式，它是关于平衡载流子和非平衡载流子的迁移率和扩散系数之间的关系。显然，只要知道其中的一个参数，就可以计算出另一个参数。

对于晶体硅而言，在室温下，$\mu_n = 1400 \text{cm}^2/(\text{V} \cdot \text{s})$，$\mu_p = 500 \text{cm}^2/(\text{V} \cdot \text{s})$，则 $D_n = 35 \text{cm}^2/\text{s}$，$D_p = 13 \text{cm}^2/\text{s}$。

2.6 p-n 结

p-n 结是大多数半导体器件的核心，是集成电路的主要组成部分，也是太阳电池的主要结构单元。因此，了解 p-n 结的性质，如电流电压特性，是掌握太阳电池光电转化工作原理的基础。

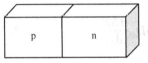

图 2.20 p-n 结的结构示意图

p-n 结是利用各种工艺将 p 型、n 型半导体材料结合在一起，在两者的结合处就形成了 p-n 结。图 2.20 所示为 p-n 结的结构示意图。实际工艺中，并不是将 n 型半导体材料和 p 型半导体材料简单地连接或粘接在一起，而是通过各种不同的工艺，使得半导体材料的一部分呈 n 型，另一部分呈 p 型。常用的形成 p-n 结的工艺主要有合金法、扩散法、离子注入法和薄膜生长法，其中扩散法是目前硅太阳电池的 p-n 结形成的主要方法。

2.6.1 p-n 结的制备

2.6.1.1 合金法

合金法是指在一种半导体单晶上放置金属或元素半导体，通过升温等工艺形成 p-n 结。图 2.21 所示为铟（In）在锗（Ge）半导体上形成 p-n 结的过程。首先将铟晶体放置在 n 型的锗单晶上，加温至 500～600℃，铟晶体逐渐熔化成液体，而在两者界面处的锗单晶原子会溶入液体，在锗单晶的表面处形成一层合金液体，锗在其中的浓度达到饱和；然后降低温度，合金液体和铟液体重新结晶，这时合金液体将会结晶成含铟的锗单晶，这层单晶锗是 p 型半导体，与 n 型的体锗单晶就构成了 p-n 结。

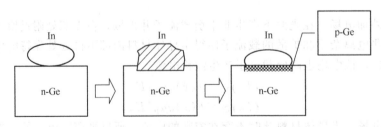

图 2.21 铟在 n 型锗半导体上形成 p-n 结的过程

2.6.1.2 扩散法

扩散法是指在 n 型（或 p 型）半导体材料中，利用扩散工艺掺入相反类型的杂质，在一部分区域形成与体材料相反类型的 p 型（或 n 型）半导体，从而构成 p-n 结。图 2.22 所示为在 p 型硅（Si）半导体单晶材料中扩散磷杂质，形成 p-n 结的过程。具体的过程是：首先将硅单晶加热至 800～1200℃，然后通入 P_2O_5 气体，P_2O_5 气体在硅表面分解，磷沉积在硅表面并扩散到体内，在硅表面形成一层含高浓度磷的单晶硅，成为 n 型半导体，其与 p 型体硅材料的交界处就构成了 p-n 结。这种方法也是太阳电池制备工艺最常用的方法。

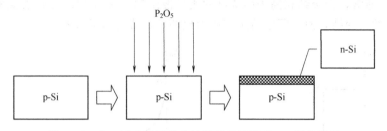

图 2.22 在 p 型硅半导体中扩散磷杂质形成 p-n 结的过程

2.6.1.3 离子注入法

离子注入法是指将 n 型（或 p 型）掺杂剂的离子束在静电场中加速，使之具有高动能，注入 p 型半导体（或 n 型半导体）的表面区域，在表面形成与体内相反的 n 型（或 p 型）半导体，最终形成 p-n 结。图 2.23 所示为在 n 型单晶硅中注入硼离子形成 p-n 结的过程。通常利用静电场将硼离子加速，使之具有数万到几十万电子伏特的能量，注入 n 型单晶硅中，在表面形成 p 型硅半导体层，从而组成 p-n 结。

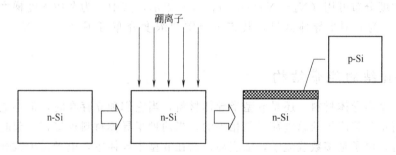

图 2.23 在 n 型单晶硅中注入硼离子形成 p-n 结的过程

2.6.1.4 薄膜生长法

薄膜生长法是在 n 型（或 p 型）半导体表面，通过气相、液相等外延技术，生长一层具有相反导电类型的 p 型（或 n 型）半导体薄膜，在两者的界面处形成 p-n 结。图 2.24 所示为在 p 型单晶硅表面生长 n 型单晶硅薄膜形成 p-n 结的过程。首先将单晶硅材料加热至 600～1200℃，然后加入硅烷（SiH_4）气体，同时通入适量的 P_2O_5 气体，它们在晶体硅表面遇热分解，在晶体硅表面形成一层含磷的 n 型单晶硅薄膜，与 p 型单晶硅材料接触形成 p-n 结。

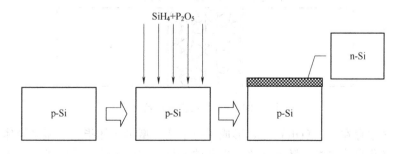

图 2.24 在 p 型单晶硅表面生长 n 型单晶硅薄膜形成 p-n 结的过程

由于在 n 型和 p 型半导体中的杂质类型是不同的，因此对某种杂质而言，在 p-n 结附近其浓度必然有变化。如果这种变化是突然陡直的，这种 p-n 结就称为突变结；如果这种变化是呈线性缓慢变化的，这种 p-n 结就称为线性缓变结。这两种 p-n 结的杂质分布示意图如图 2.25 所示。通常，合金结和高表面浓度的浅扩散结属于突变结，表面浓度相对较低的深扩散结属于线性缓变结，而太阳电池工艺中形成的 p-n 结则属于后者。

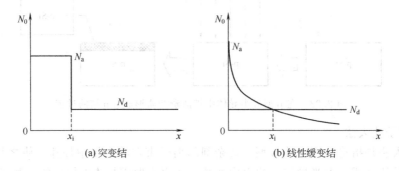

图 2.25 p-n 结的杂质分布示意图

N_d—施主杂质浓度；N_a—受主杂质浓度；$x=x_i$ 为 p-n 结的位置

对于扩散所形成的近似的线性缓变结，当 $x<x_i$ 时，$N_a>N_d$，为 p 型半导体区域，其受主杂质的浓度分布可用 $(N_a-N_d)=\alpha(x_i-x)$ 表示，其中 α 为杂质浓度梯度；当 $x>x_i$ 时，$N_d>N_a$，为 n 型半导体区域，其施主杂质的浓度分布可用 $(N_d-N_a)=\alpha(x-x_i)$ 表示。

2.6.2 p-n 结的能带结构

无论是 n 型半导体材料，还是 p 型半导体材料，当它们独立存在时，都是电中性的，电离杂质的电荷量和载流子的总电荷量是相等的。当两种半导体材料连接在一起时，对 n 型半导体材料而言，电子是多数载流子，浓度高；而在 p 型半导体中，电子是少数载流子，浓度低。由于浓度梯度的存在，势必会发生电子的扩散，即电子由高浓度的 n 型半导体向低浓度的 p 型半导体扩散。在 p-n 结界面附近，n 型半导体中的电子浓度逐渐降低，而扩散到 p 型半导体中的电子和其中的多数载流子空穴复合而消失。因此，在 n 型半导体靠近界面附近，由于多数载流子电子浓度的降低，使得电离杂质的正电荷数要高于剩余的电子浓度，出现了正电荷区域。同样的，在 p 型半导体中，由于空穴从 p 型半导体向 n 型半导体扩散，在靠近界面附近，电离杂质的负电荷数要高于剩余的空穴浓度，出现了负电荷区域，如图 2.26 所示。此区域就称为 p-n 结的空间电荷区，区域中的电离杂质所携带的电荷称为空间电荷。

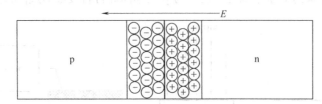

图 2.26 p-n 结的空间电荷区

空间电荷区中存在正、负电荷区，形成了一个从 n 型半导体指向 p 型半导体的电场，称为内建电场，又称自建电场。随着载流子扩散的进行，空间电荷区不断扩展增大，空间电荷量不断增加；同时，内建电场的强度也在不断增加。在内建电场的作用下，载流子受到与扩散方向相反的作用力，产生漂移。如 n 型半导体中的电子，在从高浓度的 n 型半导体向低浓度的 p 型半导体扩散的同时，电子受到内建电场的作用，产生从 p 型半导体向 n 型半导体的漂移。在没有外加电场时，电子的扩散和电子的漂移最终达到平衡，即在空间电荷区内，既没有电子的扩散，也没有电子的漂流，此时达到 p-n 结的热平衡状态。同样的，在热平衡状态下，空间电荷区没有空穴的扩散和漂移。此时，空间电荷区宽度一定，空间电荷量一定，没有电流的流入或流出。

由于载流子的扩散和漂移，导致空间电荷区和内建电场的存在，引起该部位的电势 V 和相关空穴势能（eV）或电子势能（$-eV$）随位置的改变，最终改变了 p-n 结处的能带结构。内建电场是从 n 型半导体指向 p 型半导体的，因此，沿着电场的方向，电势从 n 型半导体到 p 型半导体逐渐降低，带正电的空穴的势能也逐渐降低，而带负电的电子的势能则逐渐升高。也就是说，空穴在 n 型半导体势能高，在 p 型半导体势能低。如果空穴从 p 型半导体移动到 n 型半导体，需要克服一个内建电场形成的"势垒"；相反的，对电子而言，在 n 型半导体势能低，在 p 型半导体势能高，如果从 n 型半导体移动到 p 型半导体，则需要克服一个"势垒"。

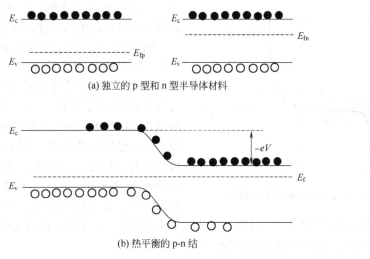

(a) 独立的 p 型和 n 型半导体材料

(b) 热平衡的 p-n 结

图 2.27　p-n 结形成前后的能带结构图

图 2.27 所示为 p-n 结形成前后的能带结构图。由图 2.27 可见，当 n 型半导体和 p 型半导体材料组成 p-n 结时，由于空间电荷区导致的电场，在 p-n 结处能带发生弯曲，此时导带底能级、价带顶能级、本征费米能级和缺陷能级都发生了相同幅度的弯曲。但是，在平衡时，n 型半导体和 p 型半导体的费米能级是相同的。因此，平衡 p-n 结的空间电荷区两端的电势差 V_0 就等于原来 n 型半导体和 p 型半导体的费米能级之差。设达到平衡后，n 型半导体和 p 型半导体中多数载流子电子和空穴的浓度分别为 n_0、p_0，则有

$$qV_0 = E_{fn} - E_{fp} \tag{2.74}$$

根据式（2.36）和式（2.41）

$$E_{fn} = E_c - \kappa T \ln \frac{N_c}{N_d}$$

$$E_f = E_v + \kappa T \ln \frac{N_v}{N_a}$$

则有

$$V_0 = \frac{1}{q}(E_{fn} - E_{fp}) = E_c - E_v - \kappa T \ln \frac{N_c N_v}{N_d N_a} \qquad (2.75)$$

根据式(2.25)

$$n_i^2 = n_0 p_0 = N_c N_v \exp\left(-\frac{E_c - E_v}{\kappa T}\right)$$

得到

$$V_0 = \frac{\kappa T}{q} \ln \frac{N_d N_a}{n_i^2} \qquad (2.76)$$

由式(2.75)和式(2.76)可知，p-n结的n型半导体、p型半导体的掺杂浓度越高，两者的费米能级相差越大，禁带越宽，p-n结的接触电势差V_0就越大。

2.6.3　p-n结的电流电压特性

　　p-n结具有许多重要的基本特性，包括电流电压特性、电容效应、隧道效应、雪崩效应、开关特性、光生伏特效应等，其中电流电压（I-V）特性又称为整流特性或伏-安特性，是p-n结最基本的性质，而太阳能光电转换则是利用p-n结自建电场产生的光生伏特效应。

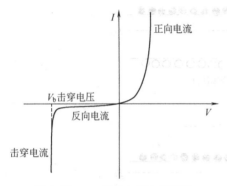

图2.28　p-n结的电流电压特性

　　图2.28所示为p-n结的电流电压特性。具体是在p-n结两侧加上外加电压时，当p型半导体接正电压，n型半导体接负电压时，电流就通过；而当外加电压方向相反时，电流就基本不通过。由图2.28可知，当电压为正向偏置（p型半导体为正，n型半导体为负）时，电流基本随电压呈指数上升，称为正向电流；而当电压反向偏置时（n型半导体为正，p型半导体为负）时，通过的电流很小，称为反向电流，此时电路基本处于阻断状态；当反向电压大于一定的数值（V_b为击穿电压），电流就会快速增大，此时p-n结被击穿，此时的反向偏压就称为击穿电压。

　　p-n结空间电荷区内的载流子密度很低，电阻率很高，所以当外加电压V_f加在p-n结上时，可以认为外加电压基本上落在空间电荷区上。如果加的是正向电压（或称为正向偏置），即p型半导体是电压的正端，n型半导体是电压的负端，此时外加电场的方向和内建电场的方向相反，因此，p-n结的热平衡被破坏，内建电场的强度被削弱，电子的漂移电流减小，电子从n型半导体向p型半导体扩散的势垒降低，空间电荷区变窄，结果导致大量的电子从n型半导体扩散到p型半导体。对p型半导体而言，电子是少数载流子，大量的电子从n型半导体扩散到p型半导体，相当于p型半导体中少数载流子大量注入。在p-n结附近电子将出现积累，并逐渐向p型半导体扩散，通过与空穴的复合而消失。同样的，对空穴而言，在正向电压的作用下，空穴从p型半导体扩散到n型半导体，并且在p-n结附近出现积累。

　　如果外加的是负向电压（或称为负向偏置），即n型半导体是电压的正端，p型半导体是电压的负端，此时外加电场的方向与内建电场的方向相同，因此，p-n结的热平衡也被破坏，内建电场的强度被加强，电子的漂移电流增大，而电子从n型半导体向p型半导体扩散的势垒增加，空间电荷区变宽，结果导致电子从p型半导体漂移到n型半导体。对p型半导体而言，电子是少数载流子，电子从p型半导体漂移到n型半导体，相当于p型半导体中少数载流子的抽出。图2.29所示为p-n结在外加电场下能带的变化情况。

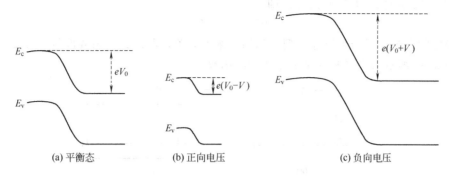

(a) 平衡态　　　　　(b) 正向电压　　　　　(c) 负向电压

图 2.29　p-n 结在外加电场下能带的变化情况

在理想状况下，电流-电压的具体关系式为

$$I=Aq\left(\frac{D_n n_p^0}{L_n}+\frac{D_p p_n^0}{L_p}\right)\left(\exp\frac{qV}{\kappa T}-1\right)$$

$$=I_0\left(\exp\frac{qV}{\kappa T}-1\right)=I_0\exp\frac{qV}{\kappa T}-I_0 \tag{2.77}$$

式中，D_n 和 D_p 分别为电子、空穴的扩散系数；L_n 和 L_p 分别为电子、空穴的扩散长度；n_p^0 和 p_n^0 分别为平衡时 p 型半导体中少数载流子（电子）的浓度和 n 型半导体中少数载流子（空穴）的浓度；V 为外加电压；A 为 p-n 结的截面积。式(2.77)的第一项 $I_0\exp\dfrac{qV}{\kappa T}$ 代表从 p 型半导体流向 n 型半导体的正向电流，随外加电压增大而迅速增加，当外加电场为零时，p-n 结处于平衡状态。第二项 $I_0=Aq\left(\dfrac{D_n n_p^0}{L_n}+\dfrac{D_p p_n^0}{L_p}\right)$ 代表从 n 型半导体指向 p 型半导体方向的电流，称为反向饱和电流。

2.7　金属-半导体接触和 MIS 结构

2.7.1　金属-半导体接触

不仅半导体 p-n 结具有整流效应，而且金属-半导体接触形成的结构和金属-绝缘体-半导体（MIS）形成的结构也可具有电流电压的整流效应，这些结构都可以构成太阳能光电转换电池的基本单元结构。

由图 2.7 可知，金属作为导体，通常是没有禁带的，自由电子处于导带中，可以自由运动，从而导电能力很强。在金属中，电子也服从费米分布，与半导体材料一样，在绝对零度时，电子填满费米能级（E_{fm}）以下的能级，在费米能级以上的能级是全空的。当温度升高时，电子能够吸收能量，从低能级跃迁到高能级，但是这些能级大部分处于费米能级以下，只有少数费米能级附近的电子可能跃迁到费米能级以上，而极少量的高能级的电子吸收了足够的能量可能跃迁到金属体外。用 E_0 表示真空中金属表面外静止电子的能量，那么，一个电子要从金属跃迁到体外所需的最小能量为

$$W_m=E_0-E_{fm} \tag{2.78}$$

称为金属的功函数或逸出功。

同样的，对于半导体材料，要使一个电子从导带或价带跃迁到体外，也需要一定的能量。类似于金属，如果 E_0 表示真空中半导体表面外静止电子的能量，那么，半导体的功函

数就是 E_0 和费米能级（E_{fs}）之差，即

$$W_s = E_0 - E_{fs} \tag{2.79}$$

由于半导体的费米能级与半导体的型号和掺杂浓度有关，所以其功函数也与型号和杂质浓度有关。图 2.30 所示为金属和 p 型半导体的功函数。

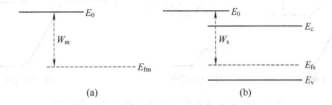

图 2.30　金属（a）和 p 型半导体（b）的功函数

当金属与 n 型半导体材料相接触时，两者有相同的真空电子能级。如果接触前金属的功函数大于半导体的功函数，那么，金属的费米能级就低于半导体的费米能级，而且两者的费米能级之差就等于功函数之差，即 $E_{fs} - E_{fm} = W_m - W_s$。接触后，虽然金属的电子浓度要大于半导体的电子浓度，但由于金属的费米能级低于半导体的费米能级，导致半导体中的电子流向金属，使得金属表面电子浓度增加，带负电，半导体表面带正电。而且半导体与金属的正、负电荷数量相等，整个金属-半导体系统保持电中性，只是提高了半导体的电势，降低了金属的电势。图 2.31 所示为金属和 n 型半导体接触前后能带的变化情况。

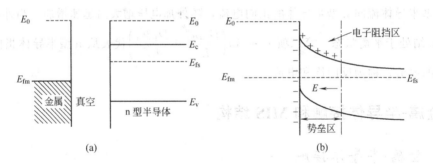

图 2.31　金属的功函数大于半导体的功函数时，金属和 n 型半导体
在接触前（a）和接触后（b）的能带

在电子从半导体流向金属后，n 型半导体的近表面留下一定厚度的带正电的施主离子，而流向金属的电子则由于这些正电离子的吸引，集中在金属-半导体界面层的金属一侧，与施主离子一起形成了一定厚度的内建电场和空间电荷区，内建电场的方向是从 n 型半导体指向金属，主要落在半导体的近表面层。与半导体 p-n 结相似，内建电场产生势垒，称为金属-半导体接触的表面势垒，又称电子阻挡层，使得空间电荷区的能带发生弯曲。而且，由于内建电场的作用，电子受到与扩散反方向的力，使得它们从金属又流向 n 型半导体。到达平衡时，从 n 型半导体流向金属和从金属流向半导体的电子数相等，空间电荷区的净电流为零，金属和半导体的费米能级相同，此时势垒两边的电势之差称为金属-半导体的接触电势差，等于金属、半导体接触前的费米能级之差或功函数之差，即

$$V_{ms} = \frac{1}{q}(W_m - W_s) = \frac{1}{q}(E_{fs} - E_{fm}) \tag{2.80}$$

如果接触前金属的功函数小于半导体的功函数，即金属的费米能级高于半导体的费

米能级，则通过同样的分析可知，金属和半导体接触后，在界面附近的金属一侧形成了很薄的高密度空穴层，半导体一侧形成了一定厚度的电子积累区域，从而形成了一个具有电子高电导率的空间电荷区，称为电子高电导区，又称反阻挡区，其接触前后的能带如图 2.32 所示。

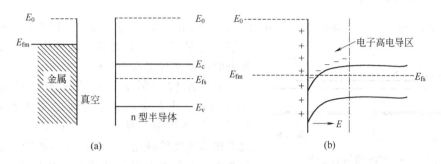

图 2.32　金属的功函数小于半导体的功函数时，金属和 n 型半导体
在接触前（a）和接触后（b）的能带

同样的，对于金属和 p 型半导体的接触，在界面附近也会存在空间电荷区，形成空穴势垒区（阻挡层）和空穴高电导区（反阻挡区）。

如果在金属和 n 型半导体之间加上外加电压，将会影响内建电场和表面势垒的作用，表现出金属和半导体接触的整流效应。当金属接正极而半导体接负极时，即外加电场从金属指向半导体，与内建电场相反。显然，外加电场将抵消一部分内建电场，导致电子势垒降低，电子阻挡层减薄，使得从 n 型半导体流向金属的电子流量增大，电流增大。相反地，当金属接负极，半导体接正极时，外加电场从半导体指向金属，与内建电场一致，增加了电子势垒，电子阻挡层增厚，使得从 n 型半导体流向金属的电子很少，电流几乎为零。此特性与 p-n 结的电流电压特性是一样的，同样具有整流效应。具有整流效应的金属和半导体接触，称为肖特基接触，以此为基础制成的二极管称为肖特基二极管。

2.7.2　欧姆接触

在半导体器件制备过程中，包括太阳能光电池的制备过程，常常需要没有整流效应的金属和半导体的接触，这种接触称为欧姆接触。欧姆接触不会形成附加的阻抗，不会影响半导体中的平衡载流子浓度。从理论上讲，要形成这样的欧姆接触，金属的功函数必须小于 n 型半导体的功函数，或大于 p 型半导体的功函数，这样，在金属-半导体界面附近的半导体一侧形成反阻挡层（电子或空穴的高电导区），可以阻止整流作用的产生。

除金属的功函数外，还有其他因素影响欧姆接触的形成，其中最重要的是表面态。当半导体具有高表面态密度时，金属功函数的影响甚至将不再重要。根据欧姆接触的性质，在实际工艺中，常用的欧姆接触制备技术有：低势垒接触、高复合接触和高掺杂接触。

所谓的低势垒接触，就是选择适当的金属，使其功函数和相应半导体的功函数之差很小，导致金属-半导体的势垒极低，在室温下就有大量的载流子从半导体向金属或从金属向半导体流动，从而没有整流效应产生。对于 p 型硅半导体而言，金、铂都是较好的可以形成低势垒欧姆接触的金属。

高复合接触是指通过打磨或铜、金、镍合金扩散等手段，在半导体表面引入大量的复合中心，复合掉可能的非平衡载流子，导致没有整流效应产生。

高掺杂接触，是在半导体表面掺入高浓度的施主或受主电学杂质，导致金属-半导体接触的势垒区很薄。在室温下，电子通过隧穿效应产生隧道电流，从而不能阻挡电子的流动，接触电阻很小，最终形成欧姆接触。

2.7.3 MIS 结构

如在金属和半导体之间插入一层绝缘层，就形成了金属-绝缘层-半导体（MIS）结构，

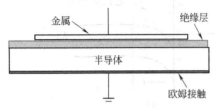

图 2.33 MIS 结构示意图

是集成电路 CMOS 器件的核心单元，新型太阳能光电池也常常利用这个结构。

MIS 结构实际上是一个电容，其结构如图 2.33 所示。当在金属和半导体之间加上电压，与金属-半导体接触一样，在金属的表面一个原子层内堆积高密度的载流子，而在半导体中有相反的电荷产生，并分布在半导体表面一定的宽度范围内，

形成空间电荷区。在此空间电荷区内，形成内建电场，从表面到体内逐渐降低为零。由于内建电场的存在，空间电荷区的电势也在变化，导致空间电荷区的两端产生电势差 V_s，称为表面势，造成了能带的弯曲。此表面势是指半导体表面相对于半导体体内的电势差，所以，当表面电势高于体内电势时，表面电势为正值，反之为负值。

当 MIS 结构加上外加电场时，随着外加电场和空间电荷区的变化，会出现多数载流子堆积、多数载流子耗尽和少数载流子反型三种情况，图 2.34 所示为 p 型半导体在多数载流子堆积、多数载流子耗尽和少数载流子反型时的能带图。

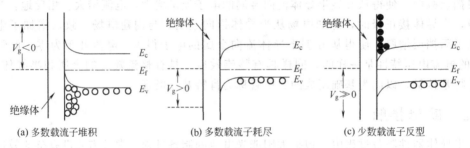

(a) 多数载流子堆积　　　　(b) 多数载流子耗尽　　　　(c) 少数载流子反型

图 2.34　p 型半导体在多数载流子堆积、多数载流子耗尽和
少数载流子反型时的能带图

（1）多数载流子堆积　在 MIS 结构的金属一端接负极时，表面电势为负值，导致能带在半导体表面空间电荷区自体内向表面逐渐上升弯曲，在表面处价带顶接近或超过费米能级，如图 2.34(a) 所示。能带的弯曲导致在半导体表面多数载流子空穴浓度的增加，导致空穴堆积，而在空间电荷区半导体体内部分出现电离正电荷。

（2）多数载流子耗尽　在 MIS 结构的金属一端接正极时，表面电势为正值，导致能带在半导体表面空间电荷区自体内向表面逐渐下降弯曲，在表面处价带顶远离费米能级，如图 2.34(b) 所示。能带的弯曲导致在半导体表面多数载流子空穴浓度的大幅度减小，形成载流子的耗尽层。

（3）少数载流子反型　在 MIS 结构的金属一端接正极时，且外加电压很大，导致能带下降弯曲的程度增加，表面处导带底逐渐接近或达到费米能级，如图 2.34(c) 所示。此时，半导体表面处的少数载流子电子的浓度要高于空穴的浓度，形成与半导体体内导电类型相反的一层反型层。而在反型层与体内之间还夹杂一层多数载流子的耗尽层。

2.8 太阳能光电转换原理——光生伏特效应

2.8.1 半导体材料的光吸收

当一束光照射到物体上时，一部分入射光线在物体表面反射或散射，一部分被物体吸收，另一部分可能透过物体。也就是说，光能的一部分可以被物体吸收。随着物体厚度的增加，光的吸收也增加。如果入射光的能量为 I_0，则在离表面距离 x 处，光的能量为

$$I = I_0 \mathrm{e}^{-\alpha x} \tag{2.81}$$

式中，α 为物体的吸收系数，表示光在物体中传播 $1/\alpha$ 距离时，能量因吸收而衰减到原来的 $1/\mathrm{e}$。

半导体材料的吸收系数较大，一般在 $10^5 \mathrm{cm}^{-1}$ 以上，能够强烈地吸收光的能量。被吸收的光能，将使材料中能量较低的电子跃迁到能量较高的能级，如果跃迁仅仅发生在导带或价带中，并没有产生多余的非平衡载流子电子或空穴，只是与晶格交换了能量，最终光能转变成热能。如果吸收的能量大于半导体材料的禁带宽度，就有可能使电子从价带跃迁到导带，从而产生电子-空穴对，这种吸收称为本征吸收。半导体材料中光的吸收导致了非平衡载流子产生，总的载流子浓度增加，电导率增大，称为半导体材料的光电导现象。

要发生本征吸收，光能必须大于半导体的禁带宽度 E_g，即

$$\frac{hc}{\lambda} = h\nu > E_\mathrm{g} \tag{2.82}$$

式中，h 为普朗克常数；c 为光速；λ 为光的波长；ν 为光的频率。光能等于禁带宽度时的波长和频率分别为 λ_0 和 ν_0，称为半导体的本征吸收限。也就是说，只有当波长小于 λ_0 时，本征吸收才能产生，导致吸收系数的大幅增加。根据式(2.82)，本征吸收限为

$$\lambda_0 = \frac{1.24}{E_\mathrm{g}} \tag{2.83}$$

对于晶体硅，禁带宽度为 1.12eV，$\lambda_0 = 1.1\mu\mathrm{m}$；而砷化镓的禁带宽度为 1.43eV，$\lambda_0 = 0.867\mu\mathrm{m}$。

在本征吸收产生电子-空穴时，不仅要遵守能量守恒，而且要遵守动量守恒。如果半导体材料的导带底的最小值和价带顶的最大值具有相同的波矢 $\boldsymbol{k}$，那么在价带中的电子跃迁到导带上时，动量不发生变化，称为直接跃迁，这种半导体称为直接带隙半导体，如砷化镓。如果半导体材料的导带底的最小值和价带顶的最大值具有不同的波矢 $\boldsymbol{k}$，此时在价带中的电子跃迁到导带上时，动量要发生变化，除了吸收光子能量电子发生跃迁外，电子还需要与晶格作用，发射或吸收声子，达到动量守恒，这种跃迁称为间接跃迁，这种半导体为间接带隙半导体，如硅和锗。因此，间接跃迁不仅取决于电子和光子的作用，而且要考虑电子和晶格的作用，导致吸收系数大大降低。一般而言，间接禁带半导体的吸收系数要比直接禁带半导体的吸收系数低 2~3 个数量级，需要更厚的材料才能吸收同样的光谱的能量。对于间接禁带半导体硅而言，需要几百微米以上的厚度，才能完全吸收太阳光中大于其禁带宽度的光波的能量；而对于直接禁带的 GaAs 半导体，仅仅需要几个微米的厚度就可以完全吸收太阳光中大于其禁带宽度的光波的能量。

实际上，对半导体材料而言，即使光子的波长比本征吸收限 λ_0 长，也有可能产生吸收。也就是说，当光子能量小于半导体禁带宽度时，依然有可能存在吸收。这说明除了半导体的本征吸收外，还存在其他光子吸收过程，包括激子吸收、载流子吸收、杂质吸收和晶格吸收等。

2.8.2 光生伏特

当 p 型半导体和 n 型半导体结合在一起,形成 p-n 结时,由于多数载流子的扩散,形成了空间电荷区,并形成一个不断增强的从 n 型半导体指向 p 型半导体的内建电场,导致多数载流子反向漂移。达到平衡后,扩散产生的电流和漂移产生的电流相等。如果光照在 p-n 结上,而且光能大于 p-n 结的禁带宽度,则在 p-n 结附近将产生电子-空穴对。由于内建电场的存在,产生的非平衡电子载流子将向空间电荷区两端漂移,产生光生电势(电压),破坏了原来的平衡。如果将 p-n 结和外电路相连,则电路中出现电流,称为光生伏特现象或光生伏特效应,是太阳能光电池的基本原理,也是光电探测器、辐射探测器等器件的工作原理。同样的,对于肖特基二极管、MIS 结构等器件,也能产生光生伏特效应。

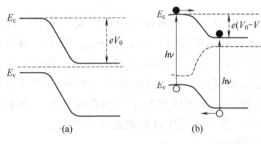

图 2.35 p-n 结光照前(a)、后(b)的能带图

图 2.35 所示为 p-n 结光照前后的能带图。平衡时,由于内建电场,能带发生弯曲,空间电荷区两端的电势差为 eV_0。当能量大于禁带宽度的光垂直照射在 p-n 结上时,会产生电子-空穴对。在内建电场的作用下,p 型半导体中的光照产生的电子将流向 n 型半导体,而 n 型半导体中的空穴将流向 p 型半导体,形成了从 n 型半导体到 p 型半导体的光生电流 I_1,同时导致光生电势和光生电场的出现。而光生电场的方向是从 p 型半导体指向 n 型半导体,与内建电场方向相反,类似于在 p-n 结上加上了正向的外加电场,使得内建电场的强度降低,导致载流子扩散产生的电流大于漂移产生的电流,从而产生了净的正向电流。如果设内建电场强度为 V_0,光生电势为 V,则空间电荷区的势垒高度降低 $e(V_0-V)$,如图 2.35(b) 所示。

设在光照下 p-n 结附近的电子-空穴对的产生率为恒定值 G,忽略空间电荷区的复合,则从 n 型半导体到 p 型半导体的光生电流为

$$I_1 = qAG(L_n + W + L_p) \tag{2.84}$$

式中,A 为 p-n 结的面积;L_n 和 L_p 分别为电子和空穴的扩散长度;W 为空间电荷区的宽度。

正是由于光生电流和光生电势的产生,使得 p-n 结可能向外电路提供电流 I 和功率。但是,光生电势降低了空间电荷区的势垒,类似于在 p-n 结上加上正向电场,使得 p-n 结产生了正向电流 I_f 的注入,方向与光生电流相反,导致 p-n 结提供给外电路的电流减少,这是太阳能光电池竭力要避免的。根据式(2.77),光照时流过 p-n 结的正向电流为

$$I_f = I_0 \exp\frac{qV}{\kappa T} - I_0 \tag{2.85}$$

式中,V 为光生电压;I_0 为反向饱和电流。显然,如果将 p-n 结与外电路相连,则光照时流过外加负载的电流为

$$I = I_1 - I_f = I_1 - (I_0 \exp\frac{qV}{\kappa T} - I_0) \tag{2.86}$$

这就是负载电阻上的电流电压特性,即光照下 p-n 结或太阳能光电池的电流电压特性曲线(伏安特性曲线),如图 2.36 所示。

由式(2.86)可得

$$V = \frac{\kappa T}{q}\ln(\frac{I_1 - I}{I_0} + 1) \tag{2.87}$$

将 p-n 结开路，即负载电阻无穷大，负载上的电流 I 为零，则此时的电压称为开路电压，用 V_{oc} 表示，由式(2.87) 可知

$$V_{oc} = \frac{\kappa T}{q}\ln\left(\frac{I_1}{I_0}+1\right) \tag{2.88}$$

将 p-n 结短路，即负载电阻、光生电压和光照时流过 p-n 结的正向电流 I_f 均为零，则此时的电流称为短路电流，用 I_{sc} 表示，由式(2.86) 可知

$$I_{sc} = I_1 \tag{2.89}$$

即光照时的 p-n 结短路电流等于它的光生电流。

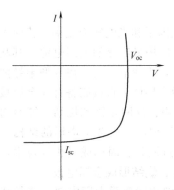

图 2.36　p-n 结受光照时的伏安特性曲线

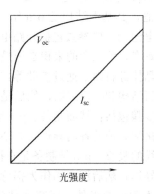

图 2.37　短路电流和开路电压随着光强度的变化

短路电流和开路电压是太阳能光电池的重要参数，并随着太阳光强度的增加而增加，如图 2.37 所示。由图 2.37 可见，随着光强度的增加，短路电流 I_{sc} 呈线性增长，而开路电压 V_{oc} 呈对数上升，并逐渐达到最大值。

参 考 文 献

[1]　王季陶，刘明登. 半导体材料. 北京：高等教育出版社，1990.
[2]　施敏. 半导体器件物理与工艺. 王阳元，嵇光大，卢文豪译. 北京：科学出版社，1992.
[3]　刘恩科，朱秉升，罗晋生. 半导体物理. 西安：西安交通大学出版社，1998.
[4]　刘文明. 半导体物理. 长春：吉林科学技术出版社，1982.
[5]　佘思明. 半导体硅材料学. 长沙：中南工业大学出版社，1992.
[6]　Graff K. Metal Impurities in Silicon. Berlin：Springer，1995.
[7]　[日] 中嶋坚志郎著. 半导体工程学. 熊缨译. 北京：科学出版社，2001.

第3章
太阳电池的结构和制备

将太阳能转化为电能，需要太阳能光电转换器件，也就是太阳电池。太阳电池又称为太阳能光电池，其基本结构是 p-n 结。

太阳电池的主要参数包括开路电压、短路电流、填充因子和光电转换效率，若使太阳电池具有高的效率，前三者的乘积必须最大。而硅太阳电池是应用最广泛的太阳电池，其基本结构是在 p 型晶体硅材料上通过扩散等技术形成 n 型半导体层，组成 p-n 结。在 n 型半导体表面制备表面绒面结构和减反射层，然后是金属电极，而在 p 型半导体上直接制备背面金属接触。其主要工艺步骤包括：绒面制备、p-n 结制备、减反射层沉积、丝网印刷和烧结。绒面制备是利用晶体硅化学腐蚀的各向异性，在 NaOH 等化学溶液中处理，形成金字塔形的结构，增加了对入射光线的吸收；p-n 结制备是在掺硼的 p 型硅上，通过液相、固相或气相等技术，扩散形成 n 型半导体；然后沉积铝作为铝背场，再通过丝网印刷、烧结形成金属电极。

除硅太阳电池以外，还有多种薄膜太阳电池，包括砷化镓薄膜太阳电池、非晶硅太阳电池、多晶硅薄膜太阳电池、CdTe 薄膜太阳电池和 $CuInSe_2$ 薄膜太阳电池等。这些薄膜太阳电池的厚度通常只有 $1\sim10\mu m$，制备在玻璃等相对廉价的衬底上，可以实现低成本、大面积的工业化生产。为了提高薄膜太阳电池的效率，在单结太阳电池的基础上，还开发了多结太阳电池，以提高对太阳光线的吸收。

本章首先介绍太阳电池的基本结构和光电转换效率的基本理论，描述了硅太阳电池的基本工艺，并分别阐述砷化镓薄膜、非晶硅薄膜、多晶硅薄膜、CdTe 薄膜和 $CuInSe_2$ 薄膜太阳电池的基本结构及制备工艺。

3.1 太阳电池的结构和光电转换效率

实际上 p-n 结不是 p 型半导体光电材料和 n 型半导体光电材料的简单物理结合，而是通过合金法、扩散法、离子注入法或薄膜生长法等技术形成 p-n 结。最简单的方法就是扩散法，它是通过杂质的扩散，在基质材料上形成一层与基质材料导电类型相反的材料层而构成 p-n 结。根据基质材料和扩散杂质的不同，太阳电池的基本结构分为两类：一类是基质材料为 p 型半导体光电材料，扩散能提供电子的杂质，在 p 型基质材料表面形成 n 型材料，制备 p-n 结，n 型材料为受光面；

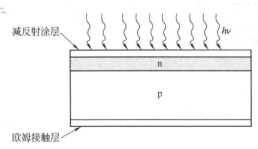

减反射涂层

欧姆接触层

图 3.1　p-n 结太阳电池的基本结构示意图

另一类则相反，在基质材料为 n 型的半导体光电材料上，扩散能提供空穴的杂质，在 n 型基质材料表面形成 p 型材料，制备 p-n 结，相应地，p 型材料为受光面。

图 3.1 所示为 p-n 结太阳电池的基本结构示意图，它是由 p 型硅半导体材料作为基质材料，通过在表面的 n 型杂质扩散而形成 p-n 结。n 型半导体为受光面，上面覆盖减反射涂

层，在背面覆盖欧姆接触层，构成一个太阳电池。当外接负载 R 时，形成一个电流回路，在太阳光照射下，太阳电池产生电流，为外加负载提供功率。只要光照不停止，电池就会源源不断地对外提供电流。在理想情况下，p-n 结太阳电池的等效电路如图 3.2 所示，其中 I_1 为光生电流，I_f 为 p-n 结的正向注入电流，I 为太阳电池提供的负载电流。但是，在实际的太阳电池中，由于存在并联（泄漏）电阻 R_{sh} 和串联电阻 R_s，所以实际等效电路如图 3.3 所示。

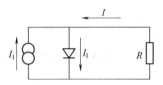
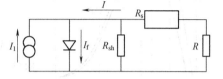

图 3.2 理想 p-n 结太阳电池的等效电路 　　　　图 3.3 实际 p-n 结太阳电池的等效电路

由 p-n 结太阳电池的等效电路可知，其中有一个恒流源和 p-n 结并联，电流源 I_1 是太阳光照射生成的过剩载流子产生的，I_0 为二极管的饱和电流，R 为负载电阻，根据式（2.86），此时 p-n 结太阳电池的 I-V 特性（即伏安特性）为[1,2]

$$I = I_1 - I_f = I_1 - \left(I_0 \exp \frac{qV}{\kappa T} - I_0\right) \tag{3.1}$$

可以得到图 3.4 所示的 I-V 曲线。为方便起见，将电流坐标倒置，即 $I = -(I_1 - I_f)$，得到简化的 I-V 特性图，如图 3.4 所示。从图 3.4 中可以看出，在电压为零时，电流最大，称为短路电流（I_{sc}）；在电流为零时，电压最大，称为开路电压（V_{oc}）；此时 p-n 结太阳电池输出的功率 $P = IV$，当 IV 达到最大值时，即 $P_m = I_m V_m$，太阳电池的输出功率为最大，此时图 3.4 中矩形阴影部分的面积达到最大。

根据式（2.88）和式（2.89）可知，开路电压

图 3.4 太阳光照射下的 p-n 结太阳电池的简化 I-V 曲线

$$V_{oc} = \frac{\kappa T}{q} \ln\left(\frac{I_1}{I_0} + 1\right) \approx \frac{\kappa T}{q} \ln \frac{I_1}{I_0} \tag{3.2}$$

短路电流

$$I_{sc} = I_1 \tag{3.3}$$

而此时太阳电池的输出功率为

$$P = IV = I_1 V - I_0 V (e^{qV/\kappa T} - 1) \tag{3.4}$$

当 $dP/dV = 0$ 时，可以得到太阳电池的最大功率条件是

$$V_m = \frac{\kappa T}{q} \ln \frac{1 + I_1/I_0}{1 + (qV_m/\kappa T)}$$

$$\approx V_{oc} - \frac{\kappa T}{q} \ln\left(1 + \frac{q_m V}{\kappa T}\right) \tag{3.5}$$

$$I_m = I_0 \left(\frac{qV_m}{\kappa T}\right) e^{qV_m/\kappa T_m}$$

$$\approx I_1 \left(1 - \frac{1}{qV_m/\kappa T}\right) \tag{3.6}$$

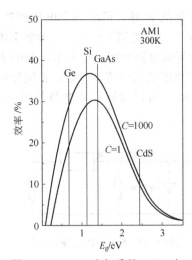

图 3.5 300K、大气质量 AM1 时，

太阳电池的理想效率

($C=1$ 和 $C=1000$ 分别指聚光度为 1 个
太阳和聚光度为 1000 个太阳[2]）

此时，硅等太阳电池的理想效率如图 3.5 所示[2]。

因此，p-n 结太阳电池的最大功率为

$$P_\mathrm{m} = I_\mathrm{m}V_\mathrm{m} \approx I_1\left[V_\mathrm{oc} - \frac{\kappa T}{q}\ln\left(1 + \frac{qV_\mathrm{m}}{\kappa T}\right) - \frac{\kappa T}{q}\right] \quad (3.7)$$

而 p-n 结太阳电池的光电转换效率为

$$\eta = \frac{I_\mathrm{m}V_\mathrm{m}}{P_\mathrm{in}} = \frac{I_1\left[V_\mathrm{oc} - \frac{\kappa T}{q}\ln\left(1 + \frac{qV_\mathrm{m}}{\kappa T}\right) - \frac{\kappa T}{q}\right]}{P_\mathrm{in}}$$

$$= \frac{FI_1V_\mathrm{oc}}{P_\mathrm{in}} = \frac{FI_\mathrm{sc}V_\mathrm{oc}}{P_\mathrm{in}} \quad (3.8)$$

式中，P_in 为入射功率，是太阳能光谱中所有光子的积分；F 为填充因子。

$$F = \frac{I_\mathrm{m}V_\mathrm{m}}{I_\mathrm{sc}V_\mathrm{oc}} \quad (3.9)$$

显然，要使太阳电池的效率达到最大，F、I_sc 和 V_oc 都应该达到最大。在室温 300K 和大气质量 AM1 时，入射功率 $P_\mathrm{in} = 100\mathrm{mW/cm^2}$，则太阳电池的效率

$$\eta = FI_\mathrm{sc}V_\mathrm{oc} \quad (3.10)$$

3.2 晶体硅太阳电池的基本工艺

晶体硅太阳电池是典型的 p-n 结型太阳电池，它的研究最早、应用最广，是最基本且最重要的太阳电池。由于硅中电子的迁移率［1350cm/（V·s）］大于空穴的迁移率［480cm/（V·s）］，所以在实际工艺中，一般利用 1Ω·cm 左右的（100）晶面的掺硼的 p 型硅材料作为基质材料，通过扩散 n 型掺杂剂，形成 p-n 结。虽然硅的 n 型掺杂剂包括磷、砷和锑，但出于性能价格比等考虑，在晶体硅太阳电池工业化制备中，通常使用磷作为 n 型掺杂剂。

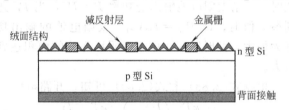

图 3.6 晶体硅太阳电池的结构

晶体硅太阳电池的结构示意图如图 3.6 所示。在 160～200μm 厚的 p 型硅片上，通过扩散形成 0.25μm 左右的 n 型半导体层，构成 p-n 结，其中 p 型硅作为基极，n 型硅作为发射极；在 n 型半导体上有呈金字塔形的绒面结构和减反射层，然后是呈梳齿状的金属电极；而在 p 型半导体上直接有背面金属接触，从而构成了典型的单结（p-n 结）晶体硅太阳电池。其主要工艺步骤包括：绒面制备、p-n 结制备、减反射层沉积、丝网印刷和烧结。

3.2.1 绒面结构

晶体硅太阳电池一般是利用硅切片，由于在硅片切割过程中刀片的作用，使得硅片表面有一层 10～20μm 的损伤层，在太阳电池制备时首先需要利用化学腐蚀将损伤层去除，然后制备表面绒面结构。对于单晶硅而言，如果选择择优化学腐蚀剂，就可以在硅片表面形成金字塔结构，称为绒面结构，又称表面织构化，如图 3.6 和图 3.7 所示。这种结构比平整的化学抛光的硅片表面具有更好的减反射效果，能够更好地吸收和利用太阳光线。当一束光线照

射在平整的抛光硅片上时，约有 30% 的太阳光会被反射掉；如果光线照射在金字塔形的绒面结构上，反射的光线会进一步照射在相邻的绒面结构上，减少了太阳光的反射；同时，光线斜射入晶体硅，从而增加太阳光在硅片内部的有效运动长度，也就是增加了光线被吸收的机会，其原理如图 3.7 所示。

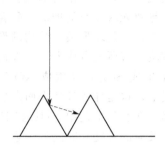

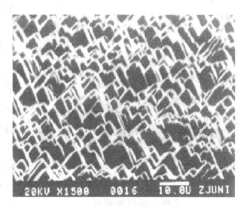

图 3.7 具有绒面结构的硅片表面的光线反射示意图   图 3.8 硅片表面绒面结构的扫描电镜图

对于（100）的 p 型直拉硅片，最常用的择优化学腐蚀剂是 NaOH 或 KOH，在 80～90℃ 左右的温度下，进行化学反应。由于生成物 Na_2SiO_3 溶于水而被去除，从而硅片被化学腐蚀。由于 NaOH 或 KOH 腐蚀具有各向异性，可以制备成绒面结构，如图 3.8 所示。因为在硅晶体中，（111）面是原子最密排面，腐蚀速率最慢，所以腐蚀后 4 个与晶体硅（100）面相交的（111）面构成了金字塔形结构，其化学反应式为

$$Si + 2NaOH + H_2O === Na_2SiO_3 + H_2 \tag{3.11}$$

由于绒面结构，使得硅片表面的反射率大大降低，表面呈黑色。图 3.9 所示为绒面制作完成后，硅片表面的反射率随波长的变化情况。

为了提高绒面制作的效果，还可以在 NaOH（或 KOH）加入一些添加剂。例如，加入异丙醇不仅可以帮助解除氢气（H_2）气泡在硅片表面上的吸附，而且还可以促进大金字塔的形成，形成很好的金字塔结构[3,4]。但是异丙醇的成本较高，而且伴随有可能的工业污染。最近，也有研究者提出，利用 Na_2CO_3（或 K_2CO_3）溶液或磷酸钠（$Na_3PO_4 \cdot 12H_2O$）溶液对单晶硅进行织构化处理[5,6]。其原理是利用 CO_3^{2-} 或 PO_4^{3-} 水解产生 OH^- 与硅反应，进行择优化学腐蚀，

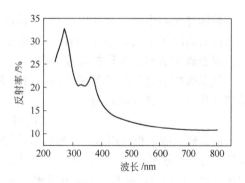

图 3.9 具有绒面结构的硅片表面的
反射率随波长的变化情况

而且水解产生的 CO_3^{2-}、PO_4^{3-} 或 HCO_3^-、HPO_4^{2-} 还起着与异丙醇相同的作用，使得制备的绒面结构很好。因此，利用添加剂可以改善绒面，已经在大规模生产中得以应用。

对于由不同晶粒构成的铸造多晶硅硅片，由于硅片表面具有不同的晶向，择优腐蚀的碱性溶液显然不再适用。研究者提出利用非择优腐蚀的酸性腐蚀剂，在铸造多晶硅表面制造类似的绒面结构[7]。到目前为止，人们研究得最多的是 HF 和 HNO_3 的混合液。其中 HNO_3 作为氧化剂，它与硅反应，在硅表面产生致密的不溶于硝酸的 SiO_2 层，使得 HNO_3 和硅隔离，反应停止；但是二氧化硅可以和 HF 反应，生成可溶解于水的络合物六氟硅酸，导致 SiO_2 层的破坏，从而硝酸对硅的腐蚀再次进行，最终使得硅表面不断被腐蚀，具体的反应

式如下。

$$3Si + 4HNO_3 === 3SiO_2 + 2H_2O + 4NO \qquad (3.12)$$
$$SiO_2 + 6HF === H_2(SiF_6) + 2H_2O \qquad (3.13)$$

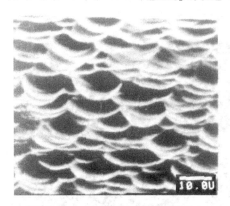

图 3.10　铸造多晶硅表面绒面
结构扫描电镜照片
[HF：HNO₃=12：1(体积比)，2min]

图 3.10 所示为铸造多晶硅表面经过酸腐蚀产生的绒面结构的扫描电镜照片。由图 3.10 可知，经过腐蚀，在铸造多晶硅的表面形成了大小不等的球形结构，它们同样可以使太阳光的光程增加，降低表面反射率，导致光线吸收的增加。酸腐蚀的化学反应式虽然简单，但是球形绒面结构的形成机理依然没有完全解决。有研究者认为[7]，在硅与硝酸的反应中，除了生成 SiO_2，还生成 NO 气体，在硅片表面形成气泡，这是导致硅片表面产生球形腐蚀坑的主要原因。在实际工艺中，HF 和 HNO_3 的比例、添加剂、反应的温度和时间等因素，都对绒面结构产生影响[8,9]。

除化学腐蚀以外，还可以利用等离子刻蚀等技术，在硅片表面制造不同形状的绒面结构，其目的就是降低太阳光在硅片表面的反射率，增加太阳光的吸收和利用。然而这些技术需要专门的设备，成本相对很高；而且在绒面制作过程中，可能会引入机械应力和损伤，在后处理中形成缺陷。

3.2.2　p-n 结制备

晶体硅太阳电池一般利用（100）掺硼的 p 型硅作为基底材料，在 900℃左右，通过扩散五价的磷原子形成 n 型半导体，组成 p-n 结。磷扩散的工艺有多种，主要包括气态磷扩散、固态磷扩散和液态磷扩散等形式。

气态磷扩散是指在扩散系统内，引入含磷气体（如 P_2H_2），通过高温分解，磷原子扩散到硅片中去，其反应式为

$$P_2H_2 === 2P + H_2 \qquad (3.14)$$

固态磷扩散是指利用与硅片相同形状的固体磷源材料 [如 $Al(PO_3)_3$]，即所谓的磷微晶玻璃片，与硅片紧密相贴，一起放置在石英热处理炉内，在一定温度下，磷源材料表面挥发出磷的化合物（P_2O_5），借助于浓度梯度附着在硅片表面，与硅反应生成磷原子及其他化合物，其中磷原子将向硅片体内扩散。在高温下，磷源不断挥发，导致磷原子不断向硅片体内扩散，最终在硅片表面附近的一定深度内，磷原子的浓度超过硼原子的浓度，形成 n 型半导体，组成 p-n 结。其反应式为

$$Al(PO_3)_3 === AlPO_4 + P_2O_5 \qquad (3.15)$$
$$5Si + 2P_2O_5 === 5SiO_2 + 4P \qquad (3.16)$$

固态磷扩散还可以利用丝网印刷、喷涂、旋涂、化学气相沉积等技术，在硅片表面沉积一层磷的化合物，通常是 P_2O_5，然后，在高温下和硅反应 [见式(3.15)]，生成单质磷原子，扩散到硅片体内，形成 p-n 结。

而液态磷源扩散可以得到较高的表面浓度，在硅太阳电池工艺中更为常见。通常利用的液态磷源为三氯氧磷，通过保护气体，将磷源携带进入反应系统，在 800～1000℃ 之间分解，生成 P_2O_5，沉积在硅片表面形成磷硅玻璃，作为硅片磷扩散的磷源，其反应式为

$$5POCl_3 \Longrightarrow P_2O_5 + 3PCl_5 \tag{3.17}$$
$$2P_2O_5 + 5Si \Longrightarrow 5SiO_2 + 4P \tag{3.18}$$

对于晶体硅太阳电池，为使 p-n 结处有尽量多的光线到达，p-n 结的结深要尽量浅，一般为 250nm，甚至更浅。扩散时还可以采用两步热处理方法，即第一步将磷源在 1000℃ 左右分解，沉积在硅片表面，然后在 800~900℃ 热处理，使表面的磷源扩散到硅片体内，形成 p-n 结。因为结深较浅，所以第二步磷扩散的时间一般不长于 1h。

在磷扩散时，由于在硅片表面具有高浓度的磷，通常会形成磷硅玻璃（PSG），这层磷硅玻璃虽然具有金属吸杂作用，但是影响太阳电池的正常工作，需要去除。一般是将硅片浸入稀释的 HF 中，以去除磷硅玻璃。

3.2.3 减反射层

晶体硅太阳电池的绒面结构可以减少硅片表面的太阳光反射，增加电池对光能的吸收。除此之外，在硅片表面增加一层减反射层也是一种有效减少太阳光反射的方法。减反射膜的基本原理是利用光在减反射膜上、下表面反射所产生的光程差，使得两束反射光干涉相消，从而减弱反射，增加透射。在太阳电池材料和入射光谱确定的情况下，减反射的效果取决于减反射膜的折射率及厚度。研究和实际应用表明，具有单减反射层的硅片，其反射率可以降低到 10% 以下。作为减反射层的薄膜材料，通常要求有很好的透光性，对光线的吸收越少越好；同时具有良好的耐化学腐蚀性，良好的硅片粘接性，如果可能，最好还具有导电性能。

由理论计算可知，对于用玻璃封装的晶体硅太阳电池而言，玻璃的折射率 n_0 为 1.5，晶体硅的折射率 n_{Si} 为 3.6，最合适的减反射膜的光学折射率为

$$n = \sqrt{n_0 n_{Si}} = 2.3$$

而减反射膜的最佳厚度为

$$d = \frac{\lambda}{4} = 70nm$$

在实际晶体硅太阳电池工艺中，常用的减反射层材料有 TiO_2、SnO_2、SiO_2、SiN_x、ITO 和 MgF_2 等，其厚度一般在 60~100nm 左右。化学气相沉积（CVD）、等离子化学气相沉积（PECVD）、喷涂热解、溅射、蒸发等技术，都可以用来沉积不同的减反射膜。

$TiO_x(x\leqslant2)$ 是晶体硅太阳电池制备工艺中常用的减反射膜，其光学薄膜具有较高的折射率（2.0~2.7），透明波段中心与太阳光的可见光谱波段符合良好（550nm），是一种理想的太阳电池减反射膜。TiO_x 制备可以利用氮气携带含有钛酸异丙酯的水蒸气，喷射到加热后的硅片表面上，发生水解反应，生成非晶 TiO_x 薄膜，其化学反应为[10]：

$$Ti(OC_3H_7)_4 + 2H_2O \Longrightarrow TiO_2 + 4(C_3H_7)OH \tag{3.19}$$

SiN_x 是最常用的晶体硅太阳电池的减反射膜。由于氮化硅薄膜具有良好的绝缘性、致密性、稳定性和对杂质离子的掩蔽能力，氮化硅薄膜作为一种高效器件表面的钝化层已被广泛应用于半导体工艺中。但是，氮化硅也有极好的光学性能，$\lambda = 632.8nm$ 时，折射率在 1.8~2.5 之间；而且在氮化硅制备过程中，还能对硅片产生氢钝化的作用，明显改善硅太阳电池的光电转换效率。因此，20 世纪 90 年代以来，采用氮化硅薄膜作为晶体硅太阳电池的减反射膜已经成为研究和应用的重点，特别是在铸造多晶硅太阳电池上的应用[11,12]。

虽然氮化硅薄膜的制备方法很多，有直接氮化法、溅射法、热分解法等，也可以在 700~1000℃ 下由常压化学气相沉积法（APCVD）或者在 750℃ 左右用低压化学气相沉积法（LPCVD）制得，但现在工业上和实验室一般使用等离子体增强化学气相沉积法（PECVD）来生成氮化硅薄膜。这是因为，相对于其他制备技术，PECVD 制备薄膜的沉积温度低，对

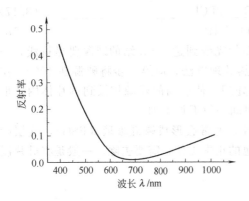

图 3.11　具有氮化硅减反射薄膜的
硅片的反射光谱

多晶硅中少数载流子的寿命影响较小，而且生产能耗较低；而且沉积速度较快，生产效率高；更进一步地，氮化硅薄膜的质量好，薄膜均匀且缺陷密度较低[13,14]。由图 3.11 可知，在 600～800nm 范围内，具有氮化硅减反射薄膜的硅片表面的反射率低于 5%。

PECVD 制备氮化硅减反射薄膜的反应温度一般在 300～400℃，反应气体为硅烷和高纯氨气，其反应式为

$$3SiH_4 + 4NH_3 \Longrightarrow Si_3N_4 + 12H_2 \quad (3.20)$$

除氧化钛和氮化硅薄膜以外，SiO_2[15] 和 SnO_2[16] 等薄膜也常常在硅太阳电池实际工艺和研究开发中被用作减反射膜。

3.2.4　丝网印刷

　　丝网印刷涉及电池背面银电极制备、电池背面铝背场制备和电池正面银电极制备三部分。通常首先在硅电池的背面进行银铝浆丝网印刷，然后再进行背面铝浆丝网印刷，最后进行电池正面的银浆丝网印刷。

　　太阳电池经过制绒、扩散及减反层制备等工序后，已经制成 p-n 结，可以在光照下产生电流。为了将产生的电流导出到外加负载，需要在硅片的 p-n 结上制作正、负两个金属电极。过去硅太阳电池电极的制造一般都采用真空蒸镀技术或电镀法。但是，这种工艺相对成本昂贵和工艺复杂，而且在硅片受光面的金属会遮挡太阳光线，减少太阳光的吸收。因此，硅太阳电池的金属电极所占表面的所需面积越小越好。目前，金属电极制备目前最常用的工艺就是丝网印刷。

　　一般而言，背面银电极是在硅电池片的背面（p 区，正极面）用银铝浆料印刷两条电极导线（宽约 3～4mm）作为电池片的电极；而正面银电极是在硅电池的正面（n 区，负极面）利用银浆料印刷出一排间隔均匀的细栅线和两条电极（主栅）。一般要求栅线间距约 3mm，宽度约 0.1mm，膜厚在 10～15μm 以下。这样的背面、正面电极用来收集载流子。

　　另外，为了改善硅太阳电池的效率，在 p-n 结制备完成后，通常在硅片的背面，即背光面，沉积一层铝膜，制备 P^+ 层，称为铝背场。它的作用是降低少数载流子在背面复合的概率，反射部分长波光子以增加短路电流，形成 P^+ 合金结以增加开路电压；并与硅片形成重掺杂的欧姆接触，形成背电极（正极）的一部分。早期制备铝背场的方法是利用溅射等技术在硅片的背面沉积一层铝膜，然后在 800～1000℃进行温度热处理，使铝膜和硅合金化并内扩散，形成一层高铝浓度掺杂的 P^+ 层，构成铝背场。但是，这种工艺处理温度高，要求溅射设备，从而造成成本增加，在现代电池工艺中一般不再使用；而是采用和正面、背面银电极制备相结合的丝网印刷工艺。

　　丝网印刷是一项早已成熟的工艺方法，20 世纪 50 年代就开始用于电容、电阻、印刷电路板和集成电路。所谓的丝网印刷电极制备，就是采用丝网印刷的方法，把金属导体浆料按照所设计图形，印刷在已扩散好杂质的硅片正面、背面。在丝网印刷时，利用丝网图形部分的网孔透过浆料（银浆、铝浆或银铝浆），用刮刀在丝网的浆料部位施加一定压力，同时刮刀向丝网另一端移动；浆料在移动中被刮刀从图形部分的网孔中挤压到硅电池片上，由于黏性作用而紧密附着在硅片上。在印刷过程中，刮板始终与丝网印版和硅片呈线性接触，最终

完成整个印刷工艺。这种工艺具有自动化程度高、产量大、重复性好、成本低的特点。

硅太阳电池的丝网印刷金属浆料主要是银浆料、铝浆料和银铝浆料。其中银浆料是利用超细高纯银、铅为主体金属，配以一定的无机添加物和有机材料辅助剂，形成膏状印刷浆料。随着技术进步和环保需要，在银浆料中的有害元素铅的含量需要严格控制，因此无铅银浆料成为主要的印刷浆料。另外，铝浆料则是利用球磨加工制备的鳞片状铝粉，经过表面有机包覆改性后再与有机树脂黏合剂混合而成。

3.2.5 烧结

经过丝网印刷后的硅片，并不能直接使用，需在快速烧结炉中经烧结工艺，将浆料中的有机树脂黏合剂燃烧掉，剩下几乎纯粹的、由于玻璃质作用而紧密结合在硅片上的银电极。同时，在烧结过程中当银电极和晶体硅达到共晶温度时，晶体硅原子也会以一定比例融入到熔融的银电极材料中去，从而形成电极的欧姆接触，从而提高硅电池片的开路电压和填充因子，最终提高电池片的转换效率。

在实际工艺中，烧结工艺分为预烧结、烧结和降温冷却三个阶段，温度在 $200\sim1000℃$ 之间。预烧结是使浆料中的高分子黏合剂分解、燃烧掉，此阶段温度缓慢上升；烧结是完成各种物理化学反应，形成金属电极结构和铝背场层，该阶段温度达到峰值；降温冷却则是玻璃冷却硬化并凝固，使金属电极和铝背场固定地粘附于硅电池片上。

3.3 薄膜太阳电池

虽然晶体硅太阳电池被广泛应用，占据太阳电池的主要市场。但是，晶体硅太阳电池存在着固有弱点：硅材料的禁带宽度 $E_g=1.12eV$，太阳能光电转换理论效率相对较低；硅材料是间接能带材料，在可见光范围内，硅的光吸收系数远远低于其他太阳能光电材料，如同样吸收 95% 的太阳光，GaAs 太阳电池只需 $5\sim10\mu m$ 的厚度，而硅太阳电池则需要 $150\mu m$ 以上的厚度；因此，在制备晶体硅太阳电池时，硅片的厚度在 $150\sim200\mu m$ 以上，才能有效地吸收太阳能；晶体硅材料需要经过多次提纯，相对成本较高；硅太阳电池的尺寸相对较小，若组成光伏系统，要用数十个相同的硅太阳电池连接起来，造成系统的成本较高。因此，薄膜太阳电池就引起了人们的兴趣，并有了一定程度的产业应用。

薄膜太阳电池的厚度一般只有 $1\sim10\mu m$，制备在玻璃等相对廉价的衬底支撑材料上，因此，可以实现低成本、大面积的工业化生产。根据薄膜材料的不同，主要的薄膜太阳电池包括 GaAs 薄膜太阳电池、非晶硅薄膜太阳电池、多晶硅薄膜太阳电池、CuInSe (CuInGaSe) 薄膜太阳电池和 CdTe 薄膜太阳电池等，它们在不同领域中有不同应用。

3.3.1 砷化镓薄膜太阳电池

砷化镓是硅材料之外的另一种重要的半导体材料，它是直接能带结构材料，其禁带宽度 $E_g=1.43eV$，光谱响应特性好，因此，太阳能光电转换理论效率相对较高；而且，砷化镓的耐高温性、抗辐射性能都比硅太阳电池要好。但是，相对于硅太阳电池，GaAs 薄膜太阳电池的生产设备复杂，能耗大，而且生产周期长，生产成本高，所以，砷化镓太阳电池仅在空间应用和聚光电池上应用。

GaAs 薄膜太阳电池是在体电池的基础上发展起来的，早期 GaAs 体电池是利用 n 型 GaAs 体单晶，通过扩散法，在表层扩散 p 型掺杂剂锌（Zn），形成 p 型 GaAs 层，构成 p-n 结太阳电池结构。但是，GaAs 体电池表面的复合速率很高，电池的转换效率一直不能提高，同时其生产成本也很高。因此，发展薄膜太阳电池成为 GaAs 电池的主要方向。一般而言，GaAs 薄膜太阳电池的制备采用液相外延（LPE）、金属有机物化学气相沉积（MOCVD）等生长技术，在 GaAs 单晶衬底上，生长 n 型和 p 型 GaAs 薄膜，构成单结、双结和多结薄膜太阳电池结构[17,18]。

GaAs 薄膜太阳电池早期都是用液相外延（LPE）技术实现的，相对而言，这种生长技术比较简单，而且成本较低，但缺点是难以实现外延层参数的精确控制和异质外延生长。其基本原理是在 GaAs 单晶衬底上，利用低熔点的金属（如 Ga、In 等）作为溶剂，加入 GaAs 材料和掺杂剂材料（如 Zn、Te、Sn 等）作为溶质，在一定的温度下，使得溶质在溶剂中呈饱和状态，然后，逐渐降温，使溶质在溶剂中呈过饱和状态，最终从溶剂中析出，在衬底上结晶，实现 GaAs 薄膜晶体的外延生长。通过加入不同的掺杂剂，可以在 GaAs 单晶衬底上分别实现 n 型 GaAs 和 p 型 GaAs 薄膜层。在制备 GaAs 太阳电池时，一般在 n 型 GaAs 衬底上，首先生长 $0.5\mu m$ 左右的 n 型 GaAs 缓冲层，再生长 n 型 AlGaAs 作为背场，在此基础上生长 n 型 GaAs 作为基底层，然后生长 $0.5\mu m$ 左右的 p 型 GaAs 作为发射层，再利用一层 p 型的 $Al_x Ga_{1-x} As$ 薄膜作为窗口层，便组成了单结 GaAs 薄膜太阳电池，如图 3.12 所示。在实际工艺中，由于锗（Ge）单晶的机械强度比 GaAs 高，而且成本较低，因此，在单结 GaAs 薄膜太阳电池的制备工艺中，常常利用 Ge 单晶来替代 GaAs 单晶作为衬底。

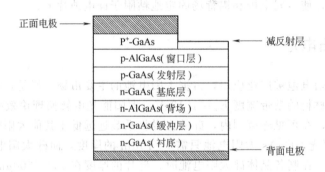

图 3.12　单结 GaAs 薄膜太阳电池的结构示意图

但是，单结 GaAs 薄膜太阳电池只能吸收特定波长的太阳能光谱，而且同质 GaAs 界面的表面复合速率也比较大，因此，如果将两种或两种以上不同禁带宽度的薄膜材料叠加在一起，可以形成双结、三结或四结叠层异质结太阳电池，吸收更多波长的太阳能光谱，从而提高太阳电池的光电转换效率。但是，LPE 技术简单，难以实现多结叠层薄膜太阳电池结构。20 世纪 80 年代以后，MOCVD 薄膜生长技术迅速发展，为多结叠层 GaAs 薄膜太阳电池的应用创造了可能。

双结 GaAs 薄膜太阳电池有两种：一种是双结 AlGaAs/GaAs(Ge) 薄膜太阳电池；另一种是双结 GaInP/GaAs(Ge) 薄膜太阳电池；前者是在 20 世纪 80 年代末期发展起来的，由于 $Al_{0.37}Ga_{0.63}As$ 的禁带宽度为 1.93eV，与 GaAs 的吸收光谱恰好相互匹配，因此，双结 $Al_{0.37}Ga_{0.63}As/GaAs$ 薄膜太阳电池得到了重视和发展。在 AM0 时，其薄膜太阳电池的光电转换效率达到 23%。另一种双结 GaAs 薄膜太阳电池是 GaInP/GaAs，研究发现，$Ga_{0.5}In_{0.5}P$ 薄膜材料的禁带宽度为 1.85eV，也与 GaAs 的吸收光谱相匹配，而且，与前一种双结薄膜太阳电池相比，GaInP/GaAs 界面的复合速率低，电池的抗辐射性能好，从而具有更好的光电性能和更长的寿命，因此，这种双结薄膜太阳电池得到了更广泛的应用，其电池结构如图 3.13 所示。

在双结 GaInP/GaAs 薄膜太阳电池的基础上，研究者提出三结 $Ga_{0.5}In_{0.5}P/GaAs/Ge$ 薄膜太阳电池结构，因为 Ge 的禁带宽度为 0.67eV，可以作为叠层电池的底电池，增加 GaAs 叠层电池的光电转换效率。更进一步，可以在 $Ga_{0.5}In_{0.5}P/GaAs/Ge$ 叠层电池的 GaAs/Ge 之间增加一层 GaInAs 太阳电池，其禁带宽度在 1.0eV 左右，形成四结薄膜太阳电池，其太阳能光电转换理论效率超过 40%。为了更多地降低成本，已有研究采用低成本的单晶硅作为衬底。在此基础上，利用 MOCVD 技术首先生长一层晶格常数与 GaAs 相近的 Ge 单晶，然后再制备多结叠层 GaAs 薄膜太阳电池。

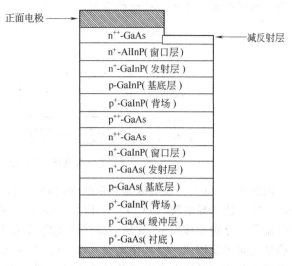

图 3.13　双结 GaInP/GaAs 薄膜太阳电池的结构示意图

虽然多结 GaAs 薄膜太阳电池的光电转换效率较高，但是，它具有较高的材料成本，同时 GaAs 具有很大的脆性，器件制作的成本也随之增加；而且它具有尖锐的反向击穿特性，在空间应用时需要进行保护，大大增加了太阳电池系统的成本和工艺复杂性。

3.3.2　非晶硅薄膜太阳电池

非晶硅薄膜太阳电池与晶体硅太阳电池相比，具有重量轻、工艺简单和耗能少等优点，主要应用于电子计算器、手表、路灯等消费产品以及建筑光伏一体化。

由于非晶硅材料具有独特的性质，所以其太阳电池结构不同于晶体硅中的简单的 p-n 结结构，而是 pin 结构。这是因为非晶硅材料属于短程有序、长程无序的晶体结构，对载流子有很强的散射作用，导致载流子的扩散长度很短，使得光生载流子在太阳电池中只有漂移运动而无扩散运动。因此，单纯的非晶硅 p-n 结中，隧道电流往往占主导地位，使其呈电阻特性，而无整流特性，也就不能制作太阳电池。为此，要在 p 层与 n 层之间加入较厚的本征层 i，以扼制其隧道电流，所以，为了解决光生载流子由于扩散限制而很快复合（即隧道电流）的问题，非晶体硅薄膜太阳电池一般被设计成 pin 结构，其中 p 为入射光层，i 为本征吸收层，n 为基底层。由 p-i 结和 i-n 结形成的内建电场几乎跨越整个本征层。当入射光穿过 p 型入射光层，在本征吸收层中产生电子-空穴对，很快被内建电场分开，空穴漂移到 p 层，电子漂移到 n 层，形成光生电流和光生电压[19]。一般来说，重掺杂的 p、n 区在电池内部形成内建电势，以收集电荷；同时两者可与导电电极形成欧姆接触，为外部提供电功率；而 i 区是光敏区，光电导/暗电导比为 $10^5 \sim 10^6$，此区中光生电子和空穴是光伏电力的源泉。

非晶硅薄膜太阳电池结构分为单结和多结叠层。对于单结电池，基本是在玻璃、不锈钢、陶瓷和塑料等柔性衬底上，制备 pin 结构的非晶硅层。如果是在玻璃衬底上制备非晶硅薄膜太阳电池，其一般结构为玻璃/TCO/p-a-SiC：H/i-a-Si：H/n-Si：H/TCO/Al；如果在不锈钢衬底上制备非晶硅薄膜太阳电池，其结构一般为不锈钢/ZnO/n-a-Si：H/i-a-Si(Ge)：H/p-nc-Si：H/ITO。图 3.14 所示为制备在玻璃衬底上的非晶硅薄膜太阳电池的结构示意图[20]。典型的工艺大致为：清洗和烘干玻璃衬底，在上面生长透明导电膜（TCO）后激光切割，然后在不同的生长室内生长 pin 非晶硅结构，经激光切割后，通过蒸发或溅射 Al 膜再切割制成电极，或者直接掩膜蒸发 Al 电极。

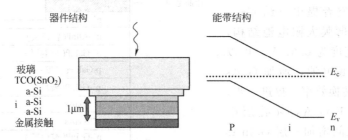

图 3.14　非晶硅薄膜太阳电池结构和能带示意图

由图 3.14 可知，玻璃既是非晶硅的衬底材料，又是电池的受光面，太阳光线从玻璃中透过，经过透明导电膜（TCO，如 ITO、ZnO、SnO$_2$ 等）和 p 型层，在本征层激发产生光生载流子，分别漂移到 p、n 层，最终光生电流通过铝电极和 TCO 被引出。在实际工艺中，玻璃受光面还要增加一层氧化铟锡（ITO）、TiO 等薄膜作为减反射膜。由于非晶硅结构的长程无序破坏了晶体硅光电子跃迁的选择定则，使之从间接带隙材料变成直接带隙材料，所以它对光子的吸收系数很高，对太阳光敏感谱域的光可以大部分吸收。为了增加光电转换效率，一般尽量增加光敏区 i 层的厚度，但是，非晶硅中载流子的迁移率很低，因此，需要有足够电场强度的内建电场将光生载流子输送到电极。为了保证内建电场强度，本征 i 层结构又要尽量薄，所以，pin 结构的非晶硅薄膜太阳电池的 i 层厚度设计在 500nm 左右，而作为光吸收死区的 p、n 层的厚度则需要尽量薄，一般限制在 10nm 量级。

非晶硅的 pin 结构通常是利用气相沉积法制备的，根据不同的技术又可以分为辉光放电法、溅射法、真空蒸发法、热丝法、光化学气相沉积法和等离子气相沉积法。其中，等离子气相沉积法在工业界和研究界被广泛应用，其基本原理是利用硅烷（SiH$_4$）在低温等离子的作用下分解产生非晶硅（a-Si），具体反应式为

$$SiH_4 \Longrightarrow Si + 2H_2 \tag{3.21}$$

实际工艺中，为了利用氢钝化非晶硅的悬挂键，在反应时，常常通以氢气。为了获得 n 型的非晶硅，在反应时通入磷烷（PH$_5$），在硅烷分解时，磷烷分解达到磷掺杂的目的；同样的，要获得 p 型的非晶硅，只需通入硼烷（B$_2$H$_6$）。

与晶体硅相比，非晶硅薄膜太阳电池的光电转换效率始终较低，其主要原因在于以下几点[21]。

① 非晶硅的带隙较宽，本征非晶硅的带隙在 1.5eV 左右，实际可以利用的太阳光谱的主要光谱段是 0.05~0.7μm，相对较窄。

② 非晶硅的迁移边存在高密度的尾态，掺杂杂质离化形成的电子或空穴仅有一定比例的部分成为自由电子，电导激活能即费米能级与带边之差不可能很小。而且，非晶硅缺陷多，载流子扩散长度很短，电荷收集主要依靠内建电场驱动下的漂移运动，为了维持足够强的内建电场，pin 结的能带弯曲量必须保持较大，才能保证有足够的电场维持最低限度的电荷收集，而剩余能带弯曲量较大，输出电压就必然较低。所以，非晶硅薄膜太阳电池的开路电压与预期值相差较大。

③ 非晶硅材料阻态密度较高，载流子复合概率较大，二极管理想因子 $n > 2$，与 $n = 1$ 的理想情况相差较大。

④ 非晶硅太阳电池的 p 区和 n 区的电阻率较高，而且 TCO/p-a-Si（或 n-a-Si）接触电阻较高，甚至存在界面壁垒，这就带来附加的能量损失。

这些困难是比较难克服的，因此，人们试图利用不同光学带的材料通过改善非晶硅薄

膜太阳电池的设计以增加电池的效率。其主要技术途径包括以下几种。

① 将太阳电池的窗口材料 p 型的 a-Si 薄膜改变为带隙更宽的材料，如 p 型 $a-Si_{1-x}C_x$：H 或 p 型 $a-Si_{1-x}N_x$：H 薄膜材料，以减少光线在表面的吸收。

② 将太阳电池的 n 型 a-Si 薄膜改变为带隙更窄的材料，如微晶硅薄膜、多晶硅薄膜、a-SiGe 薄膜或 a-SiSn 薄膜材料，可以增加长波长光线的吸收。

③ 多级带隙材料结构，即利用多层不同的宽带隙材料的叠加以替代 p 型的 a-Si 薄膜，尽量减少短波长光线的损失；利用不同的窄带隙材料的叠加以替代 n 型的 a-Si 薄膜，尽量增加长波长光线的吸收，使得非晶硅薄膜太阳电池的吸收光谱最大地接近太阳光谱。

不仅如此，研究者还将多个 pin 电池叠加起来，形成叠层电池，其结构如图3.15 所示。典型的叠层电池的上极电池，一般利用本征的非晶硅或非晶硅碳，其能带在 1.8eV 左右，主要吸收蓝光；中间电池可以用含 10%～15%Ge 的非晶硅锗作为本征层，其能带为 1.6eV，主要吸收绿光；下极电池通常用近本征的非晶硅锗，含 40%～50%Ge，其能带在 1.4eV 左右，主要吸收红光和红外光。在制备叠层电池时，要降低薄膜单电池的厚度，增加内建

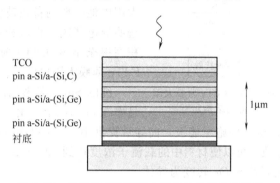

图 3.15　叠层非晶硅薄膜太阳电池的结构示意图

电场的强度，提高光生载流子的吸收。而且采用较低的衬底温度，以减少下面沉积层对后续沉积带来的影响。因此，生产叠层非晶硅薄膜太阳电池与单太阳电池相比，不会增加很多的额外成本，但是在效率和稳定性能上却有较大改善。因此，叠层电池成为非晶硅薄膜太阳电池研究和应用的重要方向。当然，叠层电池也带来了另一个问题，就是过多的界面会影响电池的性能。

3.3.3　多晶硅薄膜太阳电池

晶体硅太阳电池的成本较高，非晶硅薄膜太阳电池的效率又较低，而且存在光衰减现象，因此，在廉价衬底上制备多晶硅薄膜太阳电池就成为目前国际研究的重点。它的衬底便宜，硅材料用量少，而且没有光衰减问题，结合了晶体硅和非晶硅材料的优点，但是，由于晶粒较小等原因，其太阳能光电转换效率依然较低，到现在为止，尚未有大规模的工业生产。

图 3.16　多晶硅薄膜太阳电池的结构示意图

多晶硅薄膜太阳电池的结构与晶体硅太阳电池的结构相似，所不同的是硅材料的形式不同。图 3.16 所示为多晶硅薄膜太阳电池的结构示意图，与非晶硅薄膜太阳电池一样，多晶硅薄膜太阳电池制备在具有一定机械强度的低成本的衬底材料上，衬底为玻璃、晶体硅、低纯度的多晶硅等。在此基础上，利用等离子化学气相沉积法、等离子体溅射沉积法、液相外延法和化学沉积法，来制备掺硼的 p 型多晶硅薄膜，其中化学沉积法得到了广泛应用。其机理是将衬底加热至 1000℃ 左右，利用硅烷（SiH_4）、三氯氢硅（$SiHCl_3$）等气体的热分解，生成硅原子，并沉积在衬底表面；反应时，同时通入硼烷，形成掺硼的 p 型硅薄膜，薄膜厚度为 $20～30\mu m$。但是，这样制备的硅薄膜大多是非晶态，需要通过固化结晶、区熔结晶和激光结晶等技术，将非晶态薄膜重熔再结晶，最终形成多晶硅薄膜。

在形成 p 型多晶硅薄膜后，与晶体硅太阳电池工艺一样，可以通过扩散磷原子在多晶硅薄膜上形成 n 型半导体层，组成 p-n 结，再制备减反射膜和金属电极，形成多晶硅薄膜太阳电池。

3.3.4 CdTe 薄膜太阳电池

CdTe 的禁带宽度为 1.45eV，其薄膜太阳电池的生产成本低，相对光电转换效率高，可以大面积生产，是一种具有重要应用前景的薄膜太阳电池。

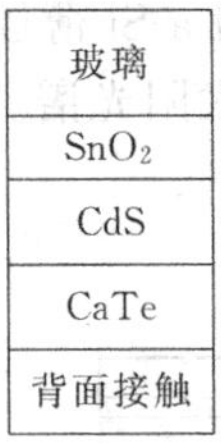

图 3.17 所示为 CdTe 薄膜太阳电池的结构示意图。CdTe 薄膜太阳电池一般制备在玻璃衬底上，首先沉积一层 SnO_2 薄膜，作为透明导电薄膜，再沉积一层 n 型 CdS 薄膜，作为窗口层，然后沉积高掺杂 p 型 CdTe 薄膜，最后制备金属接触层，形成完整的 CdTe 薄膜太阳电池。

玻璃
SnO_2
CdS
CaTe
背面接触

图 3.17 CdTe 薄膜太阳电池的结构示意图

纯的 SnO_2 是透明的 n 型半导体材料，禁带宽度为 3.6eV，透过率在 80% 以上。由于材料中存在晶格氧空位，在禁带内形成一0.15eV 的施主能级，向导带提供 $10^{15} \sim 10^{18}$ 个/cm³ 浓度的电子。如果掺入 1% 以上的 Sb 等杂质，可以使材料中的载流子浓度达到 $10^{18} \sim 10^{20}$ 个/cm³，电阻率可达 $10^{-4} \sim 10^{-1} \Omega \cdot cm$，从而使 SnO_2 转变为导体。

SnO_2 透明导电薄膜的制备，可以利用常压化学气相沉积法、低压化学气相沉积法（LPCVD）、溶胶-凝胶法、磁控溅射法和超声喷雾热解成膜等技术，其中磁控溅射法和超声喷雾热解成膜技术在工业中已得到应用。前者一般利用高纯的 SnO_2 和 Sb_2O_3 块体材料作为源材料，后者则利用 SnO_4、$SnCl_4$ 等溶液的喷雾热分解，如 $SnCl_4$ 热解的反应式为

$$SnCl_4 + 2H_2O \Longrightarrow SnO_2 + 4HCl \tag{3.22}$$

对于 SnO_2 而言，光线的高透过率和薄膜的高电导率是研究开发者追求的主要指标。为了增加电导率，在制备过程中，通常还需要利用 NH_4F、$SbCl_3$ 等材料，在 SnO_2 薄膜中掺入氟（F）或锑（Sb）杂质，通常掺锑的 SnO_2 薄膜简称 ATO，掺氟的 SnO_2 薄膜简称 FTO。为了降低太阳电池的暗饱和电流，提高光电转换效率，在制备工艺中，还可以利用低阻的掺氟 $SnO_2:F$ 和高阻的 SnO_2 组成复合导电薄膜。

除 SnO_2 薄膜以外，ZnO 和 In_2O_3 薄膜也常常被用作导电膜。

由于 CdTe 存在自补偿效应，制备高电导率、浅同质结很困难，实用的电池都是异质结结构，需要采用窗口层。对于 CdTe 而言，合适的窗口层材料有 CdSe、ZnO、CdS 等。其中 CdS 的结构与 CdTe 相同，晶格常数差异小，最适合作窗口层，得到了广泛应用，因此，CdTe 薄膜太阳电池又常称为 CdS/CdTe 电池。

CdS 是一种重要的直接带隙的太阳电池材料，其禁带宽度为 2.4eV 左右，其吸收系数较高，为 $10^4 \sim 10^5 cm^{-1}$。在 CdTe 薄膜太阳电池工艺中，它主要被用于 n 型窗口层[22,23]，其掺杂浓度约为 10^{16} 个/cm³，厚度在 $50 \sim 100nm$ 之间，而且薄膜均匀以减少可能的短路效应。目前制备 CdS 薄膜的方法很多，主要有电沉积法（ED）、化学沉积法（CBD）、分子束外延法（MBE）、有机金属化学气相沉积法（MOCVD）、喷涂法（SP）和物理气相沉积法（PVD）。由于化学沉积法是一种高效、低成本、适合大面积生产的方法，早在 20 世纪 60 年代，研究者就利用化学沉积法制备得到了 CdS 薄膜。后来，化学沉积法制备 CdS 薄膜的过程及 CdS 薄膜的性质被进行了广泛研究，并提出了"簇簇"（cluster-by-cluster）和"离子离子"（ion-by-ion）薄膜生长模型[24,25]，成为最主要的 CdS 薄膜生长方法。

CdTe 可以用多种方法制备，如真空蒸发法、化学气相沉积法、近空间升华法（CSS）、电沉积法、溅射法、喷涂热分解法等。虽然真空蒸发法和溅射法等可以制备质量较好的 CdTe 薄膜，但是，相对成本较高，在规模生产中一般不采用。

近空间升华法具有沉积速率高、设备简单、薄膜质量好、生产成本低、电池光电转换效率高等优点，得到了广泛的研究和应用。在该技术中，通常以氩气作为保护气，采用高纯 CdTe 薄片或粉料作源，并在 700℃ 左右升华，在加热的衬底上沉积 CdTe 多晶薄膜材料。在 CSS 制备工艺中，薄膜沉积的速率主要取决于源温度和反应室气压，一般沉积速率为 1.6～160nm/s，最高可达 750nm/s。

在 CdTe 薄膜制备完成后，需要进行 $CdCl_2$ 热处理。通常，在玻璃/Sn_2O/CdS/CdTe 结构的 CdTe 面，用超声喷雾等技术喷涂或涂覆 $CdCl_2$ 甲醇溶液，然后烘干，在含氧气气氛中 400℃ 左右热处理 30～60min，最后用去离子水清洗掉 CdTe 膜面的 $CdCl_2$ 残留物。在工艺过程中，还有两点需要注意：一是 $CdCl_2$ 膜烘干后，膜面可能形成涡漩状分布，会使热处理中 CdTe 与 $CdCl_2$ 反应不均匀；二是在热处理后，膜面会有 $CdCl_2$ 残留物，这些残留物必须清洗掉。

除在 CdTe 表面喷涂 $CdCl_2$ 溶液烘干成膜外，还可以利用热升华法形成气相氯化物膜，具体工艺为：首先将 $CdCl_2$ 加热至 380～420℃，在 CdTe 表面形成 $CdCl_2$ 膜面，稍后在含氧气氛中将 CdTe 在 380～420℃ 下继续热处理。利用这种工艺处理的 CdTe 薄膜晶粒均匀，而且没有 $CdCl_2$ 残留物[26]。

背电极是 CdTe 薄膜太阳电池制备过程中的一个重要步骤，影响到电池效率的稳定性。通常，有两种主要的背电极制备工艺：

① 在 CdTe 膜上制备 100nm 左右的重掺杂过渡层，使过渡层和金属之间的肖特基势垒区足够薄，隧穿电流成为电荷输送的主要形式，从而获得良好的欧姆接触；

② 用强氧化剂蚀刻 CdTe 膜面，获得富碲区后涂敷含金属盐的电极膏，在一定温度下烧结，使电极金属和富碲膜面形成碲化物，得到重掺杂的过渡层[27]。

对于重掺杂的过渡层材料，一般要求与 p 型的 CdTe 之间有较小的价带不连续值，而且可以重掺杂至 $1×10^{18}$ 个/cm^3 以上的载流子浓度。在实际的 CdTe 薄膜太阳电池工艺中，掺铜的 ZnTe∶Cu 常被用于过渡层材料，它与 CdTe 具有相同的闪锌矿结构，价带的不连续值接近于零，可以用电化学沉积法或共蒸发法来制备。在工艺过程中，Cu 主要起到两方面的作用：一是 Cu 在富碲的 CdTe 膜面上易形成置换缺陷，增加受主浓度，改善电极性能；二是扩散到 CdTe 结区的 Cu 会俘获载流子，降低太阳电池的性能。

除以上工艺外，还可以利用其他电极制备工艺，如在沉积 CdTe 后，分别蒸镀 200～300nm 厚的 Te 膜（或 Cu_2Te 膜）、Au 膜，在氮气氛中 400℃ 下热处理约 20min(Cu_2Te，约 250℃)；涂覆掺有 Cu 或 Hg 的石墨电极膏，然后在氮气保护下于 250℃ 热处理；用含 0.1% Br 的 CH_3OH 溶液蚀刻 CdTe 膜面，获得富碲膜面，依次蒸镀约 10nm 的 Cu 和 40nm 的 Au，然后在氮气保护下于 150℃ 热处理约 90min。在过渡层制备完成后，最后采用蒸镀沉积法制备 Au/Cu 电极，作为背电极。

3.3.5 $CuInSe_2$（$CuInGaSe_2$）薄膜太阳电池

$CuInSe_2$（CIS）是另一种重要的太阳能光电材料，具有黄铜矿结构，其禁带宽度为 1.02eV，光吸收系数大，达到 $10^5 cm^{-1}$，可以形成 n 型或 p 型半导体材料。如果用 Ga 替代 1%～30% In，就会形成与 CIS 薄膜材料同系列的 $CuIn_xGa_{1-x}Se_2$（CIGS）薄膜，具有更适合的禁带宽度，是目前制备该系列太阳电池的主要实际应用材料。另外，如果利用无毒的 S 原子替代有毒的 Se 原子，可以形成 $CuInS_2$ 薄膜材料，也可以制备太阳电池。

$CuInSe_2$（CIS）和 $CuIn_xGa_{1-x}Se_2$（CIGS）薄膜太阳电池的结构相似，可以分为单结电

图 3.18 典型的 $CuInSe_2$ 单结薄膜
太阳电池的结构示意图

池和多结电池。图 3.18 所示为典型的 $CuInSe_2$ 单结薄膜太阳电池的结构示意图。由图可知，$CuInSe_2$ 薄膜太阳电池是由以玻璃或氧化铝作为衬底，以 Mo 薄膜作为导电层，以厚度约为 $2\mu m$ 的 n 型 CdS 薄膜作为窗口层，和 p 型的 $CuInSe_2$ 薄膜材料组成的。另外，为了增加光的入射率，在电池表面制备一层 SiO_2 或 MgF_2 作为减反射层，以提高电池效率，目前 MgF_2 减反射层更为常用。最后，电池利用梳齿状镀铝层作为电极。

在此结构的基础上，人们做了许多改进。研究指出，可以利用 n 型的低阻 CdS 和高阻 CdS 双层膜，以及 p 型的低阻和高阻 $CuInSe_2$ 双层膜组成电池结构，有利于提高电池效率。另外，虽然 CdS 薄膜作为窗口层具有很多优点，但也有其弱点，如对人体有害、污染环境等。近来人们常用 ZnO：Al 作为窗口层，而且在 CdS（或 ZnO：Al）层和电极之间，增加 n 型的 ZnO 薄膜共同作为窗口层；或者在 CdS（或 ZnO：Al）层和 CIS 吸收层中间，增加一层数十纳米的缓冲层。研究者也利用禁带宽度更宽的 CdZnS 薄膜替代 CdS 作为窗口层。

CdS 薄膜的制备方法与 CdS/CdTe 薄膜太阳电池中 CdS 薄膜的制备方法相同。$CuInSe_2$ 和 $CuIn_xGa_{1-x}Se_2$ 薄膜可以用直接合成或硒化合成两大类方法来制备，制备工艺涉及真空磁控溅射、化学沉积和电沉积等。常用的制备技术是共蒸发法和金属预置层硒化法。共蒸发法就是在真空中利用高纯的 Cu、In（Ga）和 Se 靶作为源材料，共同或分布蒸发，直接合成制备 CIS（CIGS）薄膜。在蒸发时，Se 蒸气会引起污染，所以现在更多的是利用 Cu_2Se 和 In_2Se_3 作为靶源。而金属预置层硒化法首先利用溅射等技术沉积 Cu、In（Ga），然后在 H_2Se 气氛中硒化生成 CIS（CIGS）。另外，CIS（CIGS）是多元化合物，Cu、In（Ga）、Se 的比例不同，可以在很大程度上改变薄膜材料的电导率和导电类型，因此，在 CIS（CIGS）的薄膜制备过程中，控制组元的成分非常重要。

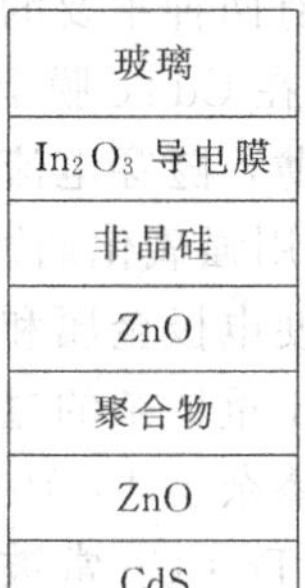

玻璃
In_2O_3 导电膜
非晶硅
ZnO
聚合物
ZnO
CdS
$CuInSe_2$
Mo 导电膜
玻璃

图 3.19 $CuInSe_2$ 和非晶硅
组成的多结薄膜太阳电
池的结构示意图

$CuInSe_2$ 薄膜太阳电池在太阳光谱长波区域的量子效率高，因此，如果与其他薄膜太阳电池结合组成多结电池，可以有效地提高太阳电池的光电转换效率。$CuInSe_2$ 可以和 CdTe 组成多结电池，也可以与具有量子效率峰值较短波长区域的非晶硅薄膜太阳电池组合，形成串联结构的多结太阳电池。非晶硅的禁带宽度为 1.75eV，能够吸收太阳光谱的一半；而 $CuInSe_2$ 的禁带宽度为 1.02eV，可以吸收太阳光谱的另一半，两者的结合可以吸收几乎所有的太阳光谱。图 3.19 所示为 $CuInSe_2$ 和非晶硅组成的多结薄膜太阳电池的结构示意图。

由图 3.19 可知，在玻璃衬底上镀 Mo 导电层，然后用 p 型 $CuInSe_2$ 和 n 型 CdS 组成 p-n 结，利用 ZnO 作为透明导电膜；再在上面覆盖非晶硅，最后 In_2O_3 导电薄膜组成多结薄膜太阳电池。

参 考 文 献

[1] 施敏. 半导体器件物理与工艺. 王阳元，嵇光大，卢文豪译. 北京：科学出版社，1992.

[2] 廖家鼎，徐文娟，牟同升编著. 光电技术. 杭州：浙江大学出版社，1995.

[3] 孙铁囤，崔容强，王永东. 太阳能学报，1999，20：422.

[4] Vazsonyi E，Clercq K，Einhaus R，Kerschaver E，Said K，Poortmans J，Szlufcik J，Nijs J. Solar Energy Materials and Solar Cells，1999，57：179.

[5] Nishimoto Y，Namba K. Solar Energy Materials and Solar Cells，2000，61：393.

[6] 席珍强，杨德仁，吴丹，张辉，陈君，李先杭，黄笑容，蒋敏，阙端麟. 太阳能学报，2002，23：285.

[7] Nishimoto Y，Ishihara T，Namba K. Journal of The Electrochemical Society，1999，146：457.

[8] 陈君，席珍强，李先杭，杨德仁. 第六届全国光伏会议论文集. 昆明：2000.

[9] Xi Zhengqiang，Yang Deren，Wu Dan，Chen Jun，Li Xianhang，Que Duanlin. Semicond Sci Technol，2004，19：485.

[10] 杨宏，王鹤，于从化，奚建平，胡宏勋，陈光德. 太阳能学报，2002，23：437.

[11] Fukui K，Okada K，et al. Solar Energy Materials and Solar Cells，1997，48：219.

[12] Armin G. Solar Energy Materials and Solar Cells，2001，65：239.

[13] 王晓泉，杨德仁，席珍强. 材料导报，2002，3：23.

[14] 王晓泉，汪雷，席珍强，杨德仁. 21世纪太阳能新技术. 上海：上海交通大学出版社，2003.

[15] 周良德，林安中，王学建. 太阳能学报，1999，20：74.

[16] 周之斌，崔容强，徐秀琴，徐林，孙铁囤. 太阳能学报，2001，21：106.

[17] Markvart T. Solar Electricity. Chichester：John Wiley & Sons Ltd，1995.

[18] 张忠卫，陆剑峰，池卫英，王亮兴，陈鸣波. 上海航空，2003，3：33.

[19] 张力，薛钰芝. 太阳能，2004，2：24.

[20] Adolf Goetzbergera，Christopher Heblinga，Hans-Werner Schock. Materials Science and Engineering R，2003，40：1.

[21] 吴瑞华，耿新华. 太阳能学报，1999，（特刊）：95.

[22] Oladeji I O，Chow L，Liu J R，Chu W K，Bustamante A N P，Fredricksen C，Schulte A F. Thin Solid Films，2000，359：154.

[23] Zehe A，Vazquez-Luna J G. Solar Energy Material and Solar Cells，2001，68：217.

[24] Raul Orlega-Borges，Daniel Lincol. J Electrochem Soc，1993，140（12）：3464.

[25] Martinez M A，Guillen C，Herrero J. Applied Surface Science，1998，136：8.

[26] Hiie J. Thin Solid Films，2003，431～432：90～93.

[27] Jae Ho Yun，Ki Hwan Kim，Doo Youl Lee，Byung Tae Ahn. Solar Energy Materials and Solar Cells，2003，75：203.

第4章
单晶硅材料

硅材料是半导体工业中最重要且应用最广泛的元素半导体材料,是微电子工业和太阳能光伏工业的基础材料。它既具有元素含量丰富、化学稳定性好、无环境污染等优点,又具有良好的半导体材料特性。

硅材料有多种晶体形式,包括单晶硅、多晶硅和非晶硅,应用于太阳电池工业领域的硅材料包括直拉单晶硅、薄膜非晶硅、铸造多晶硅、带状多晶硅和薄膜多晶硅,它们有各自优点和弱点,其中直拉单晶硅和铸造多晶硅应用最为广泛,占太阳能光电材料的90%左右。

单晶硅是硅材料的重要形式,包括区熔单晶硅和直拉单晶硅,其原料为石英砂(SiO_2),通过与焦炭发生反应,形成纯度在99%左右的金属硅;然后再通过三氯氢硅氢还原法、硅烷热分解法、四氯化硅氢还原法或二氯二氢硅还原法等技术,提纯为高纯的多晶硅,作为单晶硅的原料。目前,正在发展热交换定向凝固、电磁感应等离子处理等低成本太阳电池用的多晶硅提纯技术。对于区熔单晶硅而言,是利用感应线圈形成区域熔化,达到提纯和生长单晶的目的。这种单晶硅纯度很高,电学性能均匀,但是,其直径小,机械加工性差。虽然太阳电池的光电转换效率高,但是生产成本高,一般情况下,区熔硅不应用在太阳电池的大规模生产上。直拉单晶硅是太阳电池用单晶硅的主要形式,它通过熔化高纯多晶硅原料,添加一定量的高纯掺杂剂,再经过种晶、缩颈、放肩、等径和收尾等晶体生长阶段,生长成直拉单晶硅。近年来,为了提高直拉单晶硅的质量和产量,磁场拉晶、连续加料、重加料等技术被开发。在单晶硅生长完成后,需要进行切断、滚圆、切片、化学清洗等工艺,以制备成太阳电池用单晶硅片材料。

本章首先介绍硅材料的基本性质和晶体结构、太阳能硅材料的应用和分类,阐述了金属硅、高纯多晶硅的制备原理和技术,特别提到了太阳能级多晶硅的研制和开发技术,概述了区熔单晶硅、直拉单晶硅的生长原理和技术,阐明单晶硅的掺杂和分凝理论,最后,介绍了单晶硅的加工技术。

4.1 硅的基本性质

硅材料是目前世界上最主要的元素半导体材料,在半导体工业中广泛应用[1~4],是电子工业的基础材料。其中单晶硅材料是目前世界上人工制备的晶格最完整、体积最大、纯度最高的晶体材料。

硅是地壳中最丰富的元素之一,仅次于氧,在地壳中的丰度达到26%左右。硅在常温下其化学性质是稳定的,是具有灰色金属光泽的固体,不溶于单一的酸,易溶于某些混合酸或混合碱,在高温下很容易与氧等化学物质反应,所以在自然界中没有游离的单质硅存在,一般以氧化物形态存在,是常用硅酸盐的主要元素。硅在元素周期表中属于Ⅳ元素,原子序数为14,相对原子质量为28.085,晶体硅在常压下为金刚石结构,熔点为1420℃。

硅材料还具有一些特殊的物理化学性能,如硅材料熔化时体积缩小,固化时体积增大。

硅材料的硬度高，但脆性大，易破碎；作为脆性材料，硅材料的抗拉应力远远大于抗剪切应力，在室温下没有延展性；在热处理温度大于 750℃ 时，硅材料由脆性材料转变为塑性材料，在外加应力的作用下，产生滑移位错，形成塑性形变。

硅具有良好的半导体性质，其本征载流子浓度为 1.5×10^{10} 个/cm^3，本征电阻率为 1.5×10^{10} $\Omega \cdot cm$，电子迁移率为 $1350 cm^2/(V \cdot s)$，空穴迁移率为 $480 cm^2/(V \cdot s)$。

作为元素半导体，硅具有典型的半导体材料的电学性质。

① 电阻率特性　硅材料的电阻率在 $10^{-5} \sim 10^{10} \Omega \cdot cm$ 之间，介于导体和绝缘体之间，高纯未掺杂的无缺陷的晶体硅材料称为本征半导体，电阻率在 $10^6 \Omega \cdot cm$ 以上。在实际应用中，通过掺入可控制的少量电活性杂质来控制硅材料的电阻率，达到控制硅材料和器件的半导体性质的目的。对于四价硅材料而言，如果掺入五价元素（如磷、砷和锑）杂质，则对硅材料提供电子，杂质称为施主杂质，硅材料称为 n 型半导体材料；反之，如果掺入三价元素（如硼、铝和镓），则对硅材料提供空穴，杂质称为受主杂质，硅材料称为 p 型半导体材料。进一步，硅材料的导电性还受到光、电、磁、热、温度等环境因素的明显影响。

② p-n 结特性　n 型硅材料和 p 型硅材料相连，组成 p-n 结，这是所有硅半导体器件的基本结构，也是太阳电池的基本结构，具有单向导电性等性质。

③ 光电特性　与其他半导体材料一样，硅材料组成的 p-n 结在光作用下能产生电流，如太阳电池；而在电作用下能产生光，但是硅材料是间接带隙材料，发光效率极其低下，如何提高硅材料的发光效率正是目前人们追求的目标。

硅材料的禁带宽度为 1.12eV，器件的结漏电流相对较小，硅器件的工作温度可达 250℃。但是，硅材料的电子迁移率较其他半导体材料小，在高频条件下工作时，硅器件的性能不如化合物半导体材料。另外，由于光吸收处于红外波段，硅材料对 $1 \sim 7 \mu m$ 的红外光是透过的。

在自然状态下，硅材料表面可以被氧化，生成数纳米至数十纳米的自然氧化层。经氧气氧化，硅表面生成一层致密的绝缘二氧化硅层，可以作为硅器件的保护层和选择扩散层，也可以作为绝缘层，因此，硅材料是超大规模集成电路的基本材料。

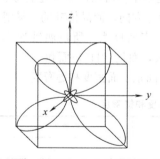

图 4.1　硅原子 sp³ 杂化轨道示意图

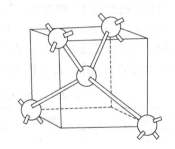

图 4.2　硅原子共价键结构示意图

硅原子的电子结构为 $1s^2 2s^2 2p^6 3s^2 3p^2$，根据鲍林等的轨道杂化理论，硅原子的 3s 轨道和 3p 轨道杂化简并，形成 sp³ 杂化轨道，硅原子实际的电子结构为 $1s^2 2s^2 2p^6 3sp^3$。杂化后，硅原子形成 4 个等同的杂化轨道，有 4 个未配对的电子，如图 4.1 所示，各有 1/4s 和 1/4p 成分，每两个杂化轨道间的夹角为 109°28′，所以杂化轨道的对称轴恰好指向正四面体的顶角。每个硅原子外层的 4 个未配对的电子，分别与相邻的硅原子的一个未配对的自旋方向相反的价电子组成共价键，共价键的键角也是 109°28′，其结构如图 4.2 所示。显然，1 个硅原子和 4 个相邻的分别处于一个正四面体的顶点的硅原子结合，有 4

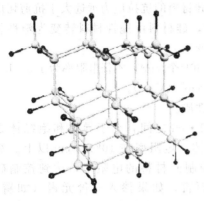

图 4.3　晶体硅的金刚石结构示意图

个共价键，组成了外层电子数为 8 的稳定的晶体结构，也就是金刚石结构，如图 4.3 所示。

金刚石结构可以看成由两套面心立方晶体结构的原子，沿对角线方向移动 1/4 对角线长度而构成，而且两套面心立方晶体结构的原子都是同种元素，如图 4.4 所示。显然，硅晶体是立方晶系，在晶胞的 8 个顶点和 6 个面心上都有硅原子，在晶体的内部另有 4 个硅原子，位于晶胞对角线上离顶点 1/4 距离处。其晶胞中含有的总原子数为 8，硅的晶格常数 $a = 5.4395\text{Å}$❶，相邻原子的间距为 $\sqrt{3}\,a/4 = 2.35\text{Å}$，晶体硅的原子密度为 $8/(5.4395\text{Å})^3 = 5 \times 10^{22}$ 个/cm^3。

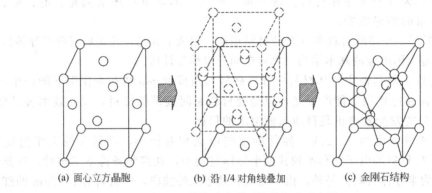

| (a) 面心立方晶胞 | (b) 沿 1/4 对角线叠加 | (c) 金刚石结构 |

图 4.4　晶体硅金刚石结构组成示意图

晶体硅最重要的原子面是 (111)、(110) 和 (100)，相应的晶向是 ⟨111⟩、⟨110⟩ 和 ⟨100⟩。其中 (111) 面是原子密排面，⟨110⟩ 为原子密排方向，(111) 面的面间距最大，键密度最小，(100) 面的间距最小，键密度最大，(110) 面的间距和键密度居中。所以，晶体硅最易沿 (111) 面解理，(110) 面则是第二解理面，在硅器件工艺中常用于划片方向，而晶体硅的最易滑移体系是 (111) 面的 ⟨110⟩ 方向。由于 (111) 面是密排面，表面态密度大，所以腐蚀速率小；而 (110) 面和 (100) 面是非密排面，表面态密度小，腐蚀速率大，而且 (110) 面和 (100) 面生长的晶体硅的晶片容易破碎。表 4.1 列出了晶体硅主要晶面的面间距、面密度和键密度。

表 4.1　晶体硅主要晶面的面间距、面密度和键密度

晶　面	面间距/Å	面密度/$(1/a^2)$	键密度/$(1/a^2)$
(100)	$a/4 = 1.36$	2.00	4.00
(110)	$\dfrac{\sqrt{2}}{4}a = 1.92$	2.83	2.83
(111)	$\dfrac{\sqrt{3}}{4}a = 2.35$ $\dfrac{\sqrt{3}}{12}a = 0.78$	2.31	2.31

❶ 1Å$= 10^{-10}$ m，全书同。

4.2 太阳电池用硅材料

由于硅材料的独特性质，成为现代电子工业和信息社会的基础，其发展是 20 世纪材料和电子领域的里程碑，它的发展和应用直接促进了 20 世纪全球科技和工业的高速发展，因而，人类的发展被称为进入了"硅时代"。

硅材料按纯度划分，可分为金属硅和半导体（电子级）硅；按结晶形态划分，可分为非晶硅、多晶硅和单晶硅。其中多晶硅又分为高纯多晶硅、薄膜多晶硅、带状多晶硅和铸造多晶硅，单晶硅分为区熔单晶硅和直拉单晶硅；多晶硅和单晶硅材料又可以统称为晶体硅。金属硅是低纯度硅，是高纯多晶硅的原料，也是有机硅等硅制品的添加剂；高纯多晶硅则是铸造多晶硅、区熔单晶硅和直拉单晶硅的原料；而非晶硅薄膜和薄膜多晶硅主要是由高纯硅烷气体或其他含硅气体分解或反应得到的。

单晶硅材料可以制成各种器件，在科技、工业和日常生活中广泛应用。它可以制备成整流器，为电子器件提供稳定的直流电，或为大型机电设备提供可控整流、无触点开关和变频功能等；它能制成探测器，通过光电转化探测各种信号；它能制成各种传感器，如热敏、光敏、磁敏和压力传感器等，探测各种微弱信号；它能制成微机械器件（MEMC），这些微米级的机械在医学、军事有广泛用途；它能制成晶体二极管，用于电气测量仪器、电子通信设备和家用电器等器件的检波和整流；它能制成晶体三极管，用于电气设备的信号放大和开关；它还能制成集成电路，将数十亿个电子元器件集成在一个拇指大的硅芯片上，成为计算机、通讯等设备的核心；此外，它还能制成太阳电池，将太阳光转化成电能，使太阳能成为新世纪具有重要发展前景的新能源。

单晶硅是最重要的晶体硅材料，根据晶体生长方式的不同，可以分为区熔单晶硅和直拉单晶硅。区熔单晶硅是利用悬浮区域熔炼（float zone）的方法制备的，所以又称为 FZ 硅单晶。直拉单晶硅是利用切氏法（Czochralski）制备单晶硅，称为 CZ 单晶硅。这两种单晶硅具有不同的特性和不同的器件应用领域，区熔单晶硅主要应用于大功率器件方面，只占单晶硅市场很小的一部分，在国际电子器件市场上约占 10% 左右；而直拉单晶硅主要应用于微电子集成电路和太阳电池方面，是单晶硅的主体。与区熔单晶硅相比，直拉单晶硅的制造成本相对较低，机械强度较高，易制备大直径单晶。所以，太阳电池领域主要应用直拉单晶硅，而不是区熔单晶硅。

应用于太阳电池工业领域的硅材料包括直拉单晶硅、薄膜非晶硅、铸造多晶硅、带状多晶硅和薄膜多晶硅，它们具有各自优点和弱点。前四种硅材料已在太阳能光电池工业中大量应用，占据着 93% 以上的市场份额。图 4.5 所示为 1998 年各种太阳电池材料的市场份额[5]。1970 年以前，直拉单晶硅是唯一大规模工业化生产太阳电池的光电材料，其电池效率高，工艺稳定成熟，但成本相对较高；1980 年后薄膜非晶硅得到发展和应用，它制备在玻璃等衬底上，制作成本较低，但其光电转换效率也低，而且存在效率衰减，稳定性较差；1990 年以后，相对低成本、高效率的铸造多晶硅和带状多晶硅得到快速发展；2001 年，铸造多晶硅已占整个国际太阳能光电材料市场的 50% 以上，成为最主要的太阳电池材料，但是它具有高密度的位错、微缺陷和晶界，影响了光电转换效率，其工业上的太阳能光电转换效率总是比直拉单晶硅低 1%～1.5% 左右。到目前为止，薄膜多晶硅在工业上还未得到大规模应用，存在的问题主要是太阳电池的效率较低，与其他硅材料相比，缺乏竞争力。但是，由于其潜在的低成本和相对高效率，一直吸引研究者的注意力，特别是晶粒尺度在纳米级的薄膜多晶硅一直是研究的焦点和热点。

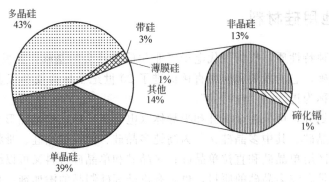

图 4.5　太阳电池材料的市场份额（1998 年）[5]

与 2013 年的太阳电池材料的市场份额（图 1.4）相比，可以看到铸造多晶硅比例大幅增长，达到 57%，带硅几乎消失，非晶硅的占比也从 13% 降低到 3% 左右；而化合物薄膜太阳电池 CdTe 和 CIGS 的比例从 1% 增加到 7%。因此，尽管化合物薄膜太阳能电池的比例增加，硅材料依然占据太阳电池市场的绝大部分，市场份额达到 93% 左右。

4.3　高纯多晶硅的制备

高纯多晶硅的纯度很高，一般要求纯度达到 99.999999%～99.9999999%，杂质含量要降到 10^{-9} 的水平。多晶硅的原材料是大自然中的石英砂，由于对原料中的杂质含量有严格要求，并不是所有的石英砂都能作为硅材料的原料。

在电弧炉中，利用纯度在 99% 以上的石英砂和焦炭或木炭在 1800℃ 左右进行还原反应，可以生成多晶硅，其主要反应式为

$$SiO_2 + 3C \xrightarrow{\quad\quad} SiC + 2CO \tag{4.1}$$

$$2SiC + SiO_2 \xrightarrow{\quad\quad} 3Si + 2CO \tag{4.2}$$

此时的硅呈多晶状态，纯度约为 95%～99%，称为金属硅或冶金硅，又可称为粗硅或工业硅。这种多晶硅材料对于半导体工业而言，含有过多的杂质，主要为 C、B、P 等非金属杂质和 Fe、Al 等金属杂质，只能作为冶金工业中的添加剂。要在半导体工业中应用，必须采用化学或物理的方法对金属硅进行再提纯。2005 年，高纯多晶硅的全世界产能约 39 万吨，主要集中在海姆洛克、瓦克和我国 GCL 等大公司。

化学提纯是指通过化学反应，将硅转化为中间化合物，再利用精馏提纯等技术提纯中间化合物，使之达到高纯度；然后再将中间化合物还原成硅，此时的高纯硅为多晶状态，可以达到半导体工业的要求。根据中间化合物的不同，化学提纯多晶硅可分为不同的技术路线，其共同的特点是：中间化合物容易提纯。目前，在工业中应用的技术有：三氯氢硅氢还原法、硅烷热分解法和四氯化硅氢还原法，最主要的是前两种技术。经过化学提纯的半导体级高纯多晶硅的基硼浓度小于 0.05×10^{-9}，基磷浓度小于 0.15×10^{-9}，碳浓度小于 0.1×10^{-6}，金属杂质的浓度小于 1.0×10^{-9}。

4.3.1　三氯氢硅氢还原法

三氯氢硅氢还原法是德国西门子（Siemens）公司于 1954 年发明的，又称西门子法，是广泛采用的高纯多晶硅制备技术，国际主要大公司都是采用该技术，包括瓦克（Wacker）、

海姆洛克（Hemlock）和德山（Tokoyama）。它主要是利用金属硅和氯化氢反应，生成中间化合物三氯氢硅，其化学反应式为

$$Si + 3HCl = SiHCl_3 + H_2 \qquad (4.3)$$

反应除生成中间化合物三氯氢硅以外，还有附加的化合物，如 $SiCl_4$、SiH_2Cl_2 气体，以及 $FeCl_3$、BCl_3、PCl_3 等杂质氯化物，需要精馏化学提纯。经过粗馏和精馏两道工艺，三氯氢硅中间化合物的杂质含量可以降到 $10^{-10} \sim 10^{-7}$ 数量级。

将置于反应室的原始高纯多晶硅细棒（直径约 5mm）通电加热至 1100℃ 以上，通入中间化合物三氯氢硅和高纯氢气，发生还原反应，采用化学气相沉积技术生成的新的高纯硅沉积在硅棒上，使硅棒不断长大，直到硅棒的直径达到 150～200mm，制成半导体级高纯多晶硅。其反应式为

$$SiHCl_3 + H_2 = Si + 3HCl \qquad (4.4)$$

或

$$2(SiHCl_3) = Si + 2HCl + SiCl_4 \qquad (4.5)$$

或者将高纯多晶硅粉末置于加热流化床上，通入中间化合物三氯氢硅和高纯氢气，使生成的多晶硅沉积在硅粉上，形成颗粒高纯多晶硅。国际 Sun Edison、REC 和瓦克公司最近建立的太阳电池用颗粒多晶硅生产线就是利用流化床技术。

除上述技术外，德山公司还提出了新的气液沉积技术（VLD, vapor liquid deposition），即在加热的垂直的高纯石墨管中通入三氯氢硅和高纯氢气，直接形成硅液滴，最后凝固成高纯多晶硅。

4.3.2 硅烷热分解法

用硅烷作为中间化合物具有特别的优点，首先是硅烷宜于提纯，硅中的金属杂质在硅烷的制备过程中，不易形成挥发性的金属氢化物气体，硅烷一旦形成，其剩余的主要杂质仅仅是 B 和 P 等非金属，相对易去除；其次是硅烷可以热分解直接生成多晶硅，不需要还原反应，而且分解温度相对较低。但是，硅烷法制备的多晶硅虽然质量好，但综合生产成本高。

制备硅烷有多种方法，一般利用硅化镁和液氨溶剂中的氯化铵在 0℃ 以下反应，这是由日本小松电子公司（Komatsu）发明和我国浙江大学研制的，具体反应式为

$$Mg_2Si + 4NH_4Cl = 2MgCl_2 + 4NH_3 + SiH_4 \qquad (4.6)$$

另一种重要的硅烷制备技术是美国联合碳化物公司（Union Carbide）提出的，利用四氯化硅和金属硅反应生成三氯氢硅，然后三氯氢硅歧化反应，生成二氯二氢硅，最后二氯二氢硅催化歧化反应生成硅烷，其主要反应式为

$$3SiCl_4 + Si + 2H_2 = 4SiHCl_3 \qquad (4.7)$$

$$2SiHCl_3 = SiH_2Cl_2 + SiCl_4 \qquad (4.8)$$

$$3SiH_2Cl_2 = SiH_4 + 2SiHCl_3 \qquad (4.9)$$

生成的硅烷可以利用精馏技术提纯，然后通入反应室，细小的多晶硅硅棒通电加热至 850℃ 以上，硅烷分解，生成的多晶硅沉积在硅棒上，化学反应为

$$SiH_4 = Si + 2H_2 \qquad (4.10)$$

同样，硅烷的最后分解也可以利用流化床技术，能够得到颗粒高纯多晶硅。

4.3.3 四氯化硅氢还原法

四氯化硅氢还原法是早期最常用的技术，但材料利用率低、能耗大，现在已很少采用。该方法利用金属硅和氯气反应，生成中间化合物四氯化硅，其反应式为

$$Si + 2Cl_2 = SiCl_4 \qquad (4.11)$$

同样采用精馏技术对四氯化硅进行提纯，然后利用高纯氢气在 1100～1200℃还原，生成多晶硅，反应式为

$$SiCl_4 + 2H_2 \xrightarrow{\hspace{2cm}} Si + 4HCl \qquad\qquad (4.12)$$

4.4 太阳能级多晶硅的制备

4.4.1 太阳能级多晶硅

太阳电池用硅材料的原材料可以分为固体和气体硅原料两类，直拉单晶硅、铸造多晶硅和带状多晶硅是利用高纯多晶硅等固体硅原料，而薄膜多晶硅和薄膜非晶硅则是利用高纯硅烷等气体硅原料。前者可以利用半导体级高纯多晶硅作为原料，但是，半导体级多晶硅的制备和提纯工艺复杂，成本很高。相比微电子器件而言，太阳电池对材料和器件中的杂质容忍度要大得多，因此，太阳电池用硅材料的原料，可以利用微电子工业用单晶硅材料废弃的头尾料和废材料，以及质量较低的电子级高纯多晶硅，这样可以降低太阳电池的总成本，因为硅原材料的成本约占硅太阳电池总成本的 25％以上。可是，这样也就造成了光伏产业对微电子产业的强烈依赖，制约了光伏产业的发展。通常，制造 1MW 太阳电池，需要消耗 5～8t 硅原材料，以 2014 年国际光伏装机量 43GW 计，硅太阳电池产业每年需要约 30 万吨硅原材料。随着光伏产业的快速发展，微电子工业的废硅材料不能满足光伏产业的需要，因此，光伏产业迫切需要纯度高于金属硅、低于半导体级多晶硅，且成本又远远低于半导体级多晶硅的太阳电池专用的太阳能级多晶硅材料。

目前的太阳能级多晶硅都是利用高纯多晶硅的工艺，通过简化提纯步骤，降低生产成本，制备太阳电池专用的多晶硅。

4.4.2 物理冶金技术制备太阳能级多晶硅

制造太阳能级多晶硅的最直接且最经济的方法就是将金属硅利用物理冶金技术进行低成本提纯，升级成可以用于太阳电池制造的太阳能级硅，而不采用电子级高纯多晶硅的精细化学提纯工艺，其中最重要的就是将金属硅中的高浓度杂质降低到 5×10^{16} 个/cm^3（1×10^{-6} ❶）以下。在金属硅中，杂质含量通常在 0.5％以上，其中 B 和 P 杂质的浓度为（20～60）$\times 10^{-6}$，金属杂质 Fe 的浓度为（1600～3000）$\times 10^{-6}$，Al 的浓度为（1200～4000）$\times 10^{-6}$，Ti 的浓度为（150～200）$\times 10^{-6}$，Ca 的浓度为 600×10^{-6}。

在硅中，除 B、P 以外，其他金属杂质的分凝系数都较小，在 10^{-5} 左右或者更小，所以能够通过定向凝固的方法予以去除[6]。但是，对于 B 和 P，由于它们在硅中的分凝系数较大，分别为 0.8 和 0.35，很难通过定向凝固的方法将它们去除。虽然国际上已经发展了多种物理冶金方法制备太阳能级多晶硅，但是由于没有经济实惠的技术去除 B 和 P，导致到目前为止，还没有一种技术能够投入大规模的工业应用。表 4.2 列出了金属硅经低成本提纯后金属杂质浓度的变化。由表 4.2 可知，简单提纯升级后的金属硅依然不能满足硅太阳电池的需要，需要进一步提纯。

在现有的技术中，金属硅的物理冶金提纯技术主要有以下几种[7]。

① 在真空中定向凝固，使得杂质在表面挥发。主要问题是如何将熔体内的杂质传输到熔体表面，以致它们能从表面挥发。当熔体体积较大时，内部的杂质往往不能及时传输到表

---

❶ 1×10^{-6} 为每百万原子中含有 1 个杂质原子。

面。为了解决这个问题，可以利用快速流动抽出的保护气，使得气相中的杂质浓度始终很低，促使熔体中的杂质尽快挥发；也可以利用电磁等离子法，使得熔体和坩埚壁四周不直接接触，从而增加熔体的表面积，导致熔体中杂质的尽快挥发。

表 4.2 金属硅和太阳能级硅中杂质的浓度　　　　　　　　　单位：10^{-6}

杂　　质	金　属　硅	升级的金属硅	太阳能级多晶硅
B	40	<30	<1
P	20	<15	<5
O	3000	<2000	<10
C	600	<250	<10
Fe	2000	<150	<10
Al	100~200	<50	<2
Ca	500~600	<500	<2
Ti	200	<5	<1
Cr	50	<15	<1

② 利用化学反应使杂质形成挥发性物质，如在保护气体中加入含氧、含氢和含氯气体，它们与杂质反应形成可挥发性物质，达到去除杂质的目的；另外，在熔体中也可以加入一些化学物质粉末，同样可以使杂质形成挥发性物质。

③ 利用化学反应使杂质形成炉渣（第二相），它们或浮于熔体表面，或沉积在熔体底部，凝固后自然与硅材料分开，如与氧反应生成氧化物炉渣。但是值得注意的是，加入的添加剂不能给硅材料增添新的杂质，以致在其后的过程需要附加的处理。

上述每种技术并不能同时去除所有的杂质，往往只能对其中的几种杂质有效。因此，在金属硅的物理冶金技术提纯过程中，上述技术不是独立使用的，而是组合使用。在实际工艺中，既可以产生挥发性物质，也可以产生炉渣。同时，这些技术也与保护气的应用结合起来。通常，保护气以一定速度吹入反应炉并被迅速抽走，这些气体可以携带反应气体、反应粉末和反应液体，与硅中的杂质起化学反应，生成挥发性物质或炉渣，如氧气和氢气可以与硅中的 B 反应，生成挥发性的 BOH；另外，吹气可以增加熔体的搅动，导致杂质扩散加快，化学反应加剧，有利于杂质的去除。

在一个典型的利用热交换定向凝固提纯金属硅的工艺中[7]，首先将金属硅熔化，然后通过挥发性气体或炉渣方式进行精炼提纯，最后再定向凝固，达到金属硅提纯的目的。在工艺过程中，要控制的主要参数是：一定的真空度，含有氧气、氢气或水蒸气的保护气成分及气体流动的速度，能够形成杂质炉渣的添加剂成分，熔体上端的自由空间和熔体的温度等。经过这样的工艺，硅中 B 的浓度可以低于 0.3×10^{-6}，P 的浓度可以低于 10×10^{-6}，而其他杂质的浓度将低于 0.1×10^{-6}，能够满足太阳电池制备的需要。

在另一种典型的利用电磁感应等离子技术提纯的工艺中[8,9]，金属硅的提纯分为两步：第一步是通过化学清洗、定向凝固甚至吹气反应，从而实现金属硅被提纯成升级的金属硅；第二步利用等离子体电磁

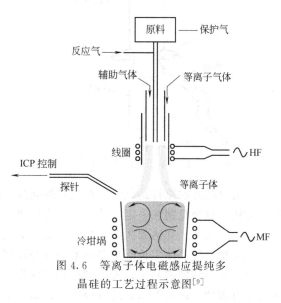

图 4.6　等离子体电磁感应提纯多晶硅的工艺过程示意图[9]

感应加热，以含氧的气体作为反应气体，通过和杂质的作用达到去除杂质的目的。图 4.6 所示为等离子体电磁感应提纯多晶硅的工艺过程示意图[9]。由图 4.6 可知，此工艺包含几个主要的步骤：升级的金属硅原料首先被等离子体加热，呈熔体状态，并被放入坩埚中；然后利用电磁感应，使坩埚中的硅熔体保持熔体状态；此时利用含有氧气和氢气的混合气体，与熔体硅中的杂质进行化学反应，生成挥发性气体或炉渣，达到去除杂质、提纯金属硅的目的。经过这样的工艺，B 的浓度可以低于 2×10^{-6}，P 的浓度低于 20×10^{-6}，其他金属杂质的浓度低于 10×10^{-6}。

除 B、P 及金属杂质外，金属硅中的碳和氧也是需要注意和去除的杂质，在提出的工艺中，同时也要利用相关技术降低它们的含量。

4.5 区熔单晶硅

利用悬浮区熔方法制备的区熔单晶硅，纯度很高，电学性能均匀；但是，直径小，机械加工性差。利用区熔单晶硅制备的太阳电池的光电转换效率高，但是生产成本高，价格昂贵。一般情况下，区熔单晶硅不应用于太阳电池的大规模生产上，只在某些需要高光电转换效率的特殊情况下才被使用。因此，本小节仅简单介绍其制备原理[1~4]。

区域提纯多晶硅生长单晶硅是在 20 世纪 50 年代提出的[10]，主要是利用区域熔炼的原理。其晶体制备的示意图如图 4.7 所示，实际晶体生长如图 4.8 所示。在区熔单晶硅的制备过程中，首先以高纯多晶硅作为原料，制成棒状，并将多晶硅棒垂直固定；在多晶硅棒的下端放置具有一定晶向的单晶硅，作为单晶生长的籽晶，其晶向一般为 〈111〉 或 〈100〉；然后在真空或氩气等惰性气体保护下，利用高频感应线圈加热多晶硅棒，使多晶硅棒的部分区域形成熔区，并依靠熔区的表面张力保持多晶硅棒的平衡和晶体生长的顺利进行。晶体生长首先从多晶硅棒和籽晶的结合处开始，多晶硅棒和籽晶以一定的速度做相反方向的运动，熔区从下端沿着多晶硅棒缓慢向上端移动，使多晶硅逐步转变成单晶硅。

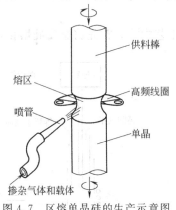

图 4.7 区熔单晶硅的生产示意图

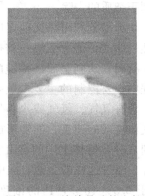

图 4.8 区熔单晶硅的生长

区熔单晶硅的原料是化学气相沉积的高纯多晶硅棒。在单晶体生长前，用金刚石机械滚磨的方法将直径控制在一定尺寸，然后进行化学腐蚀，去除表面的机械损伤和可能的金属污染，使表面光亮，并达到区熔单晶硅所要求的直径。

区熔单晶硅晶体生长的主要技术关键是如何控制好硅熔区，人们主要通过高频感应线圈的设计和辅助线圈的利用，来达到控制熔区形状和温度梯度的目的。但是，由于熔区的表面张力是有限的，区熔单晶硅的直径增大，熔区上端的多晶硅棒的重量增加，熔区也会增大，最终熔区的表面张力将不能支撑熔区上端的多晶硅棒，导致多晶硅棒的跌落和晶体生长的失败。针对这个困难，Keller[11]提出了"针眼工艺"（needle-eye），即设计多晶硅原料棒的直径比所需的单晶硅的直径要小，并将多晶硅棒的下端做成圆锥形，下截面和籽晶上表面面积相同，感应线圈的直径比多晶硅棒的直径还要小。当晶体生长开始后，熔区始终很小，而熔区下端形成的单晶硅的直径可以比上端的多晶硅棒的直径大，保证熔区顺利地通过整个多晶硅棒，生长大直径区熔单晶硅。该技术普遍应用于大直径区熔单晶硅的制备，目前直径为200mm 的区熔单晶硅已经在工业上大量生产。

由于区熔单晶硅没有利用石英坩埚，因此它的污染很少，单晶硅可以做得很纯，电阻率达到 $100000\Omega \cdot cm$，接近硅的理论本征电阻率。它的主要杂质是碳和氧，通过严格的工艺控制，现代区熔单晶硅中的碳和氧的浓度都低于红外光谱的探测极限，分别为 $1\times10^{16} cm^{-3}$ 和 $5\times10^{16} cm^{-3}$ 以下。而它的电学性质是通过掺杂控制的，一般利用气相掺杂。在晶体生长时，在氩气保护气中掺入稀释的磷化氢 PH_3 或乙硼烷 B_2H_6，以达到在单晶硅中掺入磷或硼制备 n 型或 p 型单晶硅的目的；还可以在化学气相沉积高纯多晶硅时直接掺入磷或硼，通过区熔直接制备 n 型或 p 型单晶硅。

区熔单晶硅可以在真空中生长，也可以用氩气作为保护气。20 世纪 60～70 年代，为了抑制区熔单晶硅中的微缺陷，在氩气保护气中添加了一定浓度的氢气，但是，会导致与氢相关的新的缺陷的产生。20 世纪 80 年代，研究者发现在保护气中掺入 3％～10％的氮气，在晶体硅中引入微量氮杂质[12]，可以降低区熔单晶硅的微缺陷密度，同时可以增加区熔单晶硅的机械强度。

由于区熔单晶硅生长时纵向温度梯度大，生长后的晶体内应力也大；而且区熔单晶硅利用无坩埚技术，氧杂质浓度较低，因此区熔单晶硅的机械强度和加工性都比较差。研究发现，在区熔晶体硅中引入微量的氮原子，可以钉扎位错的移动，导致机械强度的增加[13,14]。

4.6 直拉单晶硅

直拉法生长晶体的技术是由波兰的 J. Czochralski 在 1917 年发明的，所以又称切氏法。1950 年 Teal 等将该技术用于生长半导体锗单晶[15]，然后他又利用这种方法生长直拉单晶硅[16]，在此基础上，Dash 提出了直拉单晶硅生长的"缩颈"技术[17~19]，G. Ziegler 提出了快速引颈生长细颈的技术，构成了现代制备大直径无位错直拉单晶硅的基本方法。目前，单晶硅的直拉法生长已是单晶硅制备的主要技术，也是太阳电池用单晶硅的主要制备方法。

4.6.1 直拉单晶硅的生长原理和工艺

直拉单晶硅晶体生长示意图如图 4.9 所示。由图可知，直拉单晶炉的最外层是保温层，里面是石墨加热器；在炉体下部有一石墨托，固定在支架上，可以上下移动和旋转，在石墨托上放置圆柱形的石墨坩埚，在石墨坩埚中置有石英坩埚，在坩埚的上方，悬空放置籽晶轴，同样可以自由上下移动和转动。所有的石墨件和石英件都是高纯材料，以防止对单晶硅的污染。在晶体生

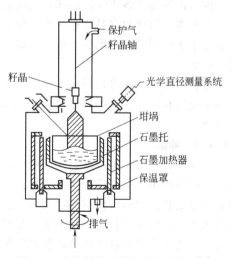

图 4.9 直拉单晶硅晶体生产示意图[1]

长时，通常通入低压的氩气作为保护气。浙江大学发明了用氮气或氮气/氩气的混合气作为直拉晶体硅生长的保护气[20~22]。

直拉单晶硅的制备工艺一般包括：多晶硅的装料和熔化、种晶、缩颈、放肩、等径和收尾，如图 4.10 所示。

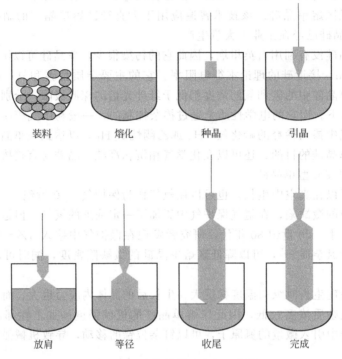

装料　　　　　熔化　　　　　种晶　　　　　引晶

放肩　　　　　等径　　　　　收尾　　　　　完成

图 4.10　直拉单晶硅生产工艺图

4.6.1.1　多晶硅的装料和熔化

首先将高纯多晶硅粉碎至适当的大小，并在硝酸和氢氟酸的混合酸液中清洗外表面，以除去可能的金属等杂质，然后放入高纯的石英坩埚中。对于高档多晶硅原料，可以不用粉碎和清洗而直接应用。在装料时，要注意多晶硅放置的位置，不能使石英坩埚底部有过多的空隙。因为在多晶硅熔化时，底部首先熔化，如果在石英坩埚底部有过多空隙，熔化后熔硅液面将与上部未熔化的多晶硅有一定空间，使得多晶硅跌入到熔硅中，造成熔硅外溅。同时，多晶硅不能碰到石英坩埚的上边沿，以免熔化时这部分多晶硅会黏结在上边沿，而不能熔化到熔硅中。

在装料完成后，将坩埚放入单晶炉中的石墨坩埚中，然后将单晶炉抽成一定真空，再充入一定流量和压力的保护气，最后炉体加热升温，加热温度超过硅材料的熔点 1420℃，使其熔化。

4.6.1.2　种晶

多晶硅熔化后，需要保温一段时间，使熔硅的温度和流动达到稳定，然后再进行晶体生长。在硅晶体生长时，首先将单晶籽晶固定在旋转的籽晶轴上，然后将籽晶缓缓下降，距液面数毫米处暂停片刻，使籽晶温度尽量接近熔硅温度，以减少可能的热冲击；接着将籽晶轻轻浸入熔硅，使头部首先少量溶解，然后和熔硅形成一个固液界面；随后，籽晶逐步上升，与籽晶相连并离开固液界面的硅温度降低，形成单晶硅，此阶段称为"种晶"。

籽晶一般是已经精确定向好的单晶，可以是长方形或圆柱形，直径在 5mm 左右。籽晶截面的法线方向就是直拉单晶硅晶体的生长方向，一般为〈111〉或〈100〉方向。对于太阳电池用单晶硅，晶面一般是〈100〉。籽晶制备后，需要化学抛光，去除表面损伤，避免表面损伤层中的位错延伸到生长的直拉单晶硅中；同时，化学抛光可以减少由籽晶带来的可能的金属污染。

4.6.1.3 缩颈

去除了表面机械损伤的无位错籽晶，虽然本身不会在新生长的晶体硅中引入位错，但是在籽晶刚碰到液面时，由于热振动可能在晶体中产生位错，这些位错甚至能够延伸到整个晶体。因此，20 世纪 50 年代 Dash[17~19]发明了"缩颈"技术，可以生长无位错的单晶。

单晶硅为金刚石结构，其滑移系为（111）滑移面的〈110〉方向。通常单晶硅的生长方向为〈111〉或〈100〉，这些方向和滑移面（111）的夹角分别为 36.16°和 19.28°；一旦产生位错，将会沿滑移面向体外滑移，如果此时单晶硅的直径很小，位错很快就滑移出单晶硅表面，而不是继续向晶体体内延伸，以保证直拉单晶能无位错生长。

因此，"种晶"完成后，籽晶应快速向上提升，晶体生长速度加快，新结晶的单晶硅的直径将比籽晶的直径小，可达到 3mm 左右，其长度约为此时晶体直径的 6~10 倍，称为"缩颈"阶段。但是，缩颈时单晶硅的直径和长度会受到所要生长单晶硅的总重量的限制，如果重量很大，缩颈时的单晶硅的直径就不能很细。

但是，随着晶体硅直径的增大，晶体硅的重量也不断增加，如果晶体硅的直径达到 400mm，其重量可达到 410 多千克。在这种情况下，籽晶能否承受晶体重量而不断裂就成为人们关心的问题。尤其是采用"缩颈"技术后，其籽晶半径最小处只有 3mm。最近，有研究者提出利用重掺硼单晶或掺锗的重掺硼单晶作为籽晶，由于重掺硼可以抑制种晶过程中位错的产生和增殖，可以采用"无缩颈"技术，同样可以生长无位错直拉单晶硅。但这种技术在生产中还未得到证实和应用。

4.6.1.4 放肩

在"缩颈"完成后，晶体硅的生长速度大大放慢，此时晶体硅的直径急速增大，从籽晶的直径增大到所需的直径，形成一个近 180°的夹角。此阶段称为"放肩"。

4.6.1.5 等径

当放肩达到预定晶体直径时，晶体生长速度加快，并保持几乎固定的速度，使晶体保持固定的直径生长。此阶段称为"等径"。

晶体硅等径生长时，在保持硅晶体直径不变的同时，要注意保持单晶硅的无位错生长。有两个重要因素可能影响晶体硅的无位错生长：一是晶体硅径向的热应力；二是单晶炉内的细小颗粒。在晶体硅生长时，坩埚的边缘和坩埚的中央存在温度差，有一定的温度梯度，使得生长出的单晶硅的边缘和中央也存在温度差。一般而言，该温度梯度随半径增大而呈指数变化，从而导致晶体硅内部存在热应力；同时，晶体硅离开固液界面后冷却时，晶体硅边缘冷却得快，中心冷却得慢，也加剧了热应力；如果热应力超过了位错形成的临界应力，就能形成新的位错。另一方面，从晶体硅表面挥发的 SiO_2 气体，在炉体的壁上冷却，形成了 SiO_2 颗粒，如果这些颗粒不能及时排出炉体，就会掉入硅熔体，最终进入晶体硅，破坏晶格的周期性生长，导致位错的产生。

在等径生长阶段，一旦生成位错就会导致晶体硅外形的变化，俗称"断苞"。通常，晶体硅在生长时，外形上有一定规则的扁平棱线。如果是〈111〉晶向生长，则有 3 条互成 120°夹角的扁平主棱线；如果是〈100〉晶向生长，单晶硅则有 4 条互成 90°夹角的扁平棱线。在保持晶体硅生长时，这些棱线连续不断；一旦产生位错，棱线将中断。这个现象可在生产中用来判断晶体硅是否正在无位错生长。

4.6.1.6 收尾

在晶体硅生长结束时，晶体硅的生长速度再次加快，同时升高硅熔体的温度，使得晶体硅的直径不断缩小，形成一个圆锥形，最终晶体硅离开液面，单晶硅生长完成，最后的这个阶段称为"收尾"。

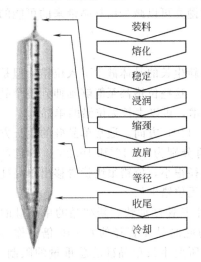

图 4.11 直拉单晶硅和相应生长部位的示意图

单晶硅生长完成时，如果晶体硅突然脱离硅熔体液面，其中断处受到很大热应力，超过硅中位错产生的临界应力，导致大量位错在界面处产生，同时位错向上部单晶部分反向延伸，延伸的距离一般能达到一个直径。因此，在晶体硅生长结束时，要逐渐缩小晶体硅的直径，直至很小的一点，然后再脱离液面，完成单晶硅生长。

上面简要地叙述了直拉单晶硅的生长过程，图 4.11 所示为直拉单晶硅和相应部位的示意图。除上述晶体硅生长的不同阶段外，实际生长过程很复杂。除了坩埚的位置、转速和上升速度，以及籽晶的转速和上升速度等常规工艺参数外，热场的设计和调整也是至关重要的。

4.6.2 新型直拉晶体硅的生长技术

4.6.2.1 磁控直拉硅单晶生长

在区熔单晶硅生长时，由于热起伏等原因，使得单晶硅中存在生长条纹。为了克服它，Chedzey 和 Hurle 提出了磁控生长技术[23]，即在晶体生长炉上加上电磁场，利用磁场来控制硅熔体的热起伏。后来，该技术被他们和 Witt 等应用于直拉单晶硅的晶体生长方面[24]。1980 年索尼（Sony）公司的 Hoshi 等[25]在商业化的直拉单晶硅炉上加上了电磁铁，生长磁控单晶硅。

在晶体硅生长时，由于熔体中存在热对流，将导致在晶体硅生长界面处温度的波动和起伏，在晶体硅中形成杂质条纹和缺陷条纹；同时，热对流将加剧熔硅与石英坩埚的作用，使得熔硅杂质中氧浓度增大，最终进入晶体硅中。随着晶体硅直径的增大，热对流也增强，因此，抑制热对流对单晶硅的质量改善作用很大，特别是可以控制单晶硅中主要杂质氧的浓度。

利用磁场抑制导电流体热对流，是磁控单晶硅生长的基本原理。通常，在磁场中运动的带电粒子会受到洛伦兹力的作用

$$f = qv\boldsymbol{H} \tag{4.13}$$

式中，q 为电荷；v 为运动速度；$\boldsymbol{H}$ 为磁场强度。由式(4.13)可知，具有导电性的硅熔体在移动时，作为带电粒子，硅熔体会受到与其运动方向相反的作用力，从而使得硅熔体在运动时受到阻碍，最终抑制了坩埚中硅熔体的热对流。

在直拉单晶硅生长炉上加上电磁场抑制热对流时，磁场强度可达 1000～5000Gs，不同的磁场方向对抑制热对流的作用大有不同[26~29]。在实际工艺中，一般有横向磁场、纵向磁场和非均匀磁场之分。所谓的横向磁场，就是在炉体外围水平放置磁极，使得硅熔体中与磁场方向垂直的轴向熔体对流受到抑制，而与磁场平行方向的熔体对流不受影响，即沿坩埚壁上升和沿坩埚的旋转运动被减少了，但径向流动不减少。横向磁场生长获得的磁控单晶硅的氧浓度低，均匀性好，但是磁场设置的成本高。纵向磁场则是在炉体外围设置螺线管，产生

中心磁力线垂直于水平面的磁场，此时径向的熔体对流被抑制，而纵向的熔体不受影响，获得的单晶硅的氧浓度高。为了克服上述两种磁场的弱点，多种非均匀性磁场技术被发展，其中"钩形"磁场应用最为广泛。该磁场是由两组与晶体同轴的平行超导线圈组成，在两组线圈中分别通入相反的电流，从而在单晶硅生长炉中产生"钩形"对称的磁场。

在直拉单晶硅生长时，增加磁场抑制了热对流，降低了氧浓度，改善了晶体质量，但是增加了生产成本。在设计好温度场的情况下，磁场中晶体硅的生长速度可以提高，从而可以相对降低生产成本。有研究表明，磁控单晶硅的生长速度可以达到普通单晶硅的2倍。但是，无论如何，磁控单晶硅的生产成本要高于普通单晶硅，主要应用于超大规模集成电路用大直径单晶硅（直径在200mm以上）的生产，在太阳电池用单晶硅的制备上基本不用。

4.6.2.2　重装料直拉硅单晶生长

通常，直拉单晶硅在收尾后，脱离液面完成晶体生长。但是，晶体需要继续保留在炉内，等到温度降低到室温后才打开炉膛，将单晶硅取出。而留在坩埚内的熔硅，冷却后，由于热胀冷缩，导致石英坩埚的破裂，因此，需要更换破裂的坩埚。同时，需要清扫炉膛，然后重新装料，生长新的晶体硅。在这个过程中需要较多的时间，而且更换高纯石英坩埚也增加了生产成本，所以，重装料直拉单晶硅生长技术得到了发展[30]。

重装料直拉单晶硅生长技术就是在单晶硅收尾后，迅速移去，然后在籽晶轴上装上多晶硅棒，将多晶硅棒缓慢溶入硅熔体，从而达到增加硅熔体的目的。当新加入的多晶硅棒全部溶化后，重新安装籽晶，进行新单晶硅的生长。重装料直拉单晶硅生长示意图如图4.12所示。在此过程中，由于省去了多晶硅冷却和进、排气的时间，而且石英坩埚可以重复利用，使得生产成本大幅度降低，在太阳电池单晶硅的生产中得到了广泛应用。

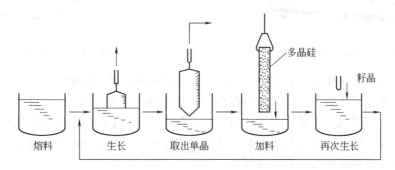

熔料　　　生长　　　取出单晶　　　加料　　　再次生长

图 4.12　重装料直拉单晶硅生长工艺示意图[30]

在重装料直拉单晶硅生长时，由于不断加入多晶硅，硅熔体中集聚的杂质量增加；同时，随着时间的延长，石英坩埚的腐蚀越来越严重，更多的杂质特别是氧杂质会熔入硅熔体中，最终使硅熔体中的杂质浓度增大，晶体硅的质量变差。而且，石英坩埚变薄，存在破裂的危险。因此，重装料直拉单晶硅生长的次数受到了一定限制。

4.6.2.3　连续加料直拉硅单晶生长

在直拉单晶硅生长时，如果在熔硅中不断加入多晶硅和所需的掺杂剂，使得熔硅的液面基本保持不变，晶体硅生长的热场条件也就几乎保持不变，这样晶体硅就可以连续生长。当一根单晶硅生长完成后，移出炉外，装上另一根籽晶，可以进行新单晶硅的生长。显然，连续加料直拉单晶硅生长可以节省大量的时间，也可以节省高纯坩埚的费用，使得晶体硅的生产成本大幅度降低。

通常，有三种连续加料的技术：一是连续固态加料，也就是利用颗粒多晶硅，在晶体生长时直接加入到熔硅中；二是连续液态加料，晶体生长设备分为熔料炉和生长炉两部分，熔料炉专门熔化多晶硅,可以连续加料,生长炉则专门生长晶体,两炉之间有输送管,通过熔料炉和生长炉之间的不同压力来控制熔料炉中的熔硅源源不断地输入到生长炉中,并保持生长炉中熔硅液面高度保持不变;三是双坩埚液态加料,即在外坩埚中放置一个底部有洞的内坩埚,两者保持相通,其中内坩埚专门用于晶体生长,外坩埚则源源不断地加入多晶硅原料,使得内坩埚的液面始终保持不变,以利于晶体生长。

从晶体生长上看,连续加料直拉单晶硅技术可以节约时间、节约坩埚,但是,晶体生长设备的复杂度大大增加,也就是说设备的成本增加。因此,虽然连续加料生长直拉单晶硅的前景很好,但目前应用并不是很广泛。

4.6.2.4 太阳能用直拉三晶硅晶体生长

德国西门子公司发明了一种太阳电池用直拉三晶晶体硅,其优点是其机械强度较普通直拉单晶硅高很多,因而在制备太阳电池的过程中,硅片的厚度可以被加工得很薄,达到 $150\mu m$ 左右,从而单晶硅的成本有所降低,图 4.13 所示为直拉三晶晶体硅和相关籽晶[31]。

图 4.13　直拉三晶晶体硅和相关籽晶[31]

图 4.14　三晶晶体硅的截面示意图

这种晶体与通常应用的 〈111〉 或 〈100〉 晶向的单晶硅是不同的,它是由三个晶向都是〈110〉的单晶共同组成的。在三晶硅中存在三个孪晶界,它们都垂直于 (110) 面,在晶体中心相交,形成三星状,孪晶界之间夹角120°,如图 4.14 所示。三晶硅的生长技术与传统的直拉法相比基本相同,但是利用的是三晶硅做的籽晶,而且在晶体生长过程中生长速度较快,可以有效地缩短晶体硅生长的时间。

但是,由于晶体生长方向是 〈110〉 晶向,引晶过程中在籽晶中形成的位错就不能通过Dash 缩颈工艺被完全消除,所以,直拉三晶单晶硅不可能是无位错的晶体,而是具有一定的位错密度,这些位错通常成网络状分布在晶体中。在晶体头部,通常位错最大密度为 $10^5\,cm^{-2}$ 左右,而在晶体的尾部位错密度可达 $10^7\,cm^{-2}$ 左右。

尽管位错存在于三晶晶体硅中,但是在晶体生长过程中不会形成多晶。这是因为位错在通常的 〈111〉 或 〈100〉 晶体硅生成后,将以很快的速度增加,从而使晶体结构很快消失,形成多晶。但对于三晶硅而言,位错在 〈110〉 方向增殖的速度很小,不会形成多晶;进一步地,通过腐蚀观察,可以看到位错在孪晶界附近聚集,孪晶界被认为能够有效地阻止自由位错的滑移,所以三晶硅中孪晶界的存在也抑制了多晶的生成。因而,尽管晶体的头部存在密度为 $10^5\,cm^{-2}$ 左右的位错,700mm 以上长度的单晶硅依旧可以生长,而不会形成多晶结构。

另外,由于三晶硅片的晶向为 〈110〉,与普通太阳能用直拉单晶硅的晶向 〈100〉 不同,所以用 KOH 或 NaOH 腐蚀的方法,就不能在三晶硅表面制备金字塔绒面结构。与铸造多晶硅一样,目前三晶硅绒面制备主要是采用酸腐蚀或者用激光蚀刻 V 形槽等技术来实现。

由于三晶硅晶体生长困难、位错密度高、绒面制备难等，很难实现产业化。

4.6.3 直拉单晶硅的掺杂

直拉单晶硅为超纯材料，在实际应用中需要有意掺入一定量的电学杂质（掺杂剂），才能控制单晶硅的导电类型和电阻率，得到实际所需的单晶硅。

单晶硅为Ⅳ族元素半导体，要得到 p 型硅，一般需要掺入Ⅲ族元素杂质，如 B、Al、Ga 和 In；要得到 n 型硅，需要掺入Ⅴ族的 P、As 和 Sb。但是，在实际应用中，选择何种掺杂剂则取决于掺杂剂在硅熔体中的分凝系数、蒸发系数以及所需的掺杂量。对于 p 型掺杂，由于 Al、Ga 和 In 在硅中的分凝系数很小，难以得到所需的晶体电阻率，所以很少作为单晶硅的 p 型掺杂剂；而 B 在硅中的分凝系数为 0.8，而且它的熔点和沸点都高于硅的熔点，在熔硅中很难蒸发，是直拉单晶硅最常用的 p 型掺杂剂。对于 n 型掺杂，P、As 和 Sb 在硅中的分凝系数较大，都可以作为掺杂剂，它们各有优势，应用于不同的场合。P 是直拉单晶硅中最常用的 n 型半导体掺杂剂，而重掺 n 型单晶硅常用 As 和 Sb 作为掺杂剂。相对而言，As 的分凝系数比 Sb 大，原子半径接近硅原子，掺入后不会引起晶格失配，是比较理想的 n 型掺杂剂；但是砷及其氧化物都有毒，在晶体硅生长时对废气处理和晶体生长设备都有特殊要求，否则会对人体和环境造成伤害。

太阳能用直拉单晶硅的电阻率一般要求在 $1\Omega \cdot cm$ 左右，出于低成本的目的，工艺中通常采用 B 和 P 分别作为 p 型和 n 型直拉单晶硅的掺杂剂。在实际生产中，一般生长的是掺 B 的 p 型单晶硅。在太阳电池工艺中，在 p 型单晶硅片的一边通过扩散掺入 P 杂质，形成 n 型半导体区域，构成 p-n 结。

4.6.3.1 分凝和分凝系数

由两种或两种以上元素构成的固溶体，在高温熔化后，随着温度的降低将重新结晶，形成固溶体。在再结晶过程中，浓度小的元素（作为杂质）在浓度高的元素晶体及熔体中的浓度是不同的，称为分凝现象。

对于晶体硅中的杂质而言，无论是为控制晶体硅电学性能而有意掺入的电学杂质，还是无意引入的杂质，其浓度都很低；在晶体硅生长时，这些杂质在晶体硅和硅熔体中的浓度也是不同的，同样取决于杂质的分凝。

在固溶体结晶时，如果固相和液相接近平衡状态，即以无限缓慢的速度从熔体中凝固出固体，固相中某杂质的浓度为 c_S，液相中该杂质的浓度为 c_L，那么，两者的比值（k_0）称为该杂质在此晶体中的平衡分凝系数

$$k_0 = \frac{c_S}{c_L} \tag{4.14}$$

图 4.15 所示为 A、B 两组元形成的固溶体的相图，L 表示液相，S 表示固相。当组分为 M 的熔体，从高温降温到温度 T_1 时，有固体析出，组分为 N，此时固体中 B 组元的浓度要小于组分为 M 的熔体中的 B 组元，这就是分凝现象。此时固体和熔体中的 B 组元浓度的比值就是 B 元素在 A 晶体中的平衡分凝系数。

通常 A、B 体系的固相线和液相线都不是直线，但是当 B 组元的浓度极小时，固相线和液相线都可以近似为直线，此时 B 组元的平衡分凝系数为固相线和液相线的斜率之比。因此，不同的 k_0 具有不同形态的固、液相线。图 4.16 所示为 $k_0>1$、$k_0<1$ 和 $k_0=1$ 时 A、B 两组元固溶体

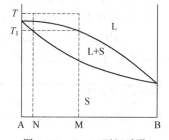

图 4.15 A、B 两组元形成的固溶体的相图

的相图。

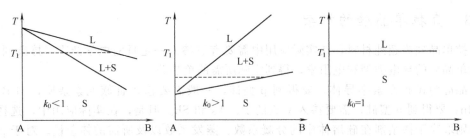

图 4.16　不同平衡分凝系数时 A、B 两组元形成的固溶体的相图

对于晶体硅而言，杂质浓度极低，杂质的平衡分凝系数就是固液相图中固相线与液相线的斜率之比。对于硅中不同的杂质，平衡分凝系数 k_0 也不同。$k_0 < 1$ 意味着晶体生长时，杂质在晶体中的浓度始终小于在熔体中的浓度，即杂质在硅熔体中富集，最终导致晶体尾部的杂质含量高于晶体头部；反之，$k_0 > 1$ 意味着晶体生长时，杂质在晶体中的浓度始终大于在熔体中的浓度，即杂质在硅熔体中的浓度会越来越小，使得晶体尾部的杂质含量低于晶体头部；$k_0 = 1$ 时，杂质在晶体和熔体中的浓度始终一致，导致晶体生长完成后，从晶体的头部到晶体的尾部，浓度都保持一致。

在实际晶体生长时，不可能达到平衡状态，也就是说固体不可能以无限缓慢的速度从熔体中析出，因此，熔体中的杂质不是均匀分布。对于 $k_0 < 1$ 的杂质，由于 $c_S < c_L$ 晶体凝固时有较多的杂质从固液界面被排进熔体，如果杂质在熔体中扩散的速度低于晶体凝固的速度，则在固液界面熔体一侧会出现杂质的堆积，形成一层杂质富集层。此时固液界面处固体侧杂质浓度 c_S 和液体中杂质浓度 c_L 的比值，称为有效分凝系数。

$$k_{eff} = \frac{c_S}{c_L} \tag{4.15}$$

有效分凝系数 k_{eff} 和平衡分凝系数 k_0 遵守 BPS 关系式[32]

$$k_{eff} = \frac{k_0}{(1 - k_0)\, e^{-v\delta/D} + k_0} \tag{4.16}$$

式中，v 为固液界面移动的速度，也就是晶体生长的速度；δ 为扩散层厚度；D 为扩散系数。显然，当晶体生长非常缓慢时，v 接近于零，则 k_{eff} 趋近于 k_0。

在晶体生长时，如果溶质和溶剂的总量保持不变，即所有的原料熔化后，全部生长成晶体，而且晶体生长在单一的界面下进行，则称为晶体的正常凝固过程。此时假设：

① 杂质在固体（晶体）中的扩散速度较凝固速度慢得多，即忽略杂质在固体中的扩散；
② 杂质在熔体中的扩散速度较凝固速度快得多，即杂质在熔体中的分布是均匀的；
③ 杂质的分凝系数 k 为常数；
④ 生长时固体和熔体的密度分别保持不变。

对于晶体硅而言，绝大部分杂质的扩散速度（$10^{-4} \sim 10^{-3}$ cm/s）与晶体生长速度相比很小，可以忽略杂质在晶体中的扩散；熔体中有强烈的热对流和机械对流，可以认为熔体中杂质的浓度是均匀的；进一步地，杂质在硅熔体中的浓度极小，其分凝系数也可以看成常数。因此，晶体硅的实际生长过程近似于正常凝固过程。

对于正常凝固的单位体积的晶体，如图 4.17 所示，设横截面为单位面积，长度为单位

图 4.17　晶体正常凝固示意图

长度，g 为凝固分数，即已凝固的长度与总长度之比，如果再经过一个短时间后，又凝固 dg，S 为凝固 g 后熔体中剩余的杂质总量，则靠近界面的固体中的杂质浓度为

$$c_S = -\frac{dS}{dg} \tag{4.17}$$

而液体中的杂质浓度 c_L 为：

$$c_L = \frac{S}{1-g} \tag{4.18}$$

因为，分凝系数 $k = c_S / c_L$

所以

$$c_S = \frac{kS}{1-g} \tag{4.19}$$

将式（4.19）代入式（4.17），并积分

$$S = S_0 (1-g)^k \tag{4.20}$$

将式（4.20）代入式（4.17），得

$$c_S = \frac{-dS}{dg} = kS_0 (1-g)^{k-1} \tag{4.21}$$

式中，S_0 为晶体内的杂质总量，因为晶体是单位体积，$S_0 = c_0$；c_0 为初始晶体中的杂质浓度。晶体在凝固了 g 凝固分数处的杂质浓度为

$$c_S = kc_0 (1-g)^{k-1} \tag{4.22}$$

式（4.22）可用来计算晶体硅生长时杂质在晶体硅中的浓度分布。但是，在晶体生长的收尾部分，式（4.22）并不适用，因为杂质在晶体尾部富集很多，k 不再是常数，此时的晶体生长不再属于正常凝固过程。

4.6.3.2 硅晶体掺杂浓度

太阳电池用直拉单晶硅一般利用高纯的硼（B）或磷（P）作为掺杂剂，掺杂剂本身的纯度超过 99.999% ～ 99.9999%，通过掺杂不同量的掺杂剂，单晶硅的电阻率得到控制。式（4.23）为单晶硅的电阻率 ρ 与掺杂浓度 c_S 的关系式。

$$\rho = \frac{1}{\sigma} = \frac{1}{c_S e \mu} \tag{4.23}$$

式中，σ 为电导率；e 为电子电荷，$e = 1.6 \times 10^{-19} C$；$\mu$ 为电子或空穴的迁移率，分别为 1350 $cm^2/(V \cdot s)$ 和 480 $cm^2/(V \cdot s)$。对于 1$\Omega \cdot cm$ 的 p 型掺硼单晶硅而言，硼的掺杂浓度为 $1.4 \times 10^{16} cm^{-3}$；而对于 1$\Omega \cdot cm$ 的 n 型掺磷单晶硅而言，磷的掺杂浓度为 $4.2 \times 10^{15} cm^{-3}$。图 4.18 所示为室温（300K）下，晶体硅的电阻率与掺杂浓度的关系。

由图 4.18 可知，通过控制掺杂剂的浓度，就可以控制单晶硅的电阻率和载流子浓度。在晶体硅生长时，一般在多晶硅装料的同时，加入一定量的高纯掺杂剂（B、P 等）。当多晶硅熔化时，掺杂剂就熔入硅熔体，通过晶体生长，最终进入晶体硅，达到掺杂的

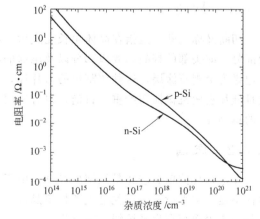

图 4.18　室温下晶体硅的电阻率与掺杂浓度的关系

目的。因此，单晶硅的电阻率主要取决于硅熔体中加入的掺杂剂的量。根据平衡分凝系数公

式 [式(4.14)]：$k_0 = c_S/c_L$，可以计算出硅熔体中需要掺入的杂质的重量

$$m = \frac{W}{d} \frac{M}{N_0} \frac{c_S}{k_0} \tag{4.24}$$

式中，W 为高纯多晶硅的重量；d 为硅的密度；M 为杂质原子量；N_0 为阿伏伽德罗常数；c_S 为硅晶体头部的杂质浓度。

在实际生产中，掺杂剂在硅熔体中的蒸发会直接影响直拉单晶硅的掺杂浓度。由于多晶硅的熔化和直拉单晶硅的晶体生长都需要一定时间，随着多晶硅的熔化和晶体生长的进行，蒸发系数大的杂质会不断地从硅熔体的表面蒸发，导致硅熔体中相关杂质的浓度不断降低，从而不能利用式(4.22)和式(4.24)估算直拉单晶硅中的杂质浓度，此时实际单晶硅中的杂质浓度要低于计算值。单晶硅中 P 杂质的蒸发系数较大，如果利用直接掺磷的方法，P 很容易从硅熔体表面蒸发，所以需要采用特殊的掺杂技术来保证直拉单晶硅中 P 杂质的浓度。

另外，直拉单晶硅中的掺杂量还受原料和石英坩埚质量的影响，特别是太阳电池用直拉单晶硅，常常使用微电子工业用单晶硅的头尾料，其本身就已掺杂，这些原料中的杂质浓度会对直拉单晶硅的最终掺杂量有影响。为了避免这种情况，可以利用同种多晶硅原料和坩埚首先在不掺杂的情况下生长直拉单晶硅，通过测试单晶硅的电阻率，转化为载流子（电子或空穴）浓度 c_i，得到多晶硅原料中杂质和石英坩埚对直拉单晶硅载流子浓度的影响，然后再计算要得到所需电阻率的单晶硅的掺杂量。

4.7 硅晶片加工

如图 4.11 所示，直拉单晶硅生长完成后呈圆棒状，而太阳电池用单晶硅需要利用硅片，因此，单晶硅生长完成后需要进行机械加工。对于不同的器件，单晶硅需要不同的机械加工程序。对于大规模集成电路用单晶硅，一般需要对单晶硅棒进行切断（割断）、滚圆、切片、倒角、磨片、化学腐蚀和抛光等工艺，在不同的工艺间还需进行不同程度的化学清洗。而对于太阳电池用单晶硅，硅片的要求比较低，通常应用前几道加工工艺，即切断（割断）、滚圆（切方块）、切片和化学腐蚀。

4.7.1 切断

切断又称割断，是指在晶体生长完成后，沿垂直于晶体生长的方向切去晶体硅头尾无用的部分，即头部的籽晶和放肩部分以及尾部的收尾部分。通常利用外圆切割机进行切断，刀片边缘为金刚石涂层，这种切割机的刀片厚，速度快，操作方便；但是刀缝宽，浪费材料，而且硅片表面机械损伤严重。目前，也有使用带式切割机来割断晶体硅的，尤其适用于大直径的单晶硅。

4.7.2 滚圆

无论是直拉单晶硅还是区熔单晶硅，由于晶体生长时的热振动、热冲击等原因，晶体表面都不是非常平滑的，也就是说整根单晶硅的直径有一定偏差起伏；而且晶体生长完成后的单晶硅棒表面存在扁平棱线，需要进一步加工，使得整根单晶硅棒的直径达到统一，以便在今后的材料和器件加工工艺中操作。

一般而言，太阳电池用单晶硅片有两种形状：一种是圆形；另一种是方形。对于圆形硅片

的加工，在切断晶体硅后需要进行滚圆，即利用金刚石砂轮磨削晶体硅的表面，不仅使得整根单晶硅的直径统一，而且达到所需直径，如直径 3in[1] 或 4in 的单晶硅。而方形硅片则需要在切断晶体硅后，进行切方块处理，沿着晶体棒的纵向方向即晶体的生长方向，利用带锯或者外圆切割机将晶体硅锭切成一定尺寸的长方形，其截面为正方形，通常尺寸为 100mm×100mm，125mm×125mm 或 156mm×156mm。对于直拉或区熔单晶硅而言，圆形硅片的材料成本相对于方形硅片要低，但是在制备太阳电池、组成组件时，圆形硅片的空间利用率比方形硅片低，要达到同样的太阳电池输出功率，圆形硅片的太阳电池组件板的面积大，既不利于空间的有效利用，也增加了太阳电池的总成本。因此，太阳电池硅片的形状一般为方形。

滚圆（切方块）会在晶体硅的表面造成严重的机械损伤，甚至有微裂纹，其中滚圆（切方块）时晶体硅的转速、金刚石砂轮的转速、磨削的速度、金刚石的粒度等是决定机械损伤的主要因素。而这些损伤会在其后的切片过程中引起硅片的崩边和微裂纹，因此，在滚圆（切方块）后一般要进行化学腐蚀或者精细研磨，去除滚圆（切方块）的机械损伤。

4.7.3 切片

在单晶硅滚圆（切方块）工序完成后，需要对单晶硅棒切片。在微电子工业用的单晶硅在切片时，硅片的晶向、厚度、平行度和翘曲度是关键参数，需要严格控制。但是，对太阳电池用硅片的这些参数的要求不是很高，通常不进行晶向、平行度和翘曲度的检查，只是对硅片的厚度进行控制。但是，晶向偏差过大，会影响光电转换效率；平行度和翘曲度过大，在太阳电池加工和组件加工过程中，会造成硅片碎裂，导致生产成本增加。

太阳电池用单晶硅片的厚度约为 $180\sim200\mu m$，特殊情况下的硅片厚度可为 $100\sim150\mu m$。单晶硅锭切成硅片，通常采用内圆切割机或线切割机。内圆切割机是用高强度轧制圆环状钢板刀片，环内边缘有坚硬的颗粒状金刚石，外环固定在转轮上，将刀片拉紧，如图 4.19 所示。切片时，刀片高速旋转，速度达到 $1000\sim2000r/min$。在冷却液的作用下，固定在石墨条上的单晶硅锭向刀片做相对移动。这种切割方法，技术成熟，刀片稳定性好，硅片表面平整度好，设备价格相对便宜，维修方便。但是由于刀片有一定的厚度，在 $250\sim300\mu m$ 左右，也就是说约有一半的晶体硅在切片过程中会变成锯末，因此这种切片方式的晶体硅材料的损耗很大；而且，内圆切割机切片的速度慢、效率低，切片后硅片的表面损伤大，该方法目前已逐渐淘汰。

另一种切片方法是线切割，即通过粘有金刚石颗粒的金属丝线的运动来达到切片的目的，如图 4.20 所示。线切割机的使用始于 1995 年，其效率是惊人的，一台线切割机的产量相当于 35 台内圆切割机。它可以将超过 200km 长的金属丝线，通过复杂的机械结构绕成300 条或更多的平行刀线，每次可以切片 300 片以上，而且可以同时切割多根单晶硅锭，切割的效率高；通常内圆切割机的刀片厚度在 $250\sim300\mu m$ 左右，而线切割的金属线直径只有 $140\mu m$，对于同样的晶体硅，用线切割机可以使材料损耗降低 50% 以上，所以切割损耗小；而且线切割的应力小，切割后硅片的表面损伤也小；但是，硅片的平整度稍差，而且设备相对昂贵，维修困难。但是，不同于微电子用单晶硅片，太阳电池用单晶硅片对硅片平整度的要求并不高；因此，线切割非常适用于太阳电池用单晶硅的切片。

---

[1] 1in=0.0254m，全书同。

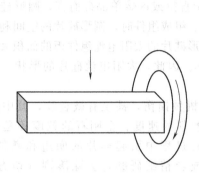

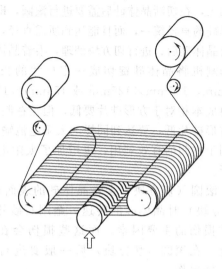

图 4.19　单晶硅硅片的
内圆切割示意图

图 4.20　单晶硅硅片的线切割示意图

作为脆性材料，晶体硅切片后，由于刀具的作用，在硅片表面会有机械损伤层，包括碎晶区、位错网络区和弹性应变区，其结构如图 4.21 所示。碎晶区又称微裂纹区，是由破碎的硅晶粒组成的。位错网络区存在大量位错，弹性应变区则存在弹性应变，硅原子排列不规整。在实际工艺中，影响机械损伤层厚度和结构的因素很多，包括刀片的质量、刀片的转速、硅片的切割速度和冷却液等。显然硅片的机械损伤层会影响太阳电池的光电转换效率，因此，在其后的工艺中必须通过化学腐蚀予以去除。

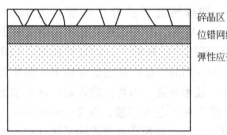

碎晶区
位错网络区
弹性应变区

图 4.21　单晶硅切片机械损伤层的结构示意图

利用 X 射线双晶衍射的方法可以测量硅片的机械损伤层的厚度[33,34]，其基本原理是晶体硅的 X 射线双晶衍射峰具有一定的本征宽度，包括晶体硅本身和 X 射线仪本身原因造成的宽度。如果晶体硅表面具有应变层，则衍射峰的宽度会增加，因此，可以根据晶体硅的 X 射线双晶衍射峰的宽度变化来确定机械损伤层的厚度。具体而言，在晶体硅切片后，将硅片放入稀释的化学腐蚀液中多次缓慢腐蚀，将硅片表面逐层剥落，每腐蚀一次，进行一次 X 射线双晶衍射，测量衍射峰的半高宽（即衍射峰高度一半位置时衍射峰的宽度），最终得到衍射峰的半高宽随腐蚀深度的变化曲线。在腐蚀的初始时刻，由于硅片表面处于碎晶区，有较大的应力应变，其衍射峰的宽度较宽；随着腐蚀深度的增加，晶体损伤程度越来越小，衍射峰的宽度也越来越窄；当机械损伤层被腐蚀完毕后，这时晶体硅表面不再有应力，衍射峰的宽度达到最小，即本征宽度，并随着进一步的腐蚀，衍射峰的宽度保持不变；这样就可以得到硅片表面机械损伤层的厚度。图 4.22 所示为内圆切割机切割的硅片的 X 射线双晶衍射峰的半高宽随腐蚀深度的变化曲线。由图 4.22 可知，该硅片的机械损伤层厚度约为 $7\mu m$。

切片时，除表面损伤层外，硅片表面的晶向、厚度的准确性和均匀性，以及硅片的翘曲程度，都是需要保证的参数。这些参数不仅与刀片有关，还与切割机的机械运动精度和稳定性、冷却液的选择、晶体的 X 射线定向精度以及操作技术等因素有关。现代的切割机一般配有切割刀片或切割线的在线监视装置。

4.7.4 化学腐蚀

切片后，硅片表面有机械损伤层，近表面晶体的晶格不完整；而且硅片表面有金属离子等杂质污染。因此，一般切片后，在制备太阳电池前，需要对硅片进行化学腐蚀。

腐蚀液的类型、配比、温度、搅拌与否以及硅片放置的方式都是硅片化学腐蚀效果的主要影响因素，这些因素既影响硅片的腐蚀速度，又影响腐蚀后硅片表面的质量。晶体硅的腐蚀液多种多样，但是出于对腐蚀液高纯度和减少可能金属离子污染的要求，目前主要使用氢氟酸（HF）、硝酸（HNO_3）和乙酸（CH_3COOH）混合的

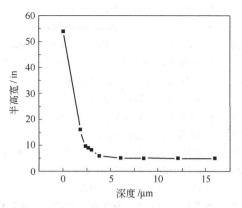

图 4.22 晶体硅切片的 X 射线双晶衍射峰半高宽随腐蚀深度的关系曲线

酸性腐蚀液，以及氢氧化钾（KOH）或氢氧化钠（NaOH）等碱性腐蚀液。对于太阳电池用晶体硅的化学腐蚀，从成本控制、环境保护和操作方便等因素出发，一般利用氢氧化钠腐蚀液，腐蚀深度要超过硅片机械损伤层的厚度，约为 $20\sim30\mu m$。

在氢氧化钠化学腐蚀时，采用 $10\%\sim30\%$（质量分数）的氢氧化钠水溶液，加热至 $80\sim90\text{℃}$，将硅片浸入腐蚀液中，腐蚀的化学方程式为

$$Si+2NaOH+H_2O \Longrightarrow Na_2SiO_3+2H_2 \tag{4.25}$$

氢氧化钠腐蚀实际上是一种各向异性腐蚀液，属于反应控制过程，化学反应的速度取决于表面悬挂键的密度，即腐蚀速度与硅片的表面晶向有关。所以氢氧化钠腐蚀硅片时，腐蚀液不需要搅拌，腐蚀后硅片的平行度较好；而且，可以从式(4.25)看出，氢氧化钠腐蚀不会像酸腐蚀那样产生 NO_x 有毒气体。但是，碱腐蚀后硅片表面相对比较粗糙。如果碱腐蚀的时间较长，硅片表面还会出现金字塔结构，称为"绒面"，这种结构可以减少硅片表面的太阳光反射，增加光线的入射和吸收。所以，在单晶硅太阳电池实际工艺中，常常将化学腐蚀和绒面制备工艺合二为一，以节约生产成本。

参 考 文 献

[1] 阙端麟，陈修治. 硅材料科学与技术. 杭州：浙江大学出版社，2001.

[2] 材料百科全书编委员. 材料百科全书. 北京：中国大百科全书出版社，1995.

[3] ［美］杰克逊 K A. 半导体工艺. 屠海令，万群等译. 北京：科学出版社，1999.

[4] 佘思明. 半导体硅材料学. 长沙：中南工业大学出版社，1992.

[5] 席珍强，杨德仁，陈君. 材料导报，2001，15（2）：67.

[6] Piresa J C S，Braga A F B，Mei P R. Solar Energy Materials and Solar Cells，2003，79：347.

[7] Khattak C P，Joyce D B，Schmid F. Solar Energy Materials and Solar Cells，2002，74：77.

[8] Peter Woditscha，Wolfgang Koch. Solar Energy Materials and Solar Cells，2002，72：11.

[9] Alemanya C，Trassyb C，Pateyronc B，Lib K I，Delannoy Y. Solar Energy Materials and Solar Cells，2002，72：41.

[10] Keck H，Golay M J E. Phys Rev，1953，89：1257.

[11] Keller W. DE 1148525. 1959.

[12] Abe T，Masut T，Harada H，Chikawa J. Defects and Engineering of Semiconductor. Chikawa J，Sumino

K，Wada K（ed.）．Japan，1987.

[13] Sumino K，Yonenaga I，Imai M，Abe T. J Appl Phys，1983，54：5016.

[14] Sumino K，Imai M. Philosophical Magazine A，1983，47：753.

[15] Teal G K，Little J B. Phys Rev，1950，78：647.

[16] Teal G K，Buehler E. Phys Rev，1952，87：190.

[17] Dash W C. J Appl Phys，1958，29：736.

[18] Dash W C. J Appl Phys，1959，30：459.

[19] Dash W C. J Appl Phys，1960，31：739.

[20] 阙端麟，李立本，林玉瓶．CN 85100295B．1985.

[21] Que Duanlin，Li Liben，Chen Xiuzhi，Li Yuping，Zhang Jinxin，Zhou Xiao，Yang Jiansong. Science in China，1991，34：1017.

[22] 杨德仁，李立本，林玉瓶，姚鸿年，阙端麟．半导体技术，1992，(1)：58.

[23] Chedzey H A，Hurle D T J. Nature，1986，210：933.

[24] Witt A F，Herman C J，Gatos H C. J Mater Sci，1970，5：822.

[25] Hoshi K，Suzuki T，Okubo Y，Isawa N. Electrochem Soc Extended Abstr，1980，80～81 (324)：811.

[26] Hoshikawa K，Kohda H，Hirata H. Jpn J Appl Phys，1984，L37：23.

[27] Hirata H，Hoshi K，Isawa N. J Cryst Growth，1989，96：747.

[28] Hirata H，Hoshi K，Isawa N. J Cryst Growth，1989，98：777.

[29] Hirata H. J Cryst Growth，1989，125：181.

[30] Lane R L，Kachare A H. J Cryst Growth，1980，50：437.

[31] Endroes A L. Solar Energy，Materials and Solar Cells，2002，72：109.

[32] Burton J A，Prim R C，Slichter W P. J Chem Phys，1987，1953：21.

[33] 杨德仁，樊瑞新，姚鸿年．材料科学与工程，1994，12 (4)：39.

[34] 樊瑞新，卢焕明，张锦心，杨德仁，阙端麟．1998 全国半导体硅材料学术会议．上海：1998.

第5章
直拉单晶硅中的杂质和位错

区熔单晶硅材料虽然纯度高、晶格完整，但是成本较高，只在特殊情况下人们才利用区熔单晶硅来制备太阳电池。因此，在单晶硅中，直拉单晶硅是真正广泛应用于太阳电池的材料。直拉单晶硅的制备工艺成熟、晶格完整、机械强度高，是集成电路的基础材料，也是太阳电池的主要材料之一。

但是，直拉单晶硅中存在杂质和缺陷。一方面，直拉单晶硅需要有意掺入电活性杂质，以控制电阻率和导电类型；另一方面，在直拉单晶硅生长和加工过程中，会引入其他不需要的杂质，如氧、碳等。另外，由于单晶硅生长时热场不稳定等原因，晶体生长后，直拉单晶硅中可能存在晶体缺陷，包括点缺陷、位错，甚至晶界。这些杂质和缺陷对硅器件的性能有致命的影响，必须严格控制。

对于集成电路用直拉单晶硅[1,2]，除了有意加入的电活性杂质外，一般主要存在氧、碳、氮、氢和金属杂质。其中氧是主要杂质，而碳是另一种主要杂质。但是，通过晶体生长工艺的调整，目前碳已经被控制在 $1 \times 10^{16} \, cm^{-3}$ 以下（红外线的探测极限），对直拉单晶硅性能的影响几乎可以忽略。氮杂质是在晶体生长阶段加入的杂质，对控制微缺陷和增加机械强度有益。而氢杂质是在器件加工过程中引入的，主要用来钝化金属杂质和缺陷。至于缺陷，一般只存在由点缺陷组成的微缺陷。由于集成电路对直拉单晶硅的质量要求高，直拉单晶硅的微缺陷、氧浓度、载流子浓度均匀性等都需要控制在一定范围内，因此，其晶体生长工艺必须精心设计。这样，也导致了费用的增加。

对于太阳电池用直拉单晶硅而言，一方面，为了降低成本，晶体生长工艺的要求相对较低，生长设备相对简单，而且晶体生长速度快，会引起较多的杂质和缺陷；另一方面，由于生长太阳电池用直拉单晶硅的原材料来源复杂，既有电子级高纯多晶硅的废、次料，又有电子级直拉单晶硅的头尾料、坩底料，甚至有太阳电池用直拉单晶硅的头尾料，导致较多杂质的引入。因此，太阳电池用直拉单晶硅比集成电路用直拉单晶硅具有更多的杂质和缺陷。目前，在太阳电池用直拉单晶硅中，主要的杂质是氧、碳和金属杂质，主要的缺陷是位错。

本章介绍太阳电池用直拉单晶硅的氧、碳和金属杂质的基本性质，其测量和对太阳电池性能的影响；同时，本章还阐述直拉单晶硅中位错的基本性质和作用。

5.1 直拉单晶硅中的氧

氧是直拉单晶硅中的主要杂质，它来源于晶体生长过程中石英坩埚的污染，是直拉单晶硅中不可避免的轻元素杂质；氧可以与空位结合，形成微缺陷；也可以团聚形成氧团簇，具有电学性能；还可以形成氧沉淀，引入诱生缺陷，这些都可能对硅太阳电池的性能产生影响。自20世纪50年代开始，人们一直认为氧是直拉单晶硅中的有害杂质，设法降低其浓度。直到20世纪70年代末，研究者发现，利用氧的沉淀性质，设计"内吸杂"工艺，可以起到吸除直拉单晶硅中的金属杂质、提高集成电路产品成品率的作用，因此，人们对集成电路用直拉单晶硅中的氧开始了有控制的利用。

但是，太阳电池不像集成电路，其器件工作区域是硅片的整个横截面，而不是仅在硅表面，因此，太阳电池不能利用所谓的"内吸杂"工艺。但是，太阳电池用直拉单晶硅的生长速度快，太阳电池制备工艺经历的热过程时间短，因此，氧沉淀和相关缺陷形成的数量都较少，对太阳电池性能的影响也小，远比不上其对集成电路性能的影响。

5.1.1 氧的基本性质

直拉单晶硅的生长需要利用高纯的石英坩埚，虽然石英的熔点要高于硅材料的熔点（1420℃），但是，在如此的高温过程中，熔融的液态硅会侵蚀石英坩埚，导致少量的氧进入熔硅，最终进入直拉单晶硅。太阳电池用直拉单晶硅实际工业制备时，为了节约成本，常常使用质量相对较差的石英坩埚，这样就更有可能导致氧的进入。

直拉单晶硅中的氧一般在 $(5\sim20)\times10^{17}\,cm^{-3}$ 范围内，以过饱和间隙状态存在于晶体硅中，如图 5.1 所示。由图可知，氧位于硅-硅键中间偏离轴向方向，键角为 129°，它与周围的两个硅原子以共价键结合，所以间隙态的氧原子在硅中是中性的。

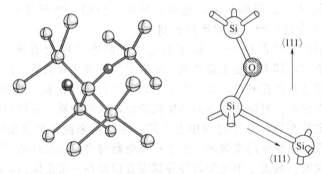

图 5.1 直拉单晶硅中间隙氧的原子结构示意图

在硅的熔点（1420℃）附近，熔硅与石英坩埚作用，生成 SiO 进入硅熔体。然后，通过机械对流、热对流等方式，SiO 传输到熔体表面，而 SiO 的蒸气压为 12mbar❶，因此，到达硅熔体表面的 SiO 以气体形式挥发。仅有少量的 SiO（约 1%）溶解在熔硅中，以氧原子形态存在于液体硅中，最终进入直拉晶体硅，其熔硅、石英作用的示意如图 5.2 所示。

熔硅与石英坩埚的化学作用式为

$$Si + SiO_2 \Longrightarrow 2SiO \tag{5.1}$$
$$SiO \Longrightarrow Si + O \tag{5.2}$$

氧在晶体硅中的浓度要受到固溶度的限制，在硅的熔点温度附近，氧的平衡固溶度约为 $2.75\times10^{18}\,cm^{-3}$。随着晶体硅温度的降低，硅中氧的固溶度会逐渐下降，在 1000℃ 以上其表达式为

$$c(O) = 9\times10^{22}\,e^{-1.52eV/\kappa T}\,(cm^{-3}) \tag{5.3}$$

式中，$c(O)$ 为硅中氧的浓度；κ 为玻耳兹曼常数；T 为热力学温度。图 5.3 所示为晶体硅中氧的固溶度随温度的变化曲线。

由于氧在晶体硅生长过程中存在分凝现象，一般认为其分凝系数为 1.25。因此，在实际直拉单晶硅中，氧浓度表现为头部高、尾部低，如图 5.4(a) 所示。从图 5.4(a) 中可以看出，氧浓度从头部开始到尾部逐渐降低，在收尾处氧浓度有所上升，这是受晶体生长工艺

---

❶ 1bar=10^5Pa，全书同。

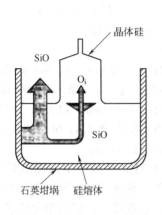

图 5.2　氧从石英坩埚到晶体
硅的传输过程示意图

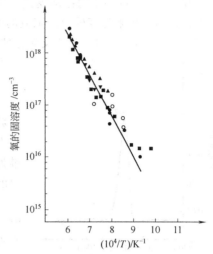

图 5.3　晶体硅中氧的固溶度
随温度的变化曲线

变化的影响。当然，不同的晶体生长工艺，其氧浓度分布会有所不同，但是其头高尾低的趋势是不变的。同时，晶体生长工艺还会影响氧在单晶硅径向的浓度分布。通常，氧浓度从单晶硅的中心部位到边缘是逐渐降低的，如图 5.4(b) 所示。

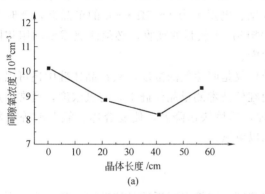

(a)

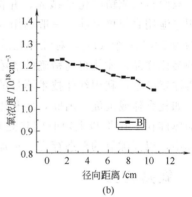

(b)

图 5.4　直拉单晶硅中氧的轴向和径向分布

　　直拉单晶硅中的氧浓度受多方面的影响，包括：熔硅中的热对流；熔硅与石英坩埚的接触面积；晶体生长时的机械强制对流；SiO 自熔硅表面的蒸发；氧与晶体中点缺陷的作用。因此，可以采取精细的工艺和外加磁场加以控制。但是，对太阳电池用直拉单晶硅来说，为了节约成本，一般对氧浓度的控制不是很严格。

　　单晶硅中氧浓度的测量有多种技术：一是带电粒子活化法（Charger Particle Active Analysis，CPAA），该方法可以测量硅中总的氧浓度，但是方法繁杂，费用昂贵，一般仅在特殊研究中使用；二是溶化分析法（Fusion Analysis，FA），该方法费时费力，而且精度不高，现已不太使用，主要应用于重掺单晶硅的氧浓度测量上；三是二次离子质谱法（Second Ion Mass Spectroscopy，SIMS），该方法制样方便，能测量硅中所有形态氧的总浓度，但其设备昂贵。在实际工作中，最常用的测试技术是红外吸收光谱。

　　红外技术测量晶体硅中间隙氧的浓度，操作简便，样品制备方便。在单晶硅的红外吸收光谱中，有 $515cm^{-1}$、$1107cm^{-1}$ 和 $1720cm^{-1}$ 等多个吸收峰和间隙氧相关，分别对应于单晶硅中 Si—O—Si 键的不同振动模式，通常 $1107cm^{-1}$ 吸收峰最强（在低温液氮温度，峰位在 $1136cm^{-1}$），用来计算硅中间隙氧的浓度。图 5.5 所示为直拉单晶硅的室温红外光谱图，其 $1107cm^{-1}$ 峰是 Si—O—Si 的反对称伸缩红外局域振动模式吸收，其半高宽约为 $32cm^{-1}$，

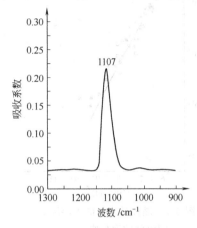

图 5.5　直拉单晶硅的
室温红外光谱图

（$1107cm^{-1}$峰为间隙氧的局域振动吸收）

在室温下硅中间隙氧浓度的表达式为

$$[O_i] = C\alpha_{max} \times 10^{17} cm^{-3} \qquad (5.4)$$

式中，C 为校正系数；α_{max} 为 $1107cm^{-1}$ 峰的最大吸收系数。显然，校正系数的确定对硅中间隙氧的精确测量至关重要。早期不同的国家有不同的标准，以美国 ASTM 标准为例，曾先后采用 4.81、2.45 和 3.14 作为校正系数。目前，校正系数一般采用 3.14 ± 0.09。

在利用红外吸收技术测量单晶硅中间隙氧的浓度时，由于晶体硅晶格吸收、载流子吸收等因素影响，会在吸收光谱中造成一定的背景吸收，需利用参比样品来去除这些因素的影响。通常，参比样品是具有低氧浓度（氧浓度低于红外的探测极限）的区熔单晶硅，并与测试样品具有相同的载流子浓度和样品厚度。

除此之外，硅片表面的粗糙度、测量温度和参比样中残留的氧浓度都会对测量精度有所影响。因此，测量时硅片要双面机械或精细化学抛光，并保持一定的温度。同时，样品的厚度以 2mm 为宜。对于太阳电池用直拉单晶硅，一般利用 p 型、电阻率为 $1\sim5\Omega\cdot cm$ 的单晶硅，此时载流子的浓度约为 1×10^{16} 个/cm^3，对红外光谱能够产生较强的吸收，必须注意需要利用相同载流子浓度的参比样品，才能得到精确的氧浓度。

值得注意的是，利用红外技术测量的仅仅是间隙氧的浓度，氧在晶体硅中还可以其他形式存在，如复合体或沉淀。因此，要利用红外技术测量晶体硅中总的氧浓度，通常采用的技术是将晶体硅在 1300℃ 以上短时间热处理，然后快速降温，使复合体、氧沉淀等重新溶解到硅基体中，以间隙氧的形态存在，再加以测试。

5.1.2　氧热施主

氧在直拉单晶硅中具有一定的饱和固溶度，在熔点附近的晶体硅中，氧的饱和固溶度约为 $2.75\times10^{18} cm^{-3}$，随着温度的降低，饱和固溶度也不断地降低。此时，硅中的氧以过饱和间隙态存在于单晶硅中。当以适合的温度、时间热处理时，晶体硅趋于平衡态，硅中的氧将会形成复合体、沉淀体等，以适当的形式从晶体硅中析出，使得硅中氧的浓度趋于饱和浓度（固溶度）。

当直拉单晶硅在 $300\sim500℃$ 热处理时，会产生与氧相关的施主效应，此时，n 型晶体硅的电阻率下降，p 型晶体硅的电阻率上升。施主效应严重时，甚至能使 p 型晶体硅转化为 n 型晶体硅，这种与氧相关的施主被称为"热施主"。

研究已经表明，热施主是双施主，即每个热施主可以向硅基体提供 2 个电子，其能级分别位于导带下 $0.06\sim0.07eV$ 和 $0.13\sim0.15eV$ 处。因此，当产生的热施主浓度较高时，会直接影响晶体硅的载流子浓度，从而影响硅集成电路或太阳电池的性能。

早在 20 世纪 50 年代末，Füller 和合作者首先发现了硅中的热施主效应，引起了人们的重视。对于直拉单晶硅而言，热施主是一种无法避免的与氧相关的缺陷，这是因为，

在晶体硅生长完成后，晶体需要从高温逐渐降低到室温，然后再从晶体生长炉中取出，这是一个相对缓慢的过程，晶体硅将经历 $300\sim500℃$ 温度区间。所以，在原生的直拉单晶硅中，一般都存在热施主，使得刚制备的直拉单晶硅的电阻率不是真正的电阻率，而是包含了原生热施主的贡献。

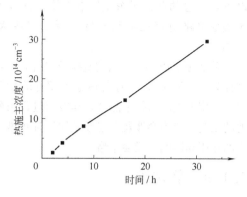

图 5.6　450℃热处理时，n 型直拉单晶硅的热施主浓度随时间的变化

图 5.6 所示为 n 型直拉单晶硅在 450℃ 热处理时，生成的热施主浓度随时间的变化图。由图 5.6 可知，随着时间的延长，热施主浓度不断上升，同时也导致电阻率不断降低。一般而言，短时间热处理 10h 以内，产生的热施主浓度约为 $1\times10^{15}\,cm^{-3}$ 左右；热处理 $100\sim200h$ 后，热施主浓度将达到最高，然后会逐渐降低，最大热施主浓度约为 $1\times10^{16}\,cm^{-3}$ 左右。

人们发现，热施主可以在 $300\sim500℃$ 范围内生成，而且 450℃ 是最有效的热施主生成温度。一旦生成热施主，可以在 550℃ 以上的短时间热处理中予以消除，通常利用的热施主消除温度为 650℃。对于实际晶体硅制备工艺，在直拉单晶硅晶体生长完成后，一般也需进行 650℃ 热处理，以去除原生热施主，回复真实的电阻率。

除温度外，氧是影响热施主浓度的最大因素。通常认为，热施主浓度主要取决于单晶硅中的初始氧浓度，其初始形成速率与氧浓度的 4 次方成正比，其最大浓度与氧浓度的 3 次方成正比。另外，晶体硅中的其他杂质也会影响热施主的生成，研究已经指出，碳、氮会抑制热施主的生成，而氢会促进它的形成。

除了利用电阻率可以测量热施主浓度以外，还可以利用低温红外吸收光谱来研究热施主的形成、浓度和种类。图 5.7 所示为含有热施主的 n 型直拉单晶硅的低温（6K）远红外光谱图。从图 5.7 中可以看出，在低温红外光谱的 $400\sim500\,cm^{-1}$ 区间，有多个红外吸收峰线与热施主相关，这是热施主的电子激发谱。每个峰线对应于一个热施主的能级或形态。研究指出：热施主可能有 16 种形态，每种形态的能级相差约 2meV 左右；但在短时间热处理时，常常只有 $2\sim3$ 种热施主形态出现。

虽然热施主的基本实验规律已经被广泛了解，但其实际的原子结构和形态至今仍未解决。人们知道，它与间隙氧原子的偏聚相关。长久以来，提出了多种热施主结构模型，如 4 个间隙氧聚集模型、空位-氧模型、自间隙硅原子-氧模型，以及双原子氧模型等。

对于太阳电池用直拉单晶硅而言，一方面晶体中氧浓度控制不严格，通常氧浓度较高，易于产生热施主；另一方面，太阳电池用直拉单晶硅的晶体生长速度较快，在晶体生长炉内的保温时间较短，在降温时经历热施主形成温区的时间相对较短，热施主产生的浓度较低。再者，p 型太阳电池用直拉单晶硅的电阻率一般为 $1\sim5\Omega\cdot cm$，载流子浓度约为 1×10^{16} 个/cm³ 左右。如果热施主的浓度仅在约 $1\times10^{15}\,cm^{-3}$

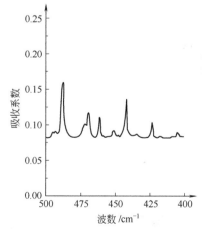

图 5.7　n 型单晶硅的低温（6K）远红外光谱图

以下，对总的载流子浓度影响有限。此外太阳电池直拉单晶硅的载流子浓度的控制要求也远比集成电路用直拉单晶硅低，所以有些太阳电池用直拉单晶硅的制造商会忽略热施主的影响。

除热施主以外，含氧的直拉单晶硅在 550～850℃ 热处理时，还会生成新的与氧相关的施主，被称为"新施主"，具有与热施主相近的性质。但是，它的生成一般需要 10h 左右，甚至更长。对于太阳电池用直拉单晶硅，其冷却过程虽然要经过该温区，但是要少于 10h；另外，硅太阳电池的工艺一般不会涉及上述温度的长时间热处理；所以，对于太阳电池用直拉单晶硅而言，新施主的作用和影响一般会忽略。

5.1.3 氧沉淀

5.1.3.1 氧沉淀形成及其影响因素

氧在直拉单晶硅中通常是以过饱和间隙态存在，因此，在适合的热处理条件下，氧在硅中要析出，除了氧热施主以外，氧析出的另一种形式是氧沉淀。在晶体生长完成后的冷却过程和硅器件加工过程中，单晶硅要经历不同的热处理过程。在低温热处理时，过饱和的氧一般聚集形成氧施主；但在相对高温热处理或多步热处理循环时，过饱和的氧就析出形成氧沉淀。

与热施主不同，一般认为氧沉淀没有电学性能，它对直拉单晶硅的载流子浓度没有影响。但是，由于氧沉淀的主要成分是 SiO_x，其体积是硅原子体积的 2.25 倍，在形成氧沉淀时，会从沉淀体中向晶体硅发射自间隙硅原子，导致硅晶格中自间隙硅原子过饱和而发生偏聚，产生位错、层错等二次缺陷，这些缺陷会产生 p-n 结的软击穿、漏电流等，对硅集成电路或太阳电池的性能产生极为不利的影响。

与热施主一样，氧沉淀可以定量表示。一般它是热处理前后间隙氧浓度之差，即在热处理过程中，间隙氧聚集形成氧沉淀，导致间隙氧浓度降低。因此，利用红外技术测量的氧浓度的降低量就是氧沉淀的量。值得注意的是，这里忽略了氧外扩散的影响。

影响单晶硅中氧沉淀的因素很多，初始氧浓度是决定氧沉淀的主要因素之一。如图 5.8 所示，研究者指出初始氧浓度与氧沉淀的关系曲线呈"S"形，当氧浓度小于某个极限时，氧沉淀几乎不产生，氧浓度与氧沉淀的关系曲线的斜率为零；当初始氧浓度大于某个极限

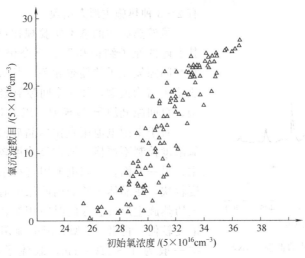

图 5.8 初始氧浓度与氧沉淀的关系曲线

时，氧沉淀大量产生，形核率均匀，曲线的斜率基本为1；当初始浓度适中时，曲线的斜率在3～7之间。热处理温度降低、热处理时间延长或碳浓度增加，能使整个曲线向左移动，氧沉淀形成的浓度阈值降低，即使是较低的初始氧浓度也能形成氧沉淀；反之，则曲线向右移动，氧沉淀形成的浓度阈值升高。

影响氧沉淀的另一个因素是热处理的温度。因为氧在硅中的固溶度随温度的下降而不断降低。所以，具有一定浓度的氧在不同温度时的过饱和度是不同的，这是氧沉淀产生的必要条件。但是，研究证明，氧沉淀过程是氧的扩散过程，是受氧扩散控制的。而温度不仅影响氧的过饱和度，而且影响氧的扩散。当温度较低时，间隙氧的过饱和度大，形核驱动力强，但是氧的扩散速率较低；而温度较高时，氧的扩散速率大，易于形成氧沉淀，但是间隙氧的过饱和度小，形核驱动力弱。因此，在不同温度下的氧沉淀是氧的过饱和度和氧扩散竞争的结果。

图5.9所示为直拉单晶硅在不同温度热处理24h后氧浓度的变化，氧浓度的降低是由于氧沉淀的产生而引起的。从图5.9中可以看出，在750℃以下，氧浓度几乎没有变化，氧沉淀产生很少。此时热处理的温度低，氧的过饱和度大，易沉淀形核，但是氧的扩散速率慢，氧沉淀的核心不易长大。所以，该温度区域形成的氧沉淀的密度高且尺寸小，即使在高分辨率透射电镜下也难以观察到；同时，由于氧沉淀的尺寸小，消耗氧原子的数目少。所以，间隙氧原子的浓度几乎保持不变。在750～1050℃温度区间，氧浓度大幅度降低，有大量氧沉淀生成。这是由于在此温度下不仅有较大的过饱和度，可以形核；而且温度较高，氧原子的扩散很快，氧沉淀易于长大，消耗了大量的氧原子，所以间隙氧浓度大幅度降低。在1050℃以上，氧浓度也降低，但是氧浓度降低的幅度较小，有一定量的氧沉淀生成。因为在该温度区域内，氧的过饱和度低，形核驱动力小，可以形成的氧沉淀的核心数量少；但是，温度高，氧原子扩散快，氧沉淀很容易长大。所以，此时的氧沉淀密度小，而且尺寸大。

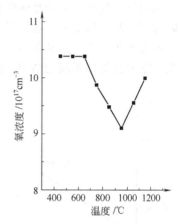

图5.9 直拉单晶硅在不同温度热处理24h后的氧浓度

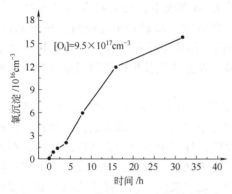

图5.10 900℃热处理时，直拉单晶硅中氧沉淀随热处理时间的变化

显然，在一定温度下，热处理时间是决定氧沉淀的重要因素。图5.10所示为直拉单晶硅900℃热处理时氧沉淀随热处理时间的变化。由图5.10可知，随着热处理时间的延长，氧沉淀量不断增加。通常，直拉单晶硅在高温形成氧沉淀时有三个阶段：初期首先是氧沉淀少量形成，表现出一个孕育期；然后快速增加；最后，氧沉淀量增加缓慢，接近饱和。此时，间隙氧浓度趋近该温度下的饱和固溶度。

除了氧浓度、热处理的温度和时间以外，其他因素也影响氧沉淀的形成、结构、分布和状态，其中包括碳、氮及其他杂质原子的浓度、原始晶体硅的生长条件、热处理气氛、次序等。例如，在氧沉淀形成时，晶体硅中的点缺陷、杂质、掺杂剂都可能提供氧沉淀的异质核心而影响氧沉淀的形成，太阳电池用直拉单晶硅一般是硼掺杂 p 型晶体硅，研究表明重掺硼能够促进氧沉淀。而对于太阳电池直拉单晶硅及电池工艺而言，其常用热处理气氛有高纯氩气、氮气、氧气、氨气等。其中氩气为惰性气体，化学活性很弱，对氧沉淀几乎没有附加影响，在实验中往往被作为衡量其他气氛对氧沉淀影响的标准。一般认为，纯氧化气氛（如干氧、湿氧）抑制氧沉淀，主要原因是氧化时在硅片表面生成 SiO_2 层，有大量的自间隙硅原子从表面进入体内，导致氧沉淀被抑制。而氮化气氛对氧沉淀有促进作用，这是因为硅片氮化可能产生大量的空位扩散到体内，对氧沉淀有促进作用。

5.1.3.2 原生氧沉淀

氧沉淀不仅产生于硅器件制备工艺的热处理过程中，而且存在于原生的直拉单晶硅中。当晶体硅生长完成后，需要冷却至室温后取出。通常，晶体硅收尾完成后就断电冷却。此时，晶体尾部刚完成生长的部分能迅速降温，而晶体头部、中部在晶体生长期间在炉内的时间较长，相当于经历了一定程度的热处理。有研究指出，晶体的冷却过程相当于 3.5h 700~1000℃ 和 3.7h 400~700℃ 的热处理。因此，在原生晶体中很可能存在原生氧沉淀。

原生氧沉淀的生成和晶体生长工艺紧密相关，这些原生氧沉淀不仅可以与硅晶体中的点缺陷作用，改变原生缺陷的性质，而且可以作为核心，影响后续氧沉淀的性质。在实验时，由于研究者所采用的拉晶条件不尽相同，晶体冷却过程也不一致，因此晶体的原生状态相差很大，常常会得出不同的结论。因此，为了消除原生氧沉淀和热历史的影响，一般需将单晶硅在 1300℃ 左右热处理 1~2h 并迅速冷却，以溶解原生氧沉淀和消除热历史。

图 5.11 所示为原生直拉单晶硅在 1270℃ 热处理 0.5h 前后的氧浓度。由图 5.11 可知，在热处理前原生单晶硅的氧浓度为 $9.3 \times 10^{17} cm^{-3}$，热处理后氧浓度增加，变为 $9.6 \times 10^{17} cm^{-3}$，这是由于原生单晶硅中的原生氧沉淀溶解，重新以间隙态存在于单晶硅中，所以氧浓度增加。

对于太阳电池用直拉单晶硅，一般对晶体生长过程不需要精确控制。另外，还可以容忍少量的位错，因此，从降低成本的角度出发，太阳电池用硅材料的晶体生长速度比较快，故冷却速度也快，晶体硅在炉内经过的原位热处理也少，所以与集成电路用直拉单晶硅相比，可能具有较少的原生氧沉淀，特别是小直径的直拉单晶硅。

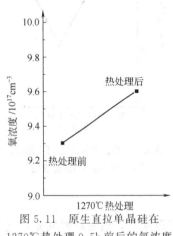

图 5.11 原生直拉单晶硅在 1270℃ 热处理 0.5h 前后的氧浓度

但是，对于大直径的单晶硅，如 200mm 的直拉单晶硅，晶体生长速度即使相对较快，由于总的晶体生长时间延长，单晶硅特别是头部和中部部分在晶体生长炉内的时间也延长了，原生氧沉淀的影响就难以忽略。

在直拉硅单晶生长时，过饱和的空位、自间隙硅原子会聚集形成微缺陷。由于热场波动、籽晶旋转和坩埚旋转等因素，这些微缺陷在直拉硅单晶截面上会形成漩涡条纹状，常称为"漩涡"缺陷。在晶体生长速率比较快时，漩涡缺陷往往是由空位型微缺陷组成的；在晶体生长速率比较慢时，漩涡缺陷则是由自间隙硅原子型为缺陷组成的。对于太阳电池用直拉硅单晶，晶体生长速率比较快，由空位型微缺陷组成了漩涡条纹。由于晶体头部的氧浓度比较高、在晶体炉内经历的热历史相对比较长，空位型微缺陷作为异质核心，促进了原生氧沉淀的生成，导致原生氧沉淀成为"漩涡缺陷"的主要组成部分，对太阳电池效率产生明显的不利作用。特别是在高效太阳电池中，这类晶体头部制备的太阳电池的光致荧光图、电致发光图的中心部位都会显示漩涡状（或称圆圈状）、黑色的低少子寿命区，导致太阳电池效率降低，被形象地成为"黑心"硅片。

因此，要消除"黑心"硅片的出现，需要降低直拉硅单晶的氧浓度，同时减少晶体头部在晶体炉内的停留时间，以抑制原生氧沉淀的生成。

5.1.3.3 氧沉淀的形态和结构

温度是决定氧沉淀的主要因素。图 5.9 所示为直拉单晶硅的氧沉淀在不同热处理温度下的形成情况。根据氧沉淀的形成情况，热处理的温度一般可分为低温（600～800℃）、中温（850～1050℃）和高温热处理（1100～1250℃）。在不同的温度下，其氧沉淀的形态和结构都不相同。当然，这种温度的分段并不是非常严格的，在各退火温度段的重叠处，氧沉淀很可能表现出两者的性质。

（1）低温热处理 在低温热处理时，间隙氧的过饱和度大，形核临界半径小，氧沉淀易于形核且沉淀密度较大。但是由于温度较低，氧的扩散很慢，所以氧沉淀的核心极小。该温度区间又称为"氧沉淀形核"温度。

在这个温度区间，此时氧沉淀的形态主要是棒状，又称针状或带状，认为是由 SiO_2 的高压相柯石英所构成。在（100）晶面上生长，沿〈110〉方向拉长，伯氏矢量为「100」，其横截面大小为数十纳米，长度可达数微米。这类沉淀始终处于紧张状态，对晶体有较大应力，往往伴随着 60°、90°的位错偶极子，或在（113）晶面上出现位错环。但是，有研究者认为棒状沉淀不是氧沉淀，而是一种棒状的硅自间隙团，即晶体硅中自间隙原子团在局部变成六方晶型的硅结构。

（2）中温热处理 中温热处理时，氧的过饱和度大，扩散能力也强，氧沉淀的核心极易长大，氧沉淀量大增，此时的热处理温度区间又被称为"氧沉淀长大"温度。

此时氧沉淀的形态主要是片状沉淀。电镜研究说明，沉淀的组成为 SiO_x，x 接近 2；沉淀通常位于（100）晶面，呈片状正方形，四边平行于〈110〉晶向，对角线长 30～50nm 以上，厚度 1.0～4.0nm，氧沉淀的大小与热处理时间的 0.75 次方成正比。

研究者还发现片状沉淀与红外光谱中 $1224cm^{-1}$ 吸收峰相对应，如图 5.12 所示。图 5.12 中显示的 $1107cm^{-1}$ 是间隙氧的吸收峰，而 $1224cm^{-1}$ 则与片状氧沉淀相关。

（3）高温热处理 高温热处理时，氧的扩散速率大，利于氧沉淀的形成和长大；但是，此时的氧过饱和度低，氧沉淀的驱动力弱，沉淀的临界形核半径大，所以，实际产生的氧沉淀量很少；而且热处理温度高，导致小于临界形核半径的氧沉淀核心会收缩，重新溶入硅基体中去，从而使氧沉淀的核心密度小，最终氧沉淀量较少。

高温热处理产生的氧沉淀主要是多面体沉淀，沉淀由无定形硅氧化物构成，已有两种形态的多面体沉淀被报道。一种是由 8 个（111）面组成的八面体结构，在（001）、（010）、（111）晶面上分别呈方形、菱形和六角形；另一种是由 8 个（111）面和 4 个（100）面构成，在（100）晶面上呈六边形。这些多面体沉淀的大小约在 15～100nm 左右，在多面体沉淀产生的同时，形成大量的外插型层错，其边缘被 Frank 不全位错所包围。

在实际退火中，并不是只出现一种形态的氧沉淀，而是可能会有两种氧沉淀形态同时出现，只是其中一种占主要而已。

5.1.3.4 太阳电池用直拉单晶硅的氧沉淀

与微电子用直拉单晶硅相比，太阳电池用直拉单晶硅的

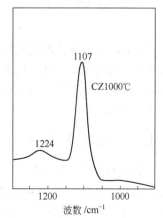

图 5.12 直拉单晶硅在 1100℃ 热处理 225h 后的红外光谱图

热历史不同。前者拉晶速度慢，故冷却速度也慢，在晶体生长炉内原位热处理的时间也长；同时，熔硅和坩埚接触的时间长，进入熔硅的氧杂质相对较多；而后者拉晶速度快，故冷却速度也快，可以认为在炉内经过的热处理很少；而且，熔硅和坩埚接触的时间短，进入熔硅的氧杂质则相对较少。这些晶体生长工艺的不同，也导致了原生氧沉淀性质的不同，同时也会影响单晶硅中间隙氧的浓度和分布。

另外，与集成电路需要经历数十道甚至更多的热处理工艺不同，硅太阳电池的工艺十分简单，所经历的热处理工艺也很少，基本上是单步短时间热处理，主要是磷扩散制备 p-n 结时的高温热处理过程。当然，如果是特殊的高效太阳电池工艺，则可能经历更多的热处理工艺。

有研究表明[3]，对于太阳电池用直拉单晶硅，如果其初始的氧浓度低于 4.5×10^{17} cm^{-3}，在高温单步热处理时，氧浓度几乎不变，说明基本上没有氧沉淀生成，如图 5.13 所示。从图 5.13 中可以看出，当单晶硅在 850℃ 热处理时，氧浓度略微下降，然后几乎保持不变，说明热处理仅有少量氧沉淀生成；在 950℃ 或 1050℃ 热处理时，氧浓度首先稍有上升，然后有一些下降，最终保持不变，说明在热处理初期有原生氧沉淀溶解，然后有少量新的氧沉淀生成，总的浓度变化不大。

当然，如果直拉单晶硅经过多步热处理，则还是可能产生氧沉淀的。图 5.14 所示为与图 5.13 相同的太阳电池用直拉单晶硅经历了 750℃、16h 预处理后，在 950℃ 下热处理时氧浓度的变化。从图 5.14 中可以看出，随着热处理时间的延长，间隙氧浓度不断下降，这意味着氧沉淀的生成。

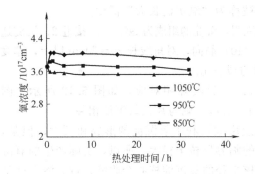

图 5.13 太阳电池用直拉单晶硅在不同温度热处理时氧浓度的变化

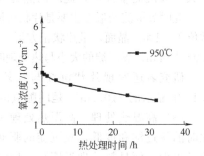

图 5.14 太阳电池用直拉单晶硅在两步热处理（750℃、16h＋950℃）时氧浓度的变化

因此，对于氧浓度较低的太阳电池用直拉单晶硅，如果仅经历普通的太阳电池工艺，则很少有氧沉淀生成，硅中的氧对太阳电池效率的影响就可以忽略。如果直拉单晶硅中氧浓度较高，或者经历了多步热处理的太阳电池工艺，就会形成氧沉淀，可能对太阳电池的效率产生负面影响。

5.1.4 硼氧复合体

早在 1973 年，Fischer 等[4]就发现直拉单晶硅太阳电池在太阳光照射下会出现效率衰退现象。太阳电池的效率可以在光照 10h 后，从 20.1% 衰退到 18.7%，一般达到 10% 左右[5]，在 AM1.5 的光线下照射 12h，直拉单晶硅太阳电池的效率将呈指数下降，然后达到一个稳定的值。而这个效率衰减，在空气中 200℃ 热处理后又能完全恢复，这在非晶硅太阳电池中是著名的 Staebler-Wronski 现象。但是，光衰减现象也出现在直拉单晶硅太阳电池中，成为直拉单晶硅高效太阳电池的重要影响因素。尤其是目前直拉单晶硅太阳电池的效率达到 19% 以上时，这个问题更显得突出。目前，单晶硅太阳电池的最高效率为 24.7%（重新标定后为 25%）[6]，但这是利用低氧的区熔单晶硅制备的，对于高氧直拉单晶硅，最高的太阳电池效率只有 24% 左右。

人们最初光衰减认为可能是直拉单晶硅中的金属杂质所致，如铁杂质可以与硼形成 Fe-B 对，在 200℃ 左右可以分解，形成间隙态的铁，引入深能级中心，可能导致太阳电池效率的降低。后来人们发现[7]，在载流子注入或光照条件下，直拉单晶硅的少数载流子寿命会降低，造成电池效率的衰减。研究表明，这种现象与氧的一种亚稳缺陷有关。

研究发现[8~11]，在用无氧杂质的 p 型硼掺杂区熔单晶硅制备的太阳电池中，没有出现光照效率衰减现象；而在以磷掺杂 n 型含氧（$O_i = 4.2 \times 10^{17} cm^{-3}$）的区熔单晶硅制备的太阳电池中，也没有出现光照效率衰减的现象；但在以硼掺杂 p 型含氧（$O_i = 5.4 \times 10^{17}$ cm^{-3}）的区熔单晶硅制备的太阳电池中，虽然没有其他杂质污染，其光照效率衰减的现象与直拉单晶硅中的一样。另外，在以磷掺杂 n 型、镓掺杂 p 型含氧的直拉单晶硅制备的太阳电池中，没有光照效率衰减的现象；进一步地，在以硼掺杂 p 型低氧的磁控直拉单晶硅制备的太阳电池中，也没有光照效率衰减的现象。以上结果证明，这种亚稳的缺陷是与氧、硼相关的，是一种硼氧（B-O）复合体。

Schmidt 等利用准稳态光电导技术，测量了 $10mW/cm^2$ 卤素灯光照前后的少数载流子寿命，测量中电子的注入量低于多数载流子浓度的 10%，以保证小注入情况，而不会引起少数载流子的俘获效应。利用等离子增强化学气相沉积技术，在 400℃ 左右于硅片两面沉积 SiN 薄膜，以钝化硅片的表面态。然后，研究了硼氧复合体缺陷密度与硼、氧的关系[12]。

图 5.15 所示为氧浓度为 $(7~8) \times 10^{17} cm^{-3}$ 掺硼直拉单晶硅经光照产生的缺陷密度与硼浓度的关系。图 5.15 中归一化的缺陷密度为

$$N_t^* = \frac{1}{\tau_d} - \frac{1}{\tau_0} \tag{5.5}$$

式中，τ_d、τ_0 分别为光照前后样品的载流子浓度。由图 5.15 可知，缺陷密度与硼浓度呈线性关系。

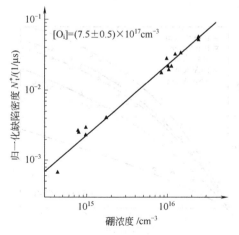

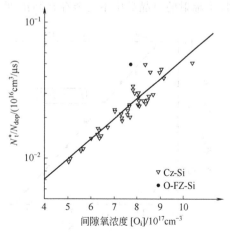

图 5.15 掺硼直拉单晶硅经光照产生的缺陷密度与硼浓度的关系 [样品的氧浓度为 $(7~8) \times 10^{17} cm^{-3}$][12]

图 5.16 掺硼直拉单晶硅经光照产生的缺陷密度与氧浓度的关系[12]

图 5.16 所示为掺硼直拉单晶硅经光照产生的缺陷密度与氧浓度的关系，图 5.16 中纵坐标的 N_{dop} 为掺杂浓度（即硼的浓度）。由图 5.16 可知，缺陷密度与氧浓度呈指数关系，其指数为 1.9，接近 2 次方。

硼氧复合体缺陷除了与氧、硼相关外，温度对其形成和消失也有决定性作用。图 5.17 所示为掺硼直拉单晶硅经光照产生的缺陷形成速率 R_{gen} 与温度的关系。样品为 $1.1\Omega \cdot cm$ 的掺硼直拉单晶硅。其中 R_{gen} 为

$$N_t^*(t,T) = N_t^*(t \longrightarrow \infty)[1 - \exp(-R_{gen}(T)t)] \tag{5.6}$$

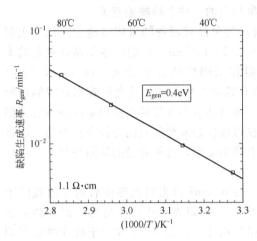

图 5.17 掺硼直拉单晶硅经光照
产生的缺陷形成速率与
温度的关系[12]（样品电阻率为 $1.1\Omega \cdot cm$）

值得指出的是，在此温度范围内忽略了缺陷的消除。从图 5.17 中可以看出，缺陷的形成是一种热激活过程，激活能为 0.4eV，其形成机制符合扩散控制缺陷形成机理。

硼氧复合体的缺陷可以经低温（200℃左右）热处理予以消除，消除过程也是一种热激活过程，激活能为 1.3eV。图 5.18 所示为掺硼直拉单晶硅经光照产生的缺陷消除速率 R_{ann} 与温度的关系。而缺陷形成速率和消除速率的关系如下。

$$\frac{dN_t^*(t)}{dt} = R_{gen}[N_{t,max}^* - N_t^*(t)] - R_{ann}N_t^*(t) \tag{5.7}$$

光照强度是影响硼氧复合体缺陷产生的另一个重要因素，图 5.19 所示为掺硼直拉单晶硅经光照产生的缺陷密度与光照强度的关系。由图 5.19 可知，随着光照强度的增加，归一化的缺陷密度也增大[12]。

到目前为止，还未弄清缺陷的结构性质，一般认为是硼氧复合体（或称硼氧对，B-O）。Schmidt 等[8]早期建议这种缺陷是由一个间隙硼原子和一个间隙氧原子组成的 B_i-O_i 对。但是，由图 5.14 和图 5.15 可知，该缺陷更加依赖氧浓度，缺陷中的硼和氧不是 1:1 的关系。后来 Ohshita 等证明，这种复合体在硅中是不能稳定存在的[13]。同时人们相信，在未经过粒子辐射的单晶硅中不可能存在高浓度的间隙硼原子。

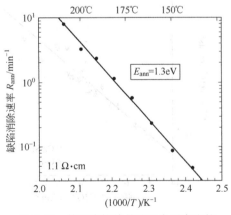

图 5.18 掺硼直拉单晶硅经光照产生的
缺陷消除速率与温度的关系[12]
（样品电阻率为 $1.5\Omega \cdot cm$）

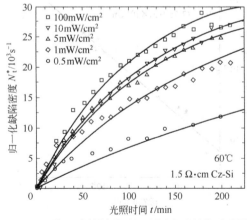

图 5.19 掺硼直拉单晶硅经光照产生的缺陷密度
与光照强度的关系（样品电阻率为 $1.5\Omega \cdot cm$，
恒温 60℃[12]）

最近，Schmidt 又提出了新的 B-O 复合体模型。他指出，在直拉单晶硅中存在由两个间隙氧组成的双氧分子 O_{2i}，这是快速扩散因子，曾经被 Lee 等所建议[14]，双氧分子与替位 B 结合，形成了 B_sO_{2i} 复合体。他还提出，在晶体硅中，硅的原子半径为 1.17Å（1Å = 0.1nm），B 的原子半径为 0.88Å，B 的原子半径比硅小 25%，易于吸引间隙氧结合，从而形成 B-O 复合体。此观点被 Adey 等的理论计算所支持；同时理论计算还指出，这种复合体的分解能为 1.2eV。

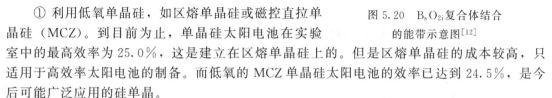
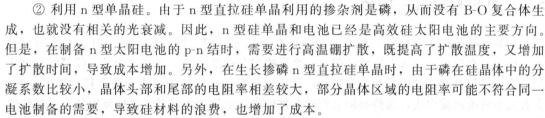

图 5.20　B_sO_{2i} 复合体结合
的能带示意图[12]

B-O 复合体的形成和消失，主要是由结合能、双氧分子的迁移能和分解能所决定的。图 5.20 所示为 B_sO_{2i} 复合体结合的能带示意图。

为了避免硼氧复合体的出现，有五种技术已经被提出。

① 利用低氧单晶硅，如区熔单晶硅或磁控直拉单晶硅（MCZ）。到目前为止，单晶硅太阳电池在实验室中的最高效率为 25.0%，这是建立在区熔单晶硅上的。但是区熔单晶硅的成本较高，只适用于高效率太阳电池的制备。而低氧的 MCZ 单晶硅太阳电池的效率已达到 24.5%，是今后可能广泛应用的硅单晶。

② 利用 n 型单晶硅。由于 n 型直拉硅单晶利用的掺杂剂是磷，从而没有 B-O 复合体生成，也就没有相关的光衰减。因此，n 型硅单晶和电池已经是高效硅太阳电池的主要方向。但是，在制备 n 型太阳电池的 p-n 结时，需要进行高温硼扩散，既提高了扩散温度，又增加了扩散时间，导致成本增加。另外，在生长掺磷 n 型直拉硅单晶时，由于磷在硅晶体中的分凝系数比较小，晶体头部和尾部的电阻率相差较大，部分晶体区域的电阻率可能不符合同一电池制备的需要，导致硅材料的浪费，也增加了成本。

③ 利用镓代替硼掺杂制备 p 型单晶硅。利用这样的材料，效率为 24.5% 的太阳电池已经被制备成功。但是，硅中镓的分凝系数较小，使得单晶硅头尾的电阻率相差较大，不利于规模化生产。另外，尾料中镓浓度高，不利尾料循环使用。

④ 利用微量掺锗的直拉硅单晶。在普通的硼掺杂 p 型直拉硅单晶晶体生长时，浙江大学发明了新的晶体技术，通过掺入微量的锗原子，通过锗原子和氧原子的互相作用，导致了可以形成 B-O 复合体的氧原子浓度减少，也增加了 B-O 复合体的形成能，最终抑制了 B-O 复合体形成，有效降低了光衰减。

⑤ 消除光衰减电池工艺。研究已经证明，和 B-O 复合体相关的光衰减是可以被消除的。通常，在 200℃左右热处理一定时间，光衰减损失的太阳电池效率可以恢复，然后在阳光照射下，电池效率保持稳定，就不再出现效率衰减现象；或者，将太阳电池在一定温度下注入电流，也可以消除 B-O 复合体相关的光衰减。因此，这些去除光衰减的工艺可以集成在现有硅太阳电池制备工艺中。

图 5.21 所示为不同掺杂的 p 型直拉单晶硅在光照前后少数载流子寿命的变化。由图 5.21 可知，掺硼直拉单晶硅在光照后，少数载流子寿命的确减少了，而且，电阻率越小，硼浓度越高，则少数载流子寿命减少越多。而掺 Al、Ga 和 In 的 p 型直拉单晶硅的少数载流子寿命在光照前后几乎保持不变。再次说明，这种光照缺陷的确与硼、氧相关。掺 Al 单晶硅寿命低，可能具有与 Al 相关的缺陷。而 Al、Ga、In 的原子半径分别比硅原子半径大 8%～23%，在其晶体结构中可能没有空间容纳 O_{2i}，所以不能形成相关的复合体。

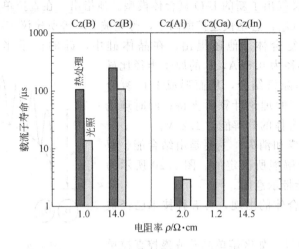

图 5.21 不同掺杂的 p 型直拉单晶硅在光照前后
少数载流子寿命的变化［样品的氧浓度为 $(7\sim8)\times10^{17}\,cm^{-3}$］

5.2 直拉单晶硅中的碳

碳是直拉晶体硅中的另一种重要杂质，它在硅中一般占据替代位置，由于碳是四价元素，因此，在硅中不引入电活性缺陷，不会影响单晶硅的载流子浓度。但是，碳可以与氧作用，也可以与自间隙硅原子和空位结合，以条纹状存在于晶体中，当碳浓度超过固溶度时，会有微小的碳沉淀生成，这些缺陷会使硅器件的击穿电压大大降低，漏电流增加，对器件性能产生严重的影响。而且，在生长无位错晶体时，如果碳浓度在熔体中超过固溶度，会有 SiC 颗粒形成，导致硅多晶体的形成。

在直拉晶体硅研究和生产的早期阶段，碳浓度较高，严重破坏器件的性能。经过多年的努力，在目前集成电路用直拉单晶硅中，碳杂质已能被很好控制，浓度可以在 $5\times10^{15}\,cm^{-3}$ 以下，对器件性能的影响几乎可以忽略。但是，对于太阳电池用直拉单晶硅，通常碳浓度较高，因而可能对氧沉淀以及硅太阳电池的性能产生影响。

5.2.1 碳的基本性质

直拉单晶硅中的碳杂质主要来自于多晶硅原料、晶体生长炉内的剩余气体以及石英坩埚与石墨加热件的反应。在早期，直拉单晶硅一般在真空中生长，因此，碳的浓度很高。后来，多晶硅的质量不断提高，原料中的碳含量不断降低；而且，人们采用了减压氩气保护生长单晶硅，使得炉膛内的碳杂质以 CO 气体形式被流动的保护气带出晶体生长炉，从而使直拉单晶硅中的碳浓度大幅度降低。但是，对于太阳电池用直拉单晶硅，其原料来源并不完全是高纯多晶硅，还包括微电子用直拉单晶硅的头尾料等；而且，晶体生长的控制也远不如微电子用直拉单晶硅严格，所以其碳浓度相对较高。

在直拉单晶硅生长时，高温的石英坩埚与石墨加热件反应，生成 SiO 和 CO，其中 CO 气体不易挥发，大多进入硅熔体与熔硅反应，产生单质碳和 SiO，而 SiO 大部分从熔体表面挥发，碳则留在熔硅中，最终进入晶体硅。其化学反应式为

$$C+SiO_2 \Longrightarrow SiO+CO \tag{5.8}$$

$$CO+Si \Longrightarrow SiO+C \tag{5.9}$$

进入晶体硅中的碳在硅中处于替位位置，由于碳是四价元素，所以在晶体硅中属于非电活性杂质。在特殊情况下，碳在晶体硅中也可以间隙态存在。当碳原子处于晶格位置时，因为碳的原子半径小于硅的原子半径，就会引入晶格应变。

在硅熔点附近，碳在硅熔体和晶体硅中的平衡固溶度分别为 $4\times10^{18}\,cm^{-3}$ 和 $4\times10^{17}\,cm^{-3}$，其固溶度随温度变化

$$C(C)=3.9\times10^{24}e^{-2.3eV/\kappa T}\,(cm^{-3}) \tag{5.10}$$

式中，$C(C)$ 为硅中碳的浓度；κ 为玻耳兹曼常数；T 为热力学温度。图 5.22 所示为硅中碳的固溶度随温度的变化曲线。

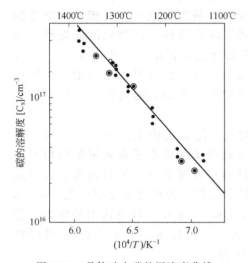

图 5.22 晶体硅中碳的固溶度曲线

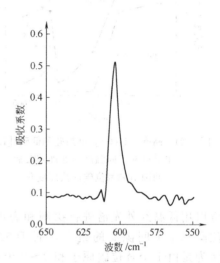

图 5.23 直拉单晶硅室温红外光谱图
（$607cm^{-1}$ 峰是替位碳的局域振动吸收）

碳在硅中的分凝系数很小，一般认为是 0.07。在晶体硅生长时，与氧浓度的分布相反，碳浓度在晶体头部很低，而在晶体尾部则很高。如果晶体的生长速度很快，会使碳的实际有效分凝系数大大增加，甚至接近 1。

与氧的测量一样，常规的替位碳的测试方法也是红外吸收光谱法。在室温下，替位碳的红外振动吸收峰位于 $607cm^{-1}$ 处，如图 5.23 所示，其计算公式为

$$[C_s]=C\alpha_{max}\times10^{17}cm^{-3} \tag{5.11}$$

式中，C 为校正系数；α_{max} 为 $607cm^{-1}$ 峰的最大吸收系数。对于替位碳而言，其校正因子一般采用 1.0，其探测极限约为 $5\times10^{15}\,cm^{-3}$。

实际测量时，其测量技术和步骤与利用红外光谱测量氧浓度的相同，事实上人们常常在同一实验中同时测量氧和碳的浓度。但是，在替位碳的吸收峰附近，晶体硅的晶格吸收非常强烈，特别是太阳电池用直拉单晶硅，载流子浓度在 $10^{16}\,cm^{-3}$ 左右，已经能够对红外线产生额外的吸收，因此，在测量碳浓度时一定要用无碳的、具有相近（同）载流子浓度的区熔单晶硅标样，仔细去除晶格吸收和载流子吸收的影响。

5.2.2 碳和氧沉淀

氧是直拉单晶硅中不可避免的主要杂质，在晶体生长完成后的冷却过程或器件加工的热

处理过程中，会形成氧施主、氧沉淀。如果直拉单晶硅中的碳浓度较高，就会影响氧沉淀等性质。

对于直拉单晶硅而言，一般认为碳能够促进氧沉淀，特别是在低氧浓度的硅样品中，碳对氧沉淀有强烈的促进作用。图 5.24 所示为高碳单晶硅和低碳单晶硅在不同温度热处理 64h 后的氧浓度变化和碳浓度变化。从图 5.24 中可以看出，对于低碳单晶硅，在 900℃以下热处理仅有少量氧沉淀。但是，对于高碳单晶硅，在 600℃以上热处理时氧浓度大幅度下降，而且碳浓度也大幅度下降，这说明碳杂质对氧沉淀有明显的促进作用。

一般认为，碳的半径比硅小，因而引入晶格畸变，容易吸引氧原子在碳原子附近偏聚，形成氧沉淀的核心，为氧沉淀提供异质核心，从而促进氧沉淀的形核。进一步而言，碳如果吸附在氧沉淀和基体的界面上，还能降低氧沉淀的界面能，起到稳定氧沉淀核心的作用。

碳对氧沉淀和氧施主产生影响，其主要原因在于氧原子和碳原子在氧聚集的初期形成了大量的 C-O 复合体。到目前为止，对这些复合体的结构、性质还不是很清楚。但是，

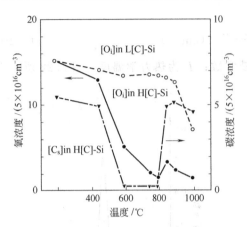

图 5.24 高碳 [H(C)] 单晶硅和低碳 [L(C)]
单晶硅在不同温度热处理 64h 后
间隙氧和替位碳的浓度变化

可以用低温红外光谱进行探测和表征，如 $1104cm^{-1}$ 和 $1108cm^{-1}$ 峰被认为是由 1 个替位碳和 1 个间隙氧的组合，而 $1052cm^{-1}$、$1099cm^{-1}$、$1012cm^{-1}$、$1026cm^{-1}$ 峰则被认为是由 1 个替位碳原子和 2~3 个间隙氧原子的组合。

直拉单晶硅中的碳自身是很难沉淀的。图 5.25 所示为高碳直拉单晶硅在 950℃热处理 32h 的碳浓度变化[15]。从图 5.25 中可以看出，碳浓度几乎没有变化，说明碳本身没有沉淀，也没有参与氧沉淀的过程。同时，氧浓度测量表明，也没有氧沉淀产生，说明太阳电池用直拉单晶硅在高温单步热处理时，碳没有明显地促进氧沉淀，这或许是因为太阳电池用直拉单晶硅的晶体生长速度快，没有很多的原生氧沉淀作为进一步热处理过程中氧沉淀的核心，从而导致在单步高温热处理时，几乎没有氧沉淀和碳沉淀。

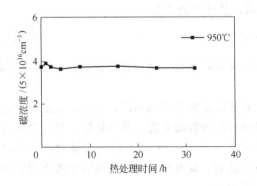

图 5.25 高碳直拉单晶硅在 950℃热
处理 32h 的碳浓度变化

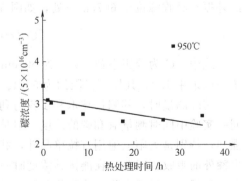

图 5.26 高碳直拉单晶硅在 750℃预处理
16h 后，在 950℃热处理 32h 的碳浓度变化

但是，在低-高两步热处理时，碳会明显参与氧沉淀的形成。图 5.26 所示为高碳直拉单

晶硅在 750℃预处理 16h 后，在 950℃热处理 32h 的碳浓度变化。从图 5.26 中可以看出，在低温预处理后再在 950℃热处理，替位碳浓度随时间延长而不断降低，说明碳可能参与了氧沉淀。

图 5.27 所示为与图 5.26 相同的样品，在 750℃预处理 16h 后，在 950℃热处理 32h 的氧浓度变化。显然，与单步热处理相比，经过低温预处理，随着 950℃热处理的时间延长，氧浓度也不断降低，说明了氧沉淀的不断生成。考虑到碳浓度同时也在不断降低，证明了碳会在两步热处理时促进氧沉淀。

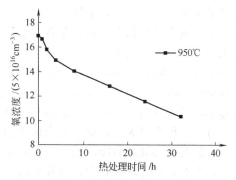

图 5.27　高碳直拉单晶硅在 750℃预处理 16h 后，在 950℃热处理 32h 的氧浓度变化

5.3　直拉单晶硅中的金属杂质

金属，特别是过渡族金属是硅材料中非常重要的杂质，它们在单晶硅中一般以间隙态、替位态、复合体或沉淀存在，往往会引入额外的电子或空穴，导致单晶硅载流子浓度的改变；还会直接引入深能级中心，成为电子、空穴的复合中心，大幅度降低少数载流子寿命，增加 p-n 结的漏电流；降低双极性器件的发射极效率；使得 MOS 器件的氧化层被击穿等，导致硅器件包括太阳电池的性能降低。

对于集成电路用直拉单晶硅，由于采用高纯的多晶硅原材料，同时金属在晶体硅中的分凝系数很小，所以，在原生的直拉单晶硅中，金属杂质的浓度一般很低，可以忽略。但是，在硅片加工或器件制备过程中，金属可以通过不同的途径污染硅片，如在硅片滚圆、切片、倒角、磨片等制备过程中，直接与金属工具接触；在硅片清洗或湿化学抛光过程中，使用不够纯的化学试剂；在工艺过程中，使用不锈钢等金属设备等。但是，对于太阳电池用直拉单晶硅，一方面是多晶硅原料来源复杂，本身可能含有一定量的金属杂质；另一方面，为了降低成本，硅太阳电池的制备一般不会在超净房中进行。因此，对于太阳电池用直拉单晶硅，金属的影响就不能简单地忽略了。

金属杂质不论以何种形式存在于硅中，它们都很可能会导致硅器件的性能降低，甚至失效。而它们的存在形式又主要取决于硅中过渡族金属的固溶度、扩散速率等基本的物理性质和材料或器件的热处理工艺，特别是热处理温度和冷却方式。

5.3.1　金属杂质的基本性质[1,2]

5.3.1.1　硅中金属杂质的存在形式和对硅器件的影响

与其他硅中杂质一样，硅中金属杂质的存在形式主要取决于固溶度，同时，也受热处理温度、降温速率、扩散速率等因素的影响。一般情况下，如果某金属杂质的浓度低于该金属在晶体硅中的固溶度，它们可以以间隙态或替位态形式的单个原子存在。对于硅中金属杂质而言，大部分金属原子处于间隙位置；如果某金属杂质的浓度大于其在晶体硅中的固溶度，则可能以复合体或沉淀形式存在。

除固溶度以外，晶体硅的降温速度和金属的扩散速率也是影响金属在硅中存在形式的主要因素。高温时，硅中金属浓度一般低于固溶度，主要以间隙态存在于晶体硅中；低温时，硅中金属的固溶度较小，特别是在室温下，因此，晶体硅中的金属将是过饱和的。此时，晶体硅的冷却速率和金属的扩散速率将起主要作用。如果高温热处理后冷却速率很快，而金属的扩散速率又相对较慢，金属来不及运动和扩散，它们将以过饱和、单个原子形式存在于晶体硅中，或者是间隙态，或者是替位态。一般而言，硅中金属是以间隙态存在的，如硅中的铁杂质等。此时它们是电活性的，形成了具有不同电荷状态的深能级，如单施主、单受主、双施主等，有时也会同时出现受主和施主状态。实际上，即使金属以单个原子形态存在于晶体硅中时，这些金属原子也是不稳定的，或者说是"半稳"的。在室温下，它们有一定的扩散速率，能够移动，从而与其他杂质形成复合体，如施主-受主对，有些复合体也具有电活性。进一步低温退火时，这些复合体还会聚集，最终能形成金属沉淀。

如果高温热处理后冷却速率较慢，或者说虽然冷却速率很快，但金属杂质的扩散速率特别快，那么，在冷却过程中，金属扩散到表面或晶体缺陷处形成复合体或沉淀。如晶体硅中的钴、铜、镍和锌，它们的扩散速率非常快，几乎全部形成了沉淀，高温冷却时只有极少部分（少于1%）的相应金属以单个原子形式存在，大部分都以沉淀形式存在。金属沉淀可能出现在体内或表面，有时会同时出现在体内和表面，这取决于金属的扩散速率、冷却速率和硅片样品的厚度。如果金属的扩散速率快，冷却速率慢，且样品不是很厚，金属就会沉淀在表面，如铜和镍金属；而对于扩散速率相对较慢的金属，它们往往沉淀在体内。

当金属原子以单个形式存在于晶体硅中时，它们具有电活性，同时也是深能级复合中心，所以，原子态的金属从两方面影响硅材料和器件的性能：一是影响载流子的浓度；二是影响少数载流子的寿命。就金属原子具有电活性而言，当其浓度很高时，就会与晶体中的掺杂剂起补偿作用，影响总的载流子浓度。

原子态的金属对器件性能的影响更主要地体现在它的深能级复合中心性质上，它对硅中少数载流子有较大的俘获截面，从而导致少数载流子寿命大幅度降低，并且金属杂质浓度越高，其影响越大。说明硅中少数载流子寿命与金属杂质的浓度成反比。金属杂质浓度对少数载流子寿命的影响为

$$\tau_0 = 1/v\sigma N \tag{5.12}$$

式中，τ_0 为少数载流子寿命；v 为载流子的热扩散速率；σ 为少数载流子的俘获截面；N 为金属杂质浓度，cm^{-3}。室温时，p 型晶体硅中电子的热扩散速率为 $2 \times 10^7 cm/s$，n 型晶体硅中空穴的热扩散速率为 $1.6 \times 10^7 cm/s$。如室温下存在的间隙铁，其能级为价带上 0.4eV（$E_v + 0.4eV$），是电子和空穴的复合中心，导致少数载流子寿命的降低，从而影响太阳电池的效率。

金属在晶体硅中更多的是以沉淀形式出现。一旦沉淀，它们并不影响晶体硅中载流子的浓度，但是会严重影响少数载流子的寿命，如晶体硅中常见的金属铁、铜和镍。金属沉淀对晶体硅和器件的影响还取决于沉淀的大小、沉淀的密度和化学性质。如果金属沉淀出现在晶体硅内，它能使少数载流子的寿命减少，降低其扩散长度，漏电流增加；如果金属沉淀出现在空间电荷区，会增加漏电流，软化器件的反向 I-V 特性，这种沉淀对太阳电池的影响尤为重要；如果金属沉淀在表面，对于集成电路而言，这将导致栅氧化层完整性的明显降低，能引起击穿电压的降低，但是，它对太阳电池性能的影响有限。

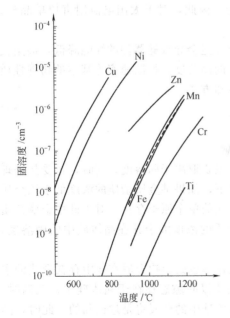

图 5.28 晶体硅中金属杂质的固溶度[16]

5.3.1.2 硅中金属的固溶度

图 5.28 所表示为晶体硅中金属杂质的固溶度。从图 5.28 中可以看出，硅中金属的固溶度随温度降低而迅速下降，而且同一温度的不同金属的固溶度都不同，相差可达几个数量级。从图 5.28 中还可以看出，金属在硅中饱和固溶度最大的是铜和镍，其最大固溶度约为 $10^{18}\,cm^{-3}$。显然，与磷、硼等掺杂剂相比，硅中金属杂质的固溶度很小，而硅中磷和硼的最大固溶度分别可达 $10^{21}\,cm^{-3}$ 和 $5\times10^{20}\,cm^{-3}$，相差 $2\sim3$ 个数量级。

铁、铜和镍是单晶硅中的主要金属杂质，其固溶度也相对较高。表 5.1 列出了它们在高温时固溶度随温度的变化。

表 5.1 铁、铜和镍金属杂质在晶体硅中的固溶度和适用温度范围[16]

金 属	固溶度/cm^{-3}	适 用 温 度
铁	$5\times10^{22}\exp(8.2-2.94/\kappa T)$	$900℃<T<1200℃$
铜	$5\times10^{22}\exp(2.4-1.49/\kappa T)$	$500℃<T<800℃$
镍	$5\times10^{22}\exp(3.2-1.68/\kappa T)$	$500℃<T<950℃$

由图 5.28 和表 5.1 都可以看出，随着温度的降低，金属在硅中的饱和固溶度迅速减小，特别是外推到室温，金属在硅中的固溶度更小。因此，硅中金属大多是过饱和状态；而且硅中金属的扩散相对很快，所以，如果晶体硅在高温处理后的冷却速率不够快，金属一般都以复合体或沉淀形式存在。

5.3.1.3 硅中金属的扩散系数

与磷、硼掺杂剂或氧、碳杂质相比，金属杂质在硅中的扩散是很快的，最快的扩散系数可达 10^{-4} cm^2/s。对于快扩散金属铜而言，在 $1000℃$ 以上仅需数秒钟就能穿过 $650\mu m$ 厚的硅片。由此可见，一旦晶体硅的某部分被金属污染，很容易扩散到整个硅片。

图 5.29 所示为金属在硅中的扩散系数随温度的变化。表 5.2 列出了晶体硅中常见金属铁、铜和镍的扩散系数，其中铜和镍的扩散系数相近，扩散速率大；而铁和锰相似，扩散速率相对较小。从图 5.29 中还可以看出，随原子序数的增加，金属的扩散速率也在增大；与硅中金属杂质的固溶度一样，在同一温度下的不同金属

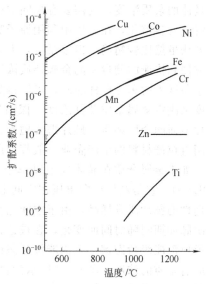

图 5.29 金属在硅中的扩散系数随温度的变化[16]

之间，或同一金属在不同温度下，扩散速率相差很大，可达 5 个数量级，而金属锌是例外，在高温下，其扩散系数基本相同。

金属原子在晶体硅中的扩散一般以间隙和替位扩散两种方式进行。间隙扩散就是金属原子处于晶体硅的间隙位置，扩散时它从一个间隙位置移动到另一个间隙位置。替位扩散则有空位机制和"踢出"机制。空位机制就是金属原子逐次占据空位位置，促使空位移动到晶

表 5.2 晶体硅中金属铁、铜和镍的扩散系数和适用温度范围

金属	扩散系数/(cm^2/s)	适 用 温 度
铁	$1.3\times10^{-3}\exp(-0.68/\kappa T)$	$300℃<T<1200℃$
铜	$4.7\times10^{-3}\exp(-0.43/\kappa T)$	$400℃<T<900℃$
镍（间隙）	$2.0\times10^{-3}\exp(-0.47/\kappa T)$	$800℃<T<1300℃$

体的另一个位置或扩散到表面，达到金属原子迁移的目的；"踢出"机制是金属原子逐次占据晶格结点，踢出一个自间隙硅原子，使之沉积形成位错、层错等缺陷或移动到表面，达到金属原子迁移的目的，它们分别为空位或间隙硅原子的扩散所控制。显然，间隙扩散要比替位扩散快。而晶体硅中的绝大部分金属处于间隙位置，以间隙方式扩散，所以扩散速率相对较快。

5.3.1.4　硅中金属的测量

晶体硅中的金属杂质常常以沉淀形式出现，而且总的浓度又比较低，所以，硅中金属浓度的直接测量相对比较困难，缺乏实用、常规的测量技术。通常可以通过测量其他参数来确定硅中金属的浓度。

一般而言，金属在硅中存在单个原子和沉淀两种状态。因此，硅中金属杂质的测量可分为三种情况：一是测量硅中各个金属杂质总体的浓度；二是测量硅中各个金属单个原子状态的浓度；三是测量硅中金属沉淀的浓度。测量晶体硅中总的金属杂质浓度（包含金属原子和沉淀）一般利用中子活化法、二次离子质谱法、原子吸收谱法、小角度全反射X射线荧光（TXRF）等方法。中子活化法能够测量几乎所有种类的金属杂质，但它需要中子辐射源，测量周期较长，费用大。二次离子质谱法可以测量硅中各种金属杂质，但局限性较大，要知道具体的杂质浓度，则需要有相同浓度范围内的标样，同时灵敏度也较低。原子吸收谱法则是将硅材料熔化，在熔体中利用原子吸收谱测量金属杂质，但一次只能测一种杂质。上述测量方法虽然比较精确，但很昂贵，大多用于以科学研究为目的的金属杂质浓度的测量上。比较方便和快捷的测量总的金属杂质浓度的方法是小角度全反射X射线荧光法。当X射线以极小角度入射抛光硅样品时，可以得到仅仅是硅样品表面附近的信息，通过衍射峰的位置和高度来决定金属杂质及其浓度，探测精度可达 $10^{10} \sim 10^{11}$ cm^{-3}。但是，这种技术主要测量硅片表面的金属杂质，硅片需要抛光，设备需要放在超净房中，所以，现代超大规模集成电路用直拉硅材料的生产企业一般都利用 TXRF 来控制硅片表面的金属杂质浓度。

如果金属杂质在晶体硅中以单个原子状态存在，最有效的测量技术是深能级瞬态谱法（DLTS）。它是利用反向电压在空间电荷区形成耗尽区，在硅样品升温和降温的过程中，用周期性的脉冲激发样品，由于空间电荷区存在金属杂质的深能级中心，导致空间电荷电容在两次脉冲期间随时间而变化，在被选择的一个时间间隙比较电容间的差值和温度的关系，从而形成深能级瞬态谱。在深能级瞬态谱中，峰值温度位置对应着不同的金属杂质，其峰高则对应着杂质的浓度。图 5.30 所示为含金属杂质的 p 型晶体的深能级瞬态谱。从图 5.30 中可以看出，该样品含有铁、金、钛和铁-硼复合体金属杂质，其浓度对应 DLTS 的峰值高度。

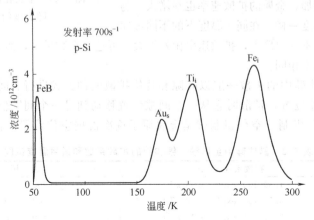

图 5.30　含金属杂质的 p 型晶体的深能级瞬态谱[16]

应注意的是，在计算硅中铁的含量时，应同时考虑 260K 的间隙铁和 60K 铁-硼复合体，铁的浓度应是两者之和。

深能级瞬态谱只能测量硅中单个原子状态的金属及其简单复合体，当金属杂质以沉淀形式出现时，它很难测量。因此，在测量深能级瞬态谱之前，通常要将硅样品在高温下热处理，溶解金属沉淀，然后淬火至室温，以保持其处于单个原子状态，再通过深能级瞬态谱测量其浓度。

但是，部分金属杂质在硅中的扩散速率很快，如钴、铜和镍等，即使在高温热处理后淬火，约只有 1% 或更少的杂质能以单个原子状态存在于硅中。在冷却过程中，它们绝大部分已经沉淀，很难用深能级瞬态谱技术测量金属杂质。此时，常应用"雾状缺陷实验法"来定性测量硅中的金属杂质。所谓的"雾状缺陷实验法"就是将被金属污染的硅样品首先在 1050℃ 退火数分钟，使原始的金属沉淀溶解，然后中速冷却。在冷却过程中，快扩散的铜、镍等金属扩散到表面，重新沉淀在表面，在择优化学腐蚀后，用点光源进行观察，有金属污染的地方有腐蚀坑，会呈现出像"雾状"的白光反射，从而可以证明金属污染的存在。但这种方法不能定量地计算硅中的金属浓度，只能定性地说明金属杂质污染的存在，但此方法很方便，可以用来在线监控，对金属污染的探测灵敏度也很高。

另外，在工业生产中，人们还可以利用光电导衰减法测量硅的少数载流子寿命，或利用表面光生伏特法测量硅的少数载流子的扩散长度，从而来监控硅中金属污染的程度。因为少数载流子的扩散长度的平方值与其寿命成正比，而少数载流子寿命又与金属杂质浓度成反比，因此，可以用这两种方法综合估计金属污染的程度。该方法方便简洁，费时少，在集成电路制造生产线上常用于在线监控技术。然而，这两种测量方法不能区别究竟是哪种状态的金属杂质在起作用，而且不能确定杂质的相应浓度，要具体测量金属杂质及其浓度，还需利用其他方法。

5.3.2　金属复合体和沉淀

多种金属可以在硅中形成复合体，如铁、铬、锰都能与硼、铝、镓、铟分别反应，铁也能与金、锌等金属反应，生成复合体。但是晶体硅中最常见且最重要的金属复合体是铁-硼 (Fe-B) 对，其他复合体在晶体硅中非常少见。铁硼复合体的形成减少了硼掺杂浓度，也能对其余的硼原子起一定程度的补偿，从而导致载流子浓度降低，电阻率升高。而硅太阳电池一般利用的是掺硼的 p 型晶体硅，所以，Fe-B 对无疑是影响硅太阳电池效率的一个因素。

室温时，硼原子处于晶格的替位位置，很难移动，但处于间隙态的铁原子可以方便地扩散。通常，它在晶格的 $\langle 111 \rangle$ 方向与硼结合，形成铁硼复合体，其反应式为

$$[Fe^+] + [B^-] = [Fe^+B^-] \tag{5.13}$$

铁硼复合体在室温下形成得很快，如正常 $5 \sim 10\Omega \cdot cm$ 的硼掺杂 p 型硅材料，铁浓度在 $10^{14} cm^{-3}$ 左右，则在样品冷却至室温 24h 后，能全部形成铁硼复合体。在该反应过程中，铁为正离子，硼为负离子。它们依靠两者的静电吸引而结合，其反应速率主要取决于硼的浓度，因此，高浓度硼掺杂的低阻硅材料中，铁硼复合体的生成速率总是很快。

铁硼复合体也是电活性的，能引入深能级，能级在导带下 0.29eV ($E_c - 0.29eV$)，它起施主作用，能级在禁带的上半部。在 200℃ 以上热处理或在太阳光长时间照射时，铁硼复合体还会重新分解，形成具有深能级的间隙 Fe，并有铁沉淀生成。

金属在晶体硅中的沉淀相结构主要取决于高温热处理的温度。一般而言，对于硅中的过渡族金属，其沉淀相结构为 MSi_2，M 为相关金属，如 Fe、Ni、Co 等。但是，对于铜沉淀，其沉淀相结构是例外，其结构为 Cu_3Si。

金属在硅中沉淀的密度和形态与其形核方式大有关系。金属在冷却过程中形成沉淀，可以是均匀形核，也可以是异质形核。为了实现均匀成核，该金属必须有足够高的浓度和足够快的扩散。为了形成异质成核，晶体中必须具有异质沉淀核心，且该金属有一定快的扩散，使金属原子能够扩散到沉淀核心处。通常，硅中的铜和镍是均匀形核沉淀，而铁则是异质形核沉淀，需要另外的成核核心（如位错等）。

金属沉淀的密度和大小还与冷却速率、金属的扩散速率相关。对于快扩散金属，在高温热处理后淬火，形成的沉淀是高密度，小尺寸，并且没有特征形态。化学腐蚀后，腐蚀坑大多呈点状，沉淀基本均匀地分布在体内。在高温处理后缓慢冷却，形成的沉淀一般密度小、尺寸大，且有特征形态，在择优化学腐蚀后，典型的腐蚀坑为棒状、十字状或星状。具体而言，铁沉淀相为 α-FeSi$_2$，在电镜下观察，其形态为棒状，择优化学腐蚀后在光学显微镜下观察，同样显示棒状腐蚀坑。硅中铜杂质在中快速冷却的情况下，一般以细小的圆片状沉淀在晶体硅的 (111) 晶面上，这些细小的铜沉淀往往聚集在一起，形成铜沉淀串。由于它的体积大于相应的晶体硅的体积，所以它发射自间隙硅原子到硅基体中，在沉淀周围形成冲出状的位错环。在电镜下观察，沉淀和位错环形成星状结构，在择优化学腐蚀后，也呈星状的腐蚀坑。而镍在晶体硅中沉淀时，生成的是 NiSi$_2$，它是在晶格的 (111) 晶面上形成的。在高温热处理后淬火，镍杂质形成薄薄的沉淀，其厚度只有两个原子层，每个原子层都属于沉淀与基体的晶面层，是最简单的沉淀结构，所以形成速率很快。在晶体硅缓慢冷却时，镍的沉淀形态还受到镍浓度的影响。在镍杂质浓度高的区域，沉淀呈四面体形，在沉淀内部也有位错存在，择优化学腐蚀后，腐蚀坑没有一定规则。在镍杂质浓度低的区域，沉淀呈片状，在周围的硅基体中存在位错，择优化学腐蚀后，腐蚀坑为棒状。在有些镍金属污染处，可以同时观察到以上两种沉淀形态。一般而言，在 500℃ 以上形成的镍沉淀，体积大于晶体硅的相应体积，会发射自间隙原子到硅基体中，形成位错。

5.3.3 金属杂质的控制

除了在原生晶体硅中存在金属杂质外，金属杂质在硅片制备工艺和器件制备工艺中可能会污染硅片表面，一般是物理吸附或化学吸附，可以利用化学清洗予以去除。但是，如果硅晶体经历了热处理，金属杂质就会扩散进体内，以各种形式存在，影响材料和器件的性能。

金属杂质能通过金属工具和晶体硅的直接接触污染晶体硅。一般来说，如果夹持物是金属，金属杂质将会直接污染硅片表面；当夹持物的硬度超过硅材料时，还能在硅片表面引起划痕，这在集成电路发展的早期以及太阳电池的制备过程中是时有发生的。在滚圆、切片等硅片制造过程中，由于刀具、磨料等设备含有金属杂质，在硅片加工过程中金属杂质也能够污染硅片表面。上述的金属污染主要发生在硅片表面，可以通过化学清洗去除。但是，在器件制造工艺过程中也可能引起新的金属污染，主要由于清洗剂中含有金属杂质。在溶液有金属污染的情况下，金属杂质的电负性大小对硅片污染起决定性作用。硅材料本身的电负性为1.8，当金属杂质的电负性大于1.8时，便容易吸附在硅片表面，如铁、铜和镍杂质；反之则不易污染硅片表面。

另外，在硅太阳电池的制备工艺中，包括化学腐蚀、绒面制造、磷扩散、背场制备、减反射膜沉积、金属电极制备等工艺步骤，会遇到来自气体和相关设备的金属杂质的污染。研究指出，当硅片在石英管内高温热处理时，金属加热能辐射金属杂质，透过石英管，经保护气而污染硅片。在 1170℃ 时，污染引入的铁浓度最高可达 6.6×10^{16} cm^{-3}。另外，当设备的金属部件或金属内腔直接接触硅片，或供气系统中使用铜部件，都可能引入金属杂质。

硅材料一旦被金属污染，就很难完全去除。如果金属污染仅仅在表面，最可靠的去除方法是利用具有腐蚀性的化学清洗剂，除去表面近 $1\mu m$ 的硅材料，基本上能消除金属污染的影响。但是，化学腐蚀会造成硅片表面的微观不整平或腐蚀坑。如果化学清洗剂不够纯，还可能引入新的金属污染。当金属杂质存在于体内时，依靠化学清洗就不行了，人们利用吸杂的方法来解决。对于硅太阳电池而言，其整个截面是工作区，而不像集成电路的工作区仅仅在硅片表面，因此，通过氧沉淀而形成的内吸杂就不适用了，必须利用外吸杂。

在集成电路工艺中，外吸杂的技术包括在硅片背面引入机械损伤、沉积多晶硅薄膜和重掺磷扩散，主要在硅片的背面引入大量的位错等缺陷，使得金属杂质在此区域沉淀，从而保证硅器件的工作区无缺陷和无金属杂质。但是，对于硅太阳电池，需要尽量节约成本，一般是结合太阳电池的 p-n 结制备的磷扩散，在背面形成磷重掺层，吸除金属杂质，然后再去除掉磷重掺层，达到去除金属杂质的目的。

当然，"去除"金属污染的最好的方法是防止金属污染。首先要防止任何金属工具与单晶硅的直接接触。如果使用的是特种塑料夹具，应避免长时间使用，实行定期、有规则的清洗制度，以保证夹具的清洁。其次，在清洗硅片时，应尽量使用高纯的清洗剂，其中的金属杂质浓度越低越好。如果金属杂质的浓度略高，在清洗剂反复使用数次后，应尽早更换新的清洗剂。另外，根据部分重要的金属杂质易于吸附在硅片上的特性，可以在清洗剂中置放大量的无用破损硅片，以去除或减少清洗剂中的金属杂质。再者，如果在炉内进行高温热处理时，最好能够利用双层石英管，以隔绝来自金属加热件的污染。否则，在使用单层石英管时，可以利用氧气和 1% HCl 的混合气体，在高温热处理前，以比随后需要的温度高约 $50{}^\circ C$ 的温度进行适当时间的热处理，使大部分可能金属污染杂质与氧气反应，形成可移动或可挥发的氧化物，并由气体带出炉体，从而减少可能的污染。

在化学气相沉积等工艺中，直接面对硅片的金属部件或金属内腔会溅射金属杂质到硅片表面。为避免这种污染，人们大多采用石英或铝金属覆盖这些金属表面，使得这些金属杂质不能溅射出来，因为铝金属的溅射率特别低，而且它在硅中的扩散也很慢，所以它对硅材料和器件的性能影响不大。

5.4 直拉单晶硅中的位错

尽管单晶硅是晶格最为完整的人工晶体，但是，依然存在晶格缺陷。晶体硅的缺陷有多种类型。按照缺陷的结构分类，直拉单晶硅中主要存在点缺陷、位错、层错和微缺陷；按照晶体生长和加工过程分类，可以分为晶体原生缺陷和二次诱生缺陷。原生缺陷是指晶体生长过程中引入的缺陷，对于直拉单晶硅而言，主要有点缺陷、位错和微缺陷；而二次诱生缺陷是指在硅片或器件加工过程中引入的缺陷，除点缺陷和位错以外，层错是主要可能引入的晶体缺陷。

对于太阳电池用直拉单晶硅，点缺陷的性能研究很少，其对太阳电池性能的影响尚不得而知；而普通硅太阳电池工艺的热处理步骤远少于集成电路，所以工艺诱生的层错也比较少。显然，在太阳电池用直拉单晶硅中，位错是主要的晶体缺陷。

直拉单晶硅位错的引入可以有三种主要途径。一是在晶体生长时，由于籽晶的热冲击，会在晶体中引入原生位错。这种位错一旦产生，会从晶体的头部向尾部延伸，甚至能达到晶体的底部。但是，如果采用控制良好的"缩颈"技术，位错可以在引晶阶段排除出晶体硅，所以，集成电路用直拉单晶硅已经能够做到没有热冲击产生的位错。另外，在晶体生长过程中，如果热场不稳定，产生热冲击，也能从固液界面处产生位错，延伸进入晶体硅。对于太阳电池用直拉单晶硅，一般也需要无位错的直拉硅单晶，尤其是对制备高效太阳电池用的直拉硅单晶必须没有线性位错。但是，在实际晶体生长时，有时为了降低成本而提高晶体生长速率。有可能会有热冲击位错产生。如果位错密度控制在一定范围内，对太阳电池的效率影响较小；否则，制备出的太阳电池效率就很低了。二是在晶体滚圆、切片等加工工艺中，由于硅片表面存在机械损伤层，也会引入位错，在随后的热加工过程中，位错也可能延伸进入硅片体内。三是热应力引入位错，这是由于在硅片的热加工过程中，由于硅片中心部位和边缘温度的不均匀分布，有可能导致位错的产生。

位错对太阳电池的效率有明显的负面作用，位错可以导致漏电流、p-n结软击穿，导致太阳电池效率的降低。所以，在直拉单晶硅的制备、加工和太阳电池的制造过程中应尽力避免位错的产生和增加。

5.4.1 位错的基本性质

位错是一种线缺陷，它是晶体在外力的作用下，部分晶体在一定的晶面上沿一定晶体方向产生滑移，其晶体移动部位和非移动部位的边界就是位错。位错主要有三种类型，即刃型位错、螺型位错以及由它们组成的混合位错。

图 5.31 所示为一个简单立方晶体点阵结构的平面示意。如果在晶体上部的右方施加一个外力，则晶体上部的原子面将自右向左发生滑移，这个滑移是逐步的，一个原子面接着一个原子面地进行；此时，撤去外力，滑移即停止，那么，晶体内部就出现了一个多余的半个原子面，如图 5.32 所示。从图 5.32 中可以看出，右上部的晶体已经发生了一个原子面的滑移，而左上部的部分晶体尚未发生滑移，而在两个区域之间，则有多余的半个原子面，在这个半原子面的顶端，晶格的周期性遭到了破坏，形成了缺陷，这就是位错。如果外力继续作用，上部未滑移晶体将继续自右向左滑移，直到最后一个原子面滑移出体外，从而造成晶格上部的原子晶格和下部晶格相差一个原子面，导致晶体发生了相对位移，产生了机械形变。

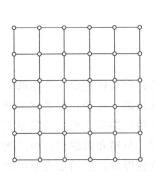

图 5.31　简单立方晶体点阵
结构的平面示意图

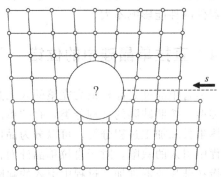

图 5.32　晶体滑移和
位错产生示意图

图 5.33 所示为一种典型的刃型位错。它是在外力的作用下，晶体发生了部分滑移，从晶体结构上讲，就好像在完整的晶体中，加入了半个原子面。图 5.33(a) 所示为用原子面堆垛而成的晶体结构，如果加入半个原子面，就如图 5.33(b) 所示。

刃型位错的三维晶体结构如图 5.34 所示。由图 5.34 可知，位错是晶体滑移和未滑移部分的分界线，也就是插入的半个原子面的边沿，图中虚线即为位错线。显然，位错线的方向与晶体滑移的方向或者说外力的方向是垂直的。

晶体中另一种位错是螺型位错。它是在外力的作用下，某原子面沿着一根与其相垂直的轴线方向螺旋上升，每旋转一圈，原子面便上升一个原子间距，从而导致部分晶体的滑移，

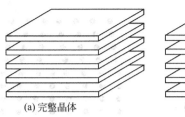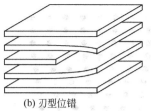

(a) 完整晶体　　　　　　(b) 刃型位错

图 5.33　晶体中刃型位错产生示意图

图 5.35 所示为用原子面组成的晶体中，螺旋位错产生的示意图。

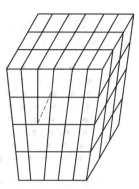

螺型位错的三维晶体结构如图 5.36 所示。原子面旋转围绕的轴线就是晶体滑移部分和未滑移部分的分界线，即位错线。从图 5.36 中还可以看出，螺型位错的位错线与晶体滑移方向或者外力的方向是平行的。与刃型位错不同的是，螺型位错在晶体内部没有原子面的中断。

对于刃型位错，如果插入的半个原子面在滑移面的上部，就称为正刃型位错，用符号"⊥"表示，如图 5.37(a) 所示。如果插入的半个原子面在滑移面的下部，就称为负刃型位错，用符号"⊤"表示，如图 5.37(b) 所示。而对于螺型位错，如果位错线和晶面旋转方向成"右手法则"，就称为右螺型位错；反之，则称为左螺旋位错。

图 5.34　晶体中刃型位错示意图

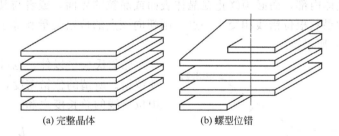

(a) 完整晶体　　　　　　(b) 螺型位错

图 5.35　晶体中螺型位错产生示意图

如果要准确地描述位错的性质，就需要利用伯氏矢量的概念。伯氏矢量是 1929 年由伯格斯提出的，用来表征晶体的位错，称为伯格斯矢量，简称为伯氏矢量，用字母"b"表示。伯氏矢量是指在晶体中围绕某区域任选一点，以逆时针方向作为一闭合回路。如果该区域是完整晶体，回路的起点和终点会重合；如果区域中含有位错，则起点和重点不能重合，那么从终点指向起点的连线就是伯氏矢量，同时，该回路称为伯格斯回路。图 5.38 所示为含刃型位错的伯氏矢量和伯氏回路的示意图。

伯氏矢量是位错周围晶格畸变的总和，它与位错线的方向有关。对于刃型位错，伯氏矢量与位错线垂直；对于螺型位错，伯氏矢量与位错线平行；而对于由刃型位错和螺型位错组

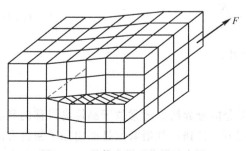

图 5.36　晶体中螺型位错示意图

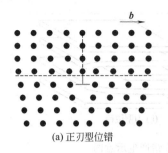
(a) 正刃型位错

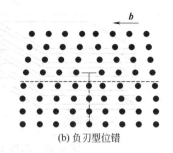
(b) 负刃型位错

图 5.37 刃型位错的表示

成的混合位错，伯氏矢量与位错线成一定角度，但是可以分解成与位错线平行、垂直的两个分量，如图 5.39 所示。

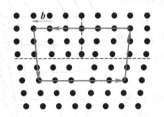

图 5.38 含刃型位错的伯氏
矢量和伯氏回路的示意图

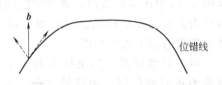

图 5.39 混合位错与
伯氏矢量的关系

晶体中的伯氏矢量具有一些基本性质。如一根位错线只有一个伯氏矢量，无论位错在晶体中如何移动，位错线形状如何改变，伯氏矢量的大小和方向都不改变。另外，一根位错线不能单独中断在晶体内部，而必须终止在晶体表面或晶粒的界面，或者与其他位错相交组成封闭的位错环。如果数根位错线相交于一点，则朝向该点的位错矢量和等于背向该点的位错矢量和，如图 5.40 所示。

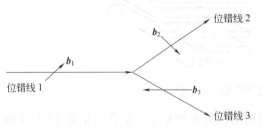

图 5.40 位错线相交时的矢量方向

除伯氏矢量以外，也可以用位错密度表征位错。所谓的位错密度，就是在单位体积中位错线的总长度之和。

$$\rho = \frac{L}{V} \tag{5.14}$$

式中，V 为体积；L 为位错线的总长度。假设所有的位错线是平行的，则位错密度为穿过单位面积的位错线的数目。

$$\rho = \frac{L}{V} = \frac{Nl}{lS} = \frac{N}{S} \tag{5.15}$$

式中，N 为位错线的数目；l 为长度；S 为面积。

5.4.2 晶体硅中的位错结构

如上所说，位错线是晶体滑移部分和未滑移部分的分界线，通常位于晶体易滑移的晶面上，该晶面一般是晶体点阵的密排面。在外力作用下，位错往往沿着密排面向原子密排方向移动。对于晶体硅而言，其晶体的密排面是（111），其次是（110）和（100），密排方向是

〈110〉方向，其次是〈112〉方向。所以，晶体硅中最易发生的位错运动一般是在（111）面的〈110〉方向。

在晶体硅中，因为原子的密排方向为〈110〉，所以最短和最常见的伯氏矢量为 $\frac{a}{2}$〈110〉。如果位错线是环形的，那么，在位错线的不同部位其与伯氏矢量的夹角是不同的，可以组成不同类型的位错，见表 5.3[17]。

表 5.3 晶体硅中伯氏矢量为 $\frac{a}{2}$〈110〉时可能的位错组态

位错取向	〈110〉	〈110〉	〈211〉	〈211〉	〈211〉	〈100〉	〈110〉	〈100〉	〈211〉
位错与 *b* 的夹角	0°	60°	30°	90°	54°44′	90°	90°	45°	73°13′
滑移面	(111)	(111)	(111)	(111)	(110)	(110)	(100)	(100)	(311)
单位晶格长度上的悬挂键数目	0	2.83 或 0	0.82	1.63	1.63 或 0	2 或 0	2.83 或 0	2 或 0	2.45 或 0.82

在晶体硅中，最常见的位错是 60° 位错。它是在（111）滑移面上，滑移方向为〈110〉，而伯氏矢量为 $\frac{a}{2}$〈110〉，如图 5.41 所示。从图 5.41 中可以看出，60° 位错有多余的半个原子面，边沿原子具有悬挂键，其位错线的方向与伯氏矢量方向呈 60° 角，是一种由刃型位错和螺型位错组合而成的混合型位错。

而晶体硅中另一种常见的位错则是 90° 位错。其滑移面在（111）晶面上，滑移方向也是〈110〉，伯氏矢量为 $\frac{a}{2}$〈110〉。此时，其位错线的方向与伯氏矢量方向呈 90° 角，组成了一个纯刃型位错。而且，从图 5.41 中还可以看出，90° 位错也有多余的半个原子面，但边沿原子具有两个悬挂键，如图 5.42 所示。

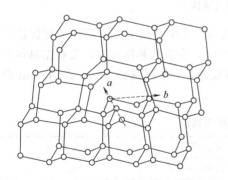

图 5.41 晶体硅中的 60° 位错结构

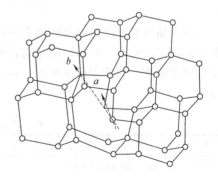

图 5.42 晶体硅中的 90° 位错结构

5.4.3 晶体硅中位错的腐蚀和表征

晶体硅中的位错可以用光学显微镜、红外显微镜、电子透射或扫描显微镜以及 X 射线形貌分析等方法进行观察和表征，其中最常用且最方便的是化学腐蚀，然后利用光学显微镜观察。

晶体硅可以被化学腐蚀液腐蚀。一般而言，化学腐蚀液可以分为两种：一种是非择优腐蚀，也就是说对任何晶面都具有同样的腐蚀速度，一旦晶体硅被这种腐蚀液腐蚀，晶体硅表面就会均匀地被逐层腐蚀，是一种化学抛光；另一种是择优腐蚀，这种腐蚀液对晶体硅不同的晶面具有不同的腐蚀速度，其速度取决于晶面间距、键强和原子密度等，因此，晶体硅一旦被这种腐蚀液腐蚀，部分晶面就会腐蚀得很快，而其他的晶面可能腐蚀得很慢。对于晶体硅而言，（111）晶面是原子密排面，而且其表面原子裸露在外的有一个悬挂键，而在这个原子的背面有三个共价键，如果要将这个原子腐蚀掉，那么就必须打断其背面的三个键，所以一般而言，晶体硅中（111）面的腐蚀速度最慢。

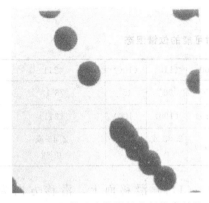

图 5.43　晶体硅中位错的非择优腐蚀坑

当晶体硅中含有位错时，位错和晶体的表面交叉处存在晶格畸变。一旦被腐蚀，在此处晶体硅首先与腐蚀液发生化学作用，产生腐蚀坑。如果是非择优腐蚀，在晶体硅表面就会形成一个圆形的位错坑，如图 5.43 所示。

如果是择优腐蚀，因为晶面的腐蚀速度不同，在不同晶向的单晶硅上就会形成不同特征形状的位错坑。对于〈111〉晶体硅，位错的腐蚀坑呈三角形，如图 5.44（a）所示；而对于〈100〉晶体硅，位错的腐蚀坑呈正方形，如图 5.44(b) 所示。如果晶体硅的晶向有偏差，则腐蚀坑的形状可能不规则。

(a)〈111〉晶体硅

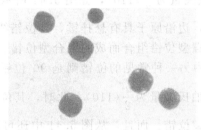

(b)〈100〉晶体硅

图5.44　晶体硅中位错的择优腐蚀坑

　　显示晶体硅中位错的腐蚀液有多种，见表5.4。从表5.4中可以看出，不同的腐蚀液需要不同的腐蚀时间，对不同的晶向有不同的敏感性，所以，在腐蚀晶体硅时，要根据具体要求选择腐蚀液。对于太阳电池用〈100〉晶向的直拉单晶硅，一般可选择 Secco 或 Wright 腐蚀液。

表 5.4　显示晶体硅中位错的腐蚀液

名　称	腐蚀液组成	使用说明	腐蚀时间
Sirtl	1mL HF,1mL Cr_2O_3	(111)面位错和旋涡缺陷	5min
Dash	1mL HF,3mL HNO_3,1mL CH_3COOH	可腐蚀各个晶面	8h
Secco	2mL HF,1mL $K_2Cr_2O_7$	(100)晶面,需搅拌	5min
Secco	2mL HF,1mL Cr_2O_3	(100)晶面	5min
Wright	60mL CH_3COOH,30mL(1g CrO_3：2mL H_2O)	(100)晶面位错	
SD1	25mL HF,18mL HNO_3,5mL CH_3COOH,0.1gBr_2,10mL H_2O,1g $Cu(NO_3)_2$	各个晶面上刃型和混合型位错的显示	2～4min

　　在实际晶体硅的位错腐蚀时，有两个注意事项：一是硅片表面需要保持清洁，需要去除油脂等有机污染；二是需要去除硅片表面的机械损伤层，因为晶体表面的机械损伤层也可能

引入位错，所以需要首先进行硅片的化学抛光，去除机械损伤层，然后再进行位错的腐蚀显示。

当晶体硅中的位错发生滑移，可能会产生位错排。图5.45所示为晶体硅中位错排的腐蚀显示。如果硅片受到热应力，在硅片边缘的晶体损伤处会存在位错源形成的星形滑移位错，如图5.46所示。

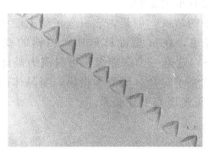
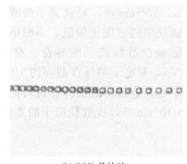

(a)〈111〉晶体硅   (b)〈100〉晶体硅

图5.45   晶体硅中位错滑移线的腐蚀坑

除了化学腐蚀后光学显微镜观察，位错还可以用透射电子显微镜等技术表征。但是，透射电镜的样品制备烦琐、困难，限制了它的常规应用。然而，透射电子显微镜的观察可以给出位错的详细结构和形态，是分析位错性质的重要手段。图5.47所示为直拉单晶硅中氧沉淀和诱生位错的透射电镜照片。

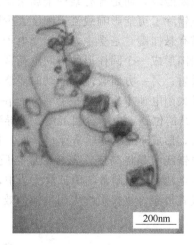

200nm

图5.46 〈111〉晶体硅中星型   图5.47   直拉单晶硅中氧沉淀和
位错滑移线的腐蚀坑   诱生位错的透射电镜照片

5.4.4   晶体硅中位错对太阳电池的影响

由位错的结构可知，大部分位错尤其是刃型位错，具有悬挂键，从而在晶体硅中引入深能级中心，而且，晶体硅的中位错也可能吸引其他杂质原子（如金属杂质）在此沉淀。另外，位错还可能直接影响p-n结的性能。这些因素导致晶体硅和器件性能的下降，降低硅太阳电池的光电转换效率。

晶体硅中的位错常常含有悬挂键，它可以失去电子以提供晶体硅，类似于施主杂质，形成施主能级；或者它接受电子，形成稳定的电子层结构，类似于晶体硅中的受主杂质，形成受主能级。一般认为，n 型晶体硅中，位错产生受主能级；而在 p 型晶体硅中，位错则产生施主能级。通常硅（111）面上的位错每隔 $\sqrt{6}\,a/4$ 位置有一个悬挂键，其中 a 为晶体硅的晶格常数（$a=5.4\text{Å}$），则每厘米长的位错线具有 $1/(\sqrt{6}\,a/4)$ 个原子，如果位错密度达到 $10^9\,\text{cm}^{-2}$，那么位错引入的缺陷浓度达到 $10^9\times1/(\sqrt{6}\,a/4)=3\times10^{16}\,\text{cm}^{-3}$，这个浓度足以影响晶体硅中载流子的浓度。当然，如果将位错密度控制在 $10^5\,\text{cm}^{-2}$ 以下，位错引入的缺陷密度只有 $3\times10^{12}\,\text{cm}^{-3}$，对载流子的浓度就没有很大影响。

即使位错缺陷的密度比较低，不影响载流子的浓度，但是，它引入了受主能级，形成深能级中心，影响少数载流子的寿命。有研究报道，在 n 型晶体硅中，位错的受主能级为 $(E_v+0.52\text{eV})$，对电子的俘获截面约 $10^{-16}\,\text{cm}^2$，这是一个深能级，可以成为晶体硅少数载流子的复合中心，直接降低晶体硅材料的少数载流子寿命。研究者指出，当晶体硅中的位错密度为 $10^4\sim10^7\,\text{cm}^{-2}$，少数载流子的寿命和位错密度有下述关系

$$\tau=\frac{1}{N_d\sigma_R} \tag{5.16}$$

式中，N_d 为位错密度；σ_R 为单位长度位错线的复合强度。对于 300K 的晶体硅而言，位错密度为 $10^4\sim10^5\,\text{cm}^{-2}$，$1/\sigma_R$ 为 15。

但是，也有研究指出，纯净的位错悬挂键并不引入缺陷能级，而是位错悬挂键吸收了金属杂质，形成了深能级中心。因为，在实验研究中要完全避免金属杂质的污染，特别是低浓度（$10^{11}\sim10^{12}\,\text{cm}^{-3}$）污染是非常困难的，所以有研究指出，人们通常测出的并不是纯净位错的缺陷能级，而是含有某种金属杂质的缺陷能级。

位错除了可能影响载流子浓度、少数载流子寿命以外，还可能影响载流子的迁移率。由于位错有悬挂键，是受主，在接受电子后，形成一串负电中心，在库仑力的作用下，导致位错线周围形成一个圆柱形的空间电荷区。由于空间电荷区的存在，一方面其电场增加了对电子的散射；另一方面载流子运动时要绕过它，导致载流子迁移率的降低。

硅太阳电池本质上是一个简单的 p-n 结，位错还对 p-n 结的性能有重要影响。首先，贯穿 p-n 结的位错，由于金属沉淀，将导致 p-n 结的反向 I-V 特性曲线出现不连续点，击穿电压降低，形成 p-n 结的软击穿。其次，贯穿 p-n 结的位错，可以导致扩散增强现象。位错造成沿位错线的晶格畸变，容易形成杂质扩散的"管道"，在位错线的位置处扩散特别迅速。在太阳电池 p-n 结制备的磷扩散工艺中，磷杂质容易沿位错管道增强扩散，导致 p-n 结的不平整或者贯穿，直接影响太阳电池的效率。

参 考 文 献

[1] 阙端麟，陈修治. 硅材料科学与技术. 杭州：浙江大学出版社，2001.

[2] 杨德仁. 半导体硅材料. 北京：机械工业出版社，2005.

[3] 王莉蓉，杨德仁，应啸，李先杭. 太阳能学报，2001，22（4）：398.

[4] Fischer H，Pschunder W. In：Proceedings of the 10th IEEE PV Specialists Conference. Palo Alto，CA，USA：1973.

[5] Yoshida T，Kitagawara Y. In：Proceedings of the 4th International Symposium on High Purity Silicon Ⅳ. San Antonio，USA：1996.

[6] Zhao J，Wang A，Green M A，Ferrazza F. Appl Phys Lett，1998，73：1991.

[7] Glunz S W，Rein S，Warta W，Knobloch J，Wettling W. Solar Energy Materials and Solar Cells，2000，65：212.

［8］ Schmidt J，Aberle A G，Hezel R. In：Proceedings of the 26th IEEE Photovoltaic Specialists Conference. Anaheim，USA：1997.

［9］ Glunz S W，Rein S，Warta W，Knobloch J，Wettling W. In：Proceedings of the 2nd World Conference on Photovoltaic Energy Conversion. Vienna，Australia：1998.

［10］ Schmidt J，Cuevas A. J Appl Phys，1999，86：3175.

［11］ Glunz S W，Rein S，Knobloch J，Wettling W，Abe T. Rog Photovolt，1999，7：446.

［12］ Schmidt J，Bothe K. Physical Review B，2004，69：024107.

［13］ Ohshita Y，Khanh Vu T，Yamaguchi M. J Appl Phys，2002，91：3741.

［14］ Lee Y J，von Boehm J，Pesola M，Nieminen R M. Phys Rev Lett，2001，86：3060.

［15］ 王莉蓉，杨德仁，应啸. 太阳能学报，2002，23（2）：129.

［16］ Graff K. Metal Impurities in Silicon-Device Fabrication. Berlin：Springer，1995.

［17］ 王季陶，刘明登. 半导体材料. 北京：高等教育出版社，1990.

第6章
铸造多晶硅

直到 20 世纪 90 年代，太阳能光伏工业还是主要建立在单晶硅的基础上。虽然单晶硅太阳电池的成本在不断下降，但是与常规电力相比还是缺乏竞争力，因此，不断降低成本是光伏界追求的目标。自 20 世纪 80 年代铸造多晶硅发明和应用以来，增长迅速，80 年代末期它仅占太阳电池材料的 10％ 左右，而至 1996 年底它已占整个太阳电池材料的 36％ 左右，它以相对低成本、高效率的优势不断挤占单晶硅的市场，成为最有竞争力的太阳电池材料。21 世纪初已占 50％ 以上，成为最主要的太阳电池材料。

直拉单晶硅为圆柱状，其硅片制备的圆形太阳电池不能有效地利用太阳电池组件的有效空间，相对增加了太阳电池组件的成本。目前，一般将直拉单晶硅圆柱切成方柱，制备方形太阳电池，但边皮去除造成材料浪费，同样也增加了太阳电池组件的成本。再就是直拉单晶硅需要更多的"人力资源"，如在晶体生长的"种晶"过程，所以也增加了人力成本。而铸造多晶硅是利用浇铸或定向凝固的铸造技术，在方形坩埚中制备晶体硅材料，其生长简便，易于大尺寸生长，易于自动化生长和控制，并且很容易直接切成方形硅片；材料的损耗小，同时铸造多晶硅生长时相对能耗小，促使材料的成本进一步降低，而且铸造多晶硅技术对硅原材料纯度的容忍度要比直拉单晶硅高。但是，其缺点是具有晶界、高密度的位错、微缺陷和相对较高的杂质浓度，从而降低了太阳电池的光电转换效率。

本章介绍了铸造多晶硅的制备技术、杂质提纯技术和掺杂技术，阐述了铸造多晶硅中的主要缺陷以及对太阳电池效率的影响，介绍了铸造多晶硅的晶界、位错和微缺陷的作用。

6.1 概述

利用铸造技术制备硅多晶体，称为铸造多晶硅（multicrystalline silicon，mc-Si）。铸造多晶硅虽然含有大量的晶粒、晶界、位错和杂质，但由于省去了高费用的晶体拉制过程，所以相对成本较低，而且能耗也较低，在国际上得到了广泛应用。1975 年，德国的瓦克（Wacker）公司在国际上首先利用浇铸法制备多晶硅材料（SILSO）[1,2]，用来制造太阳电池。几乎同时，其他研究小组也提出了不同的铸造工艺来制备多晶硅材料[3,4]，如美国 Solarex 公司的结晶法、美国晶体系统公司的热交换法、日本电气公司和大阪钛公司的模具释放铸锭法等。

与直拉单晶硅相比，铸造多晶硅的主要优势是材料利用率高、能耗小、制备成本低，而且其晶体生长简便，易于大尺寸生长。但是，其缺点是含有晶界、高密度的位错、微缺陷和相对较高的杂质浓度，其晶体的质量明显低于单晶硅，从而降低了太阳电池的光电转换效率。铸造多晶硅和直拉单晶硅的比较见表 6.1。由表 6.1 可知，铸造多晶硅太阳电池的光电转换效率要比直拉单晶硅低 1％～2％。

表 6.1 铸造多晶硅和直拉单晶硅的比较

晶 体 性 质	直拉单晶硅(CZ)	铸造多晶硅(mc)
晶体形态	单晶	多晶
晶体质量	无位错	高密度位错
能耗/(kW·h/kg)	>100	~16
晶体大小	约300mm	>700mm
晶体形状	圆形	方形
电池效率	19%~19.5%	18.0%~18.5%

自从铸造多晶硅发明以后，技术不断改进，质量不断提高，应用也不断广泛。在材料制备方面，平面固液界面技术和氮化硅涂层技术等技术的应用、材料尺寸的不断加大；在电池方面，SiN 减反射层技术、氢钝化技术、吸杂技术的开发和应用，使得铸造多晶硅材料的电学性能有了明显改善，其太阳电池的光电转换效率也得到了迅速提高，实验室中的效率从1976 年的 12.5% 提高到 21 世纪初的 19.8%，如图 6.1 所示，近年来更达到 21.25%。而在实际生产中的铸造多晶硅太阳电池效率也已达到18.0%~18.5% 左右（见表 6.1）。

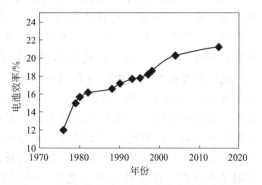

图 6.1 铸造多晶硅太阳电池的光电转换效率

由于铸造多晶硅的优势，世界各发达国家都在努力发展其工业规模。自 20 世纪 90年代以来，国际上新建的太阳电池和材料的生产线大部分是铸造多晶硅生产线，相信在今后会有更多的铸造多晶硅材料和电池生产线投入应用。2015 年，铸造多晶硅已占太阳电池材料的 56% 以上，成为最主要的太阳电池材料。

6.2 铸造多晶硅的制备工艺

利用铸造技术制备多晶硅主要有两种工艺。一种是浇铸法，即在一个坩埚内将硅原材料熔化，然后浇铸在另一个经过预热的坩埚内冷却，通过控制冷却速率，采用定向凝固技术制备大晶粒的铸造多晶硅。另一种是直接熔融定向凝固法，简称直熔法，又称布里奇曼法，即在坩埚内直接将多晶硅熔化，然后通过坩埚底部的热交换等方式，使熔体冷却，采用定向凝固技术制造多晶硅。所以，也有人称这种方法为热交换法（Heat Exchange Method，HEM）。前一种技术国际上已很少使用，而后一种技术在国际产业界得到了广泛应用。从本质上讲，两种技术没有根本区别，都是铸造法制备多晶硅，只是采用一只或两只坩埚而已。但是，采用后者生长的铸造多晶硅的质量较好，它可以通过控制垂直方向的温度梯度，使固液界面尽量平直，有利于生长取向性较好的柱状多晶硅晶锭。而且，这种技术所需的人工少，晶体生长过程易控制、易自动化，而且晶体生长完成后，一直保持在高温，对多晶硅晶体进行了"原位"热处理，导致体内热应力的降低，最终使晶体内的位错密度降低[5]。

图 6.2 所示为浇铸法制备铸造多晶硅的示意图。图 6.2 的上部为预熔坩埚，下部为凝固坩埚。在制备铸造多晶硅时，首先将多晶硅的原料在预熔坩埚内熔化，然后硅熔体逐渐流入到下部的凝固坩埚，通过控制凝固坩埚周围的加热装置，使得凝固坩埚的底部温度最低，从而硅熔体在凝固坩埚底部开始逐渐结晶。结晶时始终控制固液界面的温度梯度，保证固液界面自底部向上部逐渐平行上升，最终达到所有的熔体结晶。

图 6.3 所示为直熔法制备铸造多晶硅的示意图。由图可知，硅原材料首先在坩埚中熔化，坩埚周围的加热器保持坩埚上部温度的同时，自坩埚的底部开始逐渐降温，从而使坩埚底部的熔体首先结晶。同样的，通过保持固液界面在同一水平面上并逐渐上升，使得整个熔体结晶为晶锭。在这种制备方法中，硅原材料的熔化和结晶都在同一个坩埚中进行。图 6.4 所示为直熔法制备铸造多晶硅用晶体生长炉的结构。

实际生产时，浇铸法和直熔法的冷却方式稍有不同。在直熔法中，石英坩埚是逐渐向下移动，缓慢脱离加热区；或者隔热装置上升，使得石英坩埚与周围环境进行热交换；同时，冷却板通水，使熔体的温度自底部开始降低，使固液界面始终基本保持在同一水平面上，晶体结晶的速度约为 1cm/h，约 10kg/h；而在浇铸法中，是控制加热区的加热温度，形成自上部向底部的温度梯度，底部首先低于硅熔点的温度，开始结晶，上部始终保持在硅熔点以上的温度，直到结晶完成。在整个制备过程中，石英坩埚是不动的。在这种结晶工艺中，结晶速度可以稍快些。但是，这种方法不容易控制固液界面的温度梯度，在晶锭的四周和石英坩埚接触部位的温度往往低于晶锭中心的温度。

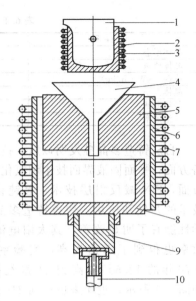

图 6.2　浇铸法制备铸造
多晶硅的示意图

1—预熔坩埚；2,7—感应加热器；
3,6—保温层；4—漏斗；5,9—支架；
8—凝固坩埚；10—旋转轴

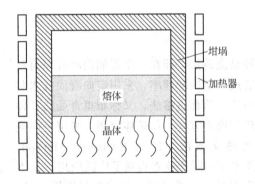

图 6.3　直熔法制备铸造多晶硅的示意图

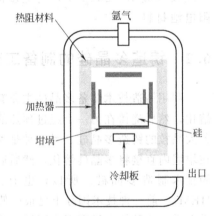

图 6.4　直熔法制备铸造多晶硅用
晶体生长炉的结构[6]

铸造多晶硅制备完成后，是一个方形的铸锭，如图 6.5 所示。目前，铸造多晶硅的重量可以达到 800～1200kg，尺寸达到 990mm×990mm×350mm。由于晶体生长时的热量散发问题，多晶硅的高度很难增加，所以，要增加多晶硅的体积和重量的主要方法是增加它的边长。但是，边长尺寸的增加也不是无限的，因为在多晶硅晶锭的加工过程中，目前使用的外圆切割机或带锯对大尺寸晶锭进行处理很困难；其次，石墨加热器及其他石墨件需要周期性的更换，晶锭的尺寸越大，更换的成本越高。

通常高质量的铸造多晶硅应该没有裂纹、孔洞等宏观缺陷，晶锭表面要平整。从正面观看，铸造多晶硅呈多晶状态，晶界和晶粒清晰可见，其晶粒的大小可以达到 10mm 左右；

图 6.5 铸造多晶硅晶锭图

从侧面观看，晶粒呈柱状生长，其主要晶粒自底部向上部几乎垂直于底面生长，如图 6.6 所示。

在晶锭制备完成后，切成面积为 125mm×125mm、156mm×156mm 或 210mm×210mm 的方柱体，如图 6.7 所示。最后利用线切割机切成片状，如图 6.8 所示。

利用定向凝固技术生长的铸造多晶硅，生长速度慢，坩埚是消耗件，不能重复循环使用，即每一炉多晶硅需要一支坩埚；而且，在晶锭的底部和上部，各有几厘米厚的区域由于质量低而不能应用。

(a) 正面

(b) 剖面

图 6.6 铸造多晶硅的正面俯视图和剖面图

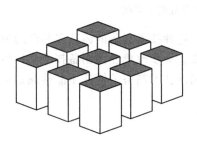

图 6.7 铸造多晶硅晶锭
的柱体示意图

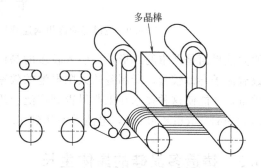

多晶棒

图 6.8 铸造多晶硅晶锭的线切割示意图

为了克服这些缺点，电磁感应冷坩埚连续拉晶法（electromagnetic continuous pulling）已经被开发[7]，简称 EMC 或 EMCP 法。其原理就是利用电磁感应的冷坩埚来熔化硅原料，这种技术熔化和凝固可以在不同部位同时进行，节约生产时间；而且，熔体和坩埚不直接接触，既没有坩埚的消耗，降低成本，又减少了杂质污染程度，特别是氧浓度和金属杂质浓度有可能大幅度降低。另外，该技术还可以连续浇铸，速度可达 5mm/min。不仅如此，由于电磁力对硅熔体的作用，使得掺杂剂在硅熔体中的分布可能更均匀。显然，这是一种很有前途的铸造多晶硅技术。图 6.9 所示为电磁感应冷坩埚连续拉晶法制备铸造多晶硅的示意图。由图 6.9 可知，硅原料可以从顶部直接下落到硅熔体之中。

实际上，日本 Sumitomo 公司（前身为大阪钛 Osaka titanium 公司）自 2002 年开始已经利用电磁感应冷坩埚法规模化生产铸造多晶硅。但是，这种技术也有弱点，制备出的铸造多晶硅的晶粒比较细小，约为 3~5mm，而且晶粒大小不均匀。由图 6.9 可以看出，该技术

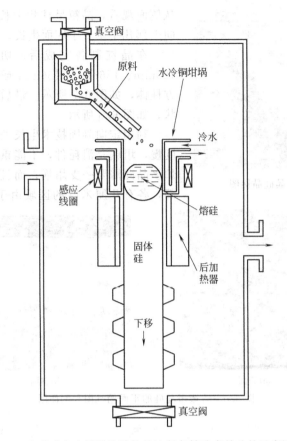

真空阀

原料　　水冷铜坩埚

冷水

感应
线圈

熔硅

固体
硅

后加
热器

下移

真空阀

图 6.9　电磁感应冷坩埚连续拉晶法制备铸造多晶硅的示意图[6]

的固液界面是严重的凹形，会引入较多的晶体缺陷。因此，这种技术制备的铸造多晶硅的少数载流子寿命较低，所制备的太阳电池的效率也较低，需要进一步改善晶体制备技术和材料质量，才能使这种技术在工业界得到广泛应用。目前，利用该技术制备的铸造多晶硅晶锭可达 35cm×35cm×300cm，电池效率达到 15%~17%。

6.3　铸造多晶硅的晶体生长

6.3.1　铸造多晶硅的原材料

　　铸造多晶硅的原材料可以使用半导体级的高纯多晶硅，也可以使用微电子工业用单晶硅生产中的剩余料，包括质量相对较差的高纯多晶硅、单晶硅棒的头尾料，以及直拉单晶硅生长完成后剩余在石英坩埚中的坩底料等。与前者相比，后者的成本低，但质量相对较差，尤其是 n 型和 p 型掺杂单晶硅混杂，容易造成铸造多晶硅电学性质的不合格，需要精细控制。

　　与直拉、区熔晶体硅生长方法相比，铸造方法对硅原料的不纯具有更大的容忍度，所以铸造多晶硅的原料更多地使用电子工业的剩余料，从而使原料来源可以更广，价格可以更便宜。而且，在多晶硅片制备过程中剩余的硅材料还可以重复利用。有研究表明，只要原料中剩余料的比例不超过 40%，就可以生长出合格的铸造多晶硅。

　　但是，原料中有太多剩余料（回收料）的铸造多晶硅少子寿命比较低，造成相应的电池效率偏低。随着光伏产业的快速发展，国际上光伏用多晶硅的产量大幅上升，其产能已经大大超过实际产量的需求。因此，回收料（特别是微电子用直拉硅单晶的头尾料）的使用已经越来越少，大部分铸造多晶硅是利用太阳能级多晶硅作为基本原料。

6.3.2 坩埚

在铸造多晶硅制备过程中，可以利用方形的高纯石墨作为坩埚，也可以利用高纯石英作为坩埚。高纯石墨的成本比较便宜，但是有较多可能的碳污染和金属杂质污染；高纯石英的成本较高，但污染少，要制备优质的铸造多晶硅就必须利用石英坩埚。

在制备铸造多晶硅时，在原材料熔化、晶体硅结晶过程中，硅熔体和石英坩埚长时间接触，会产生黏滞作用。由于两者的热膨胀系数不同，在晶体冷却时很可能造成晶体硅或石英坩埚破裂；同时，由于硅熔体和石英坩埚长时间接触，与制备直拉单晶硅时一样，会造成石英坩埚的腐蚀，使得多晶硅中的氧浓度升高。为了解决这个问题，工艺上一般利用 Si_3N_4 等材料作为涂层，附加在石英坩埚的内壁，从而隔离了硅熔体和石英坩埚的直接接触，不仅能够解决黏滞问题，而且可以降低多晶硅中的氧、碳杂质浓度。对于浇铸法制备多晶硅，一般预熔坩埚是利用普通石英坩埚，而结晶坩埚则是利用具有 Si_3N_4 涂层的石英坩埚。

6.3.3 晶体生长工艺

不同的晶体炉结构，其直熔法制备铸造多晶硅的具体工艺是不同的，其基本工艺如下。

6.3.3.1 装料

将装有涂层的石英坩埚放置在热交换台（冷却板）上，放入适量的硅原料，然后安装加热设备、隔热设备和炉罩，将炉内抽真空，使炉内压力降至 0.05～0.1mbar 并保持真空。通入氩气作为保护气，使炉内压力基本维持在 400～600mbar 左右。

6.3.3.2 加热

利用石墨加热器给炉体加热，首先使石墨部件（包括加热器、坩埚板、热交换台等）、隔热层、硅原料等表面吸附的湿气蒸发，然后缓慢加温，使石英坩埚的温度达到 1200～1300℃左右，该过程约需要 4～5h。

6.3.3.3 化料

通入氩气作为保护气，使炉内压力基本维持在 400～600mbar 左右。逐渐增加加热功率，使石英坩埚内的温度达到 1500℃左右，硅原料开始熔化。熔化过程中一直保持 1500℃左右，直至化料结束。该过程约需要 9～11h。

6.3.3.4 晶体生长

硅原料熔化结束后，降低加热功率，使石英坩埚的温度降至 1420～1440℃硅熔点左右。然后石英坩埚逐渐向下移动，或者隔热装置逐渐上升，使得石英坩埚慢慢脱离加热区，与周围形成热交换；同时，冷却板通水，使熔体的温度自底部开始降低，晶体硅首先在底部形成，并呈柱状向上生长，生长过程中固液界面始终保持与水平面平行，直至晶体生长完成，该过程约需要 20～22h。

6.3.3.5 退火

晶体生长完成后，由于晶体底部和上部存在较大的温度梯度，因此，晶锭中可能存在热应力，在硅片加工和电池制备过程中容易造成硅片碎裂。所以，晶体生长完成后，晶锭保持在熔点附近 2～4h，使晶锭温度均匀，以减少热应力。

6.3.3.6 冷却

晶锭在炉内退火后，关闭加热功率，提升隔热装置或者完全下降晶锭，炉内通入大流量氩气，使晶体温度逐渐降低至室温附近；同时，炉内气压逐渐上升，直至达到大气压，最后去除晶锭，该过程约需要 10h。

对于重量为 800～850kg 的铸造多晶硅而言，一般晶体生长的速度约为 0.20～0.25mm/min，其晶体生长的时间约为 70～75h。

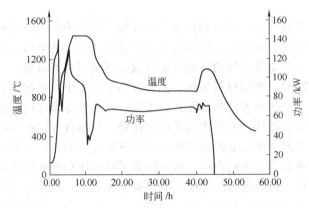

图 6.10　铸造多晶硅晶体生长时加热功率
和熔体温度与时间的关系[5]

图 6.10 所示为制备 240kg 直熔法铸造多晶硅时加热功率和熔体温度与时间的关系。该晶锭面积为 69cm×69cm，晶体生长速度约为 111g/min，与直拉单晶硅的晶体生长速度相仿。从图 6.10 中可以看出，在晶体生长初期 10h 内，是晶体熔化阶段，需要保持较高的功率和温度，在其后的晶体凝固过程中，功率和温度相对较低，基本保持一稳定值，35h 后，可以关闭动力，温度逐渐降低。

6.3.4　晶体生长的影响因素

与直拉单晶硅不同，普通铸造多晶硅结晶时不需要籽晶。晶体生长过程中，一般自坩埚底部开始降温，当硅熔体的温度低于熔点（1414℃）时，在接近坩埚底部处熔体首先凝固，形成许多细小的核心，然后横向生长。当核心相互接触时，再逐渐向上生长、长大，形成柱状晶，柱状的方向与晶体凝固的方向平行，直至所有的硅熔体都结晶为止，这是典型的定向凝固过程。这样制备出来的多晶硅的晶粒大小、晶界结构、缺陷类型都很相似，如图 6.6 所示。

在铸造多晶硅晶体生长时，要解决的主要问题包括：尽量均匀的固液界面温度；尽量小的热应力；尽量大的晶粒；尽可能少的来自于坩埚的污染。

晶体凝固时，一般自坩埚的底部开始，晶体在底部形核并逐渐向上生长。在不同的热场设计中，固液界面的形状呈凹形或凸形，由于硅熔体和晶体硅的密度不同，此时地球的重力将会影响晶体的凝固过程，产生晶粒细小、不能垂直生长等问题，影响铸造多晶硅的质量。为了解决这个问题，需要特殊的热场设计，使得硅熔体在凝固时，自底部开始到上部结束，其固液界面始终保持与水平面平行，称为平面固液界面凝固技术。这样制备出来的铸造多晶硅硅片的表面和晶界垂直，可以使相关太阳电池有效地避免界面的负面影响。

图 6.11 所示为不同热场情况下生长的铸造多晶硅晶锭的剖面图[8]。如图 6.11(a)～(d)所示，随着晶体生长的热场不断调整，晶粒逐渐呈现在与固液界面垂直的方向上生长。如图 6.11(a) 所示，晶体在底部成核并逐渐向上部生长，但是很快晶锭的四周也有新的核心生成并从边缘向中心逐渐生长，造成晶粒的细化，部分晶粒生长的方向与底部水平面不垂直，说明固液界面不是水平平直的。如图 6.11(d) 所示，几乎所有的晶粒都是沿晶体生长方向生长的，是与水平面呈垂直状态的柱状晶，说明此时的固液界面在晶体生长时一直是

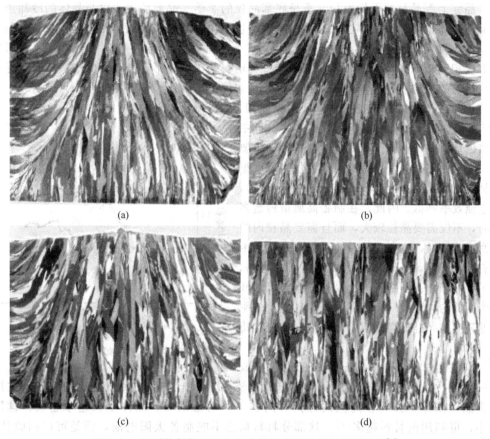

图 6.11　不同热场情况下生长的铸造多晶硅晶锭的剖面图[8]

与水平面平行的；而且，在晶锭的底部，可以看出晶粒比较细小，而到上部，晶粒逐渐变大。

　　在晶体凝固过程中，晶体的中部和边缘部分存在温度梯度。温度梯度越大，多晶硅中的热应力就越大，会导致更多体内位错生长，甚至导致晶锭的破裂。因此，铸造多晶硅在生长时，生长系统必须很好地隔热，以便保持熔区温度的均匀性，没有较大的温度梯度出现；同时，保证在晶体部分凝固、熔体体积减小后，温度没有变化。

　　影响温度梯度的因素，除了热场本身的设计外，冷却速率起决定性作用。通常晶体的生长速率越快，劳动生产率越高，但其温度梯度也越大，最终导致热应力越大，而高的热应力会导致高密度的位错，严重影响材料的质量。因此，既要保持一定晶体生长速率，提高劳动生产率；又要保持尽量小的温度梯度，降低热应力并减少晶体中的缺陷。通常，在晶体生长初期，晶体生长速率尽量小，使得温度梯度尽量小，以保证晶体以最少的缺陷密度生长；然后，在可以保持晶体固液界面平直和温度梯度尽量小的情况下，尽量地高速生长以提高劳动生产率。

　　对于铸造多晶硅而言，晶粒越大越好，这样晶界的面积和作用都可以减少，而这主要是由晶体生长过程所决定的。在实际工业中，铸造多晶硅的晶粒尺寸一般为 $1\sim10$ mm，高质量的多晶硅晶粒大小平均可以达到 $10\sim15$ mm。另外，晶粒的大小还与其处于的位置有关。一般而言，晶体硅在底部形核时，核心数目相对较多，使得晶粒的尺寸较小；随着晶体生长的进行，大的晶粒会变得更大，而小的晶粒会逐渐萎缩，因此，晶粒的尺寸会逐渐变大，如图 6.11 所示。图 6.12 所示为晶粒的平均面积随多晶硅晶锭高度的变化。从图 6.11 中可以看出，晶锭上部晶粒的平均面积几乎是底部晶粒的 2 倍。晶粒的大小也与晶体的冷却速率有关：晶体冷却得快，温度梯度大；晶体形核的速率快，晶粒多而细小，这也是浇铸法制备的多晶硅的晶粒尺寸小于直熔法的原因。再者，由于坩埚壁也与硅熔体接触，与中心部位相比，温度相对较低；结晶时，固液界面与石英坩埚壁接触处不断会有新的核心生成，导致在多晶硅晶锭的边缘有一些晶粒不是很规整，相对较小，如图 6.6(b) 和图 6.11 所示。

铸造多结晶的大晶粒有利于降低晶界面积，有利于提高太阳电池效率。但是，铸造多晶硅中的位错也是影响材料质量和太阳电池效率的重要因素。如果晶粒很大，但晶粒内部的位错密度很高，材料的质量反而会降低（见本书 7.7 节），导致电池效率降低。因此，在制备高质量铸造多晶硅时，不仅需要晶粒较大，而且需要晶粒内的位错密度比较低，这在实际晶体生长时是比较困难控制的。所以，近年来人们提出了新的思路，开发了利用籽晶诱导制备的小晶粒、均匀尺寸和位错密度低的"高效"铸造多晶硅，其电池效率比普通铸造多晶硅提高 0.4%~0.6%。其内容将在本书 6.4 节中具体介绍。

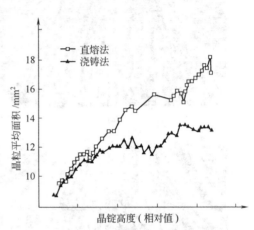

图 6.12　铸造多晶硅晶粒的平均面积随多晶硅晶锭高度的变化[10]

一般而言，在铸造多晶硅晶锭的周边区域存在一层低质量的区域，其少数载流子寿命较低，不能应用于太阳电池的制备。这层区域与多晶硅晶体生长后在高温的保留时间有关。通常认为，晶体生长速率越快，这层区域越小，可利用的材料越多[9]。这部分材料虽然不能制备太阳电池，但是可以回收使用。值得注意的是，在回收边料中，显然有越来越多的碳化物和氮化物，这些杂质过多，会导致材料质量的下降。所以，在多晶硅晶体生长时，需要尽量减少低质量的区域。

这部分区域在铸造多晶硅晶锭剖面的少子寿命分布图中一般呈"红色"，分布在剖面图的四周，被形象地称为"红边区"。这个低少子寿命的"红边区"材料，其太阳电池效率低，在实际生产中需要被切除。但是，如果这个"红边区"的宽度较宽，就有较多材料被切除，会增加材料的生产成本。

不同部位"红边区"的低少子寿命原因是不同的。对于晶体上部的"红边区"，一般认为高浓度的金属杂质及其沉淀、高浓度的碳及 SiC 沉淀、高浓度的氮及 Si_3N_4 沉淀，主要是因为这些杂质有较小的分凝系数，在晶体生长最后结晶的上部浓度较高造成的。另外，最后凝固造成的细小晶粒、高密度位错都是其少子寿命比较低的原因。对于晶体边缘部位，主要是高浓度的金属杂质及其沉淀、高浓度的氧杂质及其沉淀，其来源于坩埚侧面的污染[10]。另外，由于坩埚侧面表面提供了形核中心，形成边缘细小晶粒、高密度位错，这些都是其少子寿命比较低的原因。对于晶体底部，高浓度的金属杂质及其沉淀[11]、高浓度的氧及 SiC 沉淀，它们主要来自底部坩埚的污染，以及晶体刚结晶时细小的晶粒和高密度的位错，可能是其少子寿命比较低的原因。

6.3.5　晶体掺杂

与直拉单晶硅一样，铸造多晶硅需要进行有意掺杂，使得硅材料具有一定的电学性能。虽然有多种掺杂剂可供利用，但是考虑到生产成本、分凝系数和太阳电池制备工艺等因素，实际产业中主要制备 p 型铸造多晶硅，硼是主要的掺杂剂。由于硼氧复合体对高效硅太阳电池的效率有衰减作用，最近掺镓的 p 型和掺磷的 n 型铸造多晶硅也引起了人们的注意。

对于 p 型掺硼铸造多晶硅，电阻率在 0.5～3Ω·cm 范围内都可以用来制备太阳电池，但最优的电阻率在 1Ω·cm 左右，硼掺杂浓度约为 $2×10^{16}\,cm^{-3}$。在晶体生长时，适量的 B_2O_3 和硅原料一起被放入坩埚，熔化后 B_2O_3 分解，从而使硼溶入硅熔体，最终进入多晶硅体内，其反应方程式为

$$2B_2O_3 \Longrightarrow 4B+3O_2 \tag{6.1}$$

由于硼在硅中的分凝系数为 0.8，所以自晶体底部开始凝固部分到上部最后凝固部分，硼的浓度相当均匀，使得整个铸造多晶硅晶锭中的电阻率也比较均匀。图 6.13 所示为铸造多晶硅晶锭电阻率的理论和实际分布曲线。

掺镓的 p 型铸造多晶硅虽然可以制备性能优良的太阳电池，但是镓在硅中的分凝系数太小，只有 0.008。因此，晶体的底部和上部的电阻率相差很大，不利于规模生产。掺磷的 n 型多晶硅也是一样，磷在硅中的分凝系数仅为 0.35；而且，掺磷的 n 型多晶硅中少数载流子（空穴）的迁移率较低，进一步地，如果利用 n 型多晶硅太阳电池，现在常用的太阳电池的工艺和设备都要进行改造；对于掺磷的 n 型晶体硅而言，要通过硼扩散制备 p-n 结，但是硼的扩散温度要高于磷的扩散温度；所

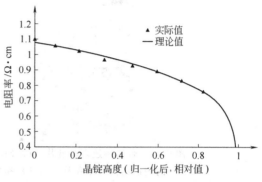

图 6.13 铸造多晶硅晶锭电阻率的理论和实际分布曲线[12]

以，无论是掺镓 p 型还是掺磷 n 型多晶硅，与相应的直拉单晶硅一样，目前仅处于小规模试生产阶段。

6.4 高效铸造多晶硅的制备

和直拉硅单晶相比，铸造多晶硅含有高密度的原生晶体缺陷（如晶界、位错等），也含有较高浓度的杂质（如碳、氮以及金属杂质），导致铸造多晶硅的太阳电池效率总是低于直拉硅单晶电池 1.0%～1.5% 的效率。因此，如何抑制或减少上述缺陷，就成为人们改善铸造多晶硅性能的努力方向之一。

多年来，人们首先是希望将铸造多晶硅的晶粒变大，以减少晶界对材料性能和电池效率的影响。但是，在实际晶体生长时，晶粒的尺寸均匀性很差，大小不一，晶粒内的位错密度也相差很大，很难控制。研究人员的进一步研究证明，当晶粒的尺寸大于 10mm 以上时，晶界面积占硅片总面积的比例少于 1%，此时晶界对硅片少子寿命、电池效率的影响很小。也就是说，如果晶粒内的位错以及其他缺陷密度保持不变，晶粒内氧、碳等杂质浓度也保持不变，仅仅将晶粒尺寸从 10mm 增加到更大，对硅太阳电池效率的提高很小。

因此，近年来人们提出了新的铸造多晶硅制备技术，即利用"籽晶诱导"的基本原理，控制晶体初始生长时的形核速率和形核密度，使得最终生长的铸造多晶硅晶体具有晶粒尺寸比较均匀、尺寸大小约 10mm、晶粒内位错密度比较低（一般小于 $1×10^5\,cm^{-2}$）的特征。这种细晶粒铸造多晶硅的太阳电池效率比普通的铸造多晶硅要提高 0.4%～0.6%，被称为"高效铸造多晶硅"或"高性能铸造多晶硅。

图 6.14 所示为普通铸造多晶硅片（mc-Si）和高效铸造多晶硅片（HP mc-Si）的表面

结构光学照片（a、b）和相应的少子寿命分布图（c、d）。从图 6.14 中可以看出，和普通铸造多晶硅相比，高效铸造多晶硅具有晶粒尺寸比较均匀、尺寸大小比较细小的特点，其少子寿命在硅片上也比较均匀且有明显提高。

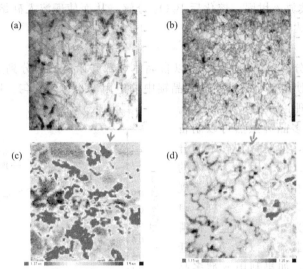

图 6.14　普通铸造多晶硅片（mc-Si）和高效铸造多晶硅片（HPmc-Si）
的表面结构光学照片（a、b）和相应的少子寿命分布图（c、d）

　　高效铸造多晶硅的制备技术大致可分为两类：一类是硅材料作为籽晶的"半熔技术"；另一类是利用坩埚表面结构作为形核点的"全熔技术"。

　　（1）半熔技术。在高效铸造多晶硅晶体生长技术开发的初始阶段，人们利用在硅片加工或电池加工过程中产生的破碎硅片，将其石英坩埚的底部在上面再装填多晶硅原料；在晶体生长时，控制热场，使得大约一半高度的破碎硅片以及其上部的多晶硅原料被熔化成硅熔体，而最底部的破碎硅片依然保持晶体状态，成为新生长的硅晶体的形核中心，从而促使后来的晶体具有细小晶粒、尺寸均匀和位错密度低的晶体结构，称之为"半熔技术"。

　　根据同样的原理，人们也可以利用流化床技术制备的多晶硅颗粒铺设在石英坩埚的底部，作为异质形核中心，制备细小晶粒、尺寸均匀和位错密度低的晶体结构的高效铸造多晶硅。

　　（2）全熔技术。有研究者进一步在石英坩埚底部铺设一层 SiC、Si_3N_4 或者 SiO_2 颗粒层作为形核点，在其上放置多晶硅原料。在晶体生长时，控制热场，使得形核颗粒层上部的多晶硅原料全部被熔化成硅熔体，而最底部的 SiC、Si_3N_4 或者 SiO_2 颗粒没有熔化，成为硅晶体的形核点。这类技术被称为"全熔技术"

　　人们更近一步将形核点和坩埚结合起来，在坩埚的底部涂覆一层颗粒物（包括 Si、Si_3N_4 或者 SiO_2），或者在坩埚表面制备不同形状的孔洞结构；当坩埚中硅料全部被熔化后，通过控制热场，让硅晶体在坩埚底部开始结晶，而那些颗粒物或者坩埚表面孔洞结构就成为形核点促进形核。

　　由于籽晶诱导的高效铸造多晶硅的晶体生长技术只少量增加成本，但明显改善了材料性能，提高了太阳电池效率，因此，2013 年以来在企业界得到了广泛应用。目前，高效铸造多晶硅及其技术已经成为铸造多晶硅的主流技术。

6.5　铸造类（准）单晶硅的制备

　　直拉硅单晶是单晶体，晶格完整，没有晶界、线性位错和层错等缺陷，杂质浓度也比较

62

低，因此电池效率比较高。但是，该技术生长硅晶体单位能耗大、材料浪费多、晶体重量小，相对成本比较高。而铸造多晶硅有高密度缺陷（晶界、位错等），杂质浓度也比较高，太阳电池的效率低。但是，相对于直拉硅单晶技术，铸造多晶硅技术生长硅晶体的单位能耗小、材料利用率高、晶体重量大，相对成本就比较低。可以说，两种技术各有优缺点。在1979年，T. F. Ciszek等人首先报道了将这两种技术的优点结合起来[13]，即利用铸造技术制备硅单晶，这样能做到晶体质量好、电池效率高，同时单位能耗小、材料利用率高、晶体重量大，相对成本就比较低。

利用这种技术制备的硅晶体材料，在硅晶锭的中部是单晶，在四周边缘部位依然存在多晶，所以一般被称为类单晶硅或准单晶硅（mono-like Si 或者 quasi-single crystal Si）硅单晶。

利用定向凝固的铸造炉，通过在石英坩埚的底部铺设单晶硅（通常是直拉硅单晶）作为籽晶，籽晶的高度约为10～20mm，晶向为〈100〉；然后在单晶硅的上部装填多晶硅原料，其示意图如图6.15(a)所示。在晶体生长时，通过精确控制，使得单晶硅籽晶高度的一半以及上部多晶硅原料被熔化，而籽晶的下半部分（靠近坩埚底部部分）依然保持单晶结构。通过控制固液界面，将熔体从底部开始逐步凝固，此时没有熔化的单晶硅就起到籽晶作用，产生类似液相外延的作用，使得晶体沿〈100〉晶向从底部向晶体炉的上部生长，直至熔体完全结晶，形成一个完整、和籽晶同晶向的铸造单晶体，如图6.15(b)所示。

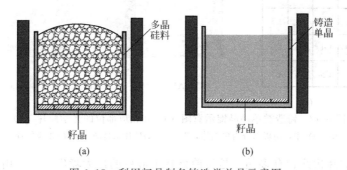

图 6.15 利用籽晶制备铸造类单晶示意图

普通铸造多晶硅片的光学照片见图6.16(a)。因为现代工业用铸造多晶硅的炉体尺寸和坩埚尺寸比较大，如850kg的铸造多晶硅炉的坩埚尺寸达到990mm×990mm×350mm，所以没有一个单一的硅单晶体有如此大的面积，通常都是利用同晶向的小块硅单晶体拼接而成。为了控制晶体缺陷，也为了和其后硅片和电池的尺寸对应，籽晶的大小一般为156mm×156mm×1.5mm。

利用上述技术生长出来的铸造单晶硅的光学照片见图6.16(b)。很显然，硅片上没有发现晶界，显示出整体是单晶。

在绝对理想的情况下，利用单晶籽晶，通过定向凝固技术才能制备出整个晶锭都是单晶。而实际条件下，远远不能达到如此的理想状态。由于热场精确控制的困难、坩埚四周壁对成晶的影响，实际利用上述技术生长单晶硅时，只有晶锭中间部分是单晶，而周边部分则依然是多晶，如图6.17所示[14]。图6.17(a)显示的晶锭是G5型，即整个硅锭可以切割成5行5列，共计25块（5×5）硅柱（块），每个硅柱的截面尺寸为156mm×156mm中；图中阴影部分是单晶体，周边是多晶体；在实际制备中，硅单晶占晶锭总面积约70%～75%。经过晶锭切割加工成晶块（柱）后，可以发现：中间部位完全是硅单晶硅块，仅仅只有9块（3×3）硅柱（块）。如图6.17中C3硅块。其数目仅占总硅块数的36%；而一边含有多晶的硅块有12块（3×4）硅柱（块），如图6.17中C1硅块。另外，晶锭还含有4个两边都有

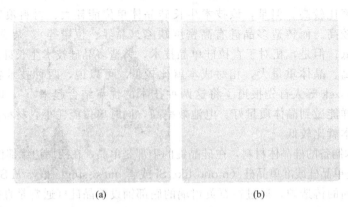

(a)   (b)

图 6.16　普通铸造多晶硅片（a）和铸造类单晶硅片（b）的光学照片

（硅片尺寸为 156mm×156mm）

多晶、来自铸锭 4 个角落的硅块，如图 6.17 中 A1 硅块。

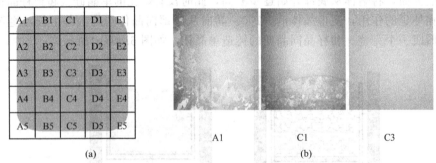

图 6.17　铸造类单晶晶锭示意图（a）和相应部位的光学照片（b）。

图（a）中，阴影部分为单晶体，图（b）的硅片来自图（a）的相应位置

　　铸造类单晶硅片边缘含有多晶，是目前该技术应用的最大障碍之一。由于边缘多晶的存在，使得该类硅片不能有效使用具有低反射率的、单晶硅片用的碱腐蚀制绒工艺，而不得不利用普通铸造多晶硅片用的酸腐蚀制绒工艺，其减反效果甚至低于普通的铸造多晶硅，并不能体现含有单晶体的优点。同时，即使利用酸腐蚀工艺可以制备绒面，由于单晶硅和多晶硅部分的绒面结构不同，使得其减反效率显著不同，无论是硅片还是电池片，都会表现出明显的视觉色差，在最终太阳电池组件、系统和电站建设时会非常影响美观。

　　要解决铸造类单晶硅的边缘多晶硅问题，目前有两个技术途径。一种技术是控制籽晶和晶体生长热场，完全抑制晶锭周边多晶的生长，形成一个完整的单晶锭。例如，日本九州大学的研究者通过理论模型计算，提出利用放置在坩埚底部的中央部位的单一籽晶，通过控制热场，形成蘑菇形状的固液界面，最终生长出完全的单晶。但是，在实际晶体生长时，完全抑制晶锭四周多晶区几乎不能实现，这种技术依然在探索之中。另外一种技术是，通过控制籽晶放置以及热场设计，将四周多晶区域限制在一个很窄小的范围内，在晶锭加工的过程中，将其作为边皮料切除，剩余部分完全是单晶体，然后再切割成 5×5 的 25 个完全单晶的硅块。

　　对于铸造类单晶硅，还有另外一个重要的问题需要解决，这就是高密度的位错。在普通铸造多晶硅的冷却过程中，存在较大的热应力，在晶粒内部产生大量位错，其中相当部分会迁移到晶界而消失。对于铸造类单晶硅的单晶部分，没有晶界，位错无法通过滑移而消失，因此，单晶硅部分具有高密度的位错，其位错密度甚至比普通铸造多晶硅还要高。图 6.18

表示的是不同的位错密度对铸造类单晶硅片少数载流子寿命和相应的太阳电池效率的影响。从图 6.18 中可以看出，随着位错密度的增加，硅片少数载流子寿命降低，相应的太阳电池效率也逐步降低，直接说明了高密度位错的危害性。实验已经证明：由于存在高密度的位错，在相同电池工艺的情况下，铸造类单晶的太阳电池效率比直拉硅单晶要低 0.5％左右[14]。

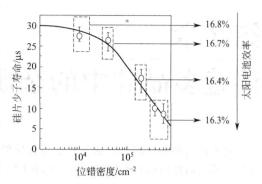

图 6.18 铸造类单晶中位错密度和其硅片少子寿命以及相应太阳电池效率（右）的关系

除了在单晶部分单个位错外，由于铺设的籽晶之间存在着拼接缝，导致晶体生长时在此部位上方出现位错网络，在晶体的上部密度逐渐增大，甚至形成类似晶界的次晶界（sub-grain boundary），也会对类单晶硅的晶体质量和电池效率有明显影响[15]。

虽然铸造类单晶硅可以制备 70％以上的单晶硅，但是由于晶锭四周边缘存在多晶区域、单晶具有高密度位错等弱点，同时利用单晶籽晶要增加制造成本，在 2012 年前后工业界曾经规模生产，目前已经很少进行规模生产。但是，铸造类单晶是重要的发展方向，有待进一步突破。

参 考 文 献

[1] Authier B H. DE 250883. 1975.

[2]   Dietl J，Helmreich D，Sirtl E. In：Crystals：Growth，Properties and Applications. Berline：Springer，1981，5：57.

[3] Muller J C，Martinuzzi S. J Mater Res，1998，13：2721.

[4] Narayanan S. Solar Energy Materials and Solar Cells，2002，74：107.

[5] Kim J M，Kim Y K. Solar Energy Materials and Solar Cells，2004，81：217.

[6] Shirasawa K. Current Applied Physics，2001，1：509.

[7] Perichauda I，Martinuzzia S，Durand F. Solar Energy Materials and Solar Cells，2002，72：101.

[8] Goetzberger A，Heblinga C，Schock H. Materials Science and Engineering R，2003，40：1

[9] Ferrazza F. Solar Energy Materials and Solar Cells，2002，72：77.

[10] Wu Shanshan，Wang Lei，Li Xiaoqiang，Wang Peng，Yang Deren，You Da，Du Jiabin，Zhang Tao，Wan Yuepeng. Crystal Research and Technology，2012，47：7.

[11] Yu Xuegong，GuXin，Yuan Shuai，GuoKuanxin，Yang Deren. ScriptaMaterialia，2013，68：655.

[12] Kooh W，haessler C. Progress in silicon materials. Deren Yang（ed）. 北京：科学出版社.

[13] Ciszek T. F，Schwuttke G. H，Yang K. H. Journal of Crystal Growth，1979，46：527.

[14] Gu Xin，Yu Xuegong，Guo Kuanxin，Chen Lin，Wang Dong，Yang Deren. Solar Energy Materials & Solar Cells，2012，101：95.

[15] Hu Dongli，Yuan Shuai，He Liang，Chen Hongrong，Wan Yuepeng，Yu Xuegong，Yang Deren. Solar Energy Materials & Solar Cells，2015，140：121.

第7章
铸造多晶硅中的杂质和缺陷

由于铸造多晶硅的晶体制备方法与直拉单晶硅不同,因此,其晶体中含有的杂质和缺陷的结构、形态和性质也与直拉单晶硅不尽相同。总之,铸造多晶硅的制备工艺相对简单,成本较低,控制杂质和缺陷的能力也较弱。与直拉单晶硅相比,它含有相对较多的杂质和缺陷,对太阳电池的效率有明显影响。所以,铸造多晶硅太阳电池的效率始终低于直拉单晶硅太阳电池。

铸造多晶硅中,氧和碳也是其主要的轻元素杂质。特别是碳,其浓度要高于直拉单晶硅中的碳浓度。同样的,铸造多晶硅中的金属杂质也对材料和电池的性能有主要影响,是人们关注的重点。另外,铸造多晶硅还涉及氮、氢杂质。

除杂质以外,与直拉单晶硅相比,铸造多晶硅还具有高密度的晶界、位错以及微缺陷,这些都能成为硅材料少数载流子的复合中心,是铸造多晶硅太阳电池效率降低的重要原因。

7.1 铸造多晶硅中的氧

7.1.1 原生铸造多晶硅中的氧杂质

氧是铸造多晶硅中的主要杂质之一,其浓度为 $1 \times 10^{17} \sim 1 \times 10^{18}\,cm^{-3}$。氧在铸造多晶硅中的基本性质与在直拉单晶硅中基本相同,但是,也有其自身的特点。

与太阳电池用直拉单晶硅一样,铸造多晶硅的氧主要来源于两方面:一是来自于原材料,因为铸造多晶硅的原料常常利用直拉硅单晶的头尾料、埚底料等,本身就含有一定量的氧杂质;二是来自于晶体生长过程,熔硅和石英坩埚的作用,其原理与直拉单晶硅中熔硅和氧的作用很相似。

$$Si + SiO_2 \Longrightarrow 2SiO \qquad (7.1)$$

生成的 SiO 一部分溶解在硅熔体中〔见式(7.2)〕,结晶后最终进入多晶硅体内;而另一部分 SiO 将从硅熔体的表面挥发,此时硅熔体表面的蒸气压起决定性的作用。

$$2SiO \Longrightarrow O_2 + 2Si \qquad (7.2)$$

但是,在铸造多晶硅的制备过程中,与直拉单晶硅不同,没有强烈的机械强迫对流,只有热对流。因此,

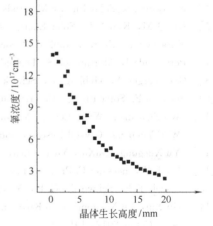

图 7.1 铸造多晶硅中氧浓度沿晶体生长方向的浓度分布

一方面使得硅熔体对石英坩埚壁的冲蚀作用减弱,溶入硅熔体中的总氧浓度有所降低;另一方面,仅有热对流的作用,氧在硅熔体中的扩散减少,输送减缓,输送到硅熔体表面挥发的SiO 量也减少了。另外,为了减少熔硅和石英坩埚的作用,工业界常常在石英坩埚内壁涂覆SiN 涂层,以阻碍熔硅和石英坩埚的直接作用,从而降低铸造多晶硅中的氧浓度。

由于氧在硅中的分凝系数为 1.25 左右，因此，与直拉单晶硅相同，氧在铸造多晶硅中也有一个分布，即先凝固部分的氧浓度高，后凝固部分的氧浓度低。具体而言，在铸造多晶硅中，氧浓度一般从先凝固的晶锭底部到最后凝固的晶锭上部逐渐降低。图 7.1 所示为铸造多晶硅的氧浓度自晶锭底部到晶锭上部的分布。由图 7.1 可知，在晶锭底部的氧浓度可高达 $1.3 \times 10^{18} \, \text{cm}^{-3}$，随着晶锭高度的增加，氧浓度迅速降低，接近 $3 \times 10^{17} \, \text{cm}^{-3}$。

由于晶体生长和冷却过程的不同，导致硅熔体与石英坩埚的接触时间、侵蚀程度不同，因此，不同方式制备的铸造多晶硅中的氧浓度也不同。浇铸多晶硅和直熔法多晶硅中氧浓度的比较见表 7.1。由表 7.1 可以看出，浇铸多晶硅中部和上部的氧浓度相对较低。

表 7.1 浇铸多晶硅和直熔法多晶硅中氧浓度的比较

晶体位置	间隙氧浓度/$10^{17} \, \text{cm}^{-3}$	
	浇铸多晶硅	直熔多晶硅
底部	6.5	6
中部	0.9	3.5
上部	0.5	2

由于多晶硅晶体生长系统中没有机械强迫对流，仅仅依靠热对流，氧在硅熔体中的扩散是不充分的，因此，硅熔体中的氧分布可能是不均匀的，在靠近坩埚底部的硅熔体中，氧浓度会高一些，如图 7.1 所示。同样的，在坩埚壁附近氧浓度也会相对高一些；而且，相对于中心部位而言，坩埚壁附近的硅熔体首先凝固。所以，间隙氧浓度从边缘到中心也是逐渐降低的，如图 7.2 所示。从图 7.2 中可以看出，在坩埚壁附近的晶体边缘，氧浓度达到 $1.4 \times 10^{18} \, \text{cm}^{-3}$，离开边缘 2cm 后，氧浓度迅速降低至 $3 \times 10^{17} \, \text{cm}^{-3}$ 以下。

因此，为了降低氧浓度，在实际工艺中常常使用涂覆 Si_3N_4 等涂层的石英坩埚，使熔硅和石英坩埚实现物理隔离，导致多晶硅中的氧浓度大幅度下降。目前，优质铸造多晶硅中间隙氧浓度可以低于 $5 \times 10^{17} \, \text{cm}^{-3}$。

7.1.2 原生铸造多晶硅中的氧施主和氧沉淀

如 5.1 节所述，直拉单晶硅中的间隙氧处于过饱和状态，在后续热处理的工艺中，过饱和的间隙氧会形成复合体、沉淀等。由于直拉单晶硅在晶体生长完成后的冷却过程中，在晶体生长炉内会有一段时间类似于经历了热处理过程，导致氧施主和氧沉淀的生成，存在于原生直拉单晶硅中。

与直拉单晶硅一样，铸造多晶硅中的氧也是以间隙态存在，呈过饱和状态。由于铸造多晶硅的晶体生长和冷却过程超过 70h，使得晶体生长完成后，在高温中有较长时间相当于经历了从高温到低温的不同温度的热处理，特别是晶体底部凝固较早的部分，其经历的热处理过程更长。因此，如果氧浓度较高，就很容易在原生铸造多晶硅中产生氧施主和氧沉淀。

图 7.3 所示为铸造多晶硅的低温（8K）远红外光谱，样品取自于晶锭底部，电阻率为 $10 \sim 15 \Omega \cdot \text{cm}$。由图 7.3 可知，在红外光谱 $350 \sim 500 \text{cm}^{-1}$ 范围内有多个明锐的光谱峰，是热施主的电子激发峰，证明了多晶硅中热施主的存在。这是因为，在晶锭的底部间隙氧浓度较高（见图 7.1）。晶体冷却时会经过 $350 \sim 550 \degree \text{C}$ 温度区间，造成热施主的形成。

在铸造多晶硅晶锭的底部，由于氧浓度较高，不仅可以产生原生热施主，而且可以产生原生氧沉淀。图 7.4 所示为铸造多晶硅中原生氧沉淀的透射电镜照片，样品取自于晶锭底部。由图 7.4 可知，这是两个片状氧沉淀，厚度小于 10nm，长度在 $100 \sim 200 \text{nm}$ 之间，沉淀对基体具有较大的应力，因此，在电镜照片中存在应力衬度。但是，在铸造多晶硅晶锭的上部，氧浓度相对较低，同时因为上部晶体最后冷却，经历的热过程相对较少，所以很少能观察到氧沉淀。图 7.5 所示为铸造多晶硅中晶界的透射电镜照片。由图 7.5 可知，共有三个晶粒，相互接触，形成三条晶界，无论在晶界上或晶粒内都没有发现原生氧沉淀。通常，如果有原生氧沉淀生成，会优先沉淀在晶界处，由此说明在铸造多晶硅晶锭的上部很少能观察到原生氧沉淀。

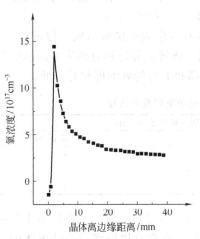

图 7.2　铸造多晶硅中氧浓度
自边缘到中心的分布

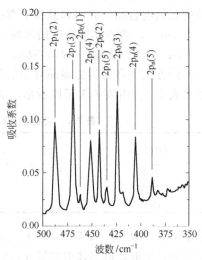

图 7.3　铸造多晶硅的低
温（8K）远红外光谱

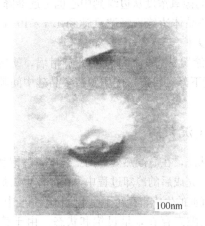

图 7.4　铸造多晶硅中原生氧
沉淀的透射电镜照片

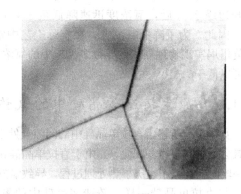

图 7.5　铸造多晶硅中
晶界的透射电镜照片

　　与直拉单晶硅中的氧一样，铸造多晶硅中的间隙氧也是电中性的，对铸造多晶硅材料和器件的性能基本没有影响。但是，如果形成了热施主或氧沉淀，其本身就会成为复合中心或引入成为复合中心的二次缺陷，导致硅材料少数载流子寿命的降低，直接影响其太阳电池的光电转换效率。图 7.6 所示为铸造多晶硅中少数载流子寿命分布图。从图 7.6 中明显看出，在晶锭底部有一部分低少数载流子寿命区域，直接与高氧浓度区域相对应，这说明高氧区域可能含有高浓度的原生热施主和原生氧沉淀，从而导致材料的少数载流子寿命降低；而实际生产也证明，利用这部分硅片制成的太阳电池的效率相对较低。这也是造成底部低少子寿命"红边区"的原因之一。

　　另外，与直拉单晶硅一样，铸造多晶硅中的氧也可以和掺杂剂硼原子作用，形成 B-O 对。在光照下，导致太阳电池光电转换效率的降低。因此，在制备铸造多晶硅时，降低氧浓度是非常重要的。铸造多晶硅中氧浓度低，光衰减相对较小。

7.1.3　铸造多晶硅中氧的热处理性质

当铸造多晶硅经历不同的热处理过程时，与直拉单晶硅相同，过饱和的间隙氧会沉淀或形成复合体；与直拉单晶硅不同的是，在铸造多晶硅中，存在大量的晶界、位错及其他缺陷，会对氧的热处理性质产生影响[1,2]。

图 7.7 所示为不同条件下铸造多晶硅和直拉单晶硅在 450℃ 热处理时，形成的热施主浓度（即热处理前后的载流子浓度之差）与热处理时间的关系。图 7.7 中样品为 p 型，原始电阻率为 1.5～9Ω·cm 并已经过 650℃ 热处理，消除了原生热施主的影响。样品类型和氧、碳浓度见表 7.2。

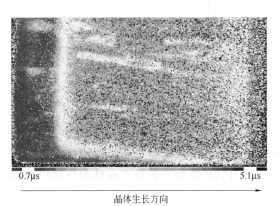

图 7.6　铸造多晶硅中少数载流子寿命分布图

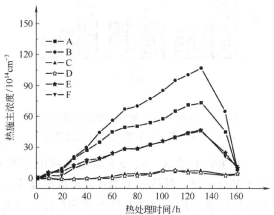

图 7.7　不同条件下的铸造多晶硅和直拉单晶硅在 450℃ 热处理时，形成的热施主浓度与热处理时间的关系

表 7.2　图 7.7 样品的类型和原始氧、碳浓度

编号	A	B	C	D	E	F
样品类型	MC-Si	Cz-Si（无位错）	Cz-Si（无位错）	Cz-Si（有位错）	Cz-Si（位错，晶界）	Cz-Si（有位错）
$[O_i]/10^{17}cm^{-3}$	10	10	6.6	6.1	6.7	6.7
$[C_s]/10^{17}cm^{-3}$	0.7	①	1.4	1.3	①	①

① 低于室温红外探测极限（$<5\times10^{15}cm^{-3}$）。

由图 7.7 可知，随着热处理时间的延长，热施主逐渐产生，浓度不断增加，在 120h 左右达到最大值，约为 $1\times10^{16}cm^{-3}$，然后开始下降，此规律与普通直拉单晶硅的热施主形成规律相同，说明了铸造多晶硅的热施主形成和直拉单晶硅相同，遵循同样的动力学过程。

但是，从图 7.7 中也可以看出，不同的样品其热施主的形成速率和形成浓度是不同的。对于 A、B 样品，一种是含碳铸造多晶硅，另一种是低碳无位错直拉单晶硅，氧浓度相同。显然，无位错的直拉单晶硅的热施主浓度高，这说明位错和高碳可能对热施主有抑制作用。对于 C、D 样品，一种是无位错直拉单晶硅，另一种是有位错直拉单晶硅。两者的氧、碳浓度相近，相对而言，氧浓度较低，碳浓度较高，但两者的热施主浓度和形成速率几乎相同，这说明少量位错的存在对热施主的影响不大。对于 E、F 样品，一种是含有晶界的直拉单晶硅，另一种是没有晶界的直拉单晶硅，两者有相同的氧浓度，碳浓度较低，两者的热施主浓度相同。这说明与其他因素相比，晶界对热施主的影响很小。另外，如果比较 C、D 和 E、F 样品，无论晶界和位错如何，其氧浓度相近，但前两者的碳浓度明显高于后两者。因此，C、D 样品的热施主浓度和形成速率也低于后者，这说明碳的确能抑制热施主的形成，而且与位错、晶界相比，碳的作用更大。

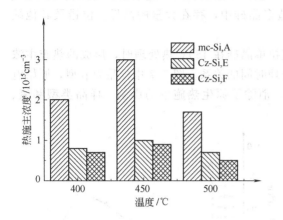

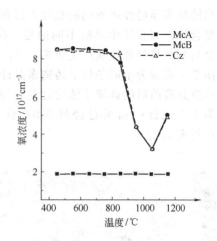

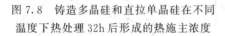

图 7.8　铸造多晶硅和直拉单晶硅在不同
温度下热处理 32h 后形成的热施主浓度

图 7.9　直拉单晶硅和铸造多晶
硅热处理 24h 后的氧浓度

如果将上述 A、E、F 样品在不同的温度下热处理，可以看出，与含有位错、晶界的直拉单晶硅一样，其热施主最有效形成温度为 450℃。图 7.8 所示为铸造多晶硅和直拉单晶硅在不同温度下热处理 32h 后形成的热施主浓度。

由上述实验可以得到结论：对于铸造多晶硅，热施主的形成动力学和热力学规律与直拉单晶硅几乎相同，硅中少量的位错和晶界对热施主的形成没有重大影响。

当铸造多晶硅在高温下热处理时，与直拉单晶硅一样，过饱和的氧将会形成氧沉淀。图 7.9 所示为不同氧浓度的铸造多晶硅在 $450 \sim 1050℃$ 热处理 24h 后的氧浓度，其中 McA 和 McB 为铸造多晶硅样品，其氧浓度分别为 $8.4 \times 10^{17} \mathrm{cm}^{-3}$ 和 $2.0 \times 10^{17} \mathrm{cm}^{-3}$，Cz 为直拉单晶硅样品，氧浓度为 $8.8 \times 10^{17} \mathrm{cm}^{-3}$，与 McB 样品相近。在热处理之前，样品经历 1250℃ 预处理，消除了原生氧沉淀和热历史的影响。从图 7.9 中可以看出，对于低氧的 McA 铸造多晶硅样品，经过 24h 不同温度热处理，氧浓度几乎不变，没有氧沉淀生成，这是由于铸造多晶硅的初始氧浓度较低，间隙氧的过饱和度较低所导致。对于高氧的铸造多晶硅 McB 样品和直拉单晶硅 Cz 样品，在 750℃ 以下热处理 24h，氧浓度基本没有变化，没有明显的氧沉淀形成；在 850℃ 以上，随着温度的升高，氧浓度大幅度下降，说明形成了氧沉淀，其中 1050℃ 时氧沉淀形成量最大。从图 7.9 中还可以看出，铸造多晶硅的氧浓度变化与直拉单晶硅几乎相同。

图 7.10 所示为上述直拉单晶硅（Cz）和铸造多晶硅（McB）在 950℃ 和 1150℃ 热处理时氧浓度随时间的变化情况。从图 7.10 中可以看出，两者的原始氧浓度相近，在 950℃ 热处理时，随着时间的延长，氧浓度不断下降，生成氧沉淀，而且两者氧浓度变化几乎相同，说明此时铸造多晶硅中的位错、晶界等缺陷对氧沉淀的影响很小。但是，在 1150℃ 热处理时，铸造多晶硅的氧浓度下降明显多于直拉单晶硅，说明在此温度下，铸造多晶硅的位错、晶界对氧沉淀有明显的促进作用。

图 7.11 所示为上述铸造多晶硅（McB）在不同温度下热处理 24h 后的红外光谱图。图 7.11 中的 $1107 \mathrm{cm}^{-1}$ 吸收峰对应于间隙氧原子的振动吸收，而 $1224 \mathrm{cm}^{-1}$ 吸收峰对应于片状的氧沉淀。从图 7.11 中可以看出，在 850℃ 热处理后，$1224 \mathrm{cm}^{-1}$ 吸收峰刚刚出现，只有很

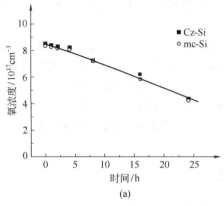
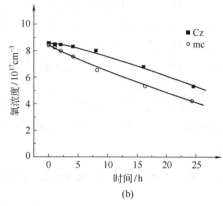

图 7.10 直拉单晶硅和铸造多晶硅在 950℃ 和
1150℃ 热处理时氧浓度随时间的变化

少量的氧沉淀生成；而在 950℃ 热处理后，$1107cm^{-1}$ 吸收峰变宽，强度降低，有很强的 $1224cm^{-1}$ 吸收峰出现，说明有大量的片状氧沉淀生成；在 1050℃ 热处理后，$1107cm^{-1}$ 吸收峰变宽，而且强度下降最严重，但几乎没有 $1224cm^{-1}$ 吸收峰出现，说明此时有大量的多面体状氧沉淀生成，几乎没有片状氧沉淀生成；在 1150℃ 热处理后，其红外峰形与 1050℃ 热处理后的相同。值得指出的是，950℃ 和 1150℃ 热处理 24h 后，间隙氧浓度的下降是相同的，但是 $1224cm^{-1}$ 吸收峰的形态是不同的。

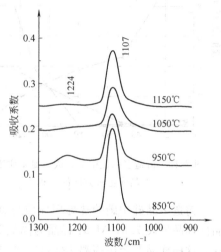

图 7.11 铸造多晶硅在不同温度下
热处理 24h 后的红外光谱图

当氧沉淀形成时，由于氧沉淀（SiO_x）的体积较硅基体的原子体积大 2.25 倍，因此，会有大量自间隙硅原子发射到硅基体中。对于铸造多晶硅而言，一般含有 $10^5 \sim 10^7 cm^{-2}$ 的位错，它们成为了自间隙硅原子的沉积点，可以吸收大量的自间隙硅原子，从而应使氧沉淀更容易形成。实际上，除在高温 1150℃ 以外，铸造多晶硅的位错几乎对氧沉淀没有影响（见图 7.10）。这是因为氧沉淀属于氧扩散控制机制，间隙氧原子扩散的时间和距离都是决定氧沉淀的主要因素。对于含有 $10^5 \sim 10^7 cm^{-2}$ 位错的铸造多晶硅而言，其位错间的平均距离为 $10\mu m$。当在 950℃ 热处理 24h 后，氧的扩散距离约为 $10\mu m$，说明此时位错对氧原子的扩散和沉积几乎没有影响；如在高温 1150℃ 热处理 2h 后，氧的扩散距离约为 $11\mu m$，说明此时氧原子可以扩散到位错处沉积，从而加速了间隙氧原子的消失和氧沉淀的形成，所以在高温下，铸造多晶硅中的氧沉淀容易被促进。

7.2 铸造多晶硅中的碳

7.2.1 原生铸造多晶硅中的碳杂质

碳是铸造多晶硅中一种重要杂质，其基本性质（包括分凝系数、固溶度、扩散速率、测量等）与直拉单晶硅中相同。但是，由于铸造多晶硅的来源比较复杂，其原材料中的碳含量可能比较高；同时，在晶体制备过程中，由于石墨加热器的蒸发，又有碳杂质会污染晶体硅，所以，铸造多晶硅中的碳含量常常是比较高的。

碳的分凝系数为 0.07，远小于 1。因此，在铸造多晶硅凝固时，从底部首先凝固的部分开始到上部最后凝固的部分，碳浓度逐渐增加，在晶体硅的上部近表面处，碳浓度可以超过 $1\times10^{17}\,cm^{-3}$，甚至可以超过碳在硅中的固溶度（$4\times10^{17}\,cm^{-3}$）。因此有报道指出，在高碳的铸造多晶硅上部可以发现 SiC 颗粒的存在。图 7.12 所示为铸造多晶硅中氧、碳、氮杂质浓度沿晶体生长方向的分布。从图 7.12 中可以证实，碳浓度自晶体底部向上部逐渐增加，最高可达 $4\times10^{17}\,cm^{-3}$。

7.2.2 铸造多晶硅中碳的热处理性质[3]

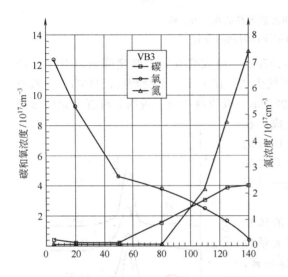

图 7.12　铸造多晶硅中氧、碳、氮杂质浓度沿晶体生长方向的分布

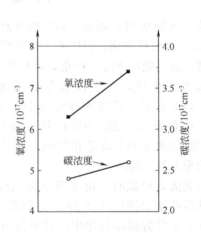

图 7.13　铸造多晶硅样品在高温 1250℃ 热处理前后氧、碳浓度的变化

铸造多晶硅中碳的热处理性质与氧的性质是密不可分的。具有不同氧、碳浓度的铸造多晶硅样品见表 7.3，Mc01 样品为高氧低碳，Mc02 为高氧高碳，而 Mc03 和 Mc04 为低氧高碳。这些样品在经历高温 1250℃、2h 热处理去除热历史后，在 450～1150℃ 进行单步或两步热处理。

图 7.13 所示为样品 Mc02 在高温 1250℃ 热处理前后氧、碳浓度的变化。从图 7.13 中可以明显看出，在高温热处理后，氧浓度和碳浓度都有上升，这说明在铸造多晶硅的冷却过程中，碳杂质可以作为氧沉淀的核心，形成了原生氧沉淀。在这个高温热处理过程中，这些原生氧沉淀溶解，导致氧、碳浓度的上升。

表 7.3　具有不同氧、碳浓度的铸造多晶硅样品

样　品	碳浓度[C]/$10^{17}\,cm^{-3}$	氧浓度[O]/$10^{17}\,cm^{-3}$
Mc01	＜0.05	8.4
Mc02	2.4	6.3
Mc03	1.6	1.9
Mc04①	3.6	＜0.1

① Mc04 含有 $4.6\times10^{15}\,cm^{-3}$ 的氮杂质。

将氧浓度相近、高碳（Mc02）和低碳（Mc01）的铸造多晶硅样品在不同温度下热处理

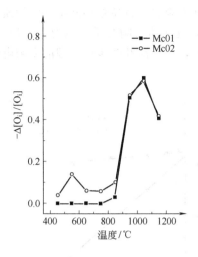

图 7.14　高碳（Mc02）和低碳
（Mc01）铸造多晶硅样品热处理
24h 后氧浓度的降低比率

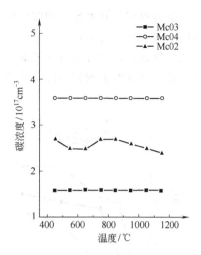

图 7.15　不同碳浓度的铸造多
晶硅样品热处理 24h 后的
碳浓度变化

24h，其氧浓度降低比率如图 7.14 所示。从图 7.14 中看出，对于低碳高氧的 Mc01 样品，氧浓度在 800℃以下几乎没有变化，850℃出现少量氧沉淀；而在该温度以上，有大量的氧沉淀生成，氧浓度下降很多，而氧沉淀形成最多的温度在 1050℃左右。对于高碳、高氧的 Mc02 样品，其高温时的变化趋势与低碳的 Mc01 基本相同，说明高温时在铸造多晶硅中，碳对氧沉淀的影响不大；但是，低于 850℃时，碳明显促进氧浓度的降低，特别是在 550℃这个温度区间，基本上是新施主形成的温度，因此，碳可能作为异质核心促进铸造多晶硅中新施主的形成。

图 7.15 所示为不同碳浓度的铸造多晶硅样品热处理 24h 后的碳浓度变化。由图 7.15 可知，对于低氧高碳的 Mc03 和 Mc04 样品，经过不同温度下的 24h 热处理，碳浓度几乎不变，说明由于低氧，没有氧沉淀生成，所以也没有碳原子参与到氧沉淀之中；进一步地，碳浓度虽然很高，在这些温度长时间热处理时，依然没有氧沉淀生成。也就是说，如果铸造多晶硅中的氧浓度较低，那么高的碳浓度可能对太阳电池的影响基本可以忽略。但是，对于高氧高碳的 Mc02 样品，碳浓度在 550～650℃和 850℃以上有不同程度的降低，说明在氧沉淀或新施主生成时，有碳的参与。

与直拉单晶硅一样，如果铸造多晶硅经历了低温-高温两步热处理，碳对氧沉淀的促进作用很明显。图 7.16 所示为原生和 750℃、16h 预处理后的铸造多晶硅样品在 1050℃热处理时，氧浓度降低比率随热处理时间的变化。显然，对于高氧高碳的 Mc02 样品，低温 750℃预处理会极大地促进氧沉淀的生成，这是由于在低温下热处理时，有大量的氧沉淀核心生成，可以在高温时长大，导致氧沉淀量多。而比较经过两步热处理的 Mc01 和 Mc02 样品，虽然 Mc01 样品的氧浓度要高于 Mc02 样品，但是高碳的 Mc02 样品的氧沉淀速率要大于 Mc01 样品，这表明碳杂质在铸造多晶硅的两步热处理中可以很好地促进氧沉淀的生成。

图 7.17 所示为高碳高氧的原生和 750℃、16h 预处理后的铸造多晶硅样品在 1050℃热处理时，氧浓度随热处理时间的变化。从图 7.17 中可以看出，在单步 1050℃热处理时，碳浓度降低很少，说明很少量的碳参与氧沉淀；但在两步热处理时，碳浓度随着时间的延长而逐渐降低，说明碳的确参与了氧沉淀的形成和长大。

但是，不论是高氧还是低氧样品，到目前为止，还没有直接的证据表明铸造多晶硅中的位错、晶界对碳的基本性质和沉淀性质有重大影响，其基本规律与直拉单晶硅中碳的性质基本相同。从上述表述中可以知道，单步热处理时，碳对氧沉淀的影响几乎可以忽略；但是，对于两步热处理，碳有明显促进氧沉淀的作用。也就是说，对于涉及两步热处理的太阳电池制备工艺，对碳的影响就不得不予以重视。

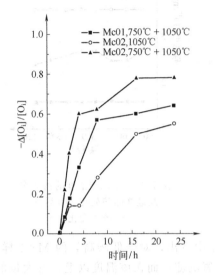

图 7.16　原生和 750℃、16h 预处理后的铸造多晶硅样品在 1050℃ 热处理时，氧浓度降低比率随热处理时间的变化

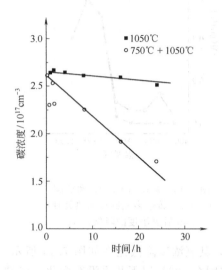

图 7.17　高碳高氧的原生和 750℃、16h 预处理后的铸造多晶硅样品（Mc02），在 1050℃ 热处理时，氧浓度随热处理时间的变化

7.3　铸造多晶硅中的氮

7.3.1　铸造多晶硅中的氮杂质

氮杂质不是铸造多晶硅中的主要杂质。由于铸造多晶硅利用石英坩埚及石墨加热器，因此，在晶体生长时，容易引入高浓度的氧、碳杂质，对太阳电池的性能起破坏作用。而且，晶体冷却时，晶体硅和石英坩埚可能产生粘连，导致石英坩埚的破裂。所以，人们在制备铸造多晶硅用的石英坩埚内壁涂覆一层 Si_3N_4，以隔离熔硅和坩埚的直接接触。在晶体生长时，虽然 Si_3N_4 的熔点较高，不会熔化，但仍然有部分 Si_3N_4 可能溶解进入硅熔体，最后进入铸造多晶硅。

由于氮具有能够增加机械强度、抑制微缺陷、促进氧沉淀等特点，深亚微米集成电路用掺氮直拉单晶硅已经得到应用，氮在直拉单晶硅中的基本性质和基本行为也被广泛研究[4,5]。对于铸造多晶硅而言，氮的基本性质与在直拉单晶硅中相同。

氮在晶体硅中存在的主要形式是氮对。这种氮对有两个未配对电子，和相邻的两个硅原子以共价键结合，形成中性的氮对，对晶体硅不提供电子。到目前为止，有两种可能的氮对结构模型被报道：一种是一个替位氮原子和一个间隙氮原子沿硅晶格 ⟨100⟩ 方向的结合，具有 D_{2d} 结构；另一种模型是在 ⟨100⟩ 方向两个氮原子处于间隙位置，分别和硅原子相连，同时两者又相互结合形成氮对。

由于氮原子在晶体硅中处于氮对形式，它和晶体硅中的其他 V 族元素（如磷、砷）的性质不同，在硅中不呈施主特性，通常也不引入电学中心。研究表明，仅有 1% 左右的氮原子在晶体硅中处于替位位置，其浓度低于 $1 \times 10^{13} \text{cm}^{-3}$，对硅材料和器件的性能影响极小，所以常常把它忽略。替位氮处于硅晶格 $\langle 111 \rangle$ 方向稍偏离轴心的替位位置，在红外光谱中，653cm^{-1} 吸收峰与其对应。

晶体硅中氮的饱和固溶度较低，在硅熔点 1420℃ 时约为 $5 \times 10^{15} \text{cm}^{-3}$，所以与硅中的氧、碳杂质相比，氮浓度显得很低。而且，氮仅仅来源于坩埚的涂层，所以总的氮杂质的浓度不高。但是，当铸造多晶硅中的氮浓度超过固溶度时，有可能产生 Si_3N_4 颗粒，或者存在于多晶硅的晶界上，或者产生于固液界面上。由于氮化硅颗粒的介电常数和硅基体不同，会影响太阳电池的性能。如果氮化硅颗粒在固液界面上形成，还会导致细晶的产生，增加晶界的数目和总面积，最终影响太阳电池的性能。

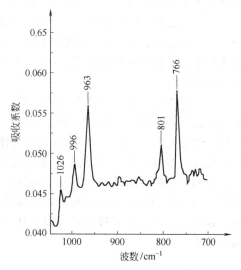

图 7.18 掺氮直拉单晶硅的室温红外光谱图
(963cm^{-1} 和 766cm^{-1} 峰为氮对的局域振动
吸收；1026cm^{-1}、996cm^{-1} 和 801cm^{-1}
为氮氧复合体的吸收峰)

在晶体硅中，氮的分凝系数非常小，约为 7×10^{-4}，因此，在铸造多晶硅晶体生长时，氮在固相、液相中的分凝现象特别明显，氮浓度自先凝固的晶体底部到晶体上部应该逐渐增加，晶体上部的氮浓度要大于晶体底部的氮浓度。

早期，硅中氮的扩散系数被认为是

$$D = 0.8 \mathrm{e}^{-\frac{3.29 eV}{\kappa T}} \tag{7.3}$$

式中，D 为扩散系数，cm^2/s；κ 为玻耳兹曼常数；T 为热力学温度。此数值较小，因此，氮被认为在晶体硅中的扩散很慢。后来，研究者根据二次离子质谱和红外光谱的研究结果提出了新的扩散系数

$$D = 2.7 \mathrm{e}^{-\frac{2.8 eV}{\kappa T}} \tag{7.4}$$

在高温 1100℃ 时，这个扩散系数要比原先的值 [见式(7.3)] 高 5 个数量级，也比同温度下间隙氧的扩散要快，他们建议原先的值是替位氮的扩散系数，而后者是氮对在硅中的扩散系数，这说明氮对在硅中的扩散很快。

硅中氮的测量可以用带电粒子活化分析法和二次离子质谱法，这两种方法能探测氮在硅中的各种形态的总浓度，包括氮对和替位氮原子，但是费用昂贵，操作复杂，在常规分析中很少采用，它们的探测极限约为 $3 \times 10^{14} \text{cm}^{-3}$。红外光谱法是测量硅中氮的常用方法。在红外光谱中，963cm^{-1} 和 766cm^{-1} 吸收峰被认为和晶体硅中的氮对相关，其中 963cm^{-1} 吸收峰被用来计算硅中氮的浓度，计算公式为

$$[\text{N}] = C\alpha_{\max} \times 10^{17} (\text{cm}^{-3}) \tag{7.5}$$

式中，C 为校正系数；$\alpha_{\max}$ 为 963cm^{-1} 峰的最大吸收系数。对于硅中的氮而言，其校正因子一般采用 1.83，其探测极限约为 $5 \times 10^{14} \text{cm}^{-3}$。

图 7.18 所示为掺氮直拉单晶硅的室温红外光谱图。963cm^{-1} 和 766cm^{-1} 峰为氮对的局域振动吸收，其他峰与氮氧复合体有关。对于铸造多晶硅中的氮，其红外测试的技术和方法与直拉硅的测试相同，但是，由于太阳电池用铸造多晶硅的电阻率一般为 $1\Omega \cdot \text{cm}$，载流子

的吸收相对较高，所以参比样品的电阻率选取尽量相同，以减少载流子吸收的影响。

另外，红外方法测量的是硅中氮对的浓度，而不是氮的总浓度。如果氮以替位态、氮氧复合体、氧沉淀核心或其他复合体形式存在，利用上述的红外光谱方法就不能测出。而在实际的晶体硅中，总会有氮不是以双原子氮对形式出现，所以用红外光谱技术测量的氮浓度总是低于实际的氮浓度。

在铸造多晶硅中，如果氧浓度较低，氮对可能单独存在。图 7.19 所示为低氧的铸造多晶硅和掺氮直拉单晶硅的红外光谱图[6]。图 7.19 中的掺氮直拉单晶硅的吸收峰线与图 7.18 相同，除氮对（963cm^{-1}峰）、氮氧复合体（996cm^{-1}和 1026cm^{-1}峰）以外，还有间隙氧的吸收峰（1107cm^{-1}峰）以及原生氧沉淀的吸收峰（1124cm^{-1}峰），但是，铸造多晶硅中仅有氮对的吸收峰，氧的吸收峰很不明显，却出现了一个 1206cm^{-1}峰。此峰在以硼为掺杂剂的掺氮直拉单晶硅中从未观察到，而样品来自于相对硼浓度和氮浓度都比较高的铸造多晶硅的上部晶体，因此，它被怀疑与硼氮复合体有关；也有人建议是和替位碳相关，但具体结构尚未解决。

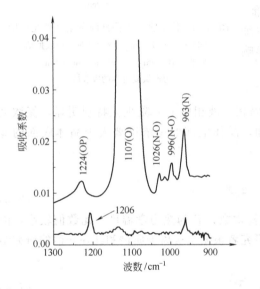
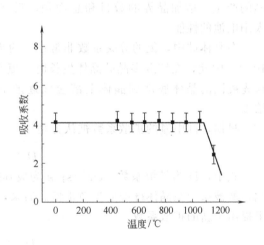

图 7.19　低氧的含氮铸
造多晶硅和掺氮
直拉单晶硅的红外光谱图

图 7.20　铸造多晶硅在不同
温度下热处理 32h 后，1206cm^{-1}峰
的强度与温度的关系

图 7.20 所示为铸造多晶硅在不同温度下热处理 32h 后，1206cm^{-1}峰的强度与温度的关系。从图 7.20 中可以看出，在低温、中温下热处理时，其强度基本不变，只有在高温 1150℃热处理 32h 后，强度才有所下降，说明其结构相当稳定。图 7.21 所示为铸造多晶硅在 750℃下热处理 32h 前后的红外光谱图。显然，32h 热处理后，氮对的红外峰线几乎消失，说明氮对已经转化为其他形式，而 1206cm^{-1}峰依然存在，而且强度基本不变。

7.3.2　铸造多晶硅中的氮氧复合体

晶体硅中的氮主要以中性的氮对形式出现，对晶体硅的载流子浓度没有影响。但是，与直拉单晶硅一样，在晶体生长或器件加工的热处理工艺过程中，氮可以和铸造多晶硅中的主要杂质氧作用，形成氮氧复合体，从而影响材料的电学性能。

图 7.22 所示为铸造多晶硅样品的低温（8K）远红外光谱图，样品来自于铸造多晶硅的

底部。图 7.22 中的一系列吸收峰是由于氮氧复合体在低温下的电子激发跃迁而形成的，其中 $240cm^{-1}$、$242cm^{-1}$ 和 $249cm^{-1}$ 是主要的强度较高的吸收峰，其能级在导带下 $30\sim60meV$，其远红外光谱中的特征和氮氧复合体在直拉单晶硅中的完全相同。

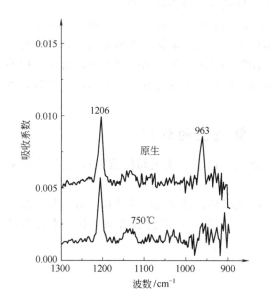

图 7.21　铸造多晶硅在 750℃ 下热
处理 32h 前后的红外光谱图

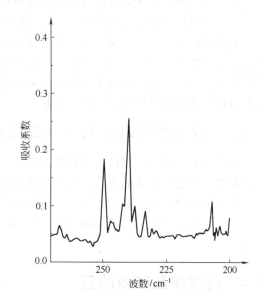

图 7.22　铸造多晶硅样品的低温
（8K）远红外光谱图

　　图 7.23 所示为铸造多晶硅样品中氮氧（N-O）复合体的浓度沿晶体生长方向的分布。显然，在晶体底部几乎探测不到氮氧复合体；随着晶体的生长，氮氧复合体的浓度逐渐增大，然后又逐渐降低。如我们所知道的，由于分凝系数不同，在铸造多晶硅中，底部的氧浓度较高，随着晶体的生长，氧浓度逐渐降低（见图 7.1 和图 7.12）；而氮则相反，底部的氮浓度低，随着晶体的生长，氮浓度逐渐增大（见图 7.12）。在晶体底部虽然氧浓度高，但氮浓度低；在晶体上部氮浓度高，但氧浓度低；所以在这些部位，氮氧复合体的浓度就低。因此，由图 7.22 的结果可以推断，铸造多晶硅中氮氧复合体的浓度主要取决于氧、氮浓

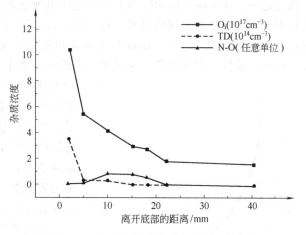

图 7.23　铸造多晶硅样品中氮氧复合体的
浓度沿晶体生长方向的分布
O_i—间隙氧；TD—热施主；N-O—氮氧复合体

度。另外，图 7.22 中曲线还说明，氧浓度和热施主的分布相同，都是底部浓度高，然后逐渐降低。

　　除了远红外光谱可以表征氮氧复合体以外，中红外光谱也有一系列峰线与其对应，如图 7.18 所示。图中除了与氮对相关的 $963cm^{-1}$ 和 $766cm^{-1}$ 峰以外，$1026cm^{-1}$、$996cm^{-1}$ 和 $801cm^{-1}$ 是氮氧复合体的吸收峰。对掺氮直拉单晶硅的研究表明，氮氧复合体可能存在五种

类型，每种类型的能级相差 2meV，其拥有的氮、氧原子数可能不同。在 $450\sim750^{\circ}\mathrm{C}$ 范围内热处理，氮对的浓度逐渐降低，氮氧复合体的浓度逐渐增加，说明有氮氧复合体生成；在 $750^{\circ}\mathrm{C}$ 以上热处理，氮氧复合体的浓度逐渐增加，同时，氮对的浓度逐渐降低，说明氮对首先生成氮氧复合体，然后再转变为氧沉淀的核心，导致氮氧复合体的消失。

图 7.22 已经说明，氮氧复合体是一种浅热施主，研究还证明它是一种单电子施主，可以为晶体硅提供电子。但是，由于硅中氮的固溶度不高，所以晶体硅中的氮氧复合体浓度也不高，一般低于 $(2\sim5)\times10^{14}\,\mathrm{cm}^{-3}$，而且可以消除，因此，在大部分情况下，对晶体硅的电阻率几乎没有影响。特别是太阳电池用铸造多晶硅的载流子浓度在 $1\times10^{16}\,\mathrm{cm}^{-3}$ 左右，氮氧复合体对其载流子浓度基本没有影响。

7.3.3 铸造多晶硅中的氮对氧沉淀、氧施主的作用

众所周知，铸造多晶硅中也存在氧沉淀、氧施主（包括新施主和热施主），它们都会对太阳电池的性能产生负面影响，需要尽量避免。

除生成氮氧复合体以外，氮也会对晶体硅中的氧沉淀、氧施主产生作用。在直拉单晶硅中，已经证明，氮能够促进氧沉淀、抑制氧施主[7~9]。但是，对铸造多晶硅还没有详细的研究。

7.4 铸造多晶硅中的氢

7.4.1 铸造多晶硅中的氢杂质

氢是晶体硅中的重要轻元素杂质，在早期研究中，氢气被用作区熔单晶硅生长中保护气的成分之一，用来防止感应线圈和晶体之间出现电火花，以及抑制旋涡缺陷的产生，导致了人们对硅中氢性质的大规模研究。近 20 年来，研究者发现氢可以和晶体硅中的缺陷和杂质作用，钝化它们的电活性，通过对单晶硅和多晶硅进行氢化处理，能够改善它们的电学性能。因此，晶体硅中氢的性质又引起了人们的广泛注意。特别是铸造多晶硅，由于晶体中存在大量的晶界和位错，对太阳电池的性能产生了严重影响，这是铸造多晶硅太阳电池的光电转换效率低于直拉单晶硅的主要原因。为了降低晶界、位错等缺陷的作用，氢钝化已经成为铸造多晶硅太阳电池制备工艺中必不可少的步骤，可大大降低晶界两侧的界面态，从而降低晶界复合，也可以降低位错的复合作用，最终明显改善太阳电池的开路电压。

在铸造多晶硅生长时，基本上不涉及氢杂质的引入，所以，原生的铸造多晶硅中是不含氢杂质的。当铸造多晶硅在经历氢钝化时，氢原子就进入晶体硅内。通常，铸造多晶硅可以在氢气、等离子氢气氛、水蒸气、含氢气体或空气中热处理进行氢钝化，热处理的温度为 $200\sim500^{\circ}\mathrm{C}$。最常用的氢钝化工艺有两种：一是在混合气氛（20%氢气＋80%氮气）中，约 $450^{\circ}\mathrm{C}$ 左右，对硅片进行热处理；二是在制备氮化硅的过程中，利用等离子态的氢对多

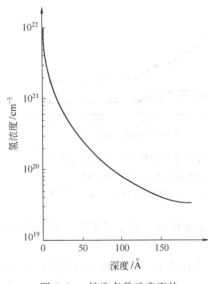

图 7.24　铸造多晶硅表面的
氢浓度分布图[10]

晶硅的晶界起氢钝化作用。在现代铸造多晶硅太阳电池工艺中，氢钝化通常和 SiN 减反射膜的制备同时进行。图 7.24 所示为铸造多晶硅表面的氢浓度分布图[10]。样品是在 400℃下，利用等离子增强化学气相沉积（PECVD）技术，在铸造多晶硅表面制备一层 SiN 减反射层，同时，氢杂质被扩散进入晶体硅。图 7.24 中曲线是去除了 SiN 减反射层后铸造多晶硅体内的氢浓度分布。从图 7.24 中可以看出，在铸造多晶硅近表面 150Å 左右，氢原子的浓度高于 $3 \times 10^{19} cm^{-3}$，表面最高浓度可达 $1 \times 10^{22} cm^{-3}$。而且，氢浓度自表面向体内逐渐降低。

在室温下，与直拉单晶硅一样，氢在铸造多晶硅中很难以单独的氢原子或氢离子的形式存在，通常都是和其他杂质和缺陷作用，以复合体的形式存在，而这些复合体大多都是电中性的，所以氢可以钝化杂质和缺陷的电学活性。一般认为，在低温液氮或液氦温度，硅中的氢原子占据晶格点阵的间隙位置，以正离子或负离子两种形态出现，正离子氢在 p 型晶体硅的晶格中占据键中心位置，而负离子氢在 n 型晶体硅的晶格中占据反键中心位置，温度稍高一些。这两种离子氢可以结合起来，形成一个氢分子，它们可以被电子顺磁共振或红外光谱探测到，当含氢晶体硅在 200K 以上时，在红外光谱中探测出的氢都消失，氢原子产生偏聚，与其他杂质、点缺陷或多个氢原子形成复合体或沉淀[1,2]。

进一步地，在室温附近，晶体硅中氢的固溶度较小，如 250℃时氢的平衡固溶度仅为 $6 \times 10^3 cm^{-3}$ 左右，这就给硅中氢固溶度的测量带来了困难。McQuaid 等利用高硼浓度掺杂的单晶硅样品，在高温下氢气中热处理，然后快速淬火，使氢和硼原子结合形成 H-B 复合体并保持在晶体中，而这种复合体是可以被红外光谱所探测的，与低温红外光谱中的 $1904 cm^{-1}$ 吸收峰相对应，从而可以间接地测量氢的固溶度。然而，随着温度的上升，晶体硅中氢的固溶度也迅速上升。单晶硅中氢的固溶度随温度的变化为

$$c(H) = 9.1 \times 10^{21} e^{-\frac{1.8eV}{\kappa T}} \quad (cm^{-3}) \tag{7.6}$$

式中，$c(H)$ 为硅中氢的浓度；κ 为玻耳兹曼常数；T 为热力学温度。显然，如果在高温含氢气氛中热处理，可以有大量的氢进入晶体硅。

与硅原子相比，氢原子的半径很小，一般认为氢在晶体硅中的扩散很快。当晶体硅在氢气中高温热处理时，氢原子极易扩散进入晶体硅。其在 970～1200℃ 范围内的扩散系数为

$$D = 7.9 \times 10^{-3} e^{-\frac{0.48eV}{\kappa T}} \tag{7.7}$$

式中，κ 为玻耳兹曼常数；T 为热力学温度。

因为氢很容易和其他杂质或缺陷作用，所以，铸造多晶硅中的杂质和缺陷都有可能对氢的扩散产生影响。有研究指出，在富氧的晶体硅中，氢扩散相对较慢，可能是氧或氧沉淀与氢结合，阻碍了氢的扩散；而在富碳的晶体硅中，氢扩散则较快。当氢和空位点缺陷结合时，它的扩散可能要比通常情况高几个数量级。

7.4.2 铸造多晶硅中氢的钝化作用

晶体硅中的氢和杂质或缺陷很容易相互作用，对于晶体硅中的主要杂质氧，其作用主要表现在两个方面：一是氢和氧作用能结合成复合体；二是氢可以促进氧的扩散，导致氧沉淀、氧施主生成的增强。直拉单晶硅在 40～110℃ 之间热处理，1 个氢原子可以和 1 个氧原子结合，形成 H-O 复合体，其生成速率在 80℃时最大，在 110℃ 以上热处理就会消失，其低温红外光谱中的峰位为 $1075 cm^{-1}$。如果在氢气中热处理，硅中氧沉淀和氧施主的浓度会比在氩气中热处理的要多，说明它对氧沉淀和氧施主有促进作用。

但是，铸造多晶硅中氢的最主要作用是钝化晶界、位错和电活性杂质的电学性能。在单晶硅中可能存在由各种杂质、复合体和缺陷引起的浅施主、浅受主和深能级中心，对单晶硅的少数载流子寿命等造成重要影响，从而导致单晶硅和器件性能的下降。研究已经证明，氢的掺入，可以与这些杂质和缺陷作用，有效地钝化电活性，导致单晶硅和器件质量的改善。Eldin 等指出[11]，对于铸造多晶硅，在功率100W、350℃下，利用PECVD进行氢等离子处理 3h，其材料的少数载流子寿命可以增加 $34\% \sim 100\%$；而且氧浓度越低，钝化效果越好，少数载流子寿命增加越多。

氢钝化的效果是与硅中氢的内扩散和在缺陷处的沉积相关的。对于 SiN 减反射膜制备过程中的氢钝化，其物理机理可以这样解释：在沉积 SiN 时，有大量氢分子存在于 SiN 薄膜中，在沉积过程以及后续的热处理时，氢分子会扩散到晶体硅中；然后，在晶体硅中空位的帮助下，氢分子分解为快扩散的氢原子，而空位主要是由铝背场和电极制备时，Si 原子进入 Al 膜，有 Al-Si 合金生成，从而在晶体硅体内形成一定量的空位；最后，氢原子与杂质、缺陷的未饱和的悬挂键结合，导致杂质、缺陷电学性能的钝化。

在与杂质、缺陷的作用形式上，一般认为在硅中氢与浅施主结合，可以形成 D_ -H+ 中心；而与浅受主结合，则形成 A+-H_ 中心；与钴、铂、金、镍等深能级金属结合，形成复合体，去除或形成其他形式的深能级中心；在高浓度掺硼的单晶硅中，氢容易和硼原子结合，形成氢硼复合体（H-B），它还能与位错上的悬挂键结合，达到去除位错电活性的目的。它也和空位作用，形成 VHn 复合体；它与自间隙原子结合，会产生 IH_2 复合体。

氢还可以钝化晶体硅的表面。通常，硅表面含有大量的悬挂键，这些悬挂键可以形成表面态，从而引入复合中心，降低少数载流子的寿命。氢原子与悬挂键结合，可以消除表面态，改善材料的性能。

7.5 铸造多晶硅中的金属杂质和吸杂

7.5.1 铸造多晶硅中的金属杂质

金属杂质特别是过渡金属杂质，在原生铸造多晶硅中的浓度一般都低于 $1 \times 10^{15} \, cm^{-3}$，利用常规的物理技术（如二次离子质谱仪 SIMS）很难探测到，但是，它们无论是以单个原子形式，或者以沉淀形式出现，都对太阳电池的效率有重要影响。

金属在铸造多晶硅中的基本性质（包括固溶度、扩散系数、分凝系数等）与直拉单晶硅中相同，在第 5 章中已经做了介绍。但是，铸造多晶硅中含有晶界、位错等大量缺陷，使得金属杂质易于在这些缺陷处形成金属沉淀，其对太阳电池性能的破坏作用更大。有研究指出，在铸造多晶硅中，金属沉淀不是由于固溶度随温度的降低而造成的，而是由于金属原子易于在晶体缺陷处沉淀。

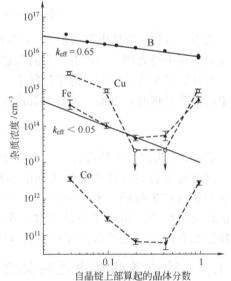

图 7.25　金属 Cu、Fe、Co 在铸造多晶硅中，自晶体上部（0）到晶体底部（1）的浓度分布

（直线是根据分凝系数计算的浓度分布，B 的有效分凝系数采用 0.65，Fe 的有效分凝系数采用 0.05[12]）

Macdonald 等利用中子活化分析技术，研究了各种金属杂质在铸造多晶硅中沿晶体生长方向的浓度分布[12]。图 7.25 所示为金属 Cu、

Fe、Co 在铸造多晶硅中，自晶体上部到晶体底部的浓度分布。从图 7.25 中可以看出，这三种金属杂质的浓度分别在上部和底部约 10% 以内的区域内最高，在中部的浓度较低，显然金属杂质浓度高的部位材料的质量较差。在铸造多晶硅晶体的上部，是晶体最后凝固的区域。由于硅中金属的分凝系数一般都远小于 1，所以，最后凝固的这部分金属杂质浓度较高；而在铸造多晶硅的底部，虽然根据分凝，其金属杂质浓度应该较低。但是，由于这部分晶体紧靠石英坩埚，石英坩埚中的金属杂质会污染到这部分晶体，所以晶体底部的金属杂质浓度也较高。在这三种常见的金属中，Cu 的浓度最高，能达到 $5 \times 10^{15} \mathrm{cm}^{-3}$；Co 的浓度较低，低于 $1 \times 10^{13} \mathrm{cm}^{-3}$；Fe 的浓度居中，在 $1 \times 10^{13} \sim 1 \times 10^{15} \mathrm{cm}^{-3}$ 之间。

图 7.26 所示为金属 Zn、Cr、Ag 和 Au 在铸造多晶硅中，自晶体上部（0）到晶体底部（1）的浓度分布，其杂质浓度都低于 $1 \times 10^{14} \mathrm{cm}^{-3}$，其中 Au 的浓度只有 $1 \times 10^{10} \mathrm{cm}^{-3}$ 左右。但与 Fe、Co、Cu 不同的是，其杂质浓度在晶体硅中自上部到底部基本相同，其原因到目前为止尚不是很清楚。有两种可能：一是这类金属的扩散系数相对较小，在晶体硅中扩散相对较慢，因此从石英坩埚中得到的污染可能较少；二是硅片表面的金属污染，也就是说该类金属杂质在晶体硅中的浓度原本较小，在硅片制备过程中，有相对多的金属污染出现在硅片表面上，从而导致晶体上部、底部测得的相关金属浓度相似。

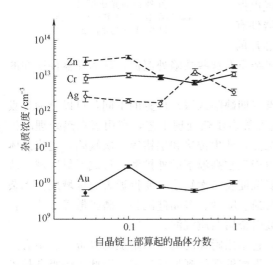

图 7.26 金属 Zn、Cr、Ag 和 Au 在铸造
多晶硅中，自晶体上部（0）到晶体底部
（1）的浓度分布[12]

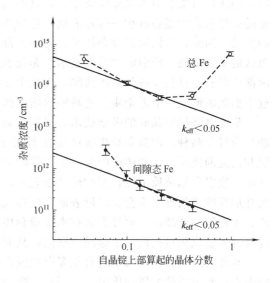

图 7.27 Fe 的总浓度和间隙态浓度在铸造多
晶硅中自晶体上部（0）到晶体底部（1）的分布
（直线是根据分凝系数计算的浓度分布，Fe 的有效分凝系
数采用 0.05[12]）

7.5.2 铸造多晶硅中的金属沉淀

与直拉单晶硅一样，如果铸造多晶硅中的金属杂质浓度高于固溶度，金属就会在晶体中沉淀下来。由于硅中金属在室温下的固溶度一般都比较低，因此，除了少量金属杂质，绝大多数金属都会以沉淀形式出现在铸造多晶硅中。图 7.27 所示为铸造多晶硅中 Fe 的总浓度和间隙 Fe 的浓度在晶体中的分布。其中 Fe 的总浓度利用中子活化技术进行测量，与图 7.25 相同，它包括间隙态 Fe 和沉淀 Fe 浓度的总和，而间隙态 Fe 的浓度则是利用光照分解 FeB 进行测量的。由图 7.27 可知，间隙态 Fe 的分布与 Fe 的总浓度的分布趋势相近，但间隙态 Fe 的浓度只有 Fe 总浓度的 1% 左右。也就是说，绝大部分 Fe 杂质都以沉淀形式出现在铸造多晶硅中。

金属杂质的沉淀与直拉单晶硅中不同，一般而言，对于直拉单晶硅，金属沉淀或者出现在硅片表面，或者以均质形核形式均匀地分布在晶体硅体内。当然，如果有吸杂点存在，它们会沉淀在吸杂点附近。但是，铸造多晶硅中含有大量的晶界和位错，这些缺陷成为金属沉淀的优先场所，因此，铸造多晶硅中的金属常常沉淀在晶界和位错处。图 7.28 所示为铜污染后的铸造多晶硅的红外扫描光谱图片。由图可知，铜沉淀偏聚在晶界上。

7.5.3 铸造多晶硅的吸杂

由于在铸造多晶硅晶体生长、硅片加工和太阳电池制备过程中，都有可能引入金属杂质，这些杂质无论是原子状态还是沉淀状态，最终都会对太阳电池的光电转换效率产生影响。因此，对于铸造多晶硅太阳电池需要进行金属吸杂，以减少这些杂质的负面作用。

吸杂技术在集成电路工艺中已经广泛使用，因为在硅集成电路的制备工艺中，尽管广泛应用了洁净房，但还是可能会引入微量金属杂质，这些金属杂质在随后的工艺中能够沉积在硅片表面，造成集成电路的失效。因此，人们通过吸杂技术，能够去除器件有源区的金属杂质。所谓的"吸杂技术"是指在硅片的

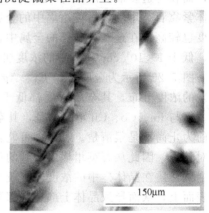

图 7.28 铜污染后的铸造多晶硅的红外扫描光谱图片
（样品在 1000℃下热处理，然后以 0.3K/s 速度降温）

内部或背面有意造成各种晶体缺陷，以吸引金属杂质在这些缺陷处沉淀，从而在器件所在的近表面区域形成一个无杂质、无缺陷的洁净区。

集成电路用单晶硅的吸杂技术，根据吸杂点（即缺陷区域）位置的不同，可以分为外吸杂和内吸杂两种。内吸杂是指通过高温-低温-高温等多步热处理工艺，利用氧在热处理时扩散和沉淀的性质，在晶体硅内部产生大量的氧沉淀，诱生位错和层错等二次缺陷，造成晶体缺陷，吸引金属杂质沉淀；而在硅片近表面，由于氧在高温下的外扩散，形成低氧区，从而在后续的热处理中不会在此近表面区域形成氧沉淀及二次缺陷，使得近表面区域成为无杂质、无缺陷的洁净区。而外吸杂技术是指利用磨损、喷砂、多晶硅沉积、磷扩散等方法，在硅片背面造成机械损伤，引起晶体缺陷，从而吸引金属杂质沉淀。

与外吸杂相比，内吸杂具有很多有利因素，它不用附加的设备和附加的投资，也不会因吸杂而引起额外的金属杂质污染；而且，吸杂效果能够保持到最后工艺，因此，内吸杂技术在集成电路制备中最具吸引力。但是，对于太阳电池而言，其工作区域是硅片的整个截面，与集成电路的工作区域仅仅是近表面不同。当太阳电池中的 p-n 结产生光生载流子时，需要经过晶体的整个截面扩散到前后电极，而内吸杂产生的缺陷区域恰好在体内，会成为少数载流子的复合中心，大大降低太阳电池的光电转换效率。因此，对于硅太阳电池，内吸杂技术是不合适的。

应用于集成电路用单晶硅中的外吸杂技术有多种，但是，有些技术需要增加额外的设备和工艺，导致成本的增加，这对太阳电池的应用是不利的。因此，太阳电池用晶体硅的吸杂工艺最好与原有的太阳电池制备工艺相兼容，所以，对于铸造多晶硅而言，磷吸杂和铝吸杂是常用的吸杂技术。

硅太阳电池通常是利用 p 型材料，然后进行磷扩散，在硅片表面形成一层高磷浓度的 n 型半导体层，构成 p-n 结。而磷吸杂则是利用同样的技术，在制备 p-n 结之前，在 850～900℃左右热处理 1～2h，利用三氯氧磷（$POCl_3$）液态源，在硅片两面扩散高浓度的磷原

子，产生磷硅玻璃（PSG），它含有大量的微缺陷，成为金属杂质的吸杂点；在磷扩散的同时，金属原子也扩散并沉积在磷硅玻璃层中；然后通过 HPO_3、HNO_3 和 HF 等化学试剂，去除磷硅玻璃层，将其中的金属杂质一并去除，然后再制备 p-n 结，达到金属吸杂的目的。

图 7.29 所示为铸造多晶硅磷吸杂前后的杂质浓度，其磷吸杂温度为 900℃，时间为 90min，杂质的测试采用中子活化分析法[13]。从图 7.29 中可以看出，杂质可以分为两类：一类是 As、Sb、Sn 和 Zn，属于替位态；另一类是间隙态金属，为 Fe、Cu、Co、Cr、Ag。对于替位态杂质，磷吸杂前后杂质浓度几乎没有变化，说明磷吸杂对它们没有影响，主要原因是替位态的杂质在扩散时，采用"踢出"机制，扩散速率较低，因此很难扩散到磷吸杂层而被去除。对于 As、Sb 和 Sn 杂质，它们通常是晶体硅的掺杂剂，没有引入深能级中心，不会影响少数载流子寿命。虽然它们可以提供电子，但是由于浓度低于 $1 \times 10^{14} cm^{-3}$，与正常的太阳电池的掺杂浓度（$1 \times 10^{16} cm^{-3}$）相比很小，也不会影响载流子浓度。所以，这些杂质的存在以及不能被吸除对晶体硅的性能并没有影响。但是，Zn 为金属杂质，会引入（$E_v + 0.32eV$）和（$E_c - 0.47eV$）深能级中心。有研究说明，当 Zn 浓度在 $1 \times 10^{12} cm^{-3}$ 以上时，就会影响太阳电池的效率。

另一类杂质是间隙态金属杂质，磷吸杂后其杂质浓度均有一定程度的下降，一般浓度降低幅度达到 60%，表现出明显的金属吸杂效果。这是因为，间隙态的金属以间隙方式扩散，扩散速率很高，所以易于被吸杂。另外，图 7.29 中显示，即使经过磷吸杂，仍然有同数量级的金属杂质存在，说明磷吸杂的效果还受到其他因素的制约，其中磷吸杂温度不高导致部分金属沉淀难以被溶解、被吸杂是可能的原因。但是金属杂质浓度的降低还是大幅度改善了铸造多晶硅的材料性能，吸杂前后的少数载流子寿命测试表明，材料的少数载流子寿命由 $10\mu s$ 变为 $60\mu s$。

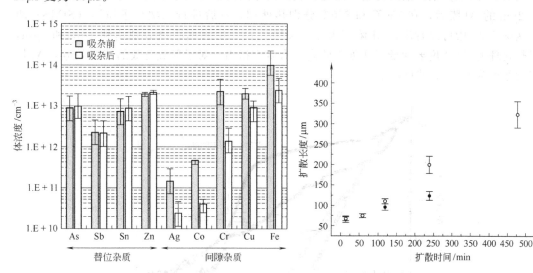

图 7.29 铸造多晶硅磷吸杂前后的杂质浓度[13]　　　图 7.30 铸造多晶硅中少数载流子扩散长度随磷吸杂时间的变化[14]
● 850℃；○ 900℃[14]

铸造多晶硅磷吸杂的效果还与磷吸杂的温度和时间有关。图 7.30 所示为铸造多晶硅中少数载流子扩散长度随磷吸杂时间的变化[14]。从图 7.30 中可以看出，随着吸杂处理时间的延长，少数载流子扩散长度越来越大；而在 2h 内，850℃ 和 900℃ 吸杂后的扩散长度相同，但是随着时间的延长，900℃ 磷吸杂的扩散长度明显要大，说明高温有利于金属吸杂。

关于磷吸杂的机理，除了认为在磷硅玻璃中含有的大量缺陷能够吸引金属杂质沉淀外，也有研究者认为在磷硅玻璃中金属杂质的固溶度要远远大于金属杂质在晶体硅中的固溶度。因此，磷硅玻璃中可以沉积更多的金属杂质。另外，磷在内扩散时，在近表面形成高浓度磷层，由于磷原子处于替换位置，因此，有大量的自间隙硅原子被"踢出"晶格位置，成为自间隙硅原子，它们聚集起来会形成高密度的位错等缺陷，同样可能成为金属杂质原子的沉积点，起到吸杂作用。

进一步而言，一般认为金属杂质能够被吸除，需要经历三个主要步骤：一是原金属沉淀的溶解；二是金属原子的扩散，扩散到吸杂位置；三是金属杂质在吸杂点处的重新沉淀。吸杂机理主要有两种：一种是松弛机理，它需要在器件有源区之外制备大量的缺陷作为吸杂点，同时金属杂质要有过饱和度，在高温处理后的冷却过程中进行吸杂；另一种是分凝机理，它是在器件有源区之外制备一层具有高固溶度的吸杂层，在热处理过程中，金属杂质会从低固溶度的晶体硅中扩散到吸杂层内沉淀，达到金属吸杂和去除的目的，其优点是不需要高的过饱和度。从原则上讲，可以将晶体硅内的金属杂质浓度降到很低。

除了磷吸杂外，铝吸杂也是铸造多晶硅太阳电池工艺常用的吸杂技术。因为铝薄膜的沉积可以作为太阳电池的背电极，也可以起到铝背场的作用。铝吸杂一般是利用溅射、蒸发等技术在硅片表面制备一薄铝层，然后在 $800 \sim 1000\,℃$ 下热处理，使铝膜和硅合金化，形成 AlSi 合金，同时铝向晶体硅体内扩散，在靠近 AlSi 合金层处形成一高铝浓度掺杂的 p 型层。在铝合金化或后续热处理中，硅中的金属杂质会扩散到 AlSi 合金层或高铝浓度掺杂层沉淀，从而导致体内金属杂质浓度大幅度减小。然后，将硅片在化学溶液中去除 AlSi 层、高铝浓度掺杂层，达到去除金属杂质的目的。

图 7.31 所示为铝扩散后铸造多晶硅自表面到体内的铝浓度分布图[15]。样品在溅射了一层 $1.2\,\mu m$ 的 Al 膜后，在 $750\,℃$ 和 $850\,℃$ 分别热处理，然后进行二次离子质谱（SIMS）测量。从图 7.31 中可以看出，Al 浓度大于 $1 \times 10^{17}\,cm^{-3}$ 的表面距离分别达到 $1\,\mu m$ 和 $2\,\mu m$，高温热处理的 Al 浓度要比低温热处理的高。有研究指出，对于形成有效的背场效应，Al 扩散层的厚度为 $0.6\,\mu m$ 就可以了。

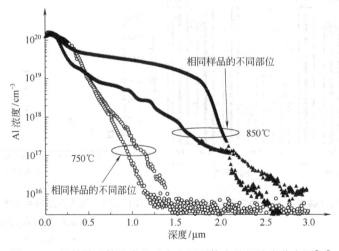

图 7.31　铝扩散后铸造多晶硅自表面到体内的铝浓度分布图[15]

铝吸杂的机理和磷吸杂相似。研究认为，AlSi 合金层中的高缺陷密度，或者 AlSi 层中高的金属杂质固溶度，或者高铝浓度掺杂层中的大量位错缺陷，是金属能被从体内吸除的主要原因。

另外，靠近 AlSi 合金层处形成的高铝浓度掺杂的 p 型层，当 AlSi 吸杂层被去除后，此 p 型层处于太阳电池的背面，形成一个背面场效应（back surface field，BSF），称为背场效应。背场效应可以减少背面表面复合，还可以提供一个额外的驱动力，促使电子向正面电极移动，增加了电流收集，改善了电池效率。

无论是磷吸杂，还是铝吸杂，其吸杂效果和原始硅片的状态很有关系。研究已经证明，吸杂既能改善直拉单晶硅太阳电池的性能，也能改善铸造多晶硅太阳电池的性能，而且对后者的作用更大，改善性能更明显。图 7.32 所示为低质量的铸造多晶硅样品在不同温度下铝吸杂前后的少数载流子寿命图。图中样品是通过溅射方式在铸造多晶硅硅片表面沉积约 $1\mu m$ 厚的铝层，然后在氮气中不同温度下热处理 2h，最后去除吸杂层。从图中可以看出，在低温热处理后，硅片的少数载流子寿命没有增加，反而有所减小，但在高温 1000℃ 热处理后，铝吸杂现象明显，少

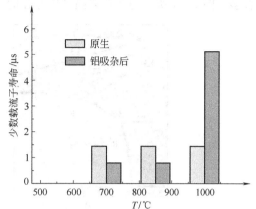

图 7.32 低质量的铸造多晶硅样品在不同温度下铝吸杂前后的少数载流子寿命图

数载流子寿命大幅度提高[16]。进一步研究表明，对于质量好、少数载流子寿命高的铸造多晶硅和直拉单晶硅，铝吸杂的效果并不明显。

有研究指出，间隙态的金属杂质容易被吸除，而金属沉淀特别是在晶界、位错处的金属沉淀，很难被吸除。因此，研究者指出，首先利用高温（>1100℃）短时间热处理，使得金属沉淀重新溶解在晶体内，以间隙态或替位态存在，然后缓慢降温，使得这些金属离子扩散到近表面处的磷吸杂层或铝吸杂层，最后予以去除。

在实际铸造多晶硅太阳电池工艺中，常常将铝吸杂和磷吸杂结合使用，以提高金属吸杂的能力。

7.6 铸造多晶硅中的晶界

7.6.1 铸造多晶硅的晶界

在铸造多晶硅的制备过程中，由于有多个形核点（形核中心），所以凝固后，晶体是由许多晶向不同、尺寸不一的晶粒组成的，晶粒的尺寸一般在 1~10mm 左右，如图 7.5 和图 7.33 所示。在晶粒的相交处，硅原子有规则、周期性的重复排列被打断，存在着晶界，出现大量的悬挂键，形成界面态，严重影响太阳电池的光电转换效率。如果能有效控制铸造多晶硅的晶体生长过程，可以使晶粒沿着晶体生长的方向呈柱状生长，而且晶粒大致均匀，晶粒大小大于 10mm，就可能尽可能地降低晶界的负面作用。

根据晶界结构的不同，可以分为小角晶界和大角晶界两种。前者是指两相邻晶粒之间的旋转夹角小于

图 7.33 铸造多晶硅硅片化学
腐蚀后的表面形貌
（显示多晶结构）

$10°$的晶界（SA），而后者是指旋转夹角大于 $10°$ 的晶界。在实际铸造多晶硅中，绝大部分的晶界（$>80\%$）是大角晶界，只有少量的小角晶界。根据共位晶界模型，大角晶界又可分为特殊晶界（CSL，用 Σ 值表示）和普通晶界（random，用 R 表示），其中特殊晶界又可分为 $\Sigma3$、$\Sigma9$ 和 $\Sigma27$ 型等晶界。在所有的大角晶界中，$\Sigma3$ 晶界占到 $30\%\sim50\%$，其次是 R 晶界比较多。图 7.34 所示为铸造多晶硅中存在的各种典型晶界。

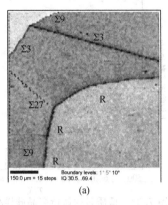 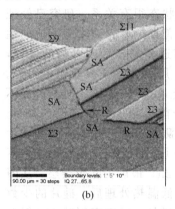

(a)　　　　　　　　　　　(b)

图 7.34　铸造多晶硅的电子束背散射衍射图像
（显示不同类型的晶界）

　　晶界对晶体硅电学性能的影响主要是由于晶界势垒和界面态两方面。晶界势垒一般可以看为两个背对背紧接的肖特基势垒。在一定条件下，电荷可以从晶界两侧通过，导致在晶界两侧形成空间电荷区，而其势垒高度又与界面态的密度及其在能带中的位置有关。但是，由于杂质在晶界处分凝富集，在如何描述晶界核心区域的电学性质以及晶界势垒测量方面仍然存在争议。而晶界上悬挂键造成的界面态是晶界对材料影响的另一个方面，人们可以用深能级瞬态谱大致测试其密度和能级位置。有研究指出，铸造多晶硅的晶界势垒可达 0.3eV，对应的界面态密度约在 $10^{13}\ \text{cm}^{-2}$ 左右。

　　由于晶界两侧存在空间电荷区，导致形成了一定的电场梯度，晶界附近的少数载流子将快速漂移到晶界，与晶界界面态上俘获的多数载流子复合。有研究测定，晶界的表面复合速率约为 $(1\sim4)\times10^5\ \text{cm/s}$。

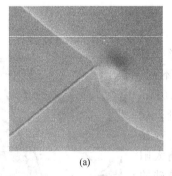 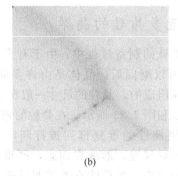

(a)　　　　　　　　　　　(b)

图 7.35　没有金属污染的铸造多晶硅晶界的室温扫描
电镜图像（a）和电子束诱生电流图像（b）

　　晶界的复合也与晶界的结构类型相关。早期的研究认为，晶界的缺陷能级是深能级，是少数载流子的强复合中心，会导致材料性能的降低。后来，研究者发现晶界的电学性质与晶界结构、特征有关，如 $\Sigma3$ 型的晶界是浅能级复合中心，而其他晶界则是深能级复合中心。

进一步研究表明，晶界的电活性与金属污染紧密相关，没有金属缀饰的纯净的晶界是不具有电活性的，或者说电活性很弱，不是载流子的俘获中心，并不影响多晶硅的电学性能。图7.35 所示为没有金属污染的铸造多晶硅晶界的室温扫描电镜（SEM）图像和电子束诱生电流（EBIC）图像。从扫描电镜照片中可以看到明显的晶界，但在 EBIC 图像中，晶界处显示出淡淡的痕迹，与晶界内相比衬度差不明显，说明此时晶界的电活性很弱。

原生铸造多晶硅不仅含有晶界，而且含有金属杂质。金属杂质在硅中以间隙态、复合体和沉淀形式出现，而晶界对它们都有不同程度的作用。图7.36 所示为间隙态 Fe 沿铸造多晶硅某晶界的浓度分布和相关少数载流子寿命的分布。图中横坐标原点就是晶界[17]。从图7.36 中可以看出，当距离晶界约 0.5mm 以上，间隙态 Fe 的浓度基本均匀，说明 Fe 杂质均匀地分布在铸造多晶硅体内；在距离晶界约 0.5mm 以内区域，间隙态 Fe 有所增加，这是由于晶界造成的分凝效应所引起的；而在晶界上，间隙态 Fe 的浓度明显降低，说明晶界有吸引金属杂质沉淀的能力，导致间隙态 Fe 的浓度在晶界上降低。值得说明的是，如果在一定温度下进行热处理，晶界附近的高浓度金属会扩散到晶界上沉淀，使得在晶界附近反而存在低金属浓度的区域，这就是所谓的"晶界吸杂"导致的晶界附近的"洁净区"。

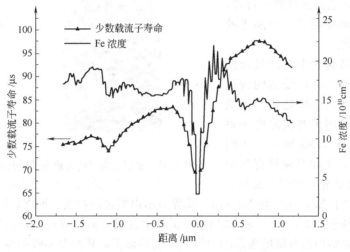

图 7.36　间隙态 Fe 沿铸造多晶硅某晶界的浓度
分布和相关少数载流子寿命的分布[17]

图7.36 所示的相关的少数载流子寿命和间隙态 Fe 浓度的分布有对应关系。由图7.36 可知，当距离晶界约 0.5mm 以上，少数载流子寿命大致均匀；在距离晶界约 0.5mm 以内区域，少数载流子寿命有所降低，这是由于间隙态 Fe 浓度增加的缘故；而在晶界上，少数载流子寿命大幅度降低，这是由于间隙态 Fe 在晶界上沉淀的原因。

7.6.2　铸造多晶硅晶界上的金属沉淀

尽管晶界具有晶界势垒、界面态，但是其电活性是很弱的，如图7.33 所示。研究证明，洁净的晶界对材料的电学性能影响并不大。如果有金属沉淀其上，情况就大不相同。

图7.37 所示为金属污染后的铸造多晶硅晶界的扫描电镜图像和室温电子束诱生电流图像。样品是具有纯净晶界的原生铸造多晶硅，首先分别浸入 $CuCl_2$ 和 $FeCl_3$ 的饱和溶液中，然后取出晾干，分别在 400℃ 和 900℃ 下热处理，使得金属杂质能够从铸造多晶硅表面扩散到体内，而后多晶硅硅片随炉慢速冷却后，在配有电子束诱生电流图像功能的扫描电镜中观察。从图7.37 中可以看出，铜在晶界上的沉积能力较强，同样是 400℃ 热处理，从铜污染

的多晶硅样品的 EBIC 图像中可以看出明显的晶界，而铁污染的多晶硅样品的晶界衬度较弱，这说明不同的金属在晶界上的沉积能力不同。换句话说，晶界对不同的金属有不同的吸引（或吸杂）能力。

从图 7.37 中还可以进一步看出，同样是铁污染的样品，在 EBIC 图像中 900℃铁污染的样品显示出明显的晶界衬度，而 400℃铁污染的铸造多晶硅样品只有淡淡的衬度，说明此时晶界的电活性很弱。由于铁在硅中的固溶度随温度升高而快速上升，因此相比于 900℃铁污染的样品，400℃热处理的样品中铁杂质的浓度要低得多，这说明金属杂质浓度越高，对晶界的电活性影响就越大。

不同的晶界结构对金属的吸杂能力也是不同的。经 $FeCl_3$ 浸泡的铸造多晶硅样品，在 900℃热处理引入铁污染后的扫描电镜图像和室温电子束诱生电流图像如图 7.38 所示。从图 7.38 中可以看出，中间晶粒具有三个不同晶面的 Σ3 型晶界，在引入铁污染

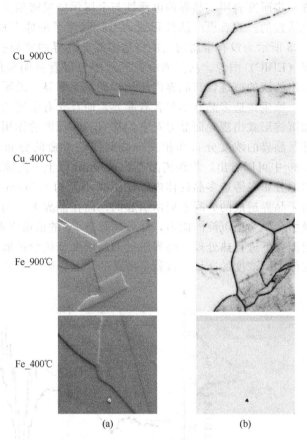

图 7.37　金属污染后的铸造多晶硅晶界的扫描电镜
图像（a）和室温电子束诱生电流图像（b）

后，在 EBIC 图像中 Σ3{110} 和 Σ3{112} 晶界显示出明显的衬度，而 Σ3{111} 晶界则没有衬度，表现出铁易于在 Σ3{110} 和 Σ3{112} 晶界上沉淀，而很难在 Σ3{111} 晶界上沉淀，这说明不同的晶界结构对金属的吸杂能力不同。实验证实，普通晶界吸引金属杂质沉积的能力要大于高 Σ 的晶界，而低 Σ 的晶界吸引金属杂质的能力最弱。

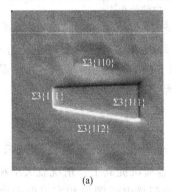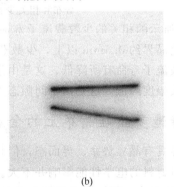

图 7.38　900℃热处理引入铁污染后的铸造多晶硅晶界的
扫描电镜（a）图像和室温电子束诱生电流图像（b）

因此，当杂质（主要是金属杂质）偏聚在晶界上，晶界将具有电活性，会影响少数载流子的扩散长度，从而影响材料的光电转换效率。一般而言，金属杂质的浓度越高，对晶界的

影响越大，导致材料的性能越差。研究证明，同类的晶界对不同金属有不同的吸杂能力；而不同的晶界吸引金属杂质沉积的能力也不同，最终形成的电活性也不同。

事实上，由于晶体生长技术和原材料的原因，绝大部分的原生铸造多晶硅本身就存在不同程度的金属污染。因此，原生铸造多晶硅的晶界一般都具有一定的电活性，除晶界结构、金属杂质以外，电活性的大小还受其他多种因素的影响。如晶体生长时的固液界面形状也会影响晶界的性能。研究认为，平直的固液界面导致晶界的电学性能最弱。

一般而言，晶粒越细小，晶界的总面积就越大，对材料性能的影响越大。因此，当晶粒较小时，晶界对铸造多晶硅的光电转换效率有严重限制。但是与化学气相沉积的多晶硅薄膜相比，铸造多晶硅的晶粒要大得多，具有很小的表面积与体积比，因此，铸造多晶硅中晶界的影响要稍弱。特别是晶锭的上部，随着高度增加，通过兼并邻近的晶粒，晶粒逐渐增大，可达到 10mm 以上，此时的晶界总量变小，晶界对材料光电转换效率的影响很小。

研究还表明，当晶界垂直于器件表面时，对光生载流子的运动几乎没有阻碍作用，此时晶界对材料的电学性能几乎没有影响。现代铸造多晶硅晶柱的生长方向基本上都垂直于生长界面，晶锭切割后，晶界的方向便能垂直于硅片表面。因此，在现代优质铸造多晶硅中，晶界已不是制约材料电学性能的主要因素。

7.6.3 铸造多晶硅晶界的氢钝化

上节已经说明，氢可以钝化铸造多晶硅中的杂质和缺陷，包括晶界。早期研究发现，氢钝化可以降低晶界态密度和晶界势垒，其效果与氢的扩散、晶界类型和金属杂质都有一定关系。对于氢在铸造多晶硅中的扩散，目前有两种相反的观点：一是认为氢在晶界处的扩散快于晶粒内部；二是认为晶界阻碍了氢的扩散。还需要更多的研究来证明。

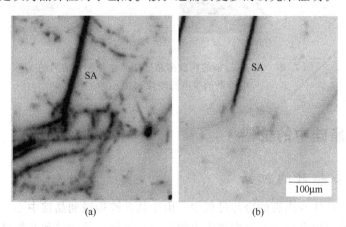

(a)　　　　　　　　　　　　(b)

图 7.39　轻微 Fe 污染的铸造多晶硅样品在氢钝化前后的
电子束诱生电流图像（100K）

图 7.39 所示为铸造多晶硅样品在氢钝化前后的电子束诱生电流图像。样品来自于晶锭的中部，具有轻微的 Fe 污染，Fe 浓度约为 5.0×10^{12} cm^{-3}。氢等离子钝化处理是在 PECVD 设备中进行，衬底温度 250℃，氢气流量为 150cm^3/s，射频功率 20W，工作气压 16Pa，RF 频率 13.56MHz，处理时间 15min。从图 7.39 中可以看出，钝化前晶界和晶界内的缺陷都显示出明显的衬度，说明其具有较强的电活性；经过氢钝化，晶界内的缺陷和大部分晶界的衬度都大为降低，甚至消失；但是，对于小角晶界（SA），衬度降低得不是很明显。上述实验结果说明，对于轻微 Fe 污染的晶界，氢钝化有明显的作用。

但在氢钝化后,小角晶界仍然呈现出很强的衬度,说明存在强的电活性。其可能的原因有二:一是小角晶界上可能存在高密度的复合中心,这些复合中心的密度远高于大角晶界,因此,钝化效果就差一些;二是这些小角晶界可能已被 Fe 杂质所缀饰,导致钝化困难。因为一般认为,在没有金属污染的晶界上,其电活性低,EBIC 的衬度也会很低,这就意味着即使在轻微 Fe 污染的情况下,部分晶界结构易于吸引金属聚集,产生沉淀,导致氢钝化的困难。

图 7.40 所示为重 Fe 污染的铸造多晶硅样品在氢钝化前后的电子束诱生电流图像。样品来自于晶锭的底部,Fe 浓度约为 $1.0 \times 10^{15} \text{cm}^{-3}$,较图 7.39 的样品 Fe 浓度高 2 个数量级以上,氢钝化处理与图 7.39 相同。与轻微 Fe 污染的样品一样,钝化前晶界和晶界内的缺陷都显示出强的衬度,表示具有明显的电活性;氢钝化后晶界内的缺陷和晶界的衬度都大为降低,甚至消失,说明氢钝化对重 Fe 污染的晶界也有钝化作用。值得指出的是,在图 7.40 中晶界两侧有高亮度的区域,这可能是由于晶界具有明显的金属吸杂作用,晶界附近的 Fe 被吸引到晶界处沉淀,导致晶界两侧出现 Fe 杂质贫乏区,因此,该区域的 EBIC 图像衬度亮。

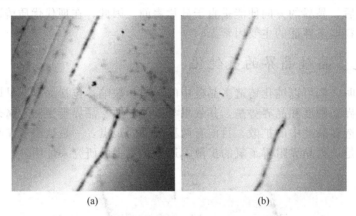

(a)　　　　　　　　　　(b)

图 7.40　重 Fe 污染的铸造多晶硅样品在氢钝化前后的
电子束诱生电流图像 (100K)

7.7　铸造多晶硅中的位错

7.7.1　铸造多晶硅的位错

铸造多晶硅在晶体凝固后的冷却过程中,由于从晶锭边缘到晶锭中心,从晶锭底部到晶锭上部,散热的不均匀会导致晶锭中热应力的产生;另外,晶体硅和石英坩埚的热膨胀系数不同,在冷却过程中,同样会产生热应力。热应力的直接后果就是在晶粒中导致产生大量的位错,严重影响铸造多晶硅太阳电池的效率。

根据晶体生长方式和过程的不同,铸造多晶硅中的位错密度约在 $10^3 \sim 10^9 \text{cm}^{-2}$ 左右,典型的位错密度约为 10^6cm^{-2}。图 7.41 所示为化学腐蚀后的铸造多晶硅的光学显微镜照片。从图 7.41 中可以看出,铸造多晶硅中存在大量位错。由于多晶硅的晶向多样,因此,腐蚀坑一般显示为圆形或椭圆形,很难得到像单晶硅中位错腐蚀后的规整腐蚀坑形状。

铸造多晶硅中热应力的产生和分布是很复杂的,受多种因素影响,如升温速度、降温速度、热场分布等。但是一般来说,从晶锭底部到晶锭上部,位错密度呈 "W" 形,即晶锭底部、中部和上部的位错密度相对较高,如图 7.42 所示[18]。由图 7.42 可知,实验结果与模拟分析的理论结果都显示出位错密度的分布呈"W"形。

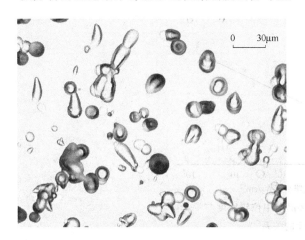

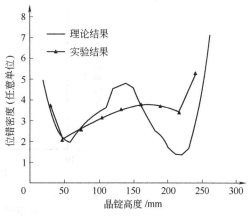

图 7.41 含有高密度位错的
铸造多晶硅的光学显微镜照片

图 7.42 铸造多晶硅位错密
度沿晶体的分布图[18]

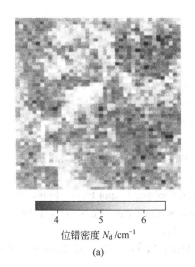

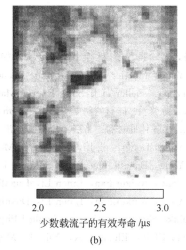

(a)

(b)

图 7.43 铸造多晶硅的位错密度（a）和少数
载流子有效寿命（b）的分布图

7.7.2 铸造多晶硅的位错对电学性能的影响

与直拉单晶硅中的位错一样，铸造多晶硅中的位错具有高密度的悬挂键，具有电活性，可以直接作为复合中心，导致少数载流子寿命或扩散长度降低。但是，也有研究证明，洁净、没有污染的位错的电活性是很弱的。如果金属杂质和氧、碳等杂质在位错上偏聚、沉淀，就会造成新的电活性中心，导致电学性能的严重下降，最终影响材料的质量。

在铸造多晶硅中，位错密度相对较高，因此，位错和多晶硅材料的扩散长度有明显的关系。图 7.43 （a）所示为铸造多晶硅中的位错密度分布图，图 7.43(b) 所示为相应位置的少数载流子有效寿命分布图。从图 7.43 中可以看出，位错密度高的区域，少数载流子的寿命低；反之亦然。这说明铸造多晶硅中的位错是降低材料质量的重要因素。

图 7.44 所示为铸造多晶硅中位错密度与俘获密度的关系[19]。显然，随着位错密度的增

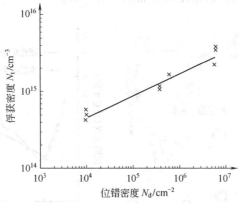

图 7.44　铸造多晶硅中位错密度与
俘获密度的关系[19]

加，俘获密度呈线性增加，说明位错密度越高，少数载流子的俘获密度越高，材料的电学性
能越差。

参 考 文 献

[1]　俞征峰，席珍强，杨德仁，阙端麟. 太阳能学报，2005，26：581.

[2]　Deren Yang，Moeller H J. Solid State Phenomena，2002，82：707.

[3]　DerenYang，Moeller H J. Solar Energy Materials and Solar Cells，2002，72：541.

[4]　阙端麟，陈修治. 硅材料科学与技术. 杭州：浙江大学出版社，2001.

[5]　杨德仁. 半导体硅材料. 北京：机械工业出版社，2005.

[6]　Deren Yang，Dongsheng Li，Ghosh M，Moeller H J. Physica B，2004，344：1.

[7]　Deren Yang，Duanlin Que，Koji Sumino. J Appl Phys，1995，77：943.

[8]　Deren Yang，Ruixin Fan，Liben Li，Duanlin Que，Koji Sunimo. J Appl Phys，1996，80：1493.

[9]　Deren Yang，Ruixin Fan，Liben Li，Duanlin Que，Koji Sunimo. Appl Phys Lett，1996，68：487.

[10]　Katsuhiko Shirasawa. Current Applied Physics，2001，11：509.

[11]　Hussam Eldin，Elgamel A，Nijs J，Mertens R，Mauk M G，Allen M Barnett . Solar Energy
Materials and Solar Cells，1998，53：277.

[12]　Daniel Macdonald，Andrés Cuevas，Kinomura A，Nakano Y，Geerligs J. Journal of Applied Physics，
2005，97：033523.

[13]　Daniel Macdonald，Andres Cuevas，Atsushi Kinomura，Yukihiro Nakano. In：Proceeding of the 29th
IEEE PVSC. New Orleans：2002.

[14]　Perichaud I. Solar Energy Materials and Solar Cells，2002，72：315.

[15]　Kaminski A，Vandelle B，Fave A，Boyeaux J P，LeQuan Nam，Monna R，Sarti D，Laugier A.
Solar Energy Materials and Solar Cells，2002，72：373.

[16]　Chen J，Yang D，Wang X，Que D，Kittler M. Eur Phys J Appl Phys，2004，27：119.

[17]　Hidalgo P，Palaisl O，Martinuzzi S. J Phys Condens Matter，2004，16：19.

[18]　Christian Häüler，Gunther Stollwerck，Wolfgang Koch，Wolfgang Krumbe，Armin Müller，Dieter
Franke，Thomas Rettelbach. Adv Mater，2001，13（23）：1815.

[19]　Macdonalda D，Cuevas A. Appl Phys Lett，1999，74：1711.

第 8 章
带硅材料

带硅材料又称为硅带材料或带状硅材料，是一种新型太阳电池硅材料。它是利用不同的技术，直接在硅熔体中生长出带状的多晶硅材料，由于具有减少硅片加工工艺、节约硅原材料的优点，得到了人们的关注，在太阳电池工业中已经得到初步应用。

无论是直拉单晶硅，还是铸造多晶硅，都需要经过切片加工工艺，有大量的材料由于切割而被浪费。对于早期内圆切割而言，刀片的厚度为 $250 \sim 300 \mu m$。也就是说，相对于 $220 \sim 300 \mu m$ 厚度的硅太阳电池，将近有 50% 的硅材料会被浪费；即使对于线宽度为 $150 \mu m$ 左右的线切割而言，也会有 30% 多的硅材料由于切割而损失。如果所需的太阳电池硅片更薄，那么材料损失的比例也会更大。因此，人们考虑利用不同的技术，直接生长片状的带硅晶体材料，并且能够连续生产，希望通过简单的分片切割后就能应用于太阳电池的制备，从而省去硅片切割的过程，达到降低成本、节约时间的目的。

20 世纪 80 年代以来，带硅材料的研究和生产吸引了国际光伏界的关注。国际上有十多家研究机构或公司长期致力于生长带硅硅片的研究工作[1]，包括 ASE 公司、Evergreen 公司、Ebara 公司、Bayer 公司、Fraunhofer 太阳能研究所等。到目前为止，已经有 20 余种技术被开发，也有部分技术进入实际生产应用，但大部分技术仍处于研究阶段。对于不同技术制备的带硅而言，面对的共同问题是由于生长速率、冷却速率较快，带硅硅片的晶粒细小，缺陷密度高；同时，金属杂质及其他轻元素杂质的含量相对较高，导致利用这些技术制备的带硅太阳电池的效率普遍偏低，经济成本较高。

由于带硅材料的优点和潜在应用，从 20 世纪 90 年代到 21 世纪的前 10 年，带硅材料的研究和开发一直是太阳电池材料研究领域的热点，并在 20 世纪 90 年代陆续投入产业化生产。在 2005 年前后，其产量一度占到太阳电池材料市场份额的 $3 \% \sim 4 \%$。但是，其后的技术进展和产业化进程比较缓慢。与晶体硅材料相比，相对成本高、效率低，在 2013 年以后慢慢退出了太阳电池的实际应用市场。

本章主要介绍多种带硅生长技术，包括边缘限制薄膜带硅生长技术、线牵引带硅生长技术、枝网带硅工艺、衬底上的带硅生长技术和工艺粉末带硅生长技术，阐述带硅材料生长的基本技术问题，着重阐述带硅材料的晶界、位错和杂质，以及氢钝化和吸杂等内容。

8.1 带硅材料的制备

带硅材料的制备已经有 20 多种技术被开发，按照其生长方式，大致可以分成两大类：一类是垂直提拉生长；另一类是水平横向生长。一般而言，垂直提拉生长的速率远远低于水平横向生长的速率，这是因为垂直提拉生长时，结晶前沿垂直于表面，因此晶体生长速率为每分钟仅数厘米，生产速率为 $10 \sim 160 cm^2/min$。而水平横向生长时，结晶前沿与带硅表面平行，生长速率可达到每分钟数米。目前，带硅的主要生长技术有[2]：边缘限制薄膜带硅生长技术（Edge defined Film-fed Growth，EFG）、线牵引带硅生长技术（String Ribbon

Growth，SRG)、枝网带硅工艺（Dendritic Web Growth，DWG)、衬底上的带硅生长技术（Ribbon Growth on Substrate，RGS)、工艺粉末带硅生长技术（Silicon Sheet of Powder，SSP）等。在这几种带硅生长技术中，EFG、SRG 和 DWG 相对成熟，都属于垂直生长技术，已经不同程度地进入了商业化生产，SSP 技术也属于垂直生长技术；而 RGS 则属于水平生长技术，仍然处于实验室研究阶段。

8.1.1 边缘限制薄膜带硅生长技术

边缘限制薄膜（EFG）带硅生长工艺属于垂直提拉生长技术，又称导模法，是由前 Mobil Solar（后为 ASE American）公司在 20 世纪 80 年代发展起来的。到目前为止，仍然是该公司的专有技术，仅在该公司投入商业生产。

利用该技术制备带硅晶体材料时，首先将硅原材料放置在石墨坩埚中，然后将坩埚加热至 1420℃ 以上，使得硅原材料熔化成熔体，再利用中间缝宽为 $300\mu m$ 左右的石墨模具。从模具中间引出厚度为 $300\mu m$ 左右的带状晶体硅，然后依靠熔体的毛细管效应，将熔硅不断地输送到固液界面，最终制备成具有一定长度的带硅材料。图 8.1 所示为 EFG 带硅晶体材料的生长示意图。

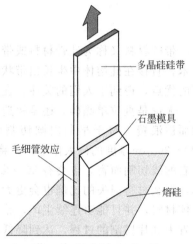

图 8.1 EFG 带硅晶体材料
的生长示意图

在 EFG 带硅晶体材料生长过程中，石墨模具被硅熔体润湿的状态和模具的几何形状，将决定弯曲的固液界面和带硅的厚度、形状。实际生产中，EFG 带硅材料使用八面体的石墨模具，因此，生产出来的带硅为长的八面体管状材料，如图 8.2 所示[2]。

图 8.2 八面体管状的 EFG
带硅晶体材料[2]

EFG 带硅材料的优点之一就是可以连续生产，制备长的带硅材料。据报道，ASE 公司应用该工艺生产的 EFG 八面体管状带硅材料，标准壁厚为 $280\mu m$，长度已超过 5.3m。

闭合管形代替平面形的带硅生长是 EFG 技术的重要特点之一，利用闭合管形，带硅的边缘问题得到了很好的解决。EFG 带硅最初生长的是边长为 2.5cm 的十边形及边长为 5cm 的九边形，后来产业化生产的是边长为 10cm 的八边形闭合管状 EFG 带硅。而边长 10cm 的八边形 EFG 带硅相当于在一个炉子中同时生长了 8 个、10cm 宽的平面形带硅，所以生产效率较高。

EFG 带硅材料生长完成后，需要切割。由于其材料厚度仅为 $300\mu m$ 左右，极易破碎，无法采用普通晶体硅采用的内圆切割或线切割技术，需要采用特殊的激光切割技术。实际工艺中通常利用 Nd：YAG 激光，首先沿晶体生长方向将带硅切割成适合长度（通常与八面体的边长相等）的短八面体管，然后再利用激光，将八面体管沿边长的边界处分割开来，形成太阳电池可以利用的正方形硅片。根据太阳电池的需要，八面体的边长可以设计为100mm、125mm或150mm，从而可以形成不同面积的太阳电池。

EFG带硅的材料损耗小，通常制备50根八面体硅管，需要硅原料150～200kg，仅在坩埚中浪费500g左右的硅原料。整体而言，直到太阳电池制备完成，EFG带硅的材料损耗只有13％左右。

由于晶体生长技术的制约，EFG带硅晶体材料不可能是单晶材料，只能是多晶材料，晶粒细小，大小约$100\mu m$左右，晶粒生长趋于〈110〉晶向；并且表面不平整，微有起伏；带硅内位错密度高，在$10^6/cm^2$数量级左右，且不均匀分布。另外，由于利用石墨模具，在晶体生长过程中，部分碳可能会进入带硅，形成SiC沉淀；而且，由于石墨的损耗，使得带硅的宽度和厚度随晶体的生长都会有所增加。目前，EFG带硅材料的性能要低于单晶硅材料或铸造多晶硅材料，它在实验室中的太阳电池光电转换效率达到14.8％，成品率已超过90％，ASE公司的EFG带硅材料的年产量也已达到15MW以上。

8.1.2 线牵引带硅生长技术

线牵引（SRG）带硅生长技术属于垂直提拉生长技术，自20世纪90年代中期开始由美国的Evergreen Solar公司首先开发并投入商业生产[3]。

线牵引生长带硅晶体的示意图如图8.3所示。同样，利用石墨坩埚首先将硅原料熔化，然后由两条平行的具有热抗性的线从坩埚、熔体中穿出，用于稳定生长时带硅的边缘，直接将一定厚度的带硅从熔硅中拉出。显然，该技术具有工艺简单、可以连续加料、连续生产的优点。而且，晶体材料可以高速生长，生长速度高达$25mm/min$。

在晶体生长过程中，线的直径是决定SRG带硅材料厚度的主要因素之一，正常情况下，可以生长厚度$300\mu m$的带硅。如果减小线的直径，也可以制备厚度小于$100\mu m$的带硅，目前最小厚度$5\mu m$的SRG带硅已经研制成功。另外，还需要精确地控制熔体温度以确定适合的固液界面，这也会影响带硅的厚度。带硅材料的宽度则取决于两线之间的宽度，通过调整两线之间的宽度，可以获得所需的不同尺寸的硅片。

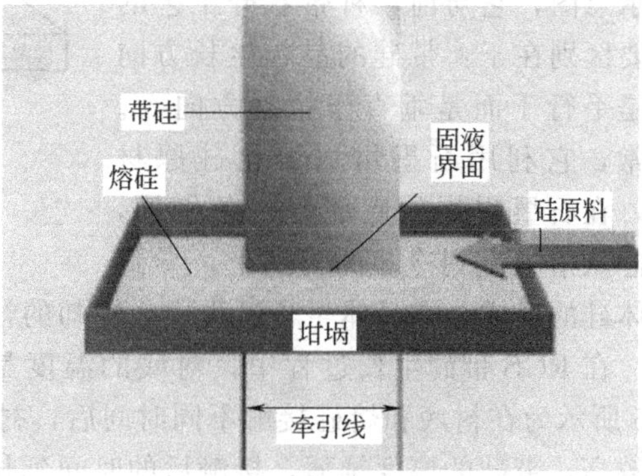

带硅晶体生长完成后，用激光或特殊的金刚刀具将SRG带硅切割成边长相等的正方形硅片或者长方形硅片，然后直接用于制备太阳电池。

图8.3 线牵引生长带硅晶体的示意图[2]

线牵引生长带硅的设备十分简单，成本很低，工作循环次数高。通常，带硅的厚度为$300\mu m$，宽度为5.6cm。Evergreen Solar公司利用该技术制备了5.6cm×15cm×250μm的带硅硅片及电池，其实验室的光电转换效率可达15.1％。目前，其商业生产的SRG带硅材料达到10MW的能力。

8.1.3 枝网带硅工艺

枝网技术（又称枝蔓技术）生长带硅晶体材料，属于垂直生长技术，最早是由Westinghouse公司开发的，其后Ebara Solar继续研究其晶体生长和加工技术并于2000年开始小规模生产。

　　枝网技术生长带硅的过程比线牵引生长带硅技术（SRG）发展还要早。它也是利用石墨坩埚首先将硅原料熔化，然后将籽晶在坩埚中部与熔体接触、浸润，此时快速提高熔体的过冷度，使籽晶下端向两侧长出左右对称的针状晶体，在一定长度后提高晶体拉伸速度，此时针状晶体两端长出枝网状（枝蔓状）晶体并不断向下和向中间延伸，形成带状晶体硅。通常，从两端长出的枝蔓状晶体在中间结合，形成各有一个单晶、中间界面是孪晶界的双晶带硅，因此，DWG 技术的晶体生长速率慢，但是晶体质量好。另外，DWG 技术与 SRG 技术一样，具有工艺简单、可以连续加料的优点。枝网生长带硅需要精确控制熔体的温度，以得到确定的带硅厚度。

　　目前，DWG 带硅的厚度一般为 $100\mu m$，宽度为 6cm，长度最长可达 37m，电池尺寸为 $10cm^2$。这种技术制备的带硅也是多晶硅材料，但如果温度控制得当，可以得到大晶粒多晶甚至单晶。目前，以 DWG 材料制备的实验室太阳电池的光电转换效率最高可达 17.3%，主要是带硅的晶体质量好，表面复合少，所以电池的开路电压可以做得很高。目前 Ebara 公司有 1MW 的生产线，总体而言，大规模工业化生产的可能性仍然很小。

8.1.4　衬底上的带硅生长技术

　　与前面提到的三种主要的带硅生长技术不同，衬底上的带硅生长技术（RGS）属于水平生长技术，最早是由德国 Bayer 公司在 20 世纪 80 年代初开发的，现由荷兰的 ECN Solar Energy 公司继续研究开发。

　　图 8.4 所示为 RGS 带硅晶体生长示意图，它与前三种带状硅工艺的主要区别在于：带硅的晶粒生长方向不是平行于而是垂直于拉制方向[4]。通常，它利用石墨坩埚熔化硅原材料，在石墨坩埚的底部开一条细槽，熔硅从槽中流到冷却的衬底上，导致

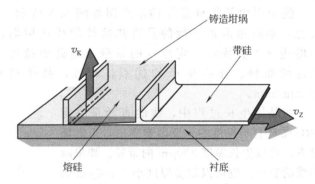

图 8.4　RGS 带硅晶体生长示意图

晶体硅的形成。在晶体生长过程中，冷却的衬底不停地向前运动，从而使晶体硅形成带状。

　　在 RGS 带硅生长过程中，衬底的温度是决定带硅厚度和生长速率的重要因素[5]。图 8.5 所示为在衬底和熔硅接触不同时间后，衬底温度与带硅厚度之间的关系。显然，衬底温度越高，带硅的厚度越薄，接触后的时间延长，带硅的厚度增加。图 8.6 所示为利用不同温度的衬底在与熔硅接触后，RGS 带硅生长速率随接触时间的延长而变化的规律。从图 8.6 中可知，衬底温度越低，带硅的生长速率越快，随着时间的延长，生长速率则逐渐降低。

　　RGS 带硅的结晶度受到衬底与熔体界面的成核条件以及生长速率的影响。通常，RGS 的晶粒尺寸会随着生长速率的增大而减小，当达到可承受的最大生长速率时，RGS 带硅的晶粒尺寸仅为 0.1～0.5mm。

　　相对而言，RGS 带硅的生产速率较快，可达到 $(10\times10)cm^2/s$，这是因为晶粒是在衬底上开始形核，然后自衬底开始向上生长，与晶体的拉制方向有所不同，因此这种技术生长的带硅有较高的拉制速率和产出率。但是该技术制备的带硅相对较厚，达到 $300\mu m$ 左右；另外，在带硅的前表面有一层不平坦层，背面有一层高碳层，在制备太阳电池时必须去除；通常正面要去除 $50\mu m$，背面要去除 $25\mu m$，这既增加工序，又浪费时间。而且，和垂直生长的带状晶体硅一样，RGS 带硅也是具有细小晶粒的多晶硅，含有大量的晶界和位错等

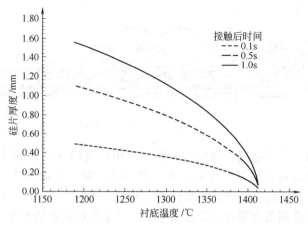

图 8.5 衬底与熔硅接触不同时间后，衬底温度
与带硅厚度之间的关系[5]

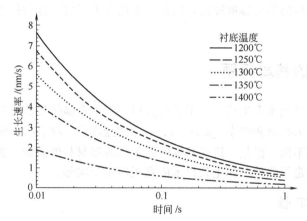

图 8.6 利用不同温度的衬底在与熔硅接触后，RGS 带硅
生长速率随接触时间的延长而变化情况[5]

缺陷。

通常 RGS 带硅的厚度为 $300\sim400\mu m$，晶粒大小为 0.1~0.5mm，位错密度为 $10^5\sim10^7 cm^{-2}$，碳浓度为 $(1\sim2)\times10^{18} cm^{-3}$，氧浓度为 $1\times10^{18} cm^{-3}$ 左右。由于晶界和缺陷的作用，其太阳电池的光电转换效率依然低于 12%，所以，这种工艺目前并未商业化生产。

8.1.5 工艺粉末带硅生长技术

SSP 工艺制备带硅材料也是一种水平生长技术，始于 20 世纪 80 年代晚期，由德国 Fraunhofer 太阳能研究所首先提出[6,7]。

SSP 技术利用的是硅粉颗粒两步熔融工艺。它首先将硅粉均匀地铺洒在水平的衬底上，然后利用激光或其他光加热技术，将硅粉预加热；其后再利用光加热技术，将硅粉末熔化；随后熔化的硅熔体离开加热区，逐渐冷却，形成多晶硅的硅带。SSP 带硅的生长示意如图 8.7 所示[2]。

利用 SSP 技术生长的带硅的多晶硅颗粒的宽度可达毫米级，长度达到厘米级，但是缺陷依然很多，在实验室中太阳电池的效率只能达到 13% 左右。因此，这种技术在工业上的应用看来还比较遥远。

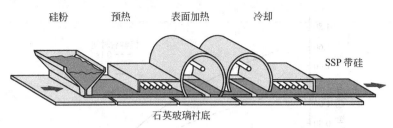

图 8.7 SSP 带硅生长示意图

最近研究者提出，利用金属硅粉作为原料，采用改良的 SSP 技术生长低晶体质量的带硅材料，作为硅薄膜的衬底材料。这种技术主要是将硅粉的表面熔化，形成带状多晶硅材料，然后在上面再外延硅薄膜；或者将带硅首先氧化，形成一层 SiO_2 中间层，最后再外延生长薄膜。但是，虽然利用金属硅可以降低成本，可是带硅制备的本身又增加了工艺，增加了成本；而且，带硅晶粒细小、表面粗糙，对生长硅薄膜不利；更重要的是，低质量金属硅制备的带硅含有大量的金属杂质，在后续的薄膜加工工艺中，这些金属杂质很容易扩散到硅薄膜中，导致硅薄膜性能的大幅度降低，因此，即使作为衬底，这种技术应用于商业生产也是有一定难度的。

8.2 带硅生长的基本问题

无论是垂直生长还是水平生长，对于带硅材料而言，在晶体生长时都面临三个基本的问题：边缘稳定性、压力控制和产率 $[cm^2/(min \cdot 台机器)]$。对于不同的带硅生长技术，这些问题的侧重点有所不同。但是，这些基本问题不仅决定材料的质量，实际上还决定了材料的相对成本，最终决定了哪种晶体生长技术能真正应用于实际。

8.2.1 边缘稳定性

所谓的边缘稳定性是指在晶体生长时，带硅边缘需要约束，以便生长出宽度一致的带硅。晶体生长时要实现带硅边缘的稳定，一般需要对边缘进行限制。EFG 带硅是利用石墨坩埚中具有毛细作用的槽或模具来生长中空闭合的八面体带硅，边缘是用模具限制的。在线牵引生长的带硅中，能够抵挡高温的线材料被用来稳定生长中带硅的边缘。而在枝网生长带硅中，是利用枝晶沿带硅边缘的生长造成了硅熔体在边缘的过冷而实现边缘稳定性的。

8.2.2 应力控制

应力控制是指在一定的生长速率下，带硅必须在固液界面保持一定的冷却温度梯度（约 $500℃/cm$），因此，带硅的冷却速率都很高。这就导致带硅中产生和残留较大的应力，最终导致带硅中产生大量的缺陷，甚至产生带硅的弯曲和断裂。因此，对于所有的带硅生长技术来说，应力控制是非常重要的。

对于垂直生长的带硅而言，其应力一般正比于固液界面的温度梯度。为了克服高冷却速率下的应力相关问题，必须采用余热控制设计，以适当降低冷却速率。为此，人们设计了后加热器，对晶体生长完成后的带硅进行后加热处理，以免带硅降温过快。

Evergreen 公司曾开发出一种主动式后加热器，其发热原件是利用电驱动的。这种加热器是"可调的"，它的应用给线牵引带硅的生长带来了显著影响，能够使生长速率提高 50% 以上，而且使生长薄带硅（如 $100\mu m$）以及宽带硅更加容易。

8.2.3 产率

产率是指单台设备单位时间的带硅产量。显然，这是由多种因素决定的，涉及硅带面积、机器成本、劳动力和工作循环等因素，但它直接影响带硅技术的产业化进程。

表 8.1 带硅晶体的生长参数

方　法	生　长　参　数			
	拉制速度/(cm/min)	宽度/cm	产量/(cm²/min)	炉数/MW
EFG	1.65	8~12.5	165	100
SRG	1~2	5~8	5~16	1175
DWG	1~2	5~8	5~16	2000
RGS	600	12.5	7500	2~3

带硅晶体的生长参数见表 8.1。从表 8.1 中可以看出，RGS 带硅的产率最大，但是由于质量问题仍未解决，还是没有投入实际生产。而 SRG 和 DWG 带硅材料的生产能力明显较低，但是其晶体生长设备简易、低成本，而且可以高度自动化，因此还是具有一定竞争力的。EFG 带硅材料的产率居于中间水平，但是 EFG 带硅材料的八面体生长相当于 8 个片状带硅同时生长，而且 EFG 管材直径的增大也使得每台炉子的产率有可能提高，EFG 带硅今后的发展方向是八面体管的直径超过 1m，而厚度薄至 100μm。因此，EFG 带硅的产率具有一定的竞争力。

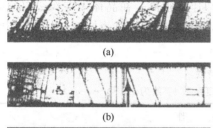

(a)

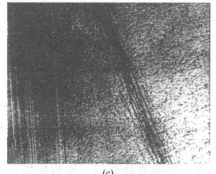

(b)

(c)

图 8.8 EFG 带硅材料经化学腐蚀后的光学显微照片

带硅拉制速度为 3.5cm/min，图 8.8 中为高密度位错区：(a) 厚度为 0.15mm 的带硅，70.4×；(b) 厚度为 0.26mm 的带硅，70.4×；(c) 对 (b) 中箭头所指区域的放大 645×

很显然，提高带硅材料的拉制速度可以提高带硅的产率。但是，对于带硅而言，尽管理论上拉制速度可达到 7~10cm/min，但是由于热应力的原因，实际的生长速度最多只能控制在 1~2cm/min。因为热应力会在带硅中引入高密度的位错和不期望的残余应力，甚至导致带硅的弯曲。图 8.8 所示为 EFG 带硅材料经化学腐蚀后的光学显微照片，材料是在两倍于常规拉制速度的情况下拉制的。从图 8.8 中可以看出，由于高速拉制导致的应力引起了高密度缺陷，而这些缺陷又会使太阳电池的效率难以提高。

另外，带硅生长时弯曲的固液界面的稳定性需求进一步增加了对生长速度的限制。例如，对于枝网生长带硅技术，由于晶体生长是在过冷熔体中发生的，要将固液界面调整至 1°的几十分之一内才能获得稳定的生长界面。

8.3 带硅材料的缺陷和杂质

8.3.1 带硅材料的晶界

不论利用何种技术生长，带硅材料都是多晶材料。也就是说是由许多晶粒构成的晶体材料，因此，与铸造多晶硅一样，晶界是影响带硅材料质量的主要因素之一。

EFG 带硅和 SRG（线牵引生长带硅）带硅都有许多孪晶界和一些大角度的晶粒晶界。因为硅中（111）晶面上形成孪晶界的能量很低，几乎可以忽略不计，因此，在带状生长的晶体硅材料中很容易发现大量的（111）晶面孪晶。与 SRG 带硅相比，EFG 带硅具有更多的大角度晶界，位错密度也更高。而在 SRG 带硅中，孪晶更多，高达 80% 的表面可以被孪晶带所覆盖；而且孪晶带通常很宽，可以达到厘米量级。同时，SRG 带硅中的大角度晶界多倾向于从其线边缘向体内发射，仅数毫米即消失。此外，还可以通过改变 SRG 带硅的生长条件，生长出非常大的单晶颗粒，有时长度可达到 20cm。

与其他带硅相比，DWG（枝网生长带硅）的多晶程度最低，最接近于单晶，其晶粒粗大，晶界对材料性能的影响相对较小。

8.3.2　带硅材料的位错

位错是带硅中另一种重要缺陷。通常，带硅的冷却速率很高，在晶体中存在一定的应力，导致与其他晶体硅材料相比，具有更多的位错。带硅材料的特性见表 8.2，从表 8.2 中可以看出，带硅的位错密度一般在 $10^4 \sim 10^7 \, cm^{-2}$ 左右。

表 8.2　带状硅材料的特性

（对带硅最有害的金属杂质的典型平衡分凝系数 k_0 约为 10^{-5}）

方　法	特　　性		
	位错密度/cm^{-2}	有效分凝系数	厚度/μm
EFG	$10^5 \sim 10^6$	$k_0 < k_{eff} < 10^{-3}$	$250 \sim 350$
SRG	5×10^5	$k_0 < k_{eff} < 10^{-3}$	$100 \sim 300$
WDG	$10^4 \sim 10^5$	$k_0 < k_{eff} < 10^{-3}$	$75 \sim 150$
RGS	$10^5 \sim 10^7$	$k_{eff} < 1$	$300 \sim 400$

SRG（线牵引生长）带硅中的位错密度约为 $5 \times 10^5 \, cm^{-2}$。一般而言，在独立的大晶粒之中以及紧密排列的孪晶（或孪晶带）中，位错密度很低；而其他一些区域，位错密度则会相当高。另外，孪晶界还起到了阻碍位错移动的壁垒作用。图 8.9 所示为 SRG 带硅材料表面经化学腐蚀后的光学显微照片，图 8.9 中显示出明显的位错以及孪晶界，而箭头所示说明了孪晶界对位错移动的阻碍作用。另外，从图 8.9 中还可知，由于孪晶带与表面垂直，这说明带硅材料的少数载流子寿命将沿带硅宽度方向变化，而在垂直方向变化不大。

研究还表明，在位错密度很低的孪晶带和晶粒中，起始少数载流子寿命可高达 $10 \sim 15 \mu s$。而在高位错密度区域，起始少数载流子寿命则低达 $1 \sim 5 \mu s$。但是，在经过一定的工艺处理之后，SRG 带硅材料的少数载流子寿命会有显著

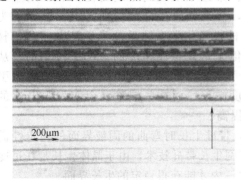

图 8.9　SRG 带硅材料表面经化学
腐蚀后的光学显微照片
（箭头指示出孪晶阻碍位错移动的位置）

增长，甚至超过 $30 \mu s$。

8.3.3 带硅材料的杂质

利用带硅技术生产的带状硅片，其杂质类型和浓度与普通晶体硅显著不同，与具体的生长技术关系密切。EFG带硅和SRG带硅都是在石墨坩埚中生长出来的，带硅材料中的碳浓度都很高，基本达到了饱和水平，而相对氧浓度则较低。但是，RGS带硅材料的氧、碳浓度都比较高（见表8.3）。

金属杂质在硅中的固溶度和平衡分凝系数都很低，但是对硅材料的性能影响很大。对于这些低平衡分凝系数的金属杂质，它们在带硅生长过程中的有效分凝系数 k_{eff} 远远大于平衡分凝系数 k_0。

表 8.3 带硅材料氧、碳杂质浓度和太阳电池效率

方 法	参 数		
	碳浓度/cm^{-3}	氧浓度/cm^{-3}	效率/%
EFG	10^{18}	$<5\times10^{16}$	15~16
SRG	4×10^{17}	$<5\times10^{17}$	15~16
WDG	未测	10^{18}	17.3
RGS	10^{18}	2×10^{18}	10~11

典型的带硅生长过程是晶体连续生长，通常需要不断地添加硅原料，使得坩埚熔体中的杂质浓度不断增加；同时，坩埚的使用时间也较长，可以达到2~3周，可能有更多的杂质自坩埚中进入硅熔体，导致硅中的金属杂质浓度增加。

8.4 带硅材料的氢钝化和吸杂

8.4.1 带硅材料的氢钝化

由于带硅中含有大量的位错和晶界缺陷，同时还具有较高浓度的金属杂质，影响带硅材料的质量，通常原生带硅材料的少数载流子寿命基本在 1~10μs 范围内，限制了其太阳电池光电转换效率的提高。因此，氢钝化就显得尤为重要。

与铸造多晶硅的氢钝化过程相同，带硅材料的氢钝化可以在氢气中热处理，也可以结合 SiN 减反射膜的制备进行。为了节约电池成本，后者已经被工业界广泛应用于铸造多晶硅太阳电池的制备工艺中。显然，结合 SiN 减反射膜制备进行的氢钝化工艺，也是目前带硅材料进行氢钝化的优选工艺。具体的氢钝化工艺可以参见 7.4 节的相关内容。

以 EFG 带硅材料为例，由于热应力，EFG 带硅中含有很高密度的位错和晶界等缺陷，过渡金属浓度也较高，从而导致原生 EFG 带硅硅片中的少数载流子寿命通常低于 3μs。但是，经过氢钝化过程，EFG 带硅中的少数载流子寿命有了很大提高，直接改善了材料的性能。图 8.10 所

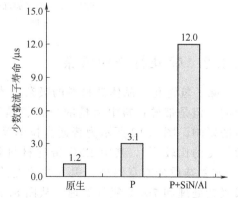

图 8.10 EFG 带硅材料在经历磷吸杂、SiN 减反射层氢钝化以及铝背场制备前后（850℃、2min）少数载流子寿命的变化情况[8]

示为 EFG 带硅材料在经历磷吸杂[8]、SiN 减反射层氢钝化以及铝背场制备前后（850℃、

2min) 少数载流子寿命的变化情况。由图 8.10 可知，原生 EFG 带硅材料中的少数载流子寿命仅为 $1.2\mu s$，在磷吸杂后，少数载流子寿命上升至 $3.1\mu s$，再经过氢钝化和铝背场制备，材料的少数载流子寿命有了大幅度提高，达到 $12.0\mu s$，这说明了氢钝化对材料性能的改善作用。

一般认为，氢对带硅材料的钝化作用主要是由于氢原子对位错、晶界和杂质悬挂键的钝化。研究发现，结合磷吸杂和铝背场工艺，SiN 氢钝化使带硅材料的少数载流子寿命或扩散长度将大大提高[9,10]，如图 8.11 所示。研究认为，铝背场制备时能够产生大量空位，而空位和氢形成 H-V 复合体，具有能量优势，促进了氢原子自氮化硅层的扩散。同时，空位还能分离带硅体内的氢分子，进一步增加带硅体内的氢原子浓度，从而促进了缺陷钝化，提高了带硅体内的少数载流子寿命。

图 8.11 所示为不同带硅材料经历不同的氢钝化和吸杂处理后少数载流子寿命的变化情况。显然，无论是氢钝化，还是磷吸杂、Al 背场/吸杂，都能够有效地提高少数载流子寿命，既说明了氢钝化能够明显作用于缺陷和金属杂质，又说明了吸杂的作用。如果将两者结合起来，显然效果更好。

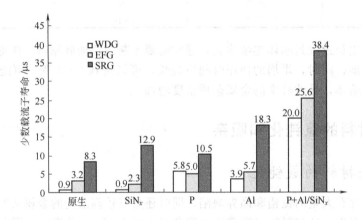

图 8.11　不同带硅材料经历不同的氢钝化和吸杂
处理后少数载流子寿命的变化情况
SiN_x—氮化硅薄膜沉积时的氢钝化处理；P—磷吸杂
处理；Al—铝背场和铝吸杂处理

8.4.2　带硅材料的吸杂

除了氢钝化，晶体硅材料的吸杂技术也可以改善带硅材料的质量，消除金属杂质的影响。但是带硅材料中大量的位错、晶界以及晶界内缺陷对带硅材料的吸杂效率有严重的影响。图 8.12 所示为普通直拉单晶硅和 EFG 带硅材料在磷吸杂前后少数载流子扩散长度的比较[11]，其中 EFG 带硅材料包括含位错和不含位错的材料，样品首先经过 850℃铁杂质的有意污染，引入铁浓度约为 $2\times10^{13}\,cm^{-3}$，然后经过 900℃、2h $POCl_3$ 磷吸杂处理和 700℃氮气处理。从图 8.12 中可以看出，EFG 带硅材料的原始少数载流子扩散长度远远低于直拉单晶硅，经过铁污染，直拉单晶硅的少数载流子扩散长度大幅度下降，而经过吸杂后，直拉单晶硅的少数载流子扩散长度几乎完全回升，说明了吸杂对金属杂质的作用和对直拉单晶硅材料质量改善的作用。对于不含位错的 EFG 带硅材料，主要含有晶界和体内微缺陷，经过磷吸杂处理，少数载流子扩散长度有所增加，但是还是远远低于直拉单晶硅，说明晶界和体内微缺陷影响吸杂的效率。对于含有位错的 EFG 带硅材料，磷吸杂前后少数载流子扩散长度几乎没有变化，说明 EFG 带硅材料中的高密度位错严重影响吸杂技术的作用。

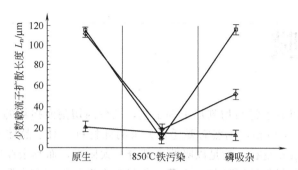

图 8.12　普通直拉单晶硅和 EFG 带硅材料在磷吸杂
前后少数载流子扩散长度的比较[11]

□CZ（单晶）；◇EFG（多晶，无位错）；△EFG（多晶，有位错）

　　带状硅生产技术在过去几十年的发展中日趋成熟，部分带状硅技术已经达到数十兆瓦的生产量。但是，其目前仍然具有很大的问题，在和直拉、铸造晶体硅的竞争中没有显示优势，正在从实际太阳电池市场中消失。因此，在今后的发展中，除了要改进基础工艺、发展自动化设备和基础设施之外，为提高带状硅材料的晶体质量和电学性能，对其中相关缺陷的研究以及控制仍需进一步深入。

参 考 文 献

[1]　Ciszek T F. J Crystal Growth，1984，66：655.

[2]　Goetzberger A，Hebling C，Schock H W. Mater Sci & Eng R，2003，40：1.

[3]　Sachs E M，Ely D，Serdy J. J Crystall Growth，1987，82：117～121.

[4]　Lange H，Schwirtlich I A. J Crystal Growth，1990，104：108.

[5]　Schöneckr A，Laas L，Gutjahr A，Goris M，Wyers P. In：Proceeding of the 12th Workshop on Crystalline Silicon Solar Cells. Materials and Processes，2002.

[6]　Eyer A，Schillinger N，Schelb S，Rauber A. J Crystal Growth，1987，82：151.

[7]　Eyer A，Schillinger N，Reis I，Rauber A. J Crystal Growth，1990，104：119.

[8]　Sana P，Rohatgi A，Kalejs J P，Bell R O. Appl Phys Lett，1994，64：97.

[9]　Jeong J W，Rosenblum M D，Kalejs J P，Rohatgi A. J Appl Phys，2000，87：7551.

[10]　Rohatgi A，Yelundur V，Jeong J W，Ebong A，Rosenblum M D，Hanoka J I. Solar Energy Materials and Solar Cells，2002，74：117.

[11]　Scott A McHugo，Jeff Baile，Henry Hieslmair，Eicke R Weber. In：Proceeding of the First World Conference on Photovoltaic Energy Conversion (WCPEC). Hawaii，USA：1994.

第 9 章
非晶硅薄膜

尽管带硅材料可以省去材料切割加工等工艺，减少因切割而损耗的硅材料，但是带硅材料的厚度一般为 $200 \sim 300 \mu m$，仍然需要耗费大量的硅材料。对于晶体硅太阳电池而言，晶体硅吸收层厚仅需 $25 \mu m$ 左右，就足以吸收大部分的太阳光，而其余厚度的硅材料主要起支撑电池的作用。这部分材料的厚度如果太薄，很显然在硅片加工和太阳电池制备过程中，硅片容易碎裂，造成成本的增加。但是，如果这部分晶体硅材料的厚度太厚，一是浪费材料，增加成本；二是 p-n 结产生的光生载流子需要经过更长距离的扩散，这部分材料中的缺陷和杂质会造成少数载流子寿命和扩散长度的降低，最终也就降低了太阳电池的光电转换效率。因此，人们一方面不断地改善工艺，降低晶体硅的硅片厚度，目前 $200 \mu m$ 的硅太阳电池已经广泛应用；另一方面，人们希望利用沉积在廉价衬底上的薄膜硅材料，非晶硅就是其中重要的一种。

非晶硅薄膜（amorphous silicon，a-Si）具有独特的物理性能，可以大面积加工，因此作为太阳能光电材料已经在工业界中广泛应用；同时，它还在大屏幕液晶显示、传感器、摄像管等领域有重要的应用。

早在 20 世纪 60 年代，人们就开始了对非晶硅的基础研究，70 年代非晶硅就开始用于太阳能光电材料。1976 年，卡尔松（D. E. Carlson）等首先报道了利用非晶硅薄膜制备太阳电池，其光电转换效率为 2.4%[1]，很快光电转换效率增加到 4%[2]。时至今日，非晶硅薄膜太阳电池已发展成为实用廉价的太阳电池品种之一，具有相当的工业规模。世界上非晶硅太阳电池的总组件生产能力达到每年 1GW 以上，应用范围小到手表、计算器电源，大到 10MW 级的独立电站，对太阳能光伏的发展起到了重要的推动作用。

非晶硅的电子跃迁过程不受动量守恒定律的限制，可以比晶体硅更有效地吸收光子，在可见光范围内，其光吸收系数比晶体硅高 1 个数量级左右，本征光吸收系数达到 $10^5 cm^{-1}$。也就是说，对于非晶硅材料，厚度小于 $1 \mu m$ 就能充分吸收太阳光能，低于晶体硅相当厚度的 1%。对于太阳电池制备而言，材料成本可以大幅度降低。图 9.1

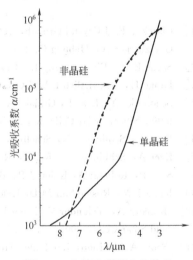

图 9.1　非晶硅薄膜和晶体硅的光吸收系数[1]

所示为非晶硅薄膜和晶体硅的光吸收系数[1]。由图 9.1 可知，非晶硅薄膜的吸收系数在可见光范围远大于晶体硅。

非晶硅没有块体材料，只有薄膜材料，所以非晶硅一般是指薄膜非晶硅或非晶硅薄膜。与晶体硅相比，非晶硅薄膜具有制备工艺简单、成本低且可大面积连续生产的优点。在太阳电池领域，其优点具体表现为以下几点。

① 材料和制造工艺成本低　这是因为非晶硅薄膜太阳电池制备在廉价的衬底材料上，

如玻璃、不锈钢、塑料等，其价格低廉；而且，非晶硅薄膜厚度仅有数千埃，不足晶体硅太阳电池厚度的百分之一，大大降低了硅原材料的成本；进一步而言，非晶硅制备在低温下进行，沉积温度为 100～300℃，显然规模生产的能耗小，可以大幅度降低成本。

② 易于形成大规模的生产能力　这是因为非晶硅适合制作特大面积、无结构缺陷的薄膜，生产可全流程自动化，显著提高劳动生产率。

③ 多品种和多用途　不同于晶体硅，在制备非晶硅薄膜时，只要改变原材料的气相成分或气体流量，便可使非晶硅薄膜改性，制备出新型的太阳电池结构（如 pin 结或其他叠层结构）；并且根据器件功率、输出电压和输出电流的要求，可以自由设计制造，方便地制作出适合不同需求的多品种产品。

④ 易实现柔性电池　非晶硅可以制备在柔性的衬底上，而且其硅原子网络结构的力学性能特殊，因此，它可以制备成轻型、柔性太阳电池，易于与建筑集成。

但是，与晶体硅相比，非晶硅薄膜太阳电池的效率相对较低，在实验室中电池的稳定最高光电转换效率只有 13% 左右。在实际生产线中，非晶硅薄膜太阳电池的效率也不超过 10%；而且，非晶硅薄膜太阳电池的光电转化效率在太阳光的长期照射下有一定的衰减，到目前为止仍然未根本解决。所以，非晶硅薄膜太阳电池主要应用于计算器、手表、玩具等小功耗器件以及和建筑集成的太阳能光伏电站中。

要改善非晶硅薄膜太阳电池的效率，一是要改善材料的性能；二是要改善太阳电池的设计。在非晶硅材料方面，不仅需要增加非晶硅材料对太阳光的吸收，而且需要减少缺陷态密度，降低光生载流子的复合。另外，设计叠层电池结构和精确控制各层厚度，改善各层之间的界面状态，以求得高效率和高稳定性。除了改变和优化非晶硅材料和器件的制备工艺外，开发新型非晶硅合金材料也是一条重要的途径，如 a-SiGe 和 a-SiC 合金等。

本章阐述非晶硅薄膜材料的基本性能，包括结构特点和能带结构，介绍等离子体化学气相沉积制备非晶硅薄膜的原理和工艺，说明非晶硅材料的掺杂，以及非晶硅中氢的性质和氢致缺陷。

9.1　非晶硅薄膜的基本性质

从结构上分类，材料可分为晶体和非晶体，其中晶体又包括单晶、多晶、微晶以及纳米晶。由于晶体和非晶体原子结构排列的不同，即使同一元素组成的非晶材料和晶体材料的性质也有许多不同之处。对于硅材料而言，也存在结构和晶体硅并不相同的非晶硅，它具有特殊的结构、性质和应用。

9.1.1　非晶硅的原子结构特征

非晶硅的最基本特征是原子排列的特殊性，呈现短程有序、长程无序的特点，是一种共价无规的网络原子结构。即对一个单独的硅原子而言，其周围与单晶硅中的硅原子一样，由 4 个硅原子组成共价键，在其近邻的原子也有规则排列，但更远一些的硅原子，其排列就没有规律。如果定义 $4\pi r^2 \rho_{ij}(r)$ 为原子径向分布函数，即指 i 原子周围半径为 $r\sim(r+dr)$ 之间球壳中 j 原子的数目，其中 $\rho_{ij}(r)$ 是 i 原子周围半径为 $r\sim(r+dr)$ 之间球壳中 j 原子的密度，那么，非晶硅和晶体硅原子的径向分布函数如图 9.2 所示[3]。从图 9.2 中可知，非晶硅和晶体硅最紧邻的原子峰都在 (2.375 ± 0.05)Å 处，而且峰的面积相同，表示有 4 个近邻原子；两者次近邻的峰在 (3.69 ± 0.05)Å 处，但是非晶硅的该峰面积要小于晶体硅的面积；在距离更远的区域，非晶硅的峰就不明显，说明非晶硅仅仅是短程有序。

9.1.2 非晶硅的能带结构

晶体硅的能带理论已经相当成熟，它是把量子力学原理用于固态多体系统推算出来的。也就是说，晶体硅的晶格结构和相应的电势场都具有空间的周期性，在晶格绝热近似和单电子近似条件下，通过求解薛定谔方程，获得体系中电子态按能量的分布，从而构成晶体的能带。

晶体的能带由导带、价带以及两者之间的禁带组成。如 2.2 节所描述，导带底有固定的值，在导带底之上为导带扩展态，在室温下有自由电子导电；同样，价带顶有固定的能量值，在价带顶以下的能态为空穴扩展态，在室温下有空穴导电；而在禁带中是没有电子能态的。但是，在半导体材料中存在缺陷和杂质，常常在禁带中引入缺陷能级，其上占据的电子是局域化的，起载流子复合中心的作用。通常，单晶体的缺陷密度很小，在 $10^{15}\,\mathrm{cm}^{-3}$ 左右，而且呈离散分布。

由于非晶硅的原子排列和晶体硅不同，其能带结构也有所变化。非晶硅原子结构的长程无序，使得晶体的能带理论不能简单地直接应用于非晶硅薄膜半导体上，需要做一些修正。关于非晶态半导体的能带理论，多年来人们已经做了相当多的研究，但仍然存在争议。20世纪 70 年代初期，N. F. Mott 和合作者先后提出了 Mott-CFO 模型和 Mott-Davis 模型[4]，成为成功解释非晶态半导体（包括非晶硅）能带的主要理论模型。

Mott-CFO 模型指出，非晶态半导体的原子是短程有序。从紧束缚近似理论来看，在一个原子的最近邻处，原子依然排列整齐，与晶态半导体相同，可以应用晶态半导体的能带理论；而在次近邻和稍远处，原子排列有偏差，可以看作是晶格紊乱对晶体能带中电子态密度的一种微扰，使得能带出现带尾结构，如图 9.3 所示[5]。

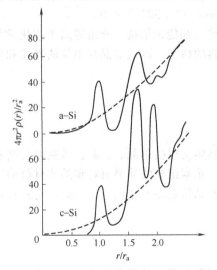

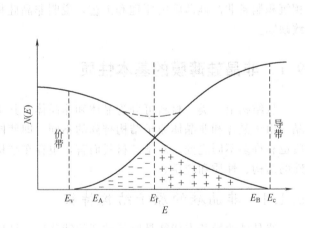

图 9.2 非晶硅和晶体硅
原子的径向分布函数[3]

图 9.3 非晶态半导体的
Mott-CFO 能带模型[5]

从图 9.3 中可以看出，由于晶格无序的微扰，能带在边缘区域延伸出来，进入能隙，甚至相互交叠起来，形成定域态的带尾结构。在晶态半导体中由于存在杂质和缺陷，会在禁带中引入缺陷能级，包括导带下的施主能级和价带上的受主能级。如果缺陷和杂质的浓度比较高，缺陷能级就会拓宽，形成缺陷能带，甚至与导带或价带相连，形成带尾结构。而非晶态半导体的缺陷密度非常高，达到 $10^{17}\,\mathrm{cm}^{-3}$ 左右，其带尾结构变成连续且延伸到带隙的深处。进一步而言，对于非晶态半导体价带的带尾，如果没有被电子占据，则呈正电性，起施主作用；如果被电子占据，则呈电中性。而对于导带的带尾，如果没有被电子占据，呈电中性；如果被电子占据，则呈负电性，起受主的作用。

如果导带和价带的带尾在能隙内交叠，那么，费米能级 E_f 就被钉扎在交叠带尾的中央。也就是说，非晶态半导体的费米能级基本不随掺杂浓度、缺陷浓度的改变而改变。对于位于费米能级 E_f 以下的导带带尾，由于都被电子占据，从而显示负电性；而位于费米能级 E_f 以上的价带带尾，由于没有被电子占据，是空着的，所以显示正电性。与晶态半导体中施主能级的电子可以填充空着的受主能级起到补偿作用一样，非晶态半导体中费米能级下的施主也会和费米能级上的受主复合，严重影响非晶态半导体的电学性能。

在非晶态半导体的能带中，不存在严格意义上的价带顶或导带底，而是存在意义相近的迁移率边（用 E_c 和 E_v 表示）。它们将能带分为两部分，一部分称为扩展态（$E > E_c$ 或 $E < E_v$ 区域）；另一部分称为定域态（$E_c > E > E_v$ 区域）。在扩展态中，非晶态半导体的电子和空穴与晶态半导体导带中的电子和价带中的空穴具有相似的性质，有一定的迁移率值，但是不同的是，由于非晶态半导体的长程无序，这些载流子的迁移率值都很低。通常，非晶态半导体的电子迁移率仅在 $1 \sim 10 \mathrm{cm}^2/(\mathrm{V} \cdot \mathrm{s})$ 左右，空穴的迁移率在 $0.01 \sim 0.1 \mathrm{m}^2/(\mathrm{V} \cdot \mathrm{s})$ 左右。而在带尾的定域态中，载流子只能通过热激发或隧道效应，在定域化能级之间跳跃式移动。

在晶态半导体的能带结构中，存在导带底（E_c）和价带顶（E_v），两者之间称为禁带（$E_c - E_v$）。而在非晶态半导体中，由于存在定域态，虽然有 E_c、E_v 存在，但意义已经不同，被称为迁移率边，两者之差也不再具有禁带的意义，而被称为迁移率隙（或能隙、光学带隙）。在晶态半导体的禁带中，由于微量杂质和缺陷的存在而引入缺陷能级，其位置和密度与杂质缺陷的类型和浓度紧密相关，直接影响费米能级的位置。而在 Mott-CFO 模型中，非晶态半导体的能隙内具有由晶格紊乱和晶格缺陷引起的较高的态密度，使得费米能级被钉扎，并不随掺杂原子、缺陷类型和浓度的改变而变化，也就是说，由于掺杂而出现的载流子浓度的微小变化并不能使非晶态半导体的费米能级产生移动，并不能导致电导率产生明显的变化。换句话说，在 Mott-CFO 模型中，非晶态半导体中的掺杂是无效的。

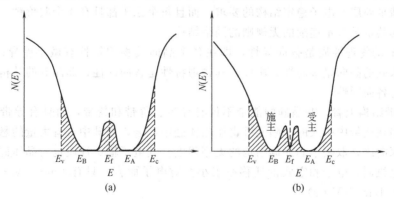

图 9.4　非晶态半导体的 Mott-Davis 能带模型[5]

为了克服这个缺陷，Mott 和合作者修正了 Mott-CFO 模型，提出 Mott-Davis 模型。在该理论模型中，非晶态半导体的带尾被认为很窄，并没有延伸到能隙的内部，即带尾没有形成交叠，如图 9.4 所示[5]。但是，由于非晶态半导体中存在大量的晶格缺陷，所以在能隙的中间会引入一个缺陷定域带。如果缺陷引入的是没有被电子完全占据的补偿能级，那么费米能级就位于缺陷定域带的中央位置；如果缺陷引入的是不具有补偿的能级，缺陷能带就分裂为施主能带和受主能带，费米能级则位于两者的中央。

在 Mott-Davis 模型中，定域带中载流子的跃迁主要依靠热激发，费米能级的位置及其附近的缺陷态密度分布 $N(E_f)$ 能够对非晶态半导体的性能产生影响。如果缺陷态密度 $N(E_f)$ 较高，则少量的掺杂或温度变化对费米能级的位置没有影响，说明费米能级几乎被钉扎；如果缺陷态密度 $N(E_f)$ 较低，则少量的掺杂或温度变化对费米能级的位置有明显的作用。

由能带的理论模型可知，要得到质量可控和性能优良的非晶硅薄膜，就需要通过改进非晶硅薄膜的制备技术，提高非晶硅的质量，来降低可能的缺陷态密度。因此，不同条件下制备的非晶硅薄膜的能带结构，特别是缺陷定域带能级的结构有可能大不相同。图 9.5 所示为利用场效应法测试的非晶硅（a-Si）的能隙态密度[6]。由图 9.5 可知，在不同条件下制备的非晶硅具有不同的能隙态密度。

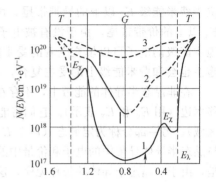

图 9.5 不同条件下制备的
非晶硅（a-Si）的能隙态密度[6]
1—辉光放电，衬底温度 520K；2—辉光
放电，衬底温度 350K；3—真空蒸发

在普通条件下制备的非晶硅含有大量硅悬挂键等结构缺陷，性能较差，在实际产业中并不应用，而是用来制备含氢的非晶硅薄膜（a-Si：H），利用氢来钝化硅的悬挂键，改善非晶硅薄膜的性能。研究表明，氢的引入也能改变非晶硅的能隙结构，a-Si：H 的能隙宽度为 1.7eV 左右。

9.1.3　非晶硅的基本特性

正是由于非晶硅的结构特点，与晶体硅相比，非晶硅薄膜具有下述基本特征和性质。

① 晶体硅的原子是在三维空间上周期性、有规则地重复排列，具有原子长程有序的特点；而非晶硅的原子在数纳米甚至更小的范围内呈有限的短程周期性的重复排列；而从长程结构来看，原子排列是无序的。

② 晶体硅由连续的共价键组成，而非晶硅虽然也是由共价键组成的，价电子被束缚在共价键中，满足外层 8 电子稳定结构的要求，而且每个原子都具有 4 个共价键，呈四面体结构。但是，其共价键显示连续的无规则的网络结构。

③ 单晶硅的物理性质是各向异性，即在各个晶向其物理特性有微小差异；而多晶硅、微晶硅、纳米硅的晶向呈多向性，所以，其物理特性是各向同性；非晶硅的结构也决定了其物理性质具有各向同性。

④ 从能带结构上看，非晶硅的能带不仅有导带、价带和禁带，而且有导带尾带、价带尾带，其缺陷在能带中引入的缺陷能级也比晶体硅中显著，如硅中含有大量的悬挂键，会在禁带中引入深能级，取决于非晶硅结构的无序程度。其电子输送性质也与晶体硅有区别，出现了跃迁导电机制，电子和空穴的迁移率很小。对电子而言，只有 $1cm^2/(V \cdot s)$；对空穴而言，约为 $0.1cm^2/(V \cdot s)$。

⑤ 晶体硅为间接带隙结构，而非晶硅为准直接带隙结构，所以，非晶硅的光吸收系数大。而且，带隙宽度也不是晶体硅的 1.12eV，氢化非晶硅薄膜的带隙宽度为 1.7eV。并且，非晶硅的带隙宽度可以通过不同的合金连续可调，其变化范围为 1.4～2.0eV。

⑥ 在一定范围内，取决于制备技术，通过改变合金组分和掺杂浓度，非晶硅的密度、电导率、能隙等性质可以连续变化和调整，易于实现新性能材料的开发和优化。

⑦ 非晶硅比晶体硅具有更高的晶格势能，因此在热力学上处于亚稳状态，在适合的热处理条件下，非晶硅可以转化为多晶硅、微晶硅和纳米硅。实际上，后者的制备常常通过非晶硅的晶化而来。

9.2 等离子体化学气相沉积制备非晶硅薄膜

非晶硅的制备需要很快的冷却速率，一般要大于 $10^5℃/s$，所以，其制备通常利用物理和化学气相沉积技术。对于物理气相沉积技术（如溅射）制备的非晶硅，含有大量的硅悬挂键缺陷，造成费米能级的钉扎，从而使非晶硅薄膜材料没有掺杂的敏感效应，难以通过掺杂形成 p 型和 n 型，并不能真正实用。因此，制备非晶硅主要利用化学气相沉积技术，包括等离子增强化学气相沉积（PE-CVD）、光化学气相沉积（photo-CVD）和热丝化学气相沉积（HW-CVD）等，而最常用的技术是等离子增强化学气相沉积技术，即辉光放电分解气相沉积技术。实际上，在 1969 年 R. C. Chittick[7] 利用辉光放电分解硅烷制备了含氢非晶硅薄膜（a-Si：H）后，通过氢补偿了悬挂键等缺陷，实现了对 a-Si：H 进行掺杂，非晶硅薄膜才被广泛应用于太阳电池。

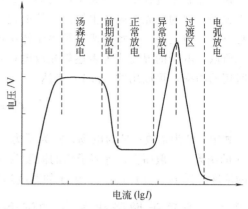

图 9.6 辉光放电系统的 *I-V* 特性曲线

9.2.1 辉光放电的基本原理[4,8]

在真空系统中通入稀薄气体，两电极之间将产生放电电流，产生辉光放电现象。图 9.6 所示为辉光放电系统的 *I-V* 特性曲线。如图 9.6 所示，其曲线可以分为若干个阶段，包括汤森放电、前期放电、正常放电、异常放电、过渡区和电弧放电，其中能实现辉光放电功能的是具有恒定电压的正常辉光放电和具有饱和电流的异常辉光放电阶段。在实际工艺中，人们通常选择异常辉光放电阶段。

辉光放电时，在两电极间形成辉光区，从阴极到阳极又可细分为阿斯顿暗区、阴极辉光区、克鲁克斯暗区、负辉光区、法拉第暗区、正离子柱区、阳极暗区和阳极辉光区等区域，如图 9.7 所示。当电子从阴极发射时，能量很小，只有 1eV 左右，不能和气体分子作用，在靠近阴极处形成阿斯顿暗区；随着电场的作用，电子具有更高的能量，可以和气体分子作用，使气体分子激发发光，形成阴极辉光区；其中没有和气体分子作用的电子被进一步加速，再与气体分子作用时，产生大量的离子和低速电子，并没有发光，造成克鲁克斯暗区；而克鲁克斯暗区形成的大量低速电子被加速后，又与气体分子作用，促使它激发发光，形成负辉光区。对于阳极附近区域，情况亦然。

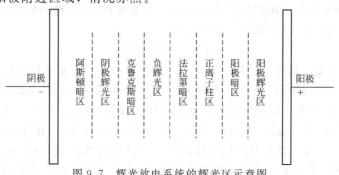

图 9.7 辉光放电系统的辉光区示意图

在两电极中间存在一个明显的发光区域，称为正离子柱区（或阳极光柱区），在此区域中，电子和正离子基本满足电中性条件，处于等离子状态。如果适当调整电极间距，可以使等离子区域（即正离子柱区）在电极间占主要部分，所以辉光放电分解沉积又称为等离子增强化学气相沉积。

在辉光放电过程中，等离子体的温度、电子的温度和浓度是重要因素，其中电子的温度最为关键。因为辉光放电产生等离子体的过程是一个非平衡的状态，虽然反应气体的温度只有几百开，但是经过电场加速，等离子体中电子的温度可以更高，实际决定了辉光放电的效率。所以，电子的温度成为表述辉光放电过程中最重要的物理量，而它主要取决于气体压力和所用的功率，可以用式（9.1）表达

$$T_e = \frac{C}{\sqrt{K}} \frac{E}{p} \tag{9.1}$$

式中，C 为常数；E 为电场；p 为压力；K 为电子由于碰撞而损耗能量的损耗系数，是 E/p 的函数。一般而言，等离子体的温度为 $100 \sim 500 ℃$，而电子的能量在 $1 \sim 10 eV$ 左右，电子的浓度达到 $10^9 \sim 10^{12} \, cm^{-3}$，电子的温度达到 $10^4 \sim 10^5 \, K$。

9.2.2　等离子增强化学气相沉积制备非晶硅薄膜

利用辉光放电原理，产生等离子体，然后沉积形成薄膜的技术称为等离子体增强化学气相沉积技术（plasma enhanced chemical vapor deposition，PE-CVD）。图 9.8 所示为等离子增强化学气相沉积系统的结构示意图。由图 9.8 可以看出，反应室中有阴极、阳极电极，反应气体和载气从反应室一端进入，在两电极中间发生化学反应，产生等离子体，生成的硅原子沉积在被加热的衬底表面上，形成非晶硅薄膜，而生成的副产品气体则随载气流出反应室。除将衬底放置在下电极上以外，衬底也常常被放置在上电极上；后者的放置方法，可以使反应产生的副产品不易受重力影响而沉积在衬底上，导致薄膜性能变差。

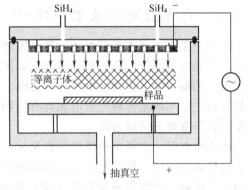

图 9.8　等离子增强化学气相沉积系统的结构示意图

实际工艺中，根据辉光放电的功率和频率不同，辉光放电可分为直流辉光放电、低频辉光放电（数百 kHz）、射频辉光放电（RF，13.56kHz）、甚高频辉光放电（VHF，$30 \sim 150MHz$）、微波辉光放电等。根据电极形式的不同，辉光放电设备又可分为外耦合电感式、外耦合电容式、内耦合平行板电容式和外加磁场式等，常用的设备是射频电容式。

利用等离子增强化学气相沉积制备非晶硅，主要是采用 H_2 稀释的硅烷（SiH_4）气体或高纯硅烷气体的热分解，其主要反应方程式为

$$SiH_4 =\!=\!= Si + 2H_2 \tag{9.2}$$

由式（9.2）可知，硅烷分解生成硅原子，沉积在衬底材料上形成非晶硅薄膜。

在反应室中，气体的反应并不是像式（9.2）一样简单，而是复杂的物理化学过程。一般认为，对于 H_2 稀释的硅烷分解而言，在 H_2 和 SiH_4 通入反应室后，首先在电场作用下发生分解，可能存在 Si、SiH、SiH_2、SiH_3、H、H_2 基团，以及其他少量的 $Si_m H_n^+$（n，$m > 1$）离子基团。但是，这些基团的浓度以及对非晶硅薄膜形成的影响大不相同。一般认为，在这些基团中，对于非晶硅薄膜的生长而言，SiH_2、SiH_3 是最重要的反应基团。

实际反应时,首先将反应室预抽成真空状态,然后将用 H_2 或 Ar 稀释的 SiH_4 通入反应室,调节各种气体的流量,使反应室的气压在 $13.3 \sim 1333.3Pa$ 之间;然后,在正、负电极之间加上电压,由阴极发射出电子,并在电场中得到能量后碰撞反应室内的气体分子或原子,使之分解、激发或电离,电子浓度达到 $10^9 \sim 10^{12}cm^{-3}$,并且正、负电荷数相等,形成等离子体。最终,分解的原子在衬底上沉积,形成非晶硅薄膜。

正是由于可能存在多种化学反应,使得非晶硅薄膜的性能对制备条件十分敏感,不同的设备都需要独特的优化的工艺,才能制备出高质量的非晶硅薄膜。一般而言,硅烷浓度在 10% 以上,流量为 $50 \sim 200mL/min$,衬底温度为 $200 \sim 300℃$,功率为 $300 \sim 500W/m^2$,比较适宜制备非晶硅薄膜。

在硅烷分解反应时,除硅原子外,还会产生一定量的氢原子,这些氢原子在非晶硅薄膜沉积时会进入非晶硅;同时,在制备非晶硅薄膜时,人们总是利用氢气作为硅烷的稀释气体,这样在反应系统中直接引入了氢气,也会在非晶硅中产生一定量的氢。因此,人们利用硅烷制备的非晶硅薄膜通常是含氢的非晶硅,简称 a-Si:H。

9.2.3 非晶硅薄膜的生长

在利用等离子体增强化学气相沉积制备非晶硅薄膜时,有多种因素影响薄膜的生长速率、生长厚度和薄膜质量,其中重要的是 SiH_4(硅烷)气体的浓度(即与氢气的比例)、气体的流量、气体的压力、衬底的温度、加热功率和反应室内的温度场等因素。

硅烷的分解速率可以用式(9.3)表示

$$\gamma = \frac{V}{RT}\left[\frac{1}{\tau}\left(1 - \frac{p_0}{p_1}\right)\right] \tag{9.3}$$

式中,γ 为分解反应速率,mol/s;V 为反应室体积;T 为温度;τ 为气体放出的时间常数;p_0、p_1 为辉光放电开始和结束时硅烷的分压。

图 9.9 所示为 SiH_4 气体比例与非晶硅薄膜沉积速率的关系[9]。从图 9.9 中可以看出,随着 SiH_4 气体比例的增加,薄膜的沉积速率也随之增加;当比例在 25% 左右,薄膜的沉积速率达到最大值,随后薄膜的沉积速率随 SiH_4 气体的比例增加而降低。

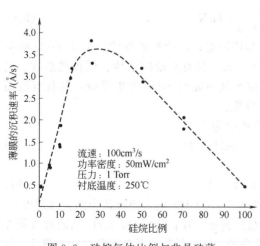

图 9.9 硅烷气体比例与非晶硅薄膜沉积速率的关系[9]

(1Torr=133.322Pa,全书同)

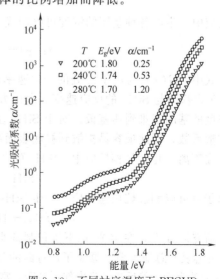

图 9.10 不同衬底温度下 PECVD 制备的非晶硅薄膜的光吸收系数[9]

温度是非晶硅薄膜制备的一个重要因素，利用 PECVD 技术制备非晶硅薄膜，其衬底的温度一般在 350℃ 以下。如果高于 500℃，等离子体处理过程中产生的氢就会从非晶硅中逸出，使得氢钝化的能力消失，最终使非晶硅薄膜的性能很差。在可能的情况下，非晶硅薄膜的沉积温度越低越好，较低的沉积温度不仅能节约能源和成本，而且低温对衬底的影响小，使得低成本衬底的应用成为可能。图 9.10 所示为不同衬底温度下 PECVD 制备的非晶硅薄膜的光吸收系数[9]。从图 9.10 中可知，衬底温度升高，非晶硅薄膜的吸收系数增大，能隙宽度降低。衬底温度为 200℃ 时，1.2eV 光谱的吸收系数为 0.25cm^{-1}，带隙宽度为 1.8eV；衬底温度为 280℃ 时，1.2eV 光谱的吸收系数为 1.20cm^{-1}，带隙宽度为 1.70eV。

同时温度是决定非晶硅能带带尾结构和缺陷态密度的主要因素，实验结果指出，在 250℃ 左右沉积制备非晶硅薄膜，其带尾态和缺陷态密度最小。

9.2.4 非晶硅薄膜的生长机理

非晶硅薄膜生长的物理过程很复杂。到目前为止，还未清楚地了解其反应原理。在已经存在的理论中，也存在许多争议。但是一般认为，非晶硅薄膜的形成过程包括三个步骤：在非平衡等离子体中，SiH_4 分解产生活性基团；活性基团向衬底表面的扩散，与衬底表面反应；反应层转变成非晶硅薄膜。研究已经证明，在 SiH_4 分解反应中，SiH_2 和 SiH_3 是主要的活性基团。

非晶硅薄膜生长的主要化学反应式为

$$SiH_4 \rule[0.5ex]{2em}{0.4pt} SiH_2 + H_2 \tag{9.4}$$

$$2SiH_4 \rule[0.5ex]{2em}{0.4pt} 2SiH_3 + H_2 \tag{9.5}$$

$$SiH_4 \rule[0.5ex]{2em}{0.4pt} Si + 2H_2 \tag{9.6}$$

由于在一般的沉积气压下，气体分子与基团的自由程约为 $10^{-3} \sim 10^{-2}$ cm，远小于反应室的尺寸，在它们向基板扩散的过程中，它们之间由于相互碰撞而发生进一步反应，主要反应式为

$$SiH_4 + SiH_2 \rule[0.5ex]{2em}{0.4pt} Si_2H_6 \tag{9.7}$$

$$Si_2H_6 + SiH_2 \rule[0.5ex]{2em}{0.4pt} Si_3H_8 \tag{9.8}$$

在反应中产生的各种基团的浓度可以用式（9.9）表示

$$G(x) = -D\left(\frac{\mathrm{d}^2 n}{\mathrm{d}x^2}\right) + knN \tag{9.9}$$

式中，$G(x)$ 为位于 x 处的产生速率；n 为基团浓度；D 为扩散系数；N 为 SiH_4 的浓度；k 为基团与 SiH_4 的反应速率。由该方程可知，那些具有高反应活性、低扩散系数、较小浓度的基团很难到达基板。对于 SiH_3 基团，由于其不能与 SiH_4 发生反应，且具有较高的扩散系数，因此最容易扩散到衬底表面而沉积成膜。

在等离子化学气相反应中，SiH_3 的产生过程可能为[9]

$$e^- + SiH_4 \rule[0.5ex]{2em}{0.4pt} e^- + SiH_3 + H \tag{9.10}$$

而原子氢可以和硅烷快速反应，产生 SiH_3

$$SiH_4 + H \rule[0.5ex]{2em}{0.4pt} SiH_3 + H_2 \tag{9.11}$$

研究指出[10]，在 400℃ 以下沉积制备非晶硅薄膜（a-Si：H）时，通常认为的物理过程为：在非晶硅表面总是布满了氢原子，对硅的悬挂键起到钝化作用；反应时，SiH_3 基团被吸附在 a-Si：H 的表面，然后扩散到内部；最后，富氢层中氢的去除，导致非晶硅网络结构的形成。显然，在低温下沉积时，氢的消除是 Si—Si 弱键和非晶硅无序结构形成的关键因素。

图 9.11 所示为通过活性基团 SiH_3 生长非晶硅薄膜的示意图[10]。从图中可知，在已有

的 a-Si：H 表面上布满了氢原子，它们钝化了表面硅原子的悬挂键。当一个 SiH_3 基团运动到非晶硅表面并物理吸附在上面时，会吸引一个氢原子，组成新的 SiH_4 基团而逸出表面，此时在表面形成一个硅的悬挂键。当然，在沉积温度较高时，热分解也可能在表面造成悬挂键。然后，新的 SiH_3 基团沉积到表面，其中的硅原子和悬挂键结合，组成了共价键，这个新基团的速率主要取决于其从相邻位置的跃迁速率。最后，氢原子逸出表面，将一个硅原子留在表面，导致非晶硅薄膜的生长。

如果硅表面悬挂键的密度用 θ_0 表示，那么在较低的沉积温度下，悬挂键密度约为

$$\theta_0 = \frac{v_a}{v_h} \tag{9.12}$$

图 9.12 所示为悬挂键密度和 SiH_3 吸收能力随温度的变化情况[10]。由图 9.12 可知，随着沉积温度的升高，硅的悬挂键密度单调增加，400℃左右悬挂键密度快速增加，这是由于表面氢钝化的热分解而造成的。但是，值得指出的是，有研究者的实验结果指出，250℃左右悬挂键的密度最低。

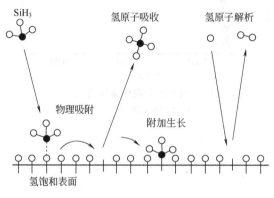

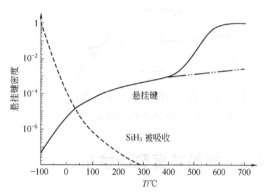

图 9.11 通过活性基团 SiH_3 生
长非晶硅薄膜的示意图[10]

图 9.12 悬挂键密度和 SiH_3 吸收
能力随温度的变化情况[10]

通常 a-Si：H 表面都是有氢原子钝化的，表面氢的浓度为 50%～60%，而薄膜内氢的浓度要低，只有 5%～20%。所以，在非晶硅薄膜生长时，表面上相对多余的氢原子一定要被除去（解析），以便形成 Si—Si 键的非晶硅。

非晶硅生长过程中，表面氢的去除可以用自由能来说明。对于由 A、B 两种组元构成的物质，如果其摩尔分数分别为 x_A 和 x_B，那么体系的 Gibbs 自由能为

$$G = x_A G_A + x_B G_B + x_A x_B \Omega_{AB} + RT(x_A \ln x_A + x_B \ln x_B) \tag{9.13}$$

式中，G_A、G_B 分别为 A、B 组元的自由能；Ω_{AB} 为体系的混合热；最后一项为混合熵。通常 $\Omega_{AB} < 0$，所以自由能 G 随成分变化的曲线是向下弯曲的，如图 9.13 所示[10]。但是，对于 Si：H 这样的系统，$\Omega_{AB} > 0$，使得自由能 G 随成分变化的曲线有两个最低值（图中 C、D 点）。因此，位于两个最低值之间的组分（如 E 点）会自然分解为两个能量最低的组分。对于属于非混合二元体系的 a-Si：H 薄膜，自由能最低点（相当于 C 点）氢的体浓度约为 4%～8%，如果在非晶硅薄膜生长时，表面氢的浓度达到 50%～60%，类似于图中的 E 点，这样的体系是不稳定的，组分会分解，所以过量的氢会从薄膜中被排出。当氢原子迁移到表面，可以重新结合形成 H_2，最终从非晶硅中去除，从而形成非晶硅的 Si—Si 网络结构。

图 9.14 所示为 a-Si：H 薄膜中氢浓度与沉积温度的关系。从图 9.14 中可以看出，可以分为两个区域，在 250℃ < T_s < 400℃ 范围内，活化能为 0.15eV；而在 T_s > 400℃ 时，活化能为 1.6eV。因此，氢的去除过程也与温度有关。在 400℃ 以上高温，氢可能直接从表面去

除；在 250℃<T_s<400℃ 范围内，氢的去除可能仅出现在数个原子层区域。从图 9.14 中还可以知道，在低温（250℃<T_s<400℃）阶段，活化能很低，甚至低于氢在晶体硅表面的活化能。有研究指出，在非晶硅中，氢可能以一种双原子络合物 H_2^* 的形式出现，类似于晶体硅中的 H_2 分子。与硅中的单个氢原子相比，H_2^* 中的氢重组时需要更少的能量；单个氢原子的迁移涉及氢原子从一个键的中心到另一个键的中心的移动，而 H_2^* 中的氢原子的移动仅涉及氢在键中心附近的局域重组，只需要很少的能量。

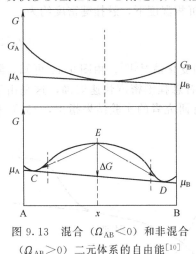

图 9.13　混合（Ω_{AB}<0）和非混合（Ω_{AB}>0）二元体系的自由能[10]

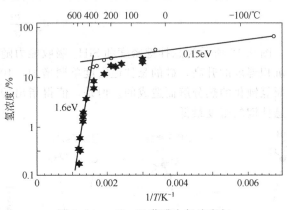

图 9.14　a-Si：H 薄膜中氢浓度与沉积温度的关系[10]

9.3　非晶硅薄膜的掺杂

9.3.1　非晶硅的掺杂

制备非晶硅薄膜太阳电池，需要在制备薄膜时进行掺杂。与晶体硅一样，非晶硅需要通过掺入杂质，得到 n 型或 p 型非晶硅薄膜半导体，构成 pin 太阳电池结构。n 型或 p 型非晶硅薄膜不仅在于提供给太阳电池的内建电场，输送光生载流子，而且在于电池之间或者电池与电极之间能够提供一个好的接触。

非晶硅虽然是短程有序、长程无序的，但是其掺杂原子的种类和晶体硅中一样。与晶体硅不同的是，非晶硅的掺杂不是通过扩散等方式进行的，而是在薄膜生长时，在反应室中直接通入掺杂气体，然后与 SiH_4 一起分解，在非晶硅薄膜形成的同时掺入杂质原子。对于 n 型非晶硅薄膜半导体，需要掺入 V 族元素，如 P、As 等；对于 p 型非晶硅薄膜半导体，需要掺入 III 族元素，如 B、Ga 等。由于考虑到掺杂气体的分解温度、纯度、成本等因素，在实际研究和产业中，一般利用磷烷（PH_3）和硼烷（B_2H_6）分别作为非晶硅的 n 型和 p 型掺杂气体。

在晶体硅中，当掺杂原子（如 P、B 等）进入晶体硅中，一般处于替代位置，可以向硅基体提供电子或空穴，从而成为施主或受主，并决定晶体硅的导电类型和电阻率。在非晶硅中，掺杂原子一般也是处于替代位置，但是非晶硅中含有大量的网络缺陷、氢离子等，非常容易和掺杂原子作用，使得部分掺杂原子不能向非晶硅基体提供电子和空穴，从而无法起到施主或受主的作用。因此，能够提供载流子的掺杂原子数目和掺入非晶硅的总的掺杂原子数目是不同的，两者的比称为掺杂原子的活化率，主要取决于薄膜中的缺陷密度。

在制备 n 型非晶硅薄膜时，通常利用磷烷气体在等离子体中分解，其可能的方程式为

$$2PH_3 \Longrightarrow 2P + 3H_2 \tag{9.14}$$

反应时，PH_3/SiH_4 的掺杂浓度一般为 $0.1\%\sim1\%$，非晶硅薄膜的电导率达到 $10^{-3}\sim10^{-2}$ S/cm。一般认为，1% 的掺杂浓度已经达到饱和，磷原子的活化率为 30%。在实际制备 n 型非晶硅薄膜时，其掺杂浓度首先要考虑费米能级的控制，其次要考虑到能够与 i 层接触形成较高的势垒，另外还要求它能与金属电极接触形成良好的欧姆接触。

而制备 p 型非晶硅薄膜时，通常利用硼烷（B_2H_6）气体在等离子体中分解，其可能的方程式为

$$B_2H_6 \longrightarrow 2B+3H_2 \tag{9.15}$$

与掺杂磷原子相比，硼原子的掺杂效率要低，也就是说活化率低，要达到同样的电导率，需要掺杂更多的硼原子。在制备 p 型非晶硅薄膜时，B_2H_6/SiH_4 的掺杂浓度比一般为 $0.1\%\sim2\%$。在非晶硅太阳电池中，p 型非晶硅是受光面，其掺杂时一方面要考虑掺杂浓度对费米能级的影响，另一方面要有较高的透过率；同时还要考虑到满足势垒展宽的需要。

在非晶硅生长过程中，可以交替通入硼烷和磷烷，这样就可以制备出具有 pin 结构的非晶硅薄膜太阳电池。在非晶硅薄膜太阳电池发展的早期，研究者一般利用单反应室制备非晶硅薄膜太阳电池。也就是说在同一反应室中，在利用氢稀释 SiH_4 分解生长非晶硅薄膜时，首先同时通入 B_2H_6 形成 p 型非晶硅，然后制备本征非晶硅，最后同时通入 SiH_4 和 PH_3 制备 n 型非晶硅。这种技术的优点是工艺和设备简单，成本低。但是，在反应室和电极上残留的杂质很可能掺入到其他材料中去，即很难避免交叉污染，所制备的太阳电池的性能和重复性都较差。因此，现代非晶硅薄膜太阳电池的制备过程中，pin 的制备是分室进行的，虽然增加了成本，但效率和重复性都大为提高。

9.3.2 非晶硅薄膜中的杂质

除了有意掺入控制电学性质的硼和磷杂质以外，非晶硅制备过程中还会引入其他杂质，其中氧和氮是最重要的两种杂质，而其他种类的杂质由于量少等原因，对非晶硅性能的影响并不显著。

非晶硅中的氧和氮主要是由于 PECVD 过程中真空度不足或设备漏气造成的，可能在能隙中引入施主能级，属于施主杂质。它们可能改变非晶硅的缺陷密度、载流子浓度和电场分布，影响非晶硅的电导率，从而影响太阳电池的效率。

图 9.15 所示为非晶硅中光电导、暗电导与氧及氮杂质浓度之间的关系。从图 9.15 中可以看出，当氧浓度从 $3\times10^{18}\,\mathrm{cm^{-3}}$ 增加到 $9\times10^{20}\,\mathrm{cm^{-3}}$，或氮浓度从 $4\times10^{16}\,\mathrm{cm^{-3}}$ 增加到 $3\times10^{19}\,\mathrm{cm^{-3}}$，非晶硅的暗电导增加了 2 个数量级，对应的热激活能从 1.1eV 降低到 0.8eV。显然，与氧相比，氮的作用要更大，只要掺杂少量的氮就可以影响非晶硅的电导率。但是，在氧浓度小于 $10^{21}\,\mathrm{cm^{-3}}$ 和氮浓度小于 $10^{19}\,\mathrm{cm^{-3}}$ 时，非晶硅的光学带隙、氢浓度等都不受影响；一旦超过这个界线，由于 Si-O 或 Si-N 合金（或化合物）的形成，其光学带隙、氢浓度等参数将发生较大的改变。

由于氧和氮都是施主杂质，可以用硼进行补偿。图 9.16 所示为非晶硅薄膜（氧浓度为 $1\times10^{20}\,\mathrm{cm^{-3}}$）随掺杂浓度增加电导率的变化[11]。由图 9.16 可知，由于氧的加入，与普通非晶硅相比（图中虚线），含氧非晶硅的光电导和暗电导都有所增加，与图 9.15 所示的结果相似。但是，随着硼浓度的增加，含氧非晶硅的光电导和暗电导逐渐降低，接近或低于普通非晶硅，这说明硼对非晶硅中氧的补偿作用。

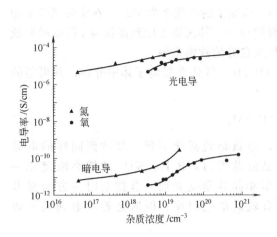

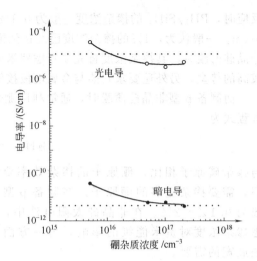

图 9.15　非晶硅中光电导、暗电导与
氧及氮杂质浓度之间的关系
（光电导是在 AM1、100mW/cm² 光照条件下测试的[11]）

图 9.16　非晶硅中光电导和暗电导与
硼杂质浓度之间的关系
（样品中的氧浓度为 $1\times10^{20}\,cm^{-3}$，光电导
是在 AM1、100mW/cm² 光照条件下测试的[11]）

9.4　非晶硅薄膜中的氢

　　通过硅烷分解而得到的非晶硅含有大量的结构缺陷，主要是硅的悬挂键，其次比较重要的缺陷是 Si—Si 弱键。硅的悬挂键具有电学活性，会在非晶硅材料的能隙中引入高密度的深能级，影响材料的电学性能；同时，这些悬挂键又非常不稳定，其密度和结构都会在后续处理中发生改变，使得非晶硅的电学性能不易控制。因此，人们利用在非晶硅中掺氢的技术来实现硅悬挂键的钝化。

　　通常采用的 PECVD 法沉积的非晶硅薄膜中都含有 10%～15% 的氢：一方面它使硅悬挂键得到了补偿；另一方面，这样高的氢含量又远远超过了硅悬挂键的密度，多余的氢在非晶硅材料中具有不同的形态，占据激活能更低的多种位置，形成 SiH_2、$(SiH_2)_n$、SiH_3 等基团以及氢致微空洞等缺陷，所以，氢对非晶硅的沉积、电子和原子结构等都有重要影响，直接影响非晶硅薄膜太阳电池的性能。

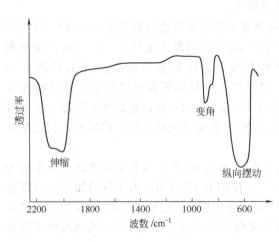

图 9.17　a-Si：H 的红外光谱图

9.4.1　硅氢键

　　由于非晶硅含有大量的悬挂键，当引入氢时，往往会构成 Si—H，形成 SiH，SiH_2，SiH_3、$(SiH_2)_n$ 等基团。利用红外光谱，可以很好地证明 Si—H 的存在，如图 9.17 所示。

　　从图 9.17 中可以看出，在红外光谱中，Si—H 有多种振动吸收模，位于 $400\sim4000\,cm^{-1}$ 之间。Si—H 的振动模和红外波数见表 9.1[2]。

表 9.1 Si—H 的振动模和红外波数[2]

键的类型	振动模	波数/cm^{-1}	键的类型	振动模	波数/cm^{-1}
SiH	伸缩	2000	SiH$_3$	对称	862
	变角	630		横向摆动	630
SiH$_2$	伸缩	2090	(SiH$_2$)$_n$	伸缩	2090~2100
	变角剪切	880		变角剪切	890
	横向摆动	630		纵向摆动	845
SiH$_3$	伸缩	2140		横向摆动	630
	衰减	907			

非晶硅中的氢含量可以用 ^{15}N 和 ^{1}H 的共振核反应所产生的 γ 射线来测量，其反应式为

$$^{15}N + {}^1H \longrightarrow {}^{12}C + {}^4H + \gamma(4.43\text{MeV}) \tag{9.16}$$

这种测量技术虽然可以测试非晶硅中氢的总量，但是费时、昂贵。因此，比较常规的是利用红外光谱中的 Si—H 振动吸收来计算氢浓度，利用红外吸收谱 630cm^{-1}、2000cm^{-1} 和 2090cm^{-1} 吸收峰的积分（或红外透射谱中相应的吸收谷的积分）来计算非晶硅中的氢浓度，其公式为

$$N_H = K \frac{(1+2\varepsilon)^2 \sqrt{\varepsilon}}{9\varepsilon} \frac{N_A}{\Gamma/\zeta} \int \frac{\alpha(\omega)}{\omega} d\omega \tag{9.17}$$

式中，K 为校正常数；ε 为相对介电常数，非晶硅薄膜的 $\varepsilon = 12$；N_A 为阿伏伽德罗常数；ω 为波数；α 为吸收系数；Γ/ζ 为气态硅氢红外吸收谱的吸收峰积分强度。对于 SiH$_4$ 而言，$\Gamma/\zeta = 3.5$，如果假设 SiH、SiH$_2$、SiH$_3$ 和 SiH$_4$ 的 Γ/ζ 相同，都等于 3.5，那么通过共振核反应法测量氢浓度和红外法测氢浓度的对比实验，可以得到校正常数约为 0.5，将这些值代入式(9.17)，可得到非晶硅中氢浓度的公式为

$$N_H = A \int \frac{\alpha(\omega)}{\omega} d\omega \tag{9.18}$$

式中，$A = 1.4 \times 10^{20}$ cm^{-2}。

9.4.2 非晶硅中氢的态密度

氢在非晶硅中的状态很多，一般可以用氢的态密度来说明。所谓氢的态密度是指单位能量中不同氢键的数目，其分布如图 9.18 所示[12]。从图 9.18 中可知，与氢在真空中的能量相比，氢的态密度大致可以分为输运态、浅俘获态、集聚态和深俘获态。

输运态是指能面的马鞍点，是氢原子从一个位置移动到另一个位置的能量，时间低于微秒。最高能级的输运态是氢原子从一个键的中心位置到另一个键的中心位置所需克服的势垒能量，约在键中心位置能量以上 0.25~0.5eV。

浅俘获态是指氢原子被微弱地束缚，如氢原子处于 Si—Si 中间位置时，它包括键中心位置和反键中心位置的能量。有研究指出，由于非晶硅中晶格紊乱引入应变的影响，Si—Si 的长度增加，从而导致浅俘获态的能量降低。

集聚态是指氢原子相互结合形成 H$_2$（原子距离约 0.2nm），其能量数值靠近氢的化学势，低于 SiH$_4$ 的形成能（−2.2eV），接近于扩展片状氢缺陷或氢化体硅（111）表面的形成能（−2.25~−2.14eV）。核磁共振研究表明，少于 2% 左右的氢是以间隙 H$_2$（形成能为 −1.92eV）或空洞缺陷中的 H$_2$ 形式存在。而更多的 H$_2$ 是聚集起来，形成多 H$_2$ 结构（−1.82eV）、群 H$_2$ 结构（−1.86eV），甚至结合形成空洞缺陷，往往会在硅（111）面上形成很小的圆片状晶格缺陷，即扩展片状氢缺陷，既可以是双原子层的片状缺陷，也可以是多原

子层的片状缺陷，这样的结构在氢处理后的晶体硅中已经被证实。进一步的研究证明，小的片状缺陷具有大的晶格应变；而大的片状缺陷具有小的晶格应变。而相对于大尺寸的片状缺陷，小的片状缺陷不稳定，容易分解。

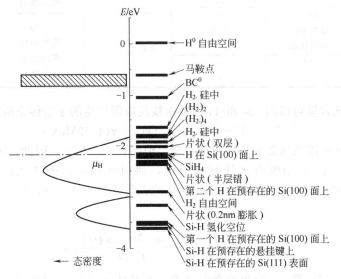

图 9.18　非晶硅中氢的理论态密度[12]

深俘获态是指氢和硅的悬挂键结合形成的 Si—H，其释放需要数秒甚至更长时间，这种 Si—H 在薄膜沉积时就产生了，浓度达到 $10^{20}\,cm^{-3}$，其中硅和氢的键长在 0.2nm 左右。

9.5　非晶硅薄膜中的光致衰减

在含氢的非晶硅中，氢能够很好地和悬挂键结合，饱和悬挂键，降低其缺陷密度，去除其电学影响，达到钝化非晶硅结构缺陷的目的。氢的加入还可以改变非晶硅的能隙宽度，随着非晶硅中氢含量的增加，其能隙宽度从 1.5eV 开始逐渐增宽。如在硅烷中掺入 5%～15% 的氢气，利用等离子增强化学气相沉积技术制备的非晶硅，其光学带隙为 1.7eV，悬挂键缺陷密度为 $10^{15}\sim10^{16}\,cm^{-3}$。

但是，氢在非晶硅中也会引起负面作用。研究指出，含氢非晶硅中能够产生光致亚稳缺陷。非晶硅在长期光照下，其光电导和暗电导同时下降，然后才保持稳定，其中暗电导可以下降几个数量级，从而导致非晶硅太阳电池的光电转换效率降低；然后，经 150～200℃ 短时间热处理，其性能又可以恢复到原来的状态，这种效应被称为 Stäbler-Wronski 效应（S-W 效应）。

9.5.1　非晶硅薄膜的光致衰减效应

图 9.19 所示为非晶硅薄膜室温下的电导率在光照前后的变化[13]。样品是辉光放电制备的非晶硅薄膜，衬底温度 320℃，薄膜厚度 700nm，照射光的波长为 6000～9000Å，光强约为 $200mW/cm^2$。从图 9.19 中可以看出，在光照的情况下，光电导随时间的延长而降低，光照 4h 后，光电导下降 8 倍左右。光照后，样品的暗电导降低近 4 个数量级，说明产生了光致衰减现象。

产生光致衰减现象的样品，经150℃以上热处理其光电导又能恢复到光照前的初始值。图9.20所示为光照前后的样品的暗电导随测量温度的变化[13]。

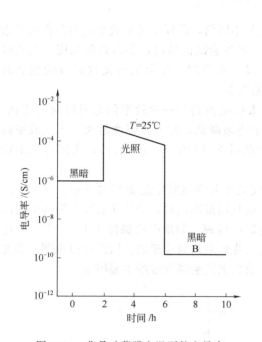

图 9.19　非晶硅薄膜室温下的电导率
在光照前后的变化[13]

（光照波长为6000~9000Å，光强约为200mW/cm²）

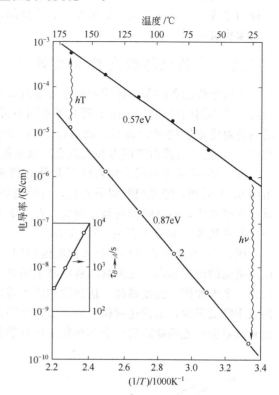

图 9.20　光照前后的样品的暗
电导随测量温度的变化[13]

1—光照前；2—光照后

暗电导的测量表明，光照时电导激活能增加，这意味费米能级从带边向带隙中央移动，说明了光照在带隙中部产生了亚稳的能态或者说产生了亚稳缺陷中心。根据半导体载流子产生复合理论，带隙中央亚稳中心的复合概率最大，具有减少光生载流子寿命的作用；同时它又作为载流子的陷阱，引起太阳电池空间电荷量的增加，降低i层内的电场强度，使光生载流子的自由漂移距离缩短，减少载流子收集效率；这些因素综合，导致了太阳电池性能的下降。而这种亚稳缺陷又可以退火消除，导致太阳电池效率的恢复。

关于亚稳缺陷，人们先后提出了多种理论模型，如Si—Si弱键模型、电荷转移模型、再杂化双位模型、Si—H弱键模型以及桥键模型等[14]。Si—Si弱键模型是指光生载流子非辐射复合引起了弱的Si—Si的断裂，产生悬挂键，附近的氢通过扩散补偿其中的一个悬挂键，同时增加一个亚稳的悬挂键。电荷转移模型是指悬挂键的电荷是双电子，与光生载流子相互作用，变成两个单电子占据的悬挂键，使非晶硅的费米能级向下面的带隙中央移动（通常非掺杂的i层呈弱的n型，费米能级在带隙中距导带边稍近）。

目前对S-W效应起因的解释还不一致，但其根本原因被认为是与非晶硅中氢的移动有关。人们相信，氢在非晶硅中不仅饱和了悬挂键，形成无电活性的Si—H，而且存在硅氢键（SiHHSi）、分子氢（H₂）等其他形式，这些氢键在非晶硅中具有不同的结合能。在受到光照后，它们会产生不同的反应或分解，导致氢原子在体内扩散和移动，从而产生新的亚稳的缺陷中心，最终促使非晶硅性能的衰减。而这些中心的建立和性质，又与非晶硅中氢的含量、分布和键合形式紧密相关。除此之外，Gibsona 等利用电子显微镜研究了光致衰减前后的非晶硅的晶体结构[15]，他们提出：原生的非晶硅原子结构不稳定，光照可以使相关原子重排而导致光致衰减现象，如果原生非晶硅的原子结构接近于理想的连续网络结构，光致衰减现象将被抑制。

9.5.2 非晶硅薄膜光致衰减效应的影响因素

不同条件制备的非晶硅薄膜的光致衰减效应是不同的，薄膜生长参数和光照条件对光致衰减有着不同的影响。Yang 等研究了不同条件下光致衰减的情况，指出光照强度、光照时的电池温度都影响光致衰减，而且电池在 50℃ 以上光照时，还会出现光致衰减的饱和现象[16]。但是，薄膜内部应力和光致衰减效应的关系不大。

图 9.21 所示为不同光照强度下非晶硅薄膜太阳电池的归一化效率随光照时间的变化。由图 9.21 可知，随光照时间的延长，电池的效率逐渐降低，而光照强度越大，电池效率降低的速率越快，而且降低的幅度越大，在强光的照射下（140 倍、AM1.5），太阳电池的归一化效率从 85% 左右降低到 25% 左右。

图 9.22 所示为非晶硅薄膜太阳电池的归一化效率与测试时电池温度的关系。显然，测试时电池的温度越高，光致衰减效应越不明显。而且高温测试时，光致净衰减会随光照时间达到一个饱和值；温度越高，达到饱和值所需的时间越短。如果电池保持在 190℃ 测试，电池效率降低很少，很快达到稳定饱和值，说明此时光致衰减效应很弱。因此可以说明，在光致衰减效应中光照缺陷的产生和热稳定性可能是决定光致衰减程度的主要因素。

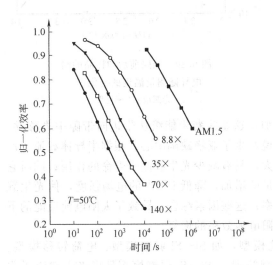

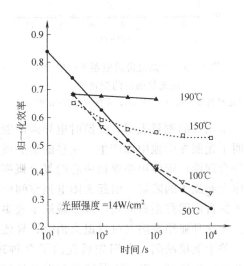

图 9.21 不同光照强度下非晶硅薄膜太阳电池的
归一化（AM1.5）效率随光照时间的变化[16]
（光照时温度保持在 50℃）

图 9.22 非晶硅薄膜太阳电池的归一
化效率与测试时电池温度的关系[16]
（光照强度为 14W/cm², 为 AM1.5 时的 140 倍）

9.5.3 非晶硅薄膜光致衰减效应的减少和消除

在非晶硅薄膜太阳电池的 pin 结构中，由于本征层的厚度最大，受 S-W 效应的影响最大，因此要克服非晶硅薄膜材料和电池中的 S-W 效应，主要是要减少本征非晶硅层中的氢含量。在材料制备方面，研究者开发了电子回旋共振化学气相沉积（ECR-CVD）、氢化学气相沉积（HR-CVD）和热丝（HW）化学气相沉积等技术；在制备工艺方面，采用了氢等离子体化学退火法、H_2 或 He 稀释法或掺入氟等惰性气体等，都可以有效地减弱 S-W 效应。如 PECVD 技术制备的 a-Si：H 薄膜中含有约 10％的 H，而用化学退火法制备的 a-Si：H 薄膜的氢含量小于 9％，用热丝法制备的 a-Si：H 薄膜的氢含量只有 1％～2％。这些工艺的目的都是为了减小非晶硅中氢的浓度和缺陷态密度，使得形成的 Si—Si 和 Si—H 能够稳定存在。

在上述这些技术中，最成熟的是在低温（150～200℃）下沉积膜的过程中采用的 H_2 稀释反应法。研究发现，氢稀释技术不仅可以改变薄膜材料的结构，而且在增强非晶硅材料抗光致衰减方面有重要的作用。由于氢稀释技术工艺简单易行，并具有明显的效果，因此是当前普遍采用的技术。研究表明，用 H_2 稀释法制备 i 层的电池，效率的衰退率可从 25％以上降至 20％以下。图 9.23 所示为 90％H_2 和 10％硅烷制备的非晶硅薄膜的电导率在光照前后的变化[17]。从图 9.23 中可以看出，与图 9.19 不同，光照后，光电导虽然随时间的变化在降低，但是，光照后的暗电导降低较少，而且在 150℃热处理后，可以看出暗电导恢复了。

图 9.24 所示为利用氢稀释技术或非氢稀释制备的非晶硅薄膜太阳电池的归一化效率随光照时间的变化。从图 9.24 中可以看出，经氢稀释技术制备的太阳电池，在光照 100h 后，其效率达到稳定，总的效率衰减量要小。

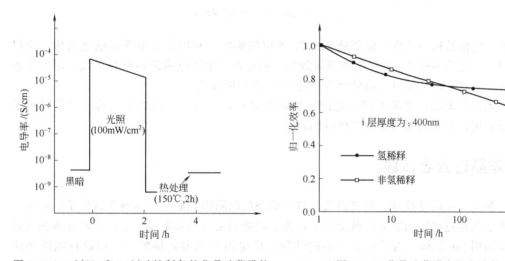

图 9.23　90％H_2 和 10％硅烷制备的非晶硅薄膜的　　　　图 9.24　非晶硅薄膜太阳电池的
　　　　电导率在光照前后的变化[17]　　　　　　　　　　归一化效率随光照时间的变化

与 S-W 效应一样，H_2 稀释降低非晶硅光致衰减的机理还存在争议。人们发现，虽然是在过量的 H_2 稀释气氛中制备非晶硅，除了增加少量的与氢相关的弱键外，薄膜中实际的氢含量并没有明显增加；而且，X 射线散射研究表明，与氢相关的空洞缺陷也没有大量增加。有研究表明，过量的 H_2 可以改变等离子体内的基团团聚，能够钝化衬底表面的硅的悬挂键，使得成核的原子能够有足够的时间在衬底表面寻找适合的位置，改变了沉积时衬底表面的形核过程，使得薄膜沉积初始阶段的有序化增加，甚至还可能导致非晶硅微晶化，从而改善了非晶硅的光致衰减效应[18]。D. V. Tsu 等的研究表明，随着 H_2 稀释浓度的增加，从拉曼谱中可以看出，其非晶硅的结晶分数不断增加，如图 9.25 所示。图 9.25 中结果显示，随着 H_2 稀释量的增加，非晶硅拉曼谱中的 TO 模从 474.5cm^{-1} 偏移到 482.6cm^{-1}，而高度 H_2 稀释制备的非晶硅（见图 9.25 中曲线 4）有 516.5cm^{-1} 微晶峰出现，证明了晶化程度增加。而高分辨透射电镜的结果也证明了这一点[19]。

也有研究指出，利用氢的同位素氘替代氢的作用所制备的非晶硅薄膜中光致衰减作用有所降低[20]，但其作用仍然存在争议。

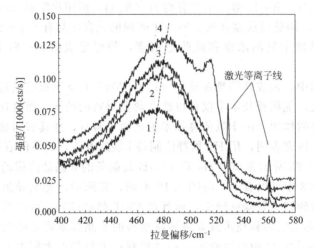

图 9.25 H_2 稀释条件下制备的非晶硅的拉曼谱图[18]

1—没有 H_2 稀释；2—低度 H_2 稀释；3—中度 H_2 稀释；4—高度 H_2 稀释

（529cm^{-1}和 560cm^{-1}是激光等离子峰）

另外，电池结构的改变也能够降低 S-W 效应的影响。利用多带隙叠层电池结构，使得每个叠层子电池的本征非晶硅 i 层的厚度降低，相对使每个子电池的内电场增强，增加了各子电池的收集效率，从而可以有效克服部分 S-W 效应的作用。

S-W 效应是非晶硅薄膜太阳电池的主要弱点之一，削弱了它的成本优势，严重阻碍了它的广泛应用，是人们竭力希望克服的困难。

9.6 非晶硅合金薄膜

由于非晶硅中的悬挂键、弱键以及光致亚稳态的缺陷影响非晶硅材料中载流子的输运特性，载流子在经过很短的距离后就复合了，为了收集到足够的光生载流子，非晶硅薄膜太阳电池通常利用 pin 结构。为了增加非晶硅薄膜太阳电池的光电转换效率，在设计电池结构时，p 型层作为窗口层，希望利用宽带隙的材料，尽量减少对短波长光线的吸收；而 n 型层则希望利用窄带隙的材料，以便增加对长波长光线的吸收。同时，为了尽量利用太阳光谱，不同带隙材料组成的叠层太阳电池也被设计。因此，非晶硅薄膜需要带隙的调制。

非晶硅薄膜材料的一个重要特征就是可以利用不同的制备条件，改变薄膜的结构、成分等来调整非晶硅的带隙宽度。最常用的是通过氢含量的变化，可以将 a-Si：H 带隙在 1.5～1.8eV 之间进行调整变化；也可以将非晶硅微晶化、多晶化，将带隙在 1.1～1.5eV 之间进行调整。但是，仅仅这样的变化是不够的，人们常常利用非晶硅化学成分的改变，组成不同带隙的非晶硅合金薄膜。研究表明 a-Si：H 与 C、N、O 的合金导致能隙变宽，与 Sn、Ge 的合金使得能隙变窄。在这些合金薄膜中，最重要的宽带隙非晶硅合金薄膜是非晶硅碳（a-SiC：H）[21]，而最重要的窄带隙非晶硅合金薄膜是非晶硅锗（a-SiGe：H），改变硅锗合金中的锗含量，材料的带隙在 1.1～1.7eV 范围可调[22]。

9.6.1 非晶硅碳合金薄膜

氢化的非晶硅碳合金薄膜（a-SiC：H）是宽带隙材料，光学带隙最大可达到 3.0eV，一般可用于非晶硅薄膜太阳电池的 p 型窗口，也可用于宽禁带顶层电池的吸收层。因为较宽的光学带隙可以减少 p 型层的光吸收，增强透射到 a-Si：H 吸收层上光的强度，并且能够得到较高的开路电压。

a-SiC：H 的制备与氢化非晶硅（a-Si：H）的工艺相同，一般是利用 PECVD 技术，借助于氢稀释的硅烷辉光放电分解，在制备过程中加入一定量的甲烷（CH$_4$），甲烷分解后，碳和硅一起沉积形成氢化的非晶硅碳，甲烷的分解方程式为

$$CH_4 \Longrightarrow C + 2H_2 \tag{9.19}$$

实际反应中，PECVD 的功率、气体压力、衬底的温度等参数和生长 a-Si：H 相近，都可以影响薄膜的性能[23]。可以通过改变 CH$_4$ 和 SiH$_4$ 气体流量的比例，达到改变 a-SiC：H 薄膜中 Si、C 的比例，最终达到调控 a-SiC：H 带隙宽度的目的。

在实际应用中，并不是 a-SiC：H 带隙越宽越好。虽然 a-SiC：H 带隙的宽度随碳含量增加而增加，可以达到 3.0eV，但是随着碳浓度的增加，薄膜材料中的缺陷密度也会增加，最终导致带隙间的缺陷态密度增加。因此，a-SiC：H 中 Si、C 的比例存在一个优选的问题。另外，a-SiC：H 薄膜的光致衰减效应更加严重，虽然利用氢气稀释技术，也能降低 a-SiC：H 的缺陷态密度，但是，与 a-Si：H 相比，光致衰减现象仍然比较显著。研究发现，利用氢气稀释技术制备的具有 1.9eV 带隙宽度的 a-SiC：H，其带间隙态密度很低，与质量较好的本征 a-Si：H 的缺陷态密度差不多，此时，太阳电池的光致衰减效应也会减小。图 9.26 所示为带隙宽度约为 1.9eV 的 a-SiC：H 单结太阳电池在光照前后的 I-V 曲线，薄膜是利用氢气稀释技术制备的。显然，经过 1700h 光照，开路电压 V 和填充因子 FF 仍然

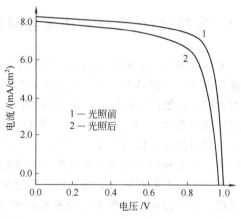

图 9.26　a-SiC：H 单结太阳电池在经过光照 1700h 前后的 I-V 曲线[24]

有相当的降低，但是与普通的没有用氢气稀释技术制备的 a-SiC：H 单结太阳电池相比，光致衰减已经很小了[24]。

9.6.2　非晶硅锗合金薄膜

氢化的非晶硅锗合金薄膜（a-SiGe：H）为窄带隙材料，光学带隙最低达到 1.1eV。利用它能提高短路电流和填充因子，在非晶硅电池中一般用于光吸收层（i 层）。

氢化 a-SiGe：H 的制备与 a-Si：H、a-SiC：H 的制备工艺基本相同，都是利用氢气稀释的硅烷辉光放电分解，只是在制备过程中混合通入一定比例的锗烷（GeH$_4$）。GeH$_4$ 在 PECVD 反应室中按式(9.20) 进行分解

$$GeH_4 \Longrightarrow Ge + 2H_2 \tag{9.20}$$

同样通过改变 GeH$_4$ 和 SiH$_4$ 气体流量的比例，达到改变 a-SiGe：H 薄膜中 Si、Ge 的比例。

与 a-Si：H 相比，Ge 的引入会引起与 Ge 相关的缺陷，缺陷态密度会增加，导致能带中出现更严重的带尾。与在 a-SiC：H 中的碳一样，在 a-SiGe：H 中随着锗浓度的增加，缺陷密度会明显增加，最后降低了材料的电学性能。因此，人们希望在尽量降低缺陷密度的同时，提高掺杂原子锗在合金中的成分比例，以便尽可能地降低带隙的宽度。到目前为止，a-SiGe：H 合金的带隙宽度已经可以在带隙缺陷态密度小于 10^{16} cm^{-3} 的情况下达到 1.4～

1.5eV，但是它的载流子输运性能还是比不上高质量的 a-Si：H 薄膜。

除 Ge 的作用以外，氢在 a-SiGe：H 合金中的作用也同样重要。如同在 a-Si：H 中一样，氢也影响 a-SiGe：H 的光学带隙宽度。如果改变 a-SiGe：H 中氢的结合方式和含量，也可以改变 a-SiGe：H 的带隙，并能影响薄膜材料的微结构。另外，a-SiGe 薄膜通常比 a-Si 薄膜的缺陷更多，这是因为 Si 与 Ge 的原子大小不一，成键键能不同，而且薄膜中 Si 与 Ge 原子不能均匀地混合分布，所以氢的掺入对 a-SiGe 性能的提高尤为重要。同样，在 a-SiGe 氢化时，常利用氢气稀释技术或掺氟技术。但是，在 a-SiGe 中氢往往择优与硅键合，因此，要达到有效钝化缺陷的目的，在 a-SiGe 中氢含量通常需要偏高，这样也导致 a-SiGe：H 薄膜太阳电池的光致衰减现象依然存在。

a-SiGe：H 薄膜还具有另外一个弱点，就是薄膜制备的源气体 GeH_4 的价格很高，造成电池成本的上升，并不符合太阳电池发展的方向，所以需要继续寻找可以替代的窄带隙材料。目前，人们正在研究低成本的微晶硅（$\mu c\text{-Si}$），希望它能够替代 a-SiGe：H。

9.7 非晶硅/微晶硅叠层薄膜材料

非晶硅薄膜及太阳电池具有原材料丰富、无毒、无污染、能耗低、弱光响应好、温度系数低等优点，同时具有可以大面积连续生产的优势。但是，由非晶硅薄膜组成的单结太阳电池对太阳光长波的吸收较差，电池效率较低，成为非晶硅薄膜电池发展的障碍。因此，人们重点发展了非晶硅/非晶硅锗双结太阳电池以及非晶硅/非晶硅锗/非晶硅锗三结叠层太阳电池，希望增加对长波的吸收。但是，由于非晶硅（锗）材料的光致衰减效应一直没有得到有效解决，相关材料和电池产业化生产的前景一直不明。

近年来，人们利用微晶硅来替代部分非晶硅，通过和非晶硅结合，形成叠层电池。所谓微晶硅，是一种同时包含非晶相和结晶相的混合结构新型硅薄膜，其中晶体硅的大小在数十～数百纳米，晶化率在 40%～70%；材料的禁带宽度更接近于单晶硅材料，其光谱相应可以拓宽到红外波段（>800nm）；而且光致衰减效应很小，太阳电池稳定性比非晶硅薄膜有明显提高。

微晶硅的制备基本原理和非晶硅相近，其制备技术和非晶硅制备技术兼容，一般利用等离子体增强化学气相沉积、低压化学气相沉积、热丝化学气相沉积等技术。但是，其与非晶硅薄膜制备的具体工艺参数有所不同。主要体现在非晶硅薄膜制备时，通过增大 H_2 稀释浓度，调整功率、气压和衬底温度等参数，使得部分非晶硅晶化，形成镶嵌在非晶硅中的微晶。

微晶硅一般是〈200〉晶向择优取向，其暗电导率约为 $10^{-8}\sim10^{-7}$ S/cm，氧浓度约为 2×10^{19} cm^{-3}，激活能大于 0.5eV，缺陷态密度小于 10^{16} cm^{-3}。

如果利用微晶硅作为底电池，构成非晶硅/微晶硅双结太阳电池、非晶硅/非晶硅锗/微晶硅三结叠层太阳电池，可吸收长波的太阳光，效率得到显著提高。目前，非晶硅/微晶硅双结电池的最高效率达到 14.8%，非晶硅/非晶硅锗/微晶硅三结叠层电池的最高效率达到 16.3%，是具有很好前景的非晶硅薄膜材料和电池。

参 考 文 献

[1] Carlson D E, Wronski C R. Appl Phys Lett，1976，28：671.

[2] Hamakawa Y, Okamoto H, Nitta Y. Appl Phys Lett，1979，35：187.

[3] 王季陶，刘明登. 半导体材料. 北京：高等教育出版社，1990.

［4］ Mott N F，Davis F A. Phil Mag，1970，22：903.

［5］ 陈光华，邓金祥等. 新型电子薄膜材料. 北京：化学工业出版社，2002.

［6］ Spear W F，Lecomber P G. Phil Mag，1976，33：935.

［7］ Chittick R C，Alexander J H，Sterling H F. J Electrochem Soc，1969，116：77.

［8］ 钟伯强，蒋幼梅，程继健. 非晶态半导体材料及其应用. 上海：华东化工学院出版社，1991.

［9］ Vanier P E，Kampas F J，Conderman P R，Rajeswaran G. J Appl Phys，1984，56：1812.

［10］ John Robertson. Journal of Non-Crystalline Solids，2000，266：79.

［11］ Isomura M，Kinoshita T，Tanaka M，Tsuda S. Applied Surface Science，1997，113/114：754.

［12］ Warren B Jackson. Current Opinion in Solid State and Materials Science，1996，1：562～566.

［13］ Staebler D L，Wronski C R. Appl Phys Lett，1977，31：292.

［14］ 雷永泉，万群，石永康. 新能源材料. 天津：天津大学出版社，2000.

［15］ Gibsona J M，Treacy M M J，Voyles P M，Jin H-C，Abelson J R. Appl Phys Lett，1998，73（21，23）：3093.

［16］ Yang L，Chen L，Catalano A. Appl Phys Lett，1991，59：840.

［17］ Guha S，Narasimhan K L，Pitruszko S M. J Appl Phys，1981，52：859.

［18］ Xu X，Yang J，Guha S. J Non-Cryst Solids，1996，60～64：198.

［19］ Tsu D V，Chao B S，Ovshinsky S R，Guha S，Yang J. Appl Phys Lett，1997，71：1317.

［20］ Sugiyama S，Yang J，Guha S. Appl Phys Lett，1997，70：378.

［21］ Hamakawa Y. Appl Surf Sci，1985，22～23：859.

［22］ Guha S，Payson J S，Agarwal S C，Ovshinsky S R. J Non-Cryst Solids，1987，97～98：1455.

［23］ Giuseppina Ambrosone，Ubaldo Coscia，Stefano Lettieri，Pasqualino Maddalena，Carlo Privato，Sergio Ferrero. Thin Solid Films，2002，403～404：349.

［24］ Guha S，Yang J，Nath P，Hack M. Appl Phys Lett，1986，49：218.

第 10 章
多晶硅薄膜

虽然经过三十多年的努力，非晶硅薄膜太阳电池的效率有了明显提高，并在工业界广泛应用。但是，与晶体硅相比，非晶硅薄膜的掺杂效率依然较低，太阳电池的光电转换效率也较低，而且光致衰减问题一直没有很好地解决。因此，非晶硅薄膜太阳电池主要应用于计算器、玩具、手表等室内电器以及和建筑结合的太阳能光伏电站上。

人们一直试图寻找一种既具有晶体硅的优点，又能克服非晶硅弱点的太阳电池材料，多晶硅薄膜就是这样一种重要的新型硅薄膜材料。多晶硅薄膜既具有晶体硅的电学特性，又具有非晶硅薄膜成本低、设备简单且可以大面积制备等优点，因此，多晶硅薄膜不仅在集成电路和液晶显示领域已经广泛应用，而且在太阳能光电转换方面，人们也做了大量研究，寄予了极大的希望。

所谓的多晶硅（polycrystalline silicon，poly-Si）薄膜材料是指在玻璃、陶瓷、廉价硅等低成本衬底上，通过化学气相沉积等技术，制备成一定厚度的多晶硅薄膜。根据多晶硅晶粒的大小，部分多晶硅薄膜又可称为微晶硅薄膜（microcrystalline silicon，μc-Si，其晶粒大小在 $10 \sim 30 \mathrm{nm}$ 左右）或纳米硅（nanocrystalline silicon，nc-Si，其晶粒在 $10 \mathrm{nm}$ 左右）薄膜。因此，多晶硅薄膜主要分为两类：一类是晶粒较大，完全由多晶硅颗粒组成；另一类是由部分晶化、晶粒细小的多晶硅镶嵌在非晶硅中组成。这些多晶硅薄膜单独或与非晶硅组合，构成了多种新型的硅薄膜太阳电池，具有潜在的应用。如利用微晶硅单电池替代价格昂贵的锗烷制备的 a-SiGe：H 薄膜太阳电池作为底电池，它可以吸收红光，结合作为顶电池的可以吸收蓝、绿光的非晶硅电池，可以大大改善叠层电池的效率。

通常，多晶硅薄膜主要有两种制备途径：一是通过化学气相沉积等技术，在一定的衬底材料上直接制备；二是首先制备非晶硅薄膜，然后通过固相晶化、激光晶化和快速热处理晶化等技术，将非晶硅薄膜晶化成多晶硅薄膜。无论哪种途径，制备的多晶硅薄膜应该具有晶粒大、晶界缺陷少等性质。在多晶硅薄膜的研究中，目前人们主要关注：如何在廉价的衬底上，能够高速、高质量地生长多晶硅薄膜；多晶硅薄膜的制备温度要尽量低，以便选用低价优质的衬底材料；多晶硅薄膜电学性能的高可控性和高重复性。

本章首先介绍多晶硅薄膜的材料特点，然后阐述化学气相沉积直接制备多晶硅薄膜的技术和材料特点，包括等离子增强化学气相沉积、热丝化学气相沉积等技术，阐述了通过固相晶化、激光晶化和快速热处理晶化等技术晶化非晶硅薄膜的技术和材料性能。

10.1 多晶硅薄膜的基本性质

10.1.1 多晶硅薄膜的特点

多晶硅（polycrystalline silicon）薄膜是指生长在不同非硅衬底材料上的晶体硅薄膜，它是由众多大小不一且晶向不同的细小硅晶粒组成的，晶粒尺寸一般为几百纳米到几十微米。它与铸造多晶硅材料相似，具有晶体硅的基本性质；同时，它又具有非晶硅薄膜的低成本、制备简单和可以大面积制备等优点。根据多晶硅的晶粒大小，部分多晶硅薄膜又可称为微晶硅薄膜（μc-Si，其晶粒大小在 10～30nm 左右）或纳米硅（nc-Si，其晶粒在 10nm 以下）薄膜。

由于多晶硅薄膜具有与单晶硅相同的电学性能，在 20 世纪 70 年代，人们利用它代替金属铝作为 MOS 场效应晶体管的栅极材料，后来又作为绝缘隔离、发射极材料，在集成电路工艺中大量应用。人们还发现，大晶粒的多晶硅薄膜具有与单晶硅相似的高迁移率，可以做成大面积、具有快速响应的场效应薄膜晶体管、传感器等光电器件，于是多晶硅薄膜在大阵列液晶显示领域也广泛应用。

20 世纪 80 年代以来，在非晶硅的基础上，研究者希望开发既具有晶体硅的性能，又具有非晶硅的大面积、低成本优点的新型太阳能光电材料；多晶硅薄膜不仅对长波长光线具有高敏性，而且对可见光有很高的吸收系数（见图 10.1）；同时也具有与晶体硅相同的光稳定性，不会产生非晶硅中的光致衰减效应；进一步地，多晶硅薄膜与非晶硅一样，具有低成本、大面积和制备简单的优势。M. Wolf 等在 1980 年首先提出了薄膜多晶硅制备太阳电池的思路，他指出，随着电池厚度的减小，开路电压会提高。而且有研究证明，电池厚度降低至 $30\mu m$ 左右，电池表面的复合速率将会降低；如果多晶硅薄膜衬底表面具有类似"绒面"的结构，还能使光线在薄膜内多次反射，增加光的吸收，达到改善薄膜硅太阳电池效率的目的。因此，多晶硅薄膜被认为是新一代太阳能光电材料。

10.1.2 多晶硅薄膜的制备技术

凡是制备固态薄膜的技术，如真空蒸发、溅射、电化学沉积、化学气相沉积、液相外延和分子束外延等，都可以用来制备多晶硅薄膜。

液相外延是其中一种重要的制备多晶硅薄膜的技术。液相外延（Liquid Phase Epitaxy，LPE）制备多晶硅薄膜是指将衬底浸入低熔点的硅的金属合金（如 Cu、Al、Sn、In 等）熔体中，通过降低温度使硅在合金熔体中处于过饱和状态，然后作为第二相析出在衬底上，形成多晶硅薄膜。合金熔体的温度一般为 800～1000℃，薄膜的沉积速率为每分钟数微米到每小时数微米。目前，液相外延生长用的衬底一般是硅材料。液相外延制备多晶硅薄膜时生长速率慢，因此薄膜的晶体质量好、缺陷少，晶界的复合能力低，少数载流子的迁移率仅次于晶体硅，可以应用于制备高效率的薄膜太阳电池。液相生长还可以方便地掺杂，通过在不同的生长室中分层液相外延并掺入不同的掺杂剂，就可以形成 p-n 结。研究者已经利用 Sn 和 In 作为硅的溶剂，以 Ga 和 Al 作为掺杂剂，采用液相外延技术制备掺杂多晶硅薄膜。另外，液相外延制备多晶硅薄膜还可以利用掩膜进行选区外延生长，能够较精确地控制。但是，液相外延制备多晶硅薄膜的生产速率较低，不适于大规模工业化生产。为了增加液相外延制备多晶硅薄膜的生长速率，人们做了很多努力。德国 Konstanz 大学设计了新型液相外延加热系统，他们在外延区域的加热炉管上方开一个孔，使得固液界面上形成较大的温度梯度，促使薄膜可以高速生长，其生长速率可以达到 $2\mu m/min$，制备出的多晶硅薄膜的少数载流子扩散长度达到 30～$50\mu m$。

尽管制备多晶硅薄膜的技术多种多样，但是，气相方法特别是化学气相沉积方法是制备多晶硅薄膜的主要技术。由于化学气相沉积技术具有设备简单、工业成本低、生长过程容易控制、重复性好、便于大规模工业生产等优点，在工业界广泛应用，所以目前研究和制备多晶硅薄膜大多采用化学气相沉积技术。

化学气相沉积技术制备多晶硅薄膜，主要是利用 SiH_4、SiH_2Cl_2、$SiHCl_3$ 等和 H_2 的混合气体，在各种气相条件下分解，然后在加热（300～1200℃）的衬底上沉积多晶硅薄膜。多晶硅薄膜的形成是非均匀生长机制，首先在衬底表面形成一定厚度的非晶硅，这个厚度约为 2~6nm，然后实现形核，再生长成多晶硅。与非晶硅一样，到目前为止，其形核机制还未根本解决，与实际多晶硅薄膜的制备技术相关。根据化学气相沉积条件的不同，可以分为等离子增强化学气相沉积（PECVD）、低压化学气相沉积（LPCVD）、常压化学气相沉积（APCVD）、热丝化学气相沉积（HWCVD）等，它们各有优缺点，由于 APCVD 具有可以在线连续生产的优点，可能具有更大的潜在的商业应用前途。

利用化学气相沉积制备多晶硅薄膜主要有两个途径：一是与制备非晶硅薄膜一样，利用加热、等离子体、光辐射等能源，通过硅烷或其他气体的分解，在不同的衬底上一步工艺直接沉积多晶硅薄膜；二是利用化学气相沉积技术首先制备非晶硅薄膜，然后利用其亚稳的特性，通过不同的热处理技术，将非晶硅晶化成多晶硅薄膜，又称为两步工艺法。图 10.2 所示为玻璃衬底上化学气相沉积制备的多晶硅薄膜的扫描电镜照片。

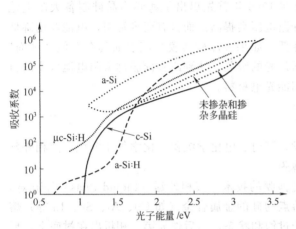

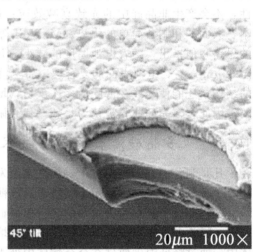

图 10.1 硅薄膜材料的光吸收系数

图 10.2 玻璃衬底上化学气相沉积制备的多晶硅薄膜的扫描电镜照片

在利用化学气相沉积技术直接制备多晶硅薄膜时，可以分为高温工艺（衬底温度高于 600℃）和低温工艺（衬底温度低于 600℃），这主要由衬底材料的玻璃化温度决定。600℃是普通玻璃的玻璃化温度，低于 600℃ 的低温工艺，可以利用廉价的普通玻璃作衬底；高于 600℃ 的高温工艺，必须利用价格相对昂贵的石英玻璃或其他高玻璃化温度衬底材料。另外，在 600℃ 以上沉积时，硅中的氢很容易外扩散，导致硅薄膜中的悬挂键增多，因此，高温工艺制备的多晶硅薄膜通常还需要第二次低温处理，以便引入氢实现氢钝化。在低温制备的多晶硅薄膜中，含有一定量的非晶硅，而且晶粒的尺寸较小，约为 20~30nm 左右，通常又称为微晶硅。而高温工艺制备的多晶硅薄膜，仅含有多晶硅晶粒，没有非晶硅相，而且相对尺寸较大，约大于 100nm。

一般认为，利用高温工艺可以使沉积在衬底上的硅原子很好地结晶，通常衬底温度越高，多晶硅薄膜的质量越好。但是，高温对衬底材料提出了高的要求：一是要求衬底材料有高的玻璃化温度；二是要求衬底材料在高温时与硅材料有好的晶格匹配；三是要求衬底材料相对高纯，在高温时不能向多晶硅薄膜扩散杂质。因此，高温工艺制备多晶硅薄膜时，衬底的选择受到限制，衬底材料的成本被提高了。一般而言，廉价的衬底不是高纯材料，含有大量的杂质，在多晶硅膜制备过程中，很容易扩散进入多晶硅薄膜，而多晶硅薄膜对杂质又非常敏感，严重影响电池的效率，因此，为了防止在高温工艺中杂质自衬底向硅薄膜中扩散，目前一般采用"缓冲层"技术，即在生长硅薄膜之前，在衬底上沉积一层 SiO_2 或 SiN_x 薄膜，可以有效地抑制衬底杂质的扩散。美国 Astropower 公司开发的高温沉积"硅薄膜（silicon thin-film）"就是一种沉积在陶瓷衬底上的多晶硅薄膜，其晶粒细小且均匀，单结太阳电池效率可以达到 16.6%。

与低温工艺相比，高温工艺制备多晶硅薄膜的生长速率很高。一般认为，随着衬底温度的升高，沉积速率增加，利用直流射频 CVD 制备多晶硅薄膜的沉积速率可以达到 1000nm/s，但是缺陷密度高达 $10^{17} cm^{-3}$。因此，特别是在低温工艺中，如何在保持多晶硅薄膜材料质量的前提下，增加薄膜的生长速率就是多晶硅薄膜研究的一个重要方面。研究者提出过多种改善方法，阴极加热法就是其中的一种，即反应气体 SiH_4 在反应前，在阴极附近被预加热，从而改善多晶硅薄膜的晶化率，也可以改善晶粒大小的均匀性。例如 550℃阴极处源气体的预热，可以在 180℃的衬底上制备出高质量的多晶硅薄膜。

由于多晶硅薄膜的厚度一般为 20～50μm，因此与非晶硅薄膜一样，多晶硅薄膜太阳电池需要衬底材料。衬底材料可以是廉价的多晶硅带（如 SSP 材料）、玻璃、陶瓷和石墨，不同的衬底材料决定了多晶硅薄膜的制备工艺，因为衬底材料所能承受的温度是重要的工艺决定因素。除此之外，导电性也是很重要的因素，良好导电性的材料可以使电池的前、后极连接方便，绝缘的衬底需要太阳电池的发射极和基极都做在表面，同时需要多个单片电池的集成。另外，衬底的选择还需要考虑到成本、热稳定性、热膨胀系数的匹配、机械强度和表面平整度等因素。

10.1.3　多晶硅薄膜的晶界和缺陷

多晶硅薄膜的缺陷包括晶界、位错、点缺陷等，到目前为止，它们对材料性能的影响还未完全清楚，但是多晶硅薄膜由大小不同的晶粒组成，因此晶界的面积较大，是多晶硅薄膜的主要缺陷。晶界引入的结构缺陷会导致材料电学性能的大幅度降低；同时，在制备过程中，由于冷却速率快，晶粒内含有大量的位错等微缺陷，这些微缺陷也影响多晶硅薄膜性能的提高。就多晶硅薄膜在太阳电池方面的应用而言，正是这些缺陷制约着多晶硅薄膜在产业上的大规模应用。到目前为止，多晶硅薄膜叠层太阳电池在实验室中的最高光电转换效率也仅在 13%左右。与晶体硅材料相比，还有相当的距离。

相对于单晶硅而言，多晶硅薄膜中的晶界可以引入势垒，引起能带的弯曲，图 10.3 所示为 n 型和 p 型硅中晶界引起能带弯曲的情况。晶界对材料性能有两方面的破坏作用：一方面会引入势垒，导致多数载流子的传输受到阻碍；另一方面，其界面成为少数载流子的复合中心，降低了少数载流子的扩散长度，导致太阳电池开路电压和效率的降低。

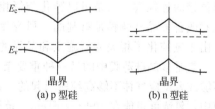

图 10.3　晶体硅晶界处的能带示意图
（费米能级被钉扎在禁带中央）

正是由于多晶硅的晶界是少数载流子的复合中心，严重影响了少数载流子的扩散长度，所以晶粒的大小是非常重要的，通常多晶硅薄膜太阳电池的效率随晶粒尺寸的增大而增加。如果有一部分晶粒太小，具有很小的扩散长度，会导致整个太阳电池的开路电压严重下降。对于再结晶技术制备的多晶硅薄膜，其晶粒有一定的分布，平均晶粒的大小约为最大晶粒的 1/3～1/5。

通常，扫描电镜、透射电镜、电子自旋共振谱仪、红外光谱等都可以用来研究多晶硅薄膜中的缺陷。最近，恒定光电流技术（Constant Photocurrent Method，CPM）和光热偏谱（Photothermal Deflection Spectroscopy，PDS）都被认为是研究多晶硅薄膜中缺陷的有效工具，但是其物理解释还未很好地建立，主要是因为对多晶硅薄膜的缺陷态还未能很好理解。

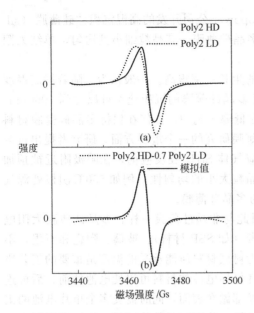

图 10.4 多晶硅薄膜的电子自旋共振谱

(a) Poly2 HD, 高缺陷密度; Poly2 LD, 低缺陷密度; (b) Poly2 HD 和 Poly2 LD 差谱以及理论值

图 10.4 所示为多晶硅薄膜的电子自旋共振谱, 从图 10.4 谱中可以定性确定缺陷密度。利用电子自旋共振谱, 有研究者发现, 在微晶硅中有两种带间缺陷, 一种 $g = 2.0052$, 被认为与晶粒柱界面上的悬挂键有关, 与非晶硅相比, 其 g 值稍低, 但是两者的线宽、自旋点阵弛豫时间、随电子辐射的温度改变等都是相同的。也有人指出, 多晶硅薄膜的 $g = 2.0055$, 与非晶硅相同, 这种悬挂键无论是在多晶硅薄膜中还是在非晶硅薄膜中都是散漫的。另外, 还有两种多晶硅薄膜中的悬挂键, 一种是 $g = 2.0005$, 称为各向异性 Pb 型中心; 另一种是 $g = 2.0006$, 是反磁悬挂键对。除了这些本征缺陷, 与杂质相关的缺陷也被研究, 如 $g = 2.0026$ 是与氧相关的缺陷; $g = 2.0043$ 是与富氧区悬挂键相关的缺陷。由此可见, 多晶硅薄膜缺陷的许多物理机理还没有很好地解决。

虽然物理机理还未完全清楚, 但是, 缺陷对太阳电池的负面作用已经被公认。因此, 在制备多晶硅薄膜时, 要调整工艺参数, 使得多晶硅薄膜的晶粒尽量大, 晶界尽量少, 而且晶粒尽量垂直于衬底表面, 以降低晶界等缺陷对多晶硅薄膜性能的影响。

10.1.4 多晶硅薄膜的杂质

与非晶硅薄膜一样, 氢是多晶硅薄膜的主要杂质。但与非晶硅薄膜不同的是, 多晶硅薄膜中氢的浓度一般较低, 只有 1%～2%, 而且没有引起光致衰减现象。研究已经表明, 多晶硅薄膜中少量的氢对改善多晶硅薄膜质量至关重要。它可以起到两个作用: 一是钝化晶界和位错的悬挂键; 二是可以钝化与氧相关的施主态或其他金属杂质引入的能级。毫无疑问, 氢对改善多晶硅薄膜是有利的。研究发现, 氢钝化可以增加多晶硅薄膜的电阻率, 这被认为是由于氢钝化了相关的氧施主和晶界的悬挂键所引起的。

氧是多晶硅薄膜中的另一种重要杂质, 活化能约为 0.15eV, 它主要是由于系统的真空度不够或者反应气体不够高纯所引起的。在热丝化学气相沉积技术 (HWCVD) 制备的多晶硅薄膜中, 氧浓度可能在 $10^{20} \sim 10^{21} \mathrm{cm}^{-3}$ 范围内。另外, 氧的引入与沉积过程中的压力也有关。有研究者报道, 在适合的气压下生长多晶硅薄膜, 薄膜表面的氧有可能扩散进入体内。

在多晶硅中, 氧杂质通常打断 Si—Si, 形成氧桥, 构成 Si—O—Si。一般认为, 处于氧桥位置的氧对多晶硅薄膜的影响有限, 尤其是对薄膜的晶粒大小和晶化率基本没有影响。但是, 在薄膜的制备过程和太阳电池的制备工艺中, 氧可以产生扩散, 在多晶硅薄膜的晶界聚集, 也产生了施主态, 影响薄膜材料的性能。研究证明, 假如利用纯化装置将氧浓度从 $2.2 \times 10^{22} \mathrm{cm}^{-3}$ 降低到 $2.5 \times 10^{18} \mathrm{cm}^{-3}$, 薄膜的暗电导将降低 3 个数量级。而仅仅利用 SiH_4 和 H_2 作为源气体时, 制备的多晶硅薄膜有高的电导率 (>$10^{-3} \mathrm{S/cm}$) 和低的激活能 (<0.2eV), 说明有较高的氧浓度; 如果在其中加入一定比例的 SiH_2Cl_2, 所制备的多晶硅薄膜的暗电导降低 5 个数量级, 达到 $10^{-8} \mathrm{S/cm}$, 激活能增加到 0.6eV; 其可能的原因就是反应引入的氯和氧的作用, 钝化了氧的施主态。

多晶硅薄膜中的氧施主态与直拉单晶硅中的"热施主"相似，主要在 $400 \sim 500 ℃$ 之间形成，与氧的扩散紧密相关。因此，如果薄膜在低温下沉积，由于氧的扩散速率降低，与氧相关的施主态就可能会被避免。另外，研究表明，与氧相关的施主态缺陷是浅施主，其提供的电子可以和多晶硅薄膜中具有深能级的悬挂键复合，能够降低悬挂键的缺陷密度。

10.2 化学气相沉积制备多晶硅薄膜

化学气相沉积是最常用的多晶硅薄膜制备技术，包括等离子增加化学气相沉积（PECVD）、低压化学气相沉积（LPCVD）、热丝化学气相沉积（HWCVD）和光子化学气相沉积法（PCVD）等，其设备和技术与制备非晶硅薄膜非常相似，尤其是在低温制备工艺中。但是，与非晶硅不同的是，通常利用纯的 SiH_4 或低浓度 H_2 稀释的 SiH_4 作为源气体制备非晶硅薄膜，而利用高浓度 H_2 稀释 SiH_4 来制备多晶硅薄膜。

10.2.1 等离子增强化学气相沉积制备多晶硅薄膜

用等离子体增强化学气相沉积方法来制备多晶硅薄膜，通常都是在反应室中通入 SiH_4 和 H_2 两者的混合气体作为气体源，然后在等离子体中进行化学气相分解。为了区别非晶硅薄膜生长，多晶硅薄膜的生长通常是通过改变气体源中稀释 H_2 气体的浓度。如果利用纯 SiH_4 气体或低浓度 H_2 稀释的 SiH_4 作为气体源，那么，利用 PECVD 技术在衬底上沉积形成的都是非晶硅薄膜。如果增加 H_2 的浓度至 $90\% \sim 99\%$，就可以制备多晶硅（微晶硅）薄膜。

显然，在多晶硅（微晶硅）薄膜的制备过程中，微晶硅的晶化分数主要取决于反应气体中 H_2 的浓度。通常，随着 H_2 浓度的提高，硅薄膜晶化的比率就大。图 10.5 所示为不同沉积温度时，反应气体中 H_2 浓度变化后制备的硅薄膜的拉曼谱图[1]。显然，不论是在 $25℃$、$100℃$，还是在 $175℃$，随着 H_2 浓度的增大，薄膜的多晶硅化越来越明显，$520cm^{-1}$ 拉曼峰变得更加明锐。从图 10.5 中可以进一步看出，在 $175℃$ 时，如果 H_2 浓度为 95%，利用 PECVD 制备出来的薄膜是非晶硅薄膜；H_2 浓度达到 97% 时，制备的薄膜就是微晶硅薄膜，晶化率约为 66%。在 $100℃$ 时，如果 H_2 浓度为 96% 和 97.5%，制备出来的薄膜是非晶硅薄膜；H_2 浓度达到 98% 时，制备的薄膜是微晶硅薄膜，晶化率约为 61%；而在室温 $25℃$ 时，H_2 浓度达到 99%，制备的薄膜依然是非晶硅薄膜，晶化率较低。显然，在反应过程中，只有当 SiH_4 低于一定临界浓度时，才能产生呈多种多面体形态的细硅粒，然后这些细硅粒作为形核中心进一步长大，最终形成多晶硅薄膜。

T. Kitagawa 等[2]对 PECVD 制备的多晶硅薄膜进行了原位 RHEED 研究，其中气体比例 $R\{([H_2]+[SiH_4])/[SiH_4]\}$ 从 10 变化到 200，而衬底温度 T_s 则从 $27℃$ 变化到 $560℃$。他们研究发现，在衬底表面首先是生成非晶硅层，在达到一个临界膜厚后，开始形核结晶，多晶硅薄膜才开始生长，而且衬底表面的氢起到了相当大的作用。

在 $200℃$、不同条件下制备了多晶硅薄膜后，O. Vetterl 等发现[3]，多晶硅薄膜生长存在三种情况：在高 H_2 浓度稀释的情况下，多晶硅晶粒呈柱状生长，生长速率较高；近非晶硅生长情况，晶粒呈柱状或树枝状生长，但尺寸很小，晶粒之间有非晶硅；非晶硅生长情况，只有细小的微晶硅颗粒镶嵌在非晶硅薄膜之中。有意思的是，他们还指出，太阳电池效率最高的不是第一种情况制备的多晶硅薄膜，而是第二种情况制备的薄膜，其可能的原因是晶粒之间的非晶硅钝化了晶粒的晶界悬挂键，使得太阳电池的性能提高。

与非晶硅薄膜的生长机理一样，PECVD 制备多晶硅薄膜的机理至今仍然有争议。原则上，在反应室中，通过射频辉光放电分解硅烷，硅烷气体被分解成多种新的基团，形成各种离子的等离子体，然后这些基团通过迁移、脱氢等一系列复杂的过程，在衬底上沉积形成多晶硅薄膜。在 PECVD 过程中，与非晶硅薄膜制备过程一样，SiH_3 基团被认为是多晶硅薄膜形成的主要前驱体，附着在衬底上的氢原子在多晶硅薄膜的沉积过程中起到了重要的作用。通常，低寿命的基团、高浓度的 SiH_4 基团（如 Si_2H_5、Si_3H_8 等）和反应基团（如 SiH_2、SiH 等）都会阻碍多晶硅薄膜的形成。通常，非晶硅的薄膜生长速率为 $1Å/s$，而微晶硅的晶化需要高浓度的 H_2 稀释，所以微晶硅的生长速率更低，只有 $0.2Å/s$[4]。

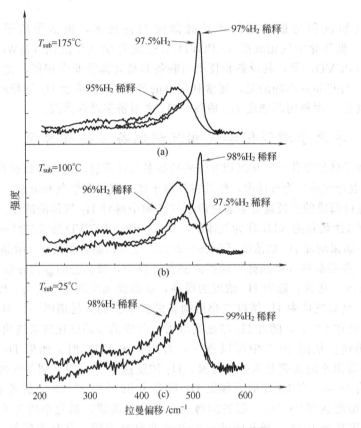

图 10.5　PECVD 制备的硅薄膜的拉曼谱图[1]

除了氢以外，在 PECVD 工艺中，决定硅薄膜是非晶还是多晶的另一个重要因素是等离子体中离子的能量[5]。一般认为，当离子的能量较高，如大于 5eV 时，倾向于生长成非晶硅薄膜；反之，则为多晶硅薄膜。所以，人们利用各种技术试图降低等离子体中的高能离子数目，以便增加薄膜晶化率。其中一种技术就是利用甚高频等离子增强化学气相沉积技术（VHF PECVD）来制备多晶硅薄膜，这是因为甚高频和普通等离子体制备使用的频率 13.56MHz 相比，可以降低高能离子的数目，从而有利于多晶硅的生成。另一种技术是利用氖替代 H_2 作为 SiH_4 的稀释气体，不仅可以增加晶化率，而且可以降低缺陷密度。这被认为在等离子体中，由于与氢比较，氖的质量大，电子的损失速率就低，从而降低了等离子体中的电子温度，也就降低了高能离子的数目。另外，通过电极的设计也可以改变等离子体中高能离子的数量，已有研究者利用三电极系统，即在传统的电极板之间增加一个负电极；也有研究者在正、负电极周围建立了一个正直流偏压墙（DC biased wall）电极，导致高能离子从等离子体中逸出而不能达到表面，从而降低高能离子对衬底的轰击和影响。

利用等离子增强化学气相沉积技术（辉光放电技术）可以方便地制备非晶硅薄膜，具有温度低（100～300℃）、能耗小的特点，但是在如此低温的条件下，制备多晶硅薄膜的难度是很大的。因为在化学气相沉积过程中，硅烷分解后，要使硅原子能在衬底上顺利结晶成晶体，衬底的工作温度必须提高。一般而言，要利用硅烷分解制备高质量的多晶硅薄膜，衬底的温度需要在500～600℃。但是，由于辉光放电技术本身的原因，衬底的温度很难达到550℃以上，因此，与非晶硅薄膜制备相比，利用PEVCVD生长多晶硅薄膜需要一些技术上的改进。

已经指出，对衬底材料进行不同程度的预处理，可以促进多晶硅薄膜的形成。C. H. Chen 等[6]利用 HF 对硅衬底进行浸渍等处理，然后在反应室的 H_2 气氛中焙烤，利用 PECVD 技术在 165～350℃ 的衬底温度下成功地生长出多晶硅薄膜。S. Hasegawa 等[7]在沉积多晶硅薄膜之前，先通入 CF_4、He 的混合气体进行等离子体化，对石英衬底表面进行腐蚀，造成衬底表面具有一定的粗糙度，然后利用 PECVD 技术，以 SiH_4、H_2 混合气体为气体源，制备了 $0.2\mu m$ 厚的多晶硅薄膜。另外，人们还试图利用其他气体源来代替硅烷，最常用的是卤硅化合物（如 SiF_4）或者是硅烷和卤硅化合物的混合气体（如 SiF_4、SiH_4 和 H_2）。因为 F—H 和 Si—F 的化学键能较 Si—Si 和 Si—H 的大得多，所以在化学反应中会产生大量的能量，从而诱导多晶硅低温形核。与硅烷气体作为气体源的反应相比，利用这些气体源，多晶硅薄膜的沉积温度可以下降至 200℃ 左右，生成的多晶硅的晶粒较大，可达到 $4～6\mu m$，而且有明显的择优取向。

另外，目前多晶薄膜的衬底材料一般是玻璃、不锈钢带，而柔软性、可塑性更好的塑料也是重要的衬底材料，但是塑料的玻璃化温度和玻璃相比更低，因此，在制备多晶硅薄膜时，如何降低沉积温度是重要的挑战。现在利用 PECVD 制备非晶硅薄膜然后晶化的技术中，薄膜的沉积温度为 250～300℃，今后则希望降低到 150℃ 左右。

10.2.2 低压化学气相沉积制备多晶硅薄膜

除等离子增强化学气相沉积技术以外，低压化学气相沉积（LPCVD）是在异质衬底上大面积制备多晶硅薄膜的另一种常用技术。与利用常规 PECVD 技术生长的多晶硅薄膜相比，其少数载流子的迁移率要高，晶粒内部的应力要低；而且由于制备时间较长，所以薄膜的晶粒较大。除此之外，LPCVD 制备的多晶硅薄膜的电学、光学性质和 PECVD 制备的多晶硅薄膜相仿，只是 LPCVD 制备的多晶硅薄膜的缺陷较多，因此，少数载流子的扩散长度小，会影响其太阳电池的效率。

图 10.6 所示为低压化学气相沉积系统的示意图。由图 10.6 可知，反应气体和载气从反应室一端进入，从受热的衬底表面流过并发生化学反应，生成的硅原子沉积在衬底表面，形成多晶硅薄膜，而生成的副产品气体则随载气流出反应室。与普通化学气相沉积不同的是，LPCVD 利用机械泵和减压泵，将反应室的压力降至 0.05～5Torr（1Torr＝133.322Pa），此时的反应温度相对较低（550～800℃），可以生长均匀性良好的多晶硅薄膜。

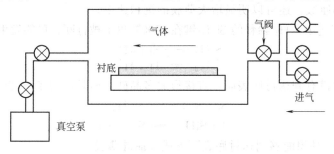

图 10.6　低压化学气相沉积系统的示意图

LPCVD 直接制备多晶硅薄膜时，通常也是利用硅烷作为气体源，也有用乙硅烷（Si_2H_6）作为气体源的，在低压条件下热分解气体源，从而直接在衬底上沉积多晶硅。比较典型的工艺参数为：反应室压力 10～30Pa，沉积温度 580～630℃，此时多晶硅薄膜的生长速率为 5～10nm/min。由 LPCVD 法生长的多晶硅薄膜，一般晶粒具有〈110〉择优取向，同时内部含有高密度的微孪晶缺陷，且晶粒尺寸小，载流子迁移率不够大。通过降低反应室压力，多晶硅薄膜的晶粒尺寸可以增大，但薄膜的表面粗糙度也会增加，从而对多晶硅的载流子迁移率以及电学稳定性产生影响。

然而，由于 LPCVD 技术的沉积温度相对较高，在衬底（基板）的选择方面受到限制。例如普通玻璃的软化温度处于 500～600℃，因此不能被选作 LPCVD 制备多晶硅薄膜的衬底，而必须使用更昂贵的石英玻璃作为衬底。

10.2.3 热丝化学气相沉积制备多晶硅薄膜

热丝化学气相沉积（Hot Wire Chemical Vapor Deposition，HWCVD）是在 PECVD 技术的基础上发展起来的新型硅薄膜制备技术。利用该技术，硅薄膜的生长速率比普通 PECVD 的生长速率高 5～25 倍，可以更好地大面积均匀沉积薄膜，设备的成本也相对较低，而且多晶硅薄膜颗粒较大、氧浓度低、本征缺陷少、高度〈220〉取向，即使衬底温度为 250℃，利用这种技术制备的多晶硅薄膜（含氢 2%～3%）的暗电导也可达到 10^{-7}S/cm。因此，HWCVD 制备多晶硅薄膜具有很好的应用前景。

该技术最早是由 H. Wiesmann 提出的[8]，1993 年 P. Papadopulos 等利用 HTCVD 技术制备的含氢非晶硅薄膜，制成了非晶硅太阳电池[9]，随后电池的效率达到 10% 以上，pin、nip 以及叠层电池等多种电池结构也被研制，引起了人们的极大兴趣[10]。与其他直接制备多晶硅薄膜的技术相比，热丝化学气相沉积技术具有较多的优点：该技术的衬底温度低，因此可以利用廉价的材料作为衬底；高温钨丝可使硅烷充分分解，达到充分利用气体源的目的；薄膜生长速率高；以上这些优点可以降低多晶硅薄膜的制备成本。同时，HWCVD 制备的多晶硅薄膜结构均匀，一致性高，载流子迁移率高；而且氢含量低，仅有 1% 左右；因此，HWCVD 制备多晶硅薄膜是一种相当有前景的技术。

HWCVD 是指在反应室的衬底附近约 3～5cm 处，放置一个直径为 0.3～0.7mm 的金属钨丝，呈盘状或平行状，然后通入大电流，使钨丝加热升温至 1500～2000℃，此时 SiH_4 等气体源在流向衬底的途中，受到钨丝的高温催化作用而发生热解，从而使硅原子直接沉积在衬底上形成多晶硅薄膜。在这一高温下，SiH_4 和 H_2 中的键更容易被打断；而且，SiH_4 的高效率分解能产生大量氢原子，使得即使没有高浓度稀释 H_2，HWCVD 工艺也能有足够的氢辅助生长。因此，多晶硅薄膜的沉积速率和效率较高，最大沉积速率可以达到 3～5nm/s；而且热丝对衬底的热辐射较低，有助于多晶硅薄膜的高速生长。如果缩短热丝和衬底间的距离或者增加热丝的匝数，还可以明显增大薄膜的沉积速率。

在 HWCVD 工艺中，H_2 稀释的 SiH_4 键在 1500℃ 以上被打断，可能发生的化学反应为[11]

$$SiH_4 =\!=\!= Si + 4H \tag{10.1}$$

$$H_2 =\!=\!= H + H \tag{10.2}$$

但是，这些基团并没有到达衬底表面，直接形成多晶硅，而是参与了下述气相反应

$$Si + SiH_4 \longrightarrow Si_2H_4 \tag{10.3}$$

$$H + SiH_4 =\!=\!= SiH_3 + H_2 \tag{10.4}$$

反应中，只有 SiH_3 基团能够到达衬底表面形成多晶硅薄膜。

其典型的工艺是：加热功率 300～1000W，反应室压力 0.005Torr，衬底温度可以低于

400℃。利用 HWCVD 技术制备的多晶硅薄膜的晶粒尺寸可以达到 $1\mu m$ 以上，具有柱状结构并表现出强烈的〈220〉择优取向，多晶硅的电子迁移率可以达到 $20cm^2/(V \cdot s)$[12]。有研究者报道，即使衬底温度达到 280℃，也能制备出高质量的多晶硅薄膜，而且沉积速率达到 4nm/s。

在 HWCVD 工艺制备多晶硅薄膜时，热丝的温度被认为是决定多晶硅薄膜质量的主要因素。有研究报道，当衬底温度为 175～400℃时，如果热丝的温度在 2000～2100℃左右，可以顺利地制备多晶硅薄膜；但热丝的温度如果在 1700～1900℃左右，就只能制备非晶硅薄膜。热丝的材料影响到热丝可能达到的温度，也是决定薄膜质量的一个因素。通常热丝的材料是钨，也有研究者研究了 W 和 Ta 的合金，也能制得较好的多晶硅薄膜。

研究指出，在 HWCVD 工艺中，稀释 H_2 的作用主要是影响了多晶硅薄膜的结构，相对高浓度 H_2 稀释时，多晶硅的晶向是无序、散漫的；相对低浓度 H_2 稀释时，多晶硅的晶向趋向于〈220〉。通常认为，在薄膜刚开始生长时，形核层是〈110〉晶向，然后才转变为〈220〉晶向。而反应气体中的压力主要影响薄膜的生长速率，气压越高，薄膜生长速率越大，缺陷密度也同时增大，但是反应室中的压力对多晶硅结构没有影响。

HWCVD 也可以与 PECVD 等其他技术相结合，Feng 等利用上述系统[13]在高热丝温度下，在 300℃的衬底上制备了晶化率达到 93%、〈220〉高度取向的多晶硅薄膜。

HWCVD 不仅在制备多晶硅薄膜方面具有一定优点，也是一种重要的制备非晶硅薄膜的技术。当然，也可以先制备非晶硅薄膜再晶化为多晶硅薄膜。在制备非晶硅薄膜时，其材料也受衬底温度、热丝温度、氢浓度等因素影响。图 10.7 所示为在不同的衬底温度下，利用 PECVD 和 HWCVD 技术生长非晶硅薄膜，薄膜的生长速率与反应气体中 H_2 浓度的关系[14]。由图可见，当 H_2 浓度低于 70%左右，两者的薄膜生长速率与 H_2 浓度没有直接关系，分别为 20Å/s 和 2Å/s 左右。但是当 H_2 浓度大于 70%左右，随着 H_2 浓度的增加，薄膜的生长速率逐渐降低，最多降低 1 个数量级。但不论衬底温度和 H_2 浓度如何，HWCVD 制备的非晶硅薄膜的生长速率始终大于普通 PECVD 制备的非晶硅薄膜。

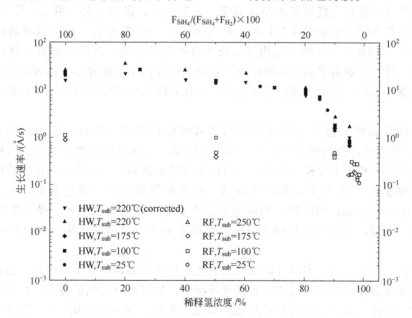

图 10.7　在不同的衬底温度下，利用 PECVD 和 HWCVD 技术生长非晶硅薄膜，薄膜的生长速率与反应气体中 H_2 浓度的关系[14]

利用 HWCVD 制备非晶硅薄膜时，反应室的压力也是重要因素。图 10.8 所示为在衬底温度 250℃、硅烷流量 90cm³/s 时，反应室压力与非晶硅薄膜生长速率的关系[15]。由图 10.8 可知，无论是较厚的薄膜还是较薄的薄膜，随着压力的增加，薄膜的生长速率也随之增加，在 50μbar❶ 后基本不变。

衬底温度也是重要的因素。图 10.9 所示为衬底温度和非晶硅薄膜中氢浓度的关系。从图 10.9 中可知，随着温度从 200℃ 增加到 400℃，非晶硅中的氢浓度从 15% 以上降低到 10% 以下。但是研究指出，非晶硅薄膜的电导率与硅烷的流量相关，与衬底的温度关系不大。

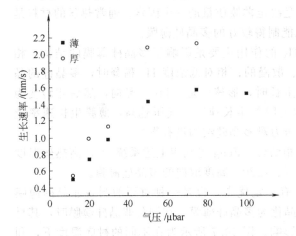

图 10.8　非晶硅薄膜生长速率与反应室压力的关系[15]
（衬底温度 250℃，硅烷流量 90cm³/s）

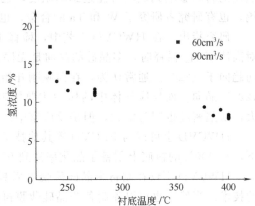

图 10.9　衬底温度与 HWCVD 制备的
非晶硅薄膜中氢浓度的关系

10.3　非晶硅晶化制备多晶硅薄膜

利用化学气相沉积直接制备多晶硅薄膜，工艺简单，操作方便。但是，除 HWCVD 技术之外，通常硅薄膜沉积温度相对较高，要达到 500~600℃ 左右，而普通玻璃的软化温度为 500~600℃，因此，利用化学气相沉积技术直接制备多晶硅薄膜，其衬底材料的选择受到很多限制。另一种制备多晶硅薄膜的技术就是利用等离子增强化学气相沉积等技术，首先在低温下制备非晶硅，由于非晶硅是亚稳状态，在后续适合的热处理条件下，晶化形成多晶硅薄膜。

非晶硅再结晶技术包括高温再结晶的区域熔炼再结晶（Zone Melting Recrystalline，ZMR），以及低温再结晶的固相再结晶、激光再结晶、快速热处理再结晶等。固相再结晶技术简单、成本低，易于大规模工业生产，可以原位磷扩散制备 p-n 结，而且多晶硅薄膜的晶粒大，结晶温度在 550℃ 左右，但产率较低。而近年发展的脉冲快速热处理工艺（Pulsed Rapid Thermal Process，PRTP），利用金属铝作诱导，可以快速制备多晶硅薄膜，引起了人们的关注。目前，三洋公司利用非晶硅晶化制备的多晶硅薄膜太阳电池，其效率已经达到 9.2%。

不仅如此，一般而言，多晶硅薄膜太阳电池的效率与晶粒的大小成正比。通过化学气相沉积一步制备的多晶硅薄膜，通常晶粒都比较细小，最好经过再结晶过程，使得多晶硅薄膜的晶粒变大。因此，非晶硅薄膜的再晶化技术尤为重要。图 10.10 所示为沉积在 SiO₂ 缓冲层上的多晶硅薄膜再结晶前后的截面扫描电镜照片[16]。从图 10.10 中可以看出，再结晶之

---

❶ 1bar＝10⁵Pa，全书同。

前晶粒细小，尺寸在 $1 \sim 10\mu m$ 之间，甚至更小；但是，再结晶后晶粒明显变大，尺寸大于 $80\mu m$。

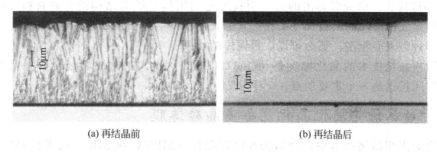

(a) 再结晶前　　　　　　　　　　　　(b) 再结晶后

图 10.10　沉积在 SiO_2 缓冲层上的多晶硅薄膜再结晶前后的截面扫描电镜照片[16]

10.3.1　固化晶化制备多晶硅薄膜

固相晶化（SPC）是指非晶硅薄膜在一定的保护气中，在 600℃ 以上进行常规热处理，时间约为 $10 \sim 100h$。此时，非晶硅可以在远低于熔硅晶化温度的条件下结晶，形成多晶硅。图 10.11 所示为 LPCVD 制备的非晶硅薄膜在氮气氛中 600℃ 热处理 24h 后的 X 射线谱图[17]，制备非晶硅薄膜时的衬底温度为 470℃。从图 10.11 中可以看出，非晶硅已经转变成多晶硅，其中（111）峰最强。

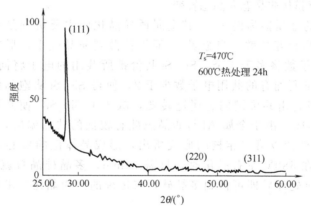

图 10.11　LPCVD 制备的非晶硅薄膜在氮气氛中
600℃ 热处理 24h 后的 X 射线谱图[17]

研究发现，利用固相晶化技术制得的多晶硅薄膜的晶粒尺寸与非晶硅薄膜的原子结构无序程度和热处理温度密切相关。初始的非晶硅薄膜的结构越无序，固相晶化过程中多晶成核速率越低，晶粒尺寸越大。这主要是因为非晶硅虽然具有短程有序的特点，但是在某些区域会产生局部的长程有序，这些局部的长程有序就相当于小的晶粒，在非晶硅晶化过程中起到一个晶核的作用。所以，非晶硅结构越有序，局部的长程有序区域产生的概率也就越大，固相晶化过程中成核速率也就越高，从而使晶粒尺寸变小[17,18]。

同时，热处理温度也是影响晶化效果的另一个重要因素。当非晶硅在 700℃ 以下热处理时，温度越低，成核速率越低，所能得到的晶粒尺寸越大；而在 $700 \sim 800℃$ 热处理时，由于此时晶界移动引起了晶粒的相互吞并，小的晶粒逐渐消失，而大的晶粒逐渐长大，使得在此温度范围内晶粒尺寸随温度的升高而增大。

为了改善多晶硅薄膜的质量，增加晶粒的尺寸，研究者提出分层掺杂技术，即在制备非晶硅薄膜时，在第一层薄膜中实施掺杂，称为成核层，具有少量的核心数目；在第二层薄膜中不掺杂，称为生长层；在固相晶化时，成核层的核心数目得到控制，可以生长尺寸为 $2\sim3\mu m$ 的多晶硅薄膜。研究者提出的另一项技术是利用具有绒面结构的衬底材料，在这种衬底上制备的多晶硅薄膜的晶粒尺寸要比通常的大 1 倍以上。如果利用等离子体对衬底进行预处理，使得衬底表面粗糙，那么可以取得同样的效果。

一般固相晶化技术的晶化温度都在 600℃ 以上，因此对衬底材料还是有一定要求。另外，晶化时间长也是一个重要弱点。

10.3.2　金属诱导固化晶化制备多晶硅薄膜

在改良的固相晶化技术中，金属诱导固相晶化（MISPC 或 MIC）技术最具发展前途。所谓的金属诱导固相晶化技术就是在制备非晶硅薄膜之前、之后或同时，沉积一层金属薄膜（如 Al、Ni、Au、Pd），然后在低温下进行热处理，在金属的诱导作用下，使非晶硅低温晶化而获得多晶硅。这主要是因为金属与非晶态硅界面的相互扩散作用，减弱了非晶硅中 Si—Si 的键强，同时金属与非晶态硅通常有较低的共晶温度，从而使非晶态硅能在低于 500℃ 下发生晶化。

早期研究已经证明，当硅与金属接触后，能够在较低的温度下（$100\sim700℃$）与大多数金属形成金属硅化物，其共晶温度远远低于纯非晶硅的晶化温度。在固相晶化时，如果热处理温度高于共晶温度，金属与非晶硅之间将会有液相产生，由于非晶态硅的自由能高于晶态硅，降温时将使硅薄膜从非晶态向晶态转变。

以目前最常用的金属铝为例[19]，其金属诱导晶化的主要机理是在低温晶化时，金属铝和非晶态硅发生相互扩散。当金属 Al 原子扩散到非晶硅中，形成间隙原子，这样在 Si 原子周围的原子数将多于 4 个，Si—Si 共价键所共用的电子将同时被 Al 间隙原子所共有，从而 Si—Si 所拥有的共用电子数少于 2，使得 Si—Si 从饱和价键向非饱和价键转变，因此，Si—Si 将由共价键向金属键转变，减弱了 Si—Si，使其转化成 Si—Al，导致 Si-Al 混合层的形成。由于金属 Al 与非晶态硅有较低的共晶温度，Si 在 Al 中的固溶度很低，过饱和的 Si 便以第二相核的形式析出，形成晶体硅的核心，最终长大成为多晶硅薄膜。通常，在 580℃ 左右晶化时，只需 10min，多晶硅晶粒就可以达到 1.5μm。甚至在低温 350℃ 热处理后即可得到多晶硅，与传统的固相晶化技术相比，其晶化温度降低了约 $200\sim400℃$。

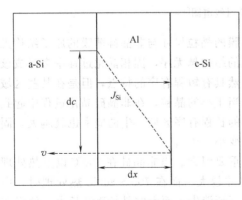

图 10.12　金属 Al 诱导非晶硅晶化的反应动力学示意图[20]

在低温（如 200℃）热处理时，Si 原子在非晶硅中的扩散速率较小，一般仅依靠 Si 原子的重组使硅薄膜从无序的非晶态向有序的晶态转变。但是，Si 原子在 Al 中的扩散速率却快得多（$D\approx5\times10^{-12}cm^2/s$），扩散到 Al 中的 Si 原子很容易在 Al 中形成晶核，并伴随着 Si 原子的继续扩散而长大，而 Al 在硅晶核的形成及长大过程中起到一个媒介作用。T. J. Konno[20] 等发现 Al 在硅中的扩散是整个反应过程的速度限制阶段。图 10.12 所示为金属 Al 诱导非晶硅晶化的反应动力学示意图。其中 Al 与 c-Si 晶界的移动速率 v（即 c-Si 晶体的长大速率 v）可用 Si 原子的流通量 J 来表示

$$J = cv \tag{10.5}$$

式中，J 为 Si 原子在金属 Al 中的扩散通量；c 为 c-Si 的密度。根据菲克定律

$$J = -D \frac{\mathrm{d}c}{\mathrm{d}x} \tag{10.6}$$

式中，D 为 Si 在金属 Al 中的扩散系数；$\mathrm{d}c/\mathrm{d}x$ 为 Si 原子在金属 Al 中的浓度梯度。因此

$$\Delta c \approx c_{\mathrm{a}} - c_{\mathrm{c}} \tag{10.7}$$

式中，c_{a} 为 Si 原子在靠近 Al/非晶硅界面处金属 Al 中的浓度；c_{c} 为 Si 原子在靠近 Al/c-Si 界面处金属 Al 中的浓度。由于 Si 原子在金属 Al 中的扩散为多晶硅长大的限制阶段，因此多晶硅薄膜的生长速率可直接由上述公式计算而得，根据该模型计算所得的值与实验值基本相符。

在非晶硅中引入诱导金属可以有两种方法：一是以金属与非晶态硅层状复合；二是金属与非晶态硅混合相嵌，即在沉积金属的同时沉积非晶硅。对于前者，要使非晶硅在金属诱导下低温晶化，金属层与非晶态硅层界面之间必须有一个良好的界面接触条件。W. Cai 等[21]指出，若在 Al 层与 a-Si 非晶态硅层界面处存在一致密的 Al_2O_3 或 SiO_2 薄氧化层，会阻碍 Al 与 Si 原子的相互扩散，从而起不到金属诱导 a-Si 低温晶化的效果。因此，金属/非晶态硅多层复合薄膜的制备最好在同一真空系统中连续沉积而成。也有研究报道，层状复合的 a-Si/Al 薄膜相对于混合相嵌的 a-Si/Al 复合薄膜来说，前者的非晶硅晶化温度要更低。

金属诱导固相晶化制备的多晶硅薄膜主要取决于金属种类和晶化温度，而与非晶硅的结构、金属层厚度等因素无关，因此对非晶硅的原始条件要求不高，可以简化非晶硅薄膜的制备工艺，降低生产成本。但是，该技术会引入金属杂质，这些金属对半导体硅的电学性能也将产生致命影响。

10.3.3　快速热处理晶化制备多晶硅薄膜

所谓的快速热处理（RTP）晶化制备多晶硅薄膜是指采用光加热的方式，在数十秒内能将材料升高到 1000℃ 以上的高温，并快速降温的热处理工艺来晶化非晶硅薄膜。与传统的用电阻丝加热的热处理炉相比，快速热处理具有更短的热处理时间、更快的升、降温速率；而且，由于升降温很快，被热处理的材料和周围环境处于非热平衡状态。

在 RTP 系统中，一般采用碘钨灯加热，其光谱从红外到紫外：一方面灯光可以加热材料；另一方面灯光中波长小于 $0.8\mu m$ 的高能量光子对材料会起到增强扩散作用。除此之外，在快速热处理时，还会出现氧化增强效应、瞬态增强效应和场助效应作用等。因此，在快速热处理系统中，温度可以上升得很快。但是 RTP 处理也有弱点，如引入较高的热应力、重复性和均匀性较差等。

利用 RTP 晶化，最大的原因在于 RTP 改变了杂质原子在非晶硅中的扩散。在常规热处理中，杂质原子的扩散是基于热力学而进行的扩散，主要依靠漂移场和浓度梯度场的作用。而在 RTP 工艺中，除了有热力学作用外，还受到光效应的作用，特别是高能光子的作用[22]。一般来说，在相同的条件下，RTP 工艺中杂质热扩散的扩散系数是常规热处理的 5 倍以上。R. Singh 提出[22]在 RTP 工艺中，当光波长小于 $0.8\mu m$ 时，对硅而言，电子处于激发态，势垒 ΔG_{m} 随频率 ν 而变化。频率 ν 是穿越势垒 ΔG_{m} 的概率

$$\nu = \nu_0 \exp\left(-\frac{\Delta G_{\mathrm{m}}}{\kappa T}\right) \tag{10.8}$$

式中，ν_0 为原子振动的频率；κ 为玻耳兹曼常数；T 为温度。在电子激发态，化学键

总比基态长，这就导致键能降低，从而掺杂原子的迁移焓 ΔH_m 更低，振动原子的频率 ν_0 就增加。因为 Gibbs 自由能 ΔG_m 与 ΔH_m 之间有

$$\Delta G_m = \Delta H_m - T\Delta S_m \tag{10.9}$$

式中，ΔS_m 为空穴迁移熵。在常压下，熵变化由式(10.10)给定

$$\Delta S_m = -\frac{\delta \Delta G_m}{\delta t} \tag{10.10}$$

因此，ΔG_m 减少导致 ΔS_m 的增加，因为在激发态焓更低。而在 RTP 中杂质的扩散系数为

$$D = fn_c\lambda\nu_0 \exp\left(\frac{\Delta S_f + \Delta S_m}{\kappa}\right)\exp\left(-\frac{\Delta H_m + \Delta H_f}{\kappa T}\right) \tag{10.11}$$

式中，ΔS_f、ΔS_m 分别为形成熵和迁移熵；ΔH_f、ΔH_m 分别为形成焓和迁移焓。对于硅而言，相关系数 $f=0.78$，协调因子 $n_c=4$。因为形成空位所要求的能量相当高，所以可以假定 ΔS_f 和 ΔH_f 保持不变，因此，在给定的工艺温度下，扩散系数有所增加。

早在 1989 年，R. Kakkad 等首先提出利用快速热处理晶化非晶硅的技术来制备多晶硅薄膜[23]。他们利用等离子增强化学气相沉积（PECVD）法在 250℃ 左右制备了非晶硅薄膜，然后利用快速热处理在 700℃ 下，于几分钟之内顺利地将非晶硅薄膜晶化。此时，无掺杂多晶硅薄膜的电导率与更高温度下常规热处理所得的无掺杂多晶硅薄膜的电导率具有可比性，可以达到 160S/cm 左右，而掺杂多晶硅薄膜的迁移率也可达到 13cm²/(V·s) 左右。这说明快速热处理晶化不仅可以制备本征多晶硅薄膜，而且可以制备重掺杂薄膜，使得制备的多晶硅薄膜可以在太阳能光电、集成电路的多晶硅发射极和场效应管等器件上得到应用。图 10.13 所示为 PECVD 制备的非晶硅薄膜，在 800℃ RTP 处理 60s 前后的 X 射线图。从图 10.13 中可以看出，低温 PECVD 制备的非晶硅薄膜已经有部分晶化，经过 RTP 后，晶化增加。

在 RTP 处理过程中，温度和时间是影响非晶硅薄膜晶化的主要因素。图 10.14 所示为 PECVD 制备的非晶硅薄膜在不同温度 RTP 处理 50s 后的拉曼谱图。从图 10.14 中可以看出，随着温度的升高，硅薄膜的 520cm⁻¹ 峰强度迅速增加，峰线更加明锐，说明非晶硅的晶化程度更高。

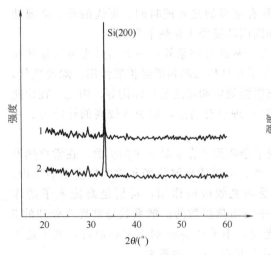

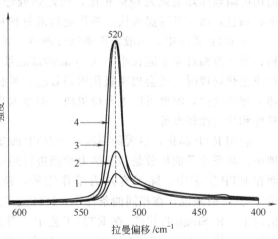

图 10.13　PECVD 制备的非晶硅薄膜，在 800℃ RTP 处理 60s 前后的 X 射线图
1—RTP 处理 60s 后；2—原生非晶硅

图 10.14　PECVD 制备的非晶硅薄膜在不同温度 RTP 处理 50s 后的拉曼谱图
1—900℃；2—1000℃；3—1100℃；4—1200℃

多晶硅薄膜的性能主要受晶界和晶粒内部缺陷的影响，为了提高多晶硅薄膜的性能，必须增大晶粒尺寸和减少多晶硅薄膜的缺陷态密度。

与常规热处理相比，快速热处理显著地减少了晶化热量和晶化时间，但这种单步热处理晶化的多晶硅薄膜的晶粒尺寸要比常规热处理所制得的要小得多，严重影响了多晶硅薄膜的性能。为了解决这个问题，研究者提出将常规热处理和 RTP 热处理方式结合起来，首先进行 RTP 处理使非晶硅晶化，然后再常规热处理使晶粒长大，即增加快速热处理工艺，缩短常规热处理时间，将晶化所需的时间缩短为几个小时以上，以达到制备大晶粒、高质量多晶硅薄膜的目的。图 10.15 所示为 PECVD 制备的非晶硅薄膜经过单独常规 800℃、5h 热处理固相晶化后的 X 射线图，以及首先快速热处理，然后常规 800℃、5h 热处理 RTP 晶化后的 X 射线图。显然，RTP 的预处理可以部分增加非晶硅的晶化。

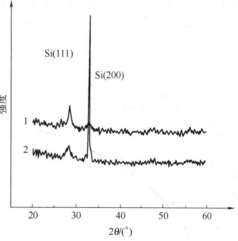

图 10.15　PECVD 制备的非晶硅薄膜经 800℃、5h 常规处理（1）以及 800℃、60s 预处理和 800℃、5h 常规处理（2）后的 X 射线图

RTP 预处理与常规热处理相结合，还可以增大多晶硅薄膜的晶粒尺寸。图 10.16 所示为 PECVD 制备的非晶硅薄膜，经过 800℃、60s RTP 预处理和未经过 800℃、60s RTP 预处理，在 800℃常规热处理时晶粒尺寸随常规热处理时间的变化。由图 10.16 可知，在短时间常规热处理时，RTP 的作用不明显，随着时间的延长，RTP 预处理过的薄膜有相对较大的晶粒。

最近，有研究者提出，采用两步或多步快速热处理技术可以将非晶硅晶化时间缩短到几分钟，而所得到的多晶硅薄膜的晶粒尺寸与长时间常规热处理晶化得到的多晶硅薄膜的晶粒尺寸相近。Yuwen Zhao 等[24] 提出了改进型脉冲快速热处理（Pulsed Rapid Thermal Annealing，PRTA）技术，利用 PECVD 制得的非晶硅薄膜来制备多晶硅薄膜。他们利用多个脉冲热处理周期，在每个周期的热处理中，先于 550℃、60s 将非晶硅薄膜加热至晶化临界状态，然后在 850℃下快速热处理使得薄膜快速成核和长大。图 10.17 所示为在不同快速热处理周期前后的 X 射线图谱，随着晶化脉冲周期的增加，非晶硅薄膜逐渐晶化。

10.3.4　激光晶化制备多晶硅薄膜

激光晶化是指通过脉冲激光的作用，非晶硅薄膜局部迅速升温至一定温度而使其晶化，这也是非晶硅晶化制备多晶硅的一种方法，相对于固相晶化制备多晶硅而言更为理想。激光晶化时主要使用的激光器是 XeCl、KrF 和 ArF，其波长分别为 308nm、248nm 和 193nm，脉冲宽度一般为 15~50nm，光吸收深度仅有数十纳米。由于激光具有短光波长、高能量和浅光学吸收深度的特点，可以使非晶硅在数十到数百纳秒内升高至晶化温度，迅速晶化成多晶硅，而且衬底发热小。利用这种技术，衬底的温度很低，所以对衬底材料的要求并不严格。

激光晶化多晶硅薄膜的晶化效果与激光的能量密度和波长紧密相关。一般而言，激光的能量密度越大，多晶硅晶粒的尺寸也越大，当然相应薄膜的载流子迁移率也就越大。但激光的能量密度并不能无限增大，要受到激光器的限制，通常晶化非晶硅使用的激光能量密度范围为 $100~700\text{mJ/cm}^2$。也有研究指出，过大的能量密度反而使载流子迁移率下降。另外，激光波长也对晶化效果有影响。波长越长，激光能量注入非晶硅薄膜就越深，晶化效果相对就越好。目前，激光晶化大多使用 XeCl 和 KrF 激光器，它们的光吸收深度分别为 7nm 和 4nm，非晶硅薄膜的晶化深度可达 15nm 和 8nm。

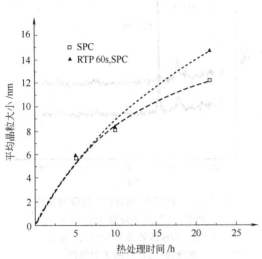

图 10.16　PECVD 制备的非晶硅薄膜，
经过 800℃、60s RTP 预处理
（RTP＋SPC）和未经过 800℃、60s RTP
预处理（SPC），在 800℃ 常规热处理时
晶粒尺寸随热处理时间的变化

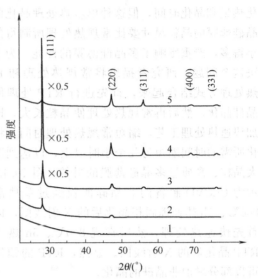

图 10.17　在不同快速热处理周期
前后的 X 射线图谱[24]

1—原生非晶硅；2—1 个周期；3—5 个周期；
4—10 个周期；5—20 个周期

由于激光晶化时初始材料部分熔化，结构大致分为两层，即上晶化层与下晶化层。

但是激光晶化技术也有明显弱点，主要是设备复杂、生产成本高，难以实现大规模工业应用。

参 考 文 献

[1]　Alpuim P，Chu V，Conde J P. J Appl Phys，1999，86：3813.

[2]　Kitagawa T，Kondo M，Matsuda A. Applied Surface Science，2000，159～160：30.

[3]　Vetterl O，Finger F，Carius R，Hapke P，Houben L，Kluth O，Lambertz A，Muck A，Rech B，Wagner H. Sol Energy Mater Sol Cells，2000，62：97.

[4]　Alpuim P，Chu V，Conde J P. J Appl Phys，1999，86：3813.

[5]　Rath J K. Solar Energy Materials and Solar Cells，2003，76：431.

[6]　Chen C H，Yew T R. Journal of Crystal Growth，1995，147：305.

[7]　Hasegawa S，Uchida N，Takenaka S，et al. Jpn J Appl Phys，1998，37：4711.

[8]　Wiesmann H，Gosh A K，McMahon T，Strongin M. J Appl Phys，1979，50：3752.

[9]　Papadopulos P，Scholz A，Bauer S，Schroeder B，Oechsner H. J Non-Cryst Solids，1993，164～166：87.

[10]　Bernd Schroeder. Thin Solid Films，2003，430：1.

[11]　Rath J K. Solar Energy Materials and Solar Cells，2003，76：431.

[12]　Matsumura H. Jpn J Appl Phys，1991，30L：1522.

[13]　Feng，Zhu M，Liu F，Liu J，Han H，Han Y. Thin Solid Films，2001，395：213.

[14] Alpuim P，Chu V，Conde J P. J Appl Phys，1999，86：3813.

[15] van Veen M K，Schropp R E I. J Appl Phys，2003，93：121.

[16] Adolf Goetzbergera，Christopher Heblinga，Hans-Werner Schockb. Materials Science and Engineering R，2003，40：1～46.

[17] Kenji Nakazawa. J Appl Phys，1991，69：1703.

[18] Hatalis M K，Greve D W. J Appl Phys，1988，63：2260.

[19] Nast O，Hartmann A J. J Appl Phys，2000，88：716.

[20] Konno T J，Sinclair R. Phil Mag B，1992，66：749.

[21] Cai W，Wan D. Thin Solid Films，1992，1：219.

[22] Singh R，Cherukuri K C，Vedul L. Appl Phys Lett，1997，70 (13)：1700.

[23] Kakkad R，Smith J，Lau W S，Fonash S J. J Appl Phys，1989，65 (5)：2069.

[24] Yuwen Zhao，Wenjing Wang，Feng Yun，Ying Xu，Xianbo Liao，Zhixun Ma，Guozhen Yue，Guanglin Kong. Solar Energy Materials and Solar Cells，2000，62：143.

第 11 章
GaAs 半导体材料

在硅材料太阳电池发展的同时，一系列的化合物半导体太阳电池也迅速发展，如 GaAs、CdTe、InP、CdS、CuInS 和 CuInSe$_2$ 等。这是因为化合物半导体材料大多是直接禁带材料，光吸收系数较高，因此，仅需要数微米厚的材料就可以制备成高效率的太阳电池。而且，化合物半导体材料的禁带宽度一般较大，其太阳电池的抗辐射性能明显高于硅太阳电池。

在Ⅲ-Ⅴ族化合物半导体材料中，GaAs、InP 等及其三元化合物都可以作为太阳电池材料，但是考虑到成本、制备、材料性能等方面因素，仅 GaAs 及其三元化合物得到了较广泛的应用。目前，尽管 GaAs 系列太阳电池的效率高、抗辐射性能强，由于其生产设备复杂、能耗大、生产周期长，导致生产成本高，难以与硅太阳电池相比，所以仅用于部分不计成本的空间太阳电池和聚光太阳电池上。

不仅如此，GaAs 化合物半导体材料与硅材料相比，还有其他问题值得考虑。一是 GaAs 材料的制备通常比硅材料困难，化学配比不易精确掌握，特别是其三元系列化合物半导体材料，在低成本条件下严格控制和保证组分的化学计量比相对困难。二是晶体结构的完整性较差，材料的缺陷、杂质行为更加复杂，迄今为止，还很难生长无位错 GaAs 单晶，尽管现代金属-有机化学气相沉积（MOCVD）技术和分子束外延（MBE）技术都可以在很大程度上改善 GaAs 材料的质量。三是从自然资源看，Ga、As 都远不如 Si 丰富。四是 GaAs 中的 As 元素及其部分化合物具有很强的毒性，而且易挥发，具有一定的环境保护问题。因此，GaAs 化合物半导体材料作为太阳电池材料，其应用是受到一定限制的。

本章主要阐述 GaAs 材料和太阳电池的基本性质，以及 GaAs 体单晶和薄膜单晶的不同制备技术，文中还描述了 GaAs 晶体的掺杂和杂质的基本结构、性质，以及 GaAs 晶体中的点缺陷和位错等性质。

11.1　GaAs 材料的性质和太阳电池

11.1.1　GaAs 的基本性质

GaAs 是一种典型的Ⅲ-Ⅴ族化合物半导体材料。1952 年，H. Welker 首先提出了 GaAs 的半导体性质，随后人们在 GaAs 材料制备、电子器件、太阳电池等领域开展了深入研究。1962 年，研制成功了 GaAs 半导体激光器，1963 年又发现了耿氏效应，使得 GaAs 的研究和应用日益广泛，已经成为目前生产工艺最成熟、应用最广泛的化合物半导体材料，它不仅是仅次于硅材料重要的微电子材料，而且是主要的光电子材料之一，在太阳电池领域也有一定应用。

GaAs 的原子结构是闪锌矿结构，由 Ga 原子组成的面心立方结构和由 As 原子组成的面心立方结构沿对角线方向移动 1/4 间距套构而成的，其原子结构示意图如图 11.1 所示。Ga 原子和 As 原子之间主要是共价键，也有部分离子键。在 [111] 方向形成极化轴，（111）

面是 Ga 面,($\bar{1}\bar{1}\bar{1}$) 面是 As 面,从而使得两个面的物理化学性质大不相同,如沿 (111) 面生长容易,腐蚀速度快,但是位错密度高、容易成多晶;而 ($\bar{1}\bar{1}\bar{1}$) 面则相反。

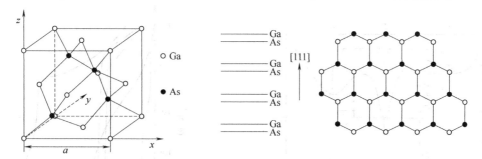

图 11.1　GaAs 原子结构示意图

GaAs 在室温下呈暗灰色,有金属光泽,相对分子质量为 144.64;在空气或水蒸气中能稳定存在;但在空气中,高温 600℃ 可以发生氧化反应,高温 800℃ 以上可以产生化学离解;常温下,化学性质也很稳定,不溶于盐酸,但溶于硝酸和王水。

作为电子材料,GaAs 具有许多优越的性能,GaAs 材料的物理性质见表 11.1。从表 11.1 中可以看出,GaAs 材料的禁带宽度大、电子迁移率高、电子饱和速度高。与硅器件相比,GaAs 的电子器件具有工作速度快、工作温度高和工作频率高的优点,因此,GaAs 材料在高速、高频和微波等通信用电子器件方面广泛应用。

表 11.1　GaAs 材料的物理性质（300K）

密度/(g/cm³)	5.32	电子有效质量	0.065
晶格常数/Å	5.653	空穴有效质量	0.082(L)
每立方厘米原子数/10^{22}cm^{-3}	4.41		0.45(h)
热膨胀系数/10^{-6}K^{-1}	6.6±0.1	电子饱和速度/(10^7m/s)	2.5
热导率/[W/(cm·K)]	0.46	击穿电场强度/(10^5V/cm)	3.5
比热容/[J/(kg·K)]	0.318	器件最高工作温度/℃	470
熔点/℃	1238	折射系数(长边)	3.3
禁带宽度/eV	1.43	光学介电常数	13.9
本征载流子浓度/cm^{-3}	1.3×10^6	静电介电常数	13.18
电子迁移率/[cm²/(V·s)]	8800	临界剪切应力/MPa	0.40
		硬度/(kgf/mm²)	1238
空穴迁移率/[cm²/(V·s)]	450	断裂应力/MPa	100

注:1kgf/mm²＝9.8N/mm²。

GaAs 为直接禁带半导体材料,禁带宽度为 1.43eV,其能带图如图 11.2 所示。从图 11.2 中可以看出,其导带极小值和价带极大值都在布里渊区的中心,即 $K=0$ 处,说明是直接禁带结构,其光子的发射不需要声子的参与,具有较高的光电转换效率。而且,在导带极小值上方还有两个子能谷,三个能谷中的电子有效质量不同,但能量相差不大,在高场下电子可以从导带极小值处转移到子能谷处,使得电子有效质量增加,迁移率下降,态密度增加,表现出电场增强、电阻减小的负阻现象,称为转移电子效应或耿氏(Gunn)效应。

GaAs 也是重要的半导体光电材料,在半导体激光管、光电显示器、光电探测器、太阳电池等领域广泛应用,如利用 AlGaInP/GaAs 结构制备的 0.66μm 系列的红光二极管激光器已经大量生产。

作为太阳电池材料,GaAs 具有良好的光吸收系数,图 11.3 所示为各种 Ⅲ-Ⅴ 化合物半导体材料与 Si、Ge 的光吸收系数。由图 11.3 可知,在波长 0.85μm 以下,GaAs 的光吸收系数急剧升高,达到 10^4cm^{-1} 以上,比硅材料要高 1 个数量级,而这正是太阳光谱中最强的部分。因此，对于 GaAs 太阳电池而言，只要厚度达到 $3\mu m$，就可以吸收太阳光谱中约 95％的能量。

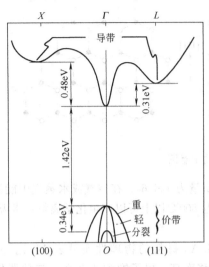

图 11.2　GaAs 材料的能带图

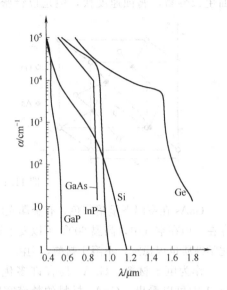

图 11.3　Ⅲ-Ⅴ化合物半导体材料和
Si、Ge 的光吸收系数

由于 GaAs 材料的禁带宽度为 1.43eV，光谱响应特性好，因此，太阳能光电转换理论效率相对较高。图 11.4 所示为不同材料的禁带宽度与太阳电池理论效率的关系[1]。从图 11.4 中可知，GaAs 太阳电池的效率要比硅太阳电池高。

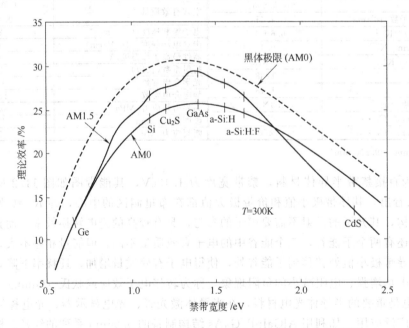

图 11.4　不同材料的禁带宽度与太阳电池理论效率的关系[1]

通常太阳电池的效率会随温度的升高而下降，例如硅太阳电池，在 200℃左右其太阳电池效率降低 70％。GaAs 材料的禁带宽度大，用它制备的太阳电池的温度系数相对较小。在较宽的范围内，电池效率随温度的变化近似于线性，约为 $-0.23％/℃$，降低缓慢，说明

GaAs 太阳电池具有更高的工作温度范围。

另外，GaAs 太阳电池的抗辐射能力强，有研究指出[2]，经过 $1 \times 10^{15} \, \text{cm}^{-2}$ 的 1MeV 的高能电子辐射，高效空间硅太阳电池的效率降低为原来的 66%，而 GaAs 太阳电池的效率仍保持在 75% 以上。显然，GaAs 太阳电池在辐射强度大的空间飞行器上有更明显的优势。

11.1.2　GaAs 太阳电池

早在 1956 年，GaAs 太阳电池就已经被研制。20 世纪 60 年代，同质结 GaAs 太阳电池和材料的制备、性能研究开始发展，一般采用同质结 p-GaAs/n-GaAs 太阳电池，由于 GaAs 衬底表面复合速率大于 $10^6 \, \text{cm/s}$，入射光在近表面处产生的光生载流子除一部分流向 n-GaAs 区提供光生电流外，其余则流向表面产生表面复合电流损失，使同质结 GaAs 太阳电池的光电转换效率较低，其效率和成本都无法与硅太阳电池竞争，发展一直很慢。直到 70 年代初，采用异质结结构后，GaAs 太阳电池才引起人们的普遍关注。1973 年，为减少 p-GaAs 区光生电子在其表面的复合损失，由 J. M. Woodall 和 H. J. Hovel[3] 设计研制的 p-AlGaAs/p-GaAs/n-GaAs 三层结构异质结太阳电池，效率达到 21.9%，超过了硅太阳电池。他们建议在 p-GaAs 上外延一层薄的 $p-Al_x Ga_{1-x} As$ 异质窗口层，使界面处形成导带势垒 $(\Delta E_c/q)$，用以阻止光生电子向表面运动。由于 $Al_x Ga_{1-x} As$ 与 GaAs 有很好的晶格匹配，该异质面间的复合速率可低于 $10^4 \, \text{cm/s}$，从而将 GaAs 的高表面复合变为低表面复合，使 GaAs 太阳电池的光电转换效率大为提高。由于高 x 值的 $Al_x Ga_{1-x} As$ 层有较大的 E_g 值（一般 $x > 0.85$），因而对能量 $h\nu \leqslant E_g$ 的入射光而言是一种透明的窗口层；并且，当 $Al_x Ga_{1-x} As$ 层制作得很薄时，其表面层的吸收损失也是很小的。20 世纪 80 年代，更多的 GaAs 异质外延技术得到发展，如在 GaAs 上外延 $Ga_x In_{1-x} P$，或者在 Ge 衬底、GaSb 衬底上外延 GaAs 薄膜。虽然 GaAs 在材料成本方面仍然比硅昂贵，但其禁带宽度适中，耐辐射和高温性能比硅强，因此研究者对它的兴趣仍在不断加强。

与硅太阳电池相比，GaAs 太阳电池具有几个显著的特点。

① GaAs 具有最佳禁带宽度 1.424eV，与太阳光谱匹配良好，具有高的光电转换理论效率，是很好的高效太阳电池材料。

② 由于禁带宽度相对较大，可在较高温度下工作。

③ GaAs 材料对可见光的吸收系数高，使绝大部分的可见光在材料表面 $2\mu m$ 以内就被吸收，电池可采用薄层结构，相对节约材料。

④ 高能粒子辐射产生的缺陷对 GaAs 中的光生电子-空穴复合的影响较小，因此电池的抗辐射能力较强。

⑤ 较高的电子迁移率使得在相同的掺杂浓度下，材料的电阻率比 Si 的电阻率小，因此由电池体电阻引起的功率损耗较小。

⑥ p-n 结自建电场较高，因此光照下太阳电池的开路电压较高。

正是如此，GaAs 的单结和多结太阳电池具有光谱响应特性好、空间应用寿命长、可靠性高的优势，尽管成本很高，但在空间电源方面有较大的应用。如 1988 年日本发射的 CS-3 卫星，利用 8 万片平均效率为 17.5%（AM0，20mm×20mm）的 GaAs 电池构成太阳电池电源方阵，给卫星提供电源。目前国际上空间太阳电池已经从利用硅太阳电池，逐渐过渡为利用 GaAs 高效太阳能电池；我国的卫星等空间飞行器现在也是利用 GaAs 太阳电池。

GaAs 太阳电池的结构从简单的 p-n 结单电池[3]，发展到叠层电池（AlGaAs/GaAs、GaInP/GaAs、GaInP/GaAs/Ge、GaInP/GaAs/GaInNAs/Ge、GaAs/GaSb 等）[4]，以及廉价的 Si 和 Ge 衬底上的 GaAs 电池[5]、聚光电池[6] 等，其中 GaAs 衬底上外延 GaAs 薄膜的

太阳电池是主要的类型。

GaAs 材料和电池的制备包括体单晶生长和扩散、液相外延（LPE）、有机金属化学气相沉积（MOCVD）、分子束外延（MBE）等技术。GaAs 薄膜电池的主流技术是在 GaAs 衬底上利用 MOCVD 外延技术，首先沉积缓冲层、牺牲层、GaAs 薄膜材料及电池，然后再制备背金属层，粘接柔性支撑材料；其后在化学溶液中，通过选择刻蚀牺牲层的剥离技术，最终得到制备在柔性衬底上的太阳电池，其特点是 GaAs 衬底可以得到重复利用。另外一种技术是在廉价的金属等柔性衬底材料上，首先制备具有高度晶向一致的 Ge 多晶薄膜，然后在 Ge 薄膜上制备 GaAs 薄膜电池，其特点是相对低成本。

2015 年前后，在非聚光情况下，单结 GaAs 太阳电池的光电效率达到 28.8%，三结 GaAs 太阳电池的效率最高可达 37.9%。产业化的 GaAs 三结电池效率也达到 30% 左右。而在高倍聚光的情况下，其太阳电池效率更高，如美国可再生能源实验室通过倒装技术，制备 GaInP/GaAs/GaInAs（1.0eV）/GaInAs（0.7eV）四结太阳电池，在 234 倍聚光条件下，光电效率达到 45.7%；而产业化程度比较成熟的 GaInP/GaInAs/Ge 三结太阳电池，在 364 倍聚光下，实验室最高效率也已达 41.6%。

11.2　GaAs 体单晶材料

GaAs 太阳电池是在单结体电池的基础上发展起来的，早期 GaAs 体电池是利用 n 型 GaAs 体单晶，通过扩散法在表层扩散 p 型掺杂剂锌（Zn），形成 p 型 GaAs 层，构成 p-n 结太阳电池结构。但是，由于 GaAs 体电池表面的复合速率很高，电池的光电转换效率一直不能提高，同时其生产成本也很高，所以薄膜型太阳电池成为 GaAs 电池的主要方向。

GaAs 熔点高，晶体生长时还需要保持一定的蒸气压，否则，不容易保持精确的化学计量比。因此，GaAs 晶体的相图是温度-压力-成分图，如图 11.5 所示。从图 11.5 中可以看出，GaAs 晶体的熔点高于组分的熔点，而且 As 的蒸气压较高，800℃ 左右达到 10^6 Pa。

GaAs 体单晶的制备一般都是两步反应。利用高纯的 Ga 和 As 首先合成化学计量比为 1:1 的 GaAs 多晶，然后再生长成一定晶向的单晶。这两个步骤可以在同一设备内完成，也可以在两个设备内完成。通常，根据晶体生长技术的不同，GaAs 体单晶的生长可以分为布里奇曼（Bridgeman）法和液封直拉法[7]。

11.2.1　布里奇曼法制备 GaAs 单晶[7]

布里奇曼法生长 GaAs 单晶可分为水平布里奇曼法（HB）和垂直布里奇曼法（VB）两种，通常 GaAs 都是利用水平布里奇曼法生长的。其实，两种生长方式的物理过程都是相同的。

图 11.6 所示为水平布里奇曼法生长 GaAs 的设备示意和温度分布图[7]。从图 11.6 中可以看出，晶体生长炉分为 A、B 两部分，反应室一般是圆柱形石英管，在炉 B 一端放置石英舟，内置高纯 Ga，通常是将液态 Ga 利用液态的空气或干冰冷冻凝固；而在另一端（位于炉 A 区域）放置高纯 As，在反应室中间有石英隔窗。通常，为使反应时反应室内能保持 $9×10^4$ Pa 的平衡砷压，As 的量要比化学计量比多一些。

原料被放入反应室后，反应室被抽成真空。由于在装料过程中，As 和 Ga 与空气接触而氧化形成氧化膜，会直接影响 GaAs 晶体的生长，所以，必须首先去除氧化膜。在实际工艺中，一般采用高真空高温去除技术。对于 Ga 的氧化膜，一般在 $(1.3～6.6)×10^{-2}$ Pa 的压力下，700℃ 热处理 2h 即可使氧化膜蒸发；而 As 的氧化膜，则需在 280～300℃ 之间热处理 2h。

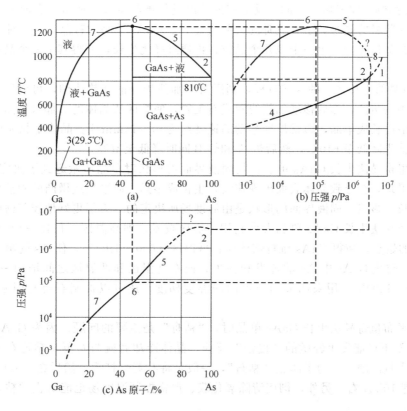

图 11.5　GaAs 晶体的相图

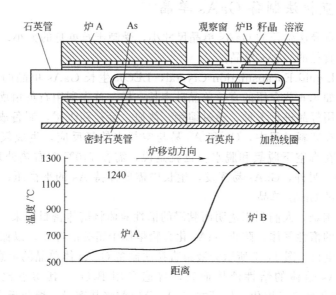

图 11.6　水平布里奇曼法生长 GaAs 的设备示意和温度分布图[7]

　　去除氧化膜后，在真空中利用氢氧焰将反应室两段封闭。然后，将反应室中间的石英隔窗打破，并将反应室放入水平石英加热炉。炉 A 和炉 B 同时升温至 610℃，然后，炉 A 的温度保持不变，炉 B 的温度继续升高至 1250℃，此时，炉 A 中的 As 蒸气通过打通的石英隔窗进入高温区，与 Ga 反应生成 GaAs 多晶。

GaAs 多晶制备完成后，在同一反应室内可以进行单晶生长。通常，有两种方法设置籽晶：一种是在装料的同时，于石英舟的头部放置一个 GaAs 单晶的籽晶；另一种是在晶体生长时首先让头部过冷，产生一个或几个晶粒，再通过择优生长，使得其中一个晶粒能够长大成单晶。

GaAs 单晶的生长是一种区熔过程，利用石英加热炉外的加热线圈，可以使 GaAs 多晶形成一个很小的熔区，然后移动加热线圈或石英管，使熔区从晶体的头部（籽晶处）逐渐向尾部移动，最终长成单晶，通常熔区移动的速度约为10～15mm/h。晶体生长完成后，炉 A 温度从高温首先降低至 610℃，然后炉 A 和炉 B 同时降低至室温。

水平布里奇曼法生长 GaAs 单晶，其固液界面的形状对单晶质量起到了决定性的作用。固液界面不平坦，会导致晶体表面出现花纹，生长成多晶。而平坦或微凸的固液界面则有利于单晶的生长。显然，固液界面的形状是由温度场所决定的。为了更好地控制薄膜质量，现代水平布里奇曼法生长 GaAs 单晶大多利用三温区技术，即高温区（1245～1260℃），温度高于 GaAs 的熔点，使得 GaAs 维持熔体状；低温区（600～610℃），使 As 的蒸气压维持在 0.1Pa 左右，防止 GaAs 中 As 的挥发和损失；而在高温区和低温区之间增加一个中温区，温度为 1120～1200℃，用来调节固液界面的温度梯度，还可以抑制石英舟引起的 Si 杂质污染。

利用水平布里奇曼法生长 GaAs 单晶时，"粘舟"是主要的问题。因为 GaAs 单晶和石英舟在 1250℃下可能发生轻微的"侵蚀"反应，晶体冷却后就与石英舟粘连在一起，导致单晶中产生大量的缺陷。为了防止"粘舟"，一般是将石英舟打毛，然后在 1000～1100℃左右用 Ga 处理 10h 左右。另外，彻底清除氧化膜、严格控制温度场也能防止"粘舟"现象的发生。

11.2.2 液封直拉法制备 GaAs 单晶[7]

利用水平布里奇曼法生长的 GaAs 单晶尺寸小，受制于石英舟的大小。通常，人们利用液封直拉法生长大直径的 GaAs 单晶。

液封直拉法（Liquid Encapsulation Crystal，LEC）生长 GaAs 单晶的方法与普通直拉法生长晶体相似，如 4.6 节介绍的直拉单晶硅生长一样，首先利用石英坩埚将 GaAs 多晶熔化成熔体，然后利用籽晶进行下种，通过缩颈、放肩、等径和收尾，制备成 GaAs 单晶。与单晶硅不同的是，在装料过程中，Ga 和 As 易与空气中的氧反应，生成氧化膜，因此，装料完成后，首先需在真空下脱氧和脱水。也就是说，需在 700℃ 左右热处理 2h，以便除去 Ga 和 As 的氧化膜。另外，GaAs 易挥发，生长中需要保持 As 的平衡压；否则，很难生长出准确化学计量比的 GaAs 单晶。

为了克服这个困难，人们利用透明而黏滞的惰性液体将熔体密封起来，然后在惰性液体上方充入一定压力的惰性气体，防止 GaAs 化合物熔体中组分的挥发，以保证准确化学计量比的 GaAs 单晶的生长。图 11.7 所示为液封直拉法制备 GaAs 体单晶的示意图。

对于密封 GaAs 熔体的惰性液体而言，普遍采用 B_2O_3。其熔点比 GaAs 低，只有 450℃，在 GaAs 熔化前已经熔化，保证在 GaAs 分解前将其密封；熔化后，B_2O_3 为无色透明的黏滞玻璃体，可以透过它观察晶体的生长。其化学稳定性好，在高温下不与 GaAs 反应；而且，它容易提纯，在 GaAs 中的溶解度小。所以，B_2O_3 是一种很好的化合物半导体晶体生长的惰性液封材料，不仅应用于生长 GaAs，而且应用于 InP、GaP 等晶体生长。当然，采用 B_2O_5 也有弱点：一是容易被"污染"；二是在 1000℃ 以下过于黏稠。

利用密封直拉法制备 GaAs 单晶，最大直径可达 150mm，质量达到 14kg，其位错密度约为 $10^4 \sim 10^5\,cm^{-2}$。

11.3 GaAs 薄膜单晶材料

虽然 GaAs 体单晶通过扩散 S、Zn 等掺杂剂，可以形成 p-n 结，制备单结的 GaAs 太阳电池，但是其效率低、成本高，人们更多的是利用 GaAs 薄膜单晶材料制备太阳电池，以便获得高质量的 GaAs 单晶薄膜，提高太阳电池效率，相对降低生产成本。

GaAs 的外延包括同质外延和异质外延两种，如 GaAs/GaAs 和 GaAlAs/GaAs 结构。通常，GaAs 单晶外延薄膜可以采用液相外延（LPE）、金属-有机化学气相沉积外延（MOCVD）和分子束外延技术，对于太阳电池用 GaAs，考虑到性能价格比和相应三元化合物半导体材料的制备，前两者得到了更广泛的应用。

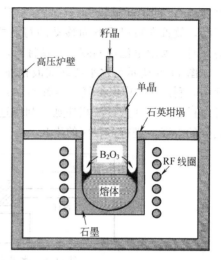

图 11.7 液封直拉法制备 GaAs 体单晶的示意图

11.3.1 液相外延制备 GaAs 薄膜单晶

液相外延技术是 1963 年由 H. Nelson 首先提出的，并应用于 GaAs 等化合物半导体薄膜材料方面，其原理是利用过饱和溶液中的溶质在衬底上析出制备外延薄膜。其外延薄膜层的质量受到外延溶液的过饱和度、表面成核过程的生长机理、溶液组分梯度和温度梯度引起的对流等因素的影响。一般而言，生长溶液的厚度对外延薄膜的表面状态和厚度有较大影响，因此采用薄层溶液有利于提高溶质的饱和度和均匀性，有利于抑制溶液对流和生长优质薄膜。

GaAs 液相外延就是将 GaAs 溶解在 Ga 的饱和溶液中，然后覆盖在衬底表面，随着温度的缓慢降低，析出的 GaAs 原子沉积在衬底表面，逐渐长成 GaAs 的单晶层，其厚度可以从几百纳米到几百微米。

液相外延生长 GaAs 薄膜，主要是控制溶液的过冷度和过饱和度，从而获得高质量的薄膜。控制过冷度的方法有[8]：

（1）渐冷生长 即溶液与衬底接触后，溶液温度逐渐降低，形成过冷度，进行外延生长；

（2）一步冷却技术 即将溶液温度降低至液相线以下，然后让溶液与衬底接触，在恒定温度下进行外延；

（3）过冷生长 即将溶液温度降低至液相线以下，然后让溶液与衬底接触，再以一定速度降温外延生长；

（4）恒温梯度生长 源和衬底分别放在溶液的上部和下部，源的温度比衬底高，导致溶质穿过溶液在衬底上外延；

（5）电外延生长 利用电流通过溶液和衬底的界面，使得溶液局部过冷而达到过饱和。

利用液相外延生长薄膜，通常有三种途径。一是倾倒式，就是将熔化的液体直接倾倒在衬底表面进行外延，外延完成后，将多余的熔体流出，这种技术制得的外延层与溶液不容易脱离干净，导致外延层的厚度和均匀性不易控制。二是浸渍式，就是将水平或垂直放置的衬底直接浸渍在溶液中，外延完成后，再将衬底取出，这种技术生长的 GaAs 薄膜不容易控制厚度且 Ga 的消耗量较大。三是水平滑动式，即是将溶液放置在可移动的石墨舟中，其底部开槽，放置在可以反方向移动的衬底之上，石墨舟在衬底上移动，最终达到外延薄膜的目的。对于太阳电池用 GaAs 薄膜材料，通常利用后两种液相外延技术。

图 11.8 所示为水平滑动式液相外延生长系统的示意图。从图 11.8 中可知，在石英反应管中，利用 H_2 作保护气，溶解 GaAs 的 Ga 的饱和溶液放置在石墨舟中，利用推杆将石墨舟在衬底上移动进行液相外延。利用这种技术，可以设计多槽结构，每个槽中可以放置不同成分的溶液，进行多层膜的生长。

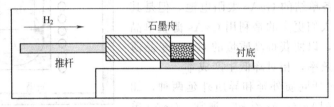

图 11.8　水平滑动式液相外延生长系统的示意图

我国也提出了一些新型的液相外延设计，如"分离二室推挤式多片外延舟"液相外延[9]。其结构特点是：在一个外延舟内共分三个室，即溶液室、生长室和脱 Ga 室。在溶液的饱和阶段，溶液室、生长室和脱 Ga 室分开；外延时，将生长室推进溶液室，外延液自溶液室底部浅槽挤进生长室，这样既搅拌均匀了外延液，同时又将溶液表面的沉积物留在余下的溶液室内；当外延结束后，生长室拉回至脱 Ga 室，使外延片表面的外延溶液因重力顺利地滑下，掉入脱 Ga 室内。这样的外延片能保证所要求的外延薄层厚度和光亮的生长面，而且由于溶液留在脱 Ga 室内，避免了污染。再次外延时，只要将溶液倾回溶液室，即可重复使用。他们利用该外延舟研制了 p^+-AlGaAs/p-n-n^+-GaAs 结构太阳电池，在 AM0、25℃、120mW/cm^2 的测试条件下，光电转换效率达到 19.8%。

液相外延制备 GaAs 单晶薄膜技术简单、薄膜生长速率高、掺杂剂选择范围广、毒性小，而且薄膜生长是在近似热平衡条件下，所以，晶体薄膜的位错密度低、质量较好。另外，液相外延制备 GaAs 单晶薄膜的温度较低，约为 600～850℃，因此，可以避免容器对材料的污染。因此，日本三菱公司和美国休斯公司已经采用垂直分离的三室液相外延炉，批量生产大面积的 GaAs 太阳电池。

但是，液相外延制备 GaAs 薄膜也有其弱点。一是外延结束后，溶液和衬底必须分离，比较困难。二是表面形貌粗糙，表面复合速率高，影响了太阳电池的效率。因此，人们通常会在 GaAs 表面生长一层 $Al_xGa_{1-x}As$，一方面起到窗口层的作用；另一方面可以减小表面复合速率，提高太阳电池的效率。除此之外，液相外延难以生长多层薄膜的复杂结构，精确控制精度也较困难。

11.3.2　金属-有机化学气相沉积外延制备 GaAs 薄膜单晶

金属-有机化学气相沉积（MOCVD，又称 MOVPE）外延是指以 H_2 作为载气，利用Ⅲ族金属有机物和Ⅴ族氢化物或烷基化合物在高温进行分解，并在衬底上沉积薄膜的技术。其发展与 GaAs 紧密相关，在 20 世纪 60 年代末就开始进行 GaAs 同质外延的研究，在 70 年代发展为 GaAs 异质外延 AlGaAs 材料。80 年代以后，利用 MOCVD 技术制备了各种Ⅲ-Ⅴ族以及Ⅱ-Ⅵ族化合物薄膜。

制备 GaAs 薄膜单晶是利用氢气作载气，利用三甲基镓（TMGa）或三乙基镓和砷烷（AsH_3）为源材料，在反应室内相互作用分解，然后在衬底上制备出外延薄膜。其化学反

应方程式为

$$(CH_3)_3Ga + AsH_3 \longrightarrow GaAs + 3CH_4 \tag{11.1}$$

实际的反应比较复杂。一般认为，当三甲基镓（TMGa）和砷烷（AsH$_3$）被带入反应室后，首先生成的是（CH$_3$）$_3$Ga-AsH$_3$ 络合物，然后在输运过程中逐个释放出 CH$_4$，生成聚合物（GaAs）$_n$（$n=5\sim70$），最后通过扩散在加热的衬底上沉积成 GaAs 单晶薄膜。更具体的可能的反应方程式为[7]

$$(CH_3)_3Ga(g) + S_1 \Longleftrightarrow Ga(CH_3)_3 \cdot S_1 \qquad (\text{I}) \tag{11.2}$$

$$AsH_3(g) + S_2 \Longleftrightarrow AsH_3 \cdot S_2 \qquad (\text{II}) \tag{11.3}$$

$$\text{I} \longrightarrow CH_4(g) + 生成物 \tag{11.4}$$

$$\text{II} \longrightarrow \frac{3}{2}H_2(g) + \frac{1}{4}As_4 \tag{11.5}$$

$$\text{I} + \text{II} \longrightarrow (CH_3)_2GaAsH_2 + CH_4(g) \tag{11.6}$$

$$(CH_3)_2GaAsH_2 \longrightarrow (CH_3)GaAsH + CH_4(g) \tag{11.7}$$

$$(CH_3)GaAsH \longrightarrow GaAs + CH_4(g) \tag{11.8}$$

式中，S$_1$、S$_2$ 为两种不同类型的表面位置；I、II 分别为（CH$_3$）$_3$Ga 和 AsH$_3$ 表面络合物。

图 11.9 所示为制备 GaAs 薄膜的 MOCVD 生长系统[10]，包括气体处理系统、反应室、尾气处理系统和控制系统。通常，各种有机源（如 TMGa、TEAl 等）是利用 H$_2$ 带入反应室，氢气流量在 10L/min 左右，三甲基镓被恒温在 -11°C。除此之外，其他气体如磷烷、硅烷、砷烷等也会被利用，砷烷的流速可以控制 Ga、As 的计量比。衬底利用高频感应加热，生长之前需要在 780℃ 左右预热，然后再正式生长 GaAs 薄膜，薄膜生长温度控制在 680～730℃ 范围内，生长速率在 0.05～1μm/min 范围内。在实际工艺中，一般都会在衬底上利用低温生长一层过渡层。

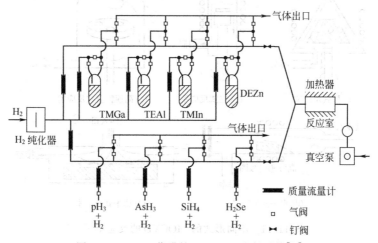

图 11.9 GaAs 薄膜的 MOCVD 生长系统[10]

一般认为，三甲基镓的分压决定生长速率，砷烷的流速可以控制 Ga、As 的计量比，As/Ga 的分压比直接影响 GaAs 薄膜的导电类型、载流子浓度及其分布。图 11.10 所示为 As/Ga 分压比对外延薄膜载流子浓度的影响[7]。由图 11.10 可知，在 As/Ga 分压较小时，形成大量的 As 空位，外延层呈 p 型；而当分压较大时，形成大量的 Ga 空位，则呈 n 型。

MOCVD 制备 GaAs 薄膜可以分为常压和低压两种形式，后者（LPMOCVD）具有生长温度低、外延层的碳污染少、电子迁移率高、浓度和组分分布曲线陡峭、寄生反应少等优点。其典型的低压生长工艺为：反应室压力 0.1bar，气体总流量 1L/min，AsH₃（约 10%）10mL/min，TMGa 温度 −12℃，生长温度 575～600℃，生长速率 0.055μm/min。

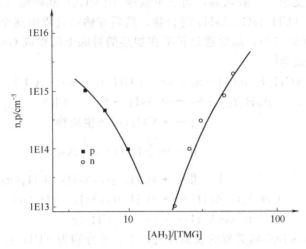

图 11.10　As/Ga 分压比对外延薄膜载流子浓度的影响[7]

MOCVD 的反应室一般由石英构成，内置石墨或 SiC 基座以放置衬底，利用射频感应、红外辐射、电阻加热等技术进行衬底温度的加热和控制。根据不同的设计，MOCVD 的反应室大致可以分为水平、垂直两个系列。图 11.11 所示为五种具体形式的 MOCVD 的反应室[10]，包括桶式、立式、高速转盘式、水平式和扁平式等。

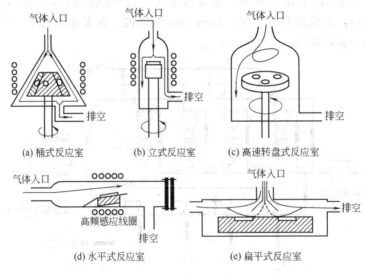

图 11.11　不同形式的 MOCVD 的反应室[10]

与液相外延制备 GaAs 薄膜相同，MOCVD 技术制备的 GaAs 薄膜也具有高的表面复合速率，也需要利用窗口层，同时降低表面复合速率。在 MOCVD 中，制备 AlGaAs 相对简单，只要利用 H₂ 将液态的三甲基铝（TMAl）带入反应室就可以。

与液相外延相比，MOCVD 技术生长的 GaAs 薄膜质量好，外延层组分、厚度、掺杂都比较容易精确控制；而且适应性强，利用不同金属有机源的气化，可以制备不同的薄膜材料，易于实现多层结构、超薄层量子阱等结构的生长。另外，在 p-AlGaAs/p-GaAs/n-GaAs 太阳电池的制备过程中，为避免高 Al 组分的 AlGaAs 层直接与大气接触而引起氧污染，导

致 Al_2O_3 高阻膜的形成，一般在窗口层上需要再外延 GaAs 帽层；同时，它还可以实现与正面电极间的良好欧姆接触，防止电极金属扩散到电池内。而真正作为光敏面的帽层下的 AlGaAs 层，一般采用选择性化学腐蚀法经定向腐蚀后露出。对于液相外延（LPE）技术，难以进行这种 p^+-GaAs 帽层的生长，电池的效率没有 MOCVD 的高。而且，随着国际上有帽层 GaAs 电池结构的盛行，以 MOCVD 技术为代表的先进外延技术在 GaAs 太阳电池的制备中逐渐占据了主导地位。

但是，MOCVD 的设备昂贵、技术复杂，成本相对较高；并且，金属有机源大多有毒、易燃，需要进行安全保护和尾气处理。如砷烷剧毒，安全操作时最高浓度仅为 3×10^{-9}。有研究者提出，利用无毒的三丁基砷（TBAs）代替砷烷，利用 MOCVD 外延出了同样高质量的 AlGaAs/GaAs 膜。

11.3.3　Si、Ge 衬底上外延制备 GaAs 薄膜材料

无论是液相外延，还是 MOCVD 外延制备 GaAs 薄膜，都需要衬底材料。原则上讲，对于 GaAs 外延薄膜，〈100〉晶向的 GaAs 体单晶是最佳的衬底材料，但是其成本较贵。因此，人们希望寻找新的价廉物美的衬底材料。

当然，微电子中发展成熟的单晶硅材料是人们首先考虑的重点。利用单晶硅作为 GaAs 薄膜的衬底，具有很多优势。

（1）晶片尺寸方面　GaAs 体单晶的最大直径目前为 6in，而单晶硅的直径可达 12in，因此利用成熟的硅片工艺可以制备大直径的 GaAs/Si 晶片。

（2）成本方面　硅片的价格是 GaAs 晶片价格的 $1/25 \sim 1/30$。

（3）机械强度方面　硅的硬度比 GaAs 高约 50%，抗断裂强度是 GaAs 的 2.5 倍。因此 GaAs/Si 材料具有较高的强度，易于加工。

（4）热导率方面　Si 的热导率比 GaAs 高，在 Si 衬底上做的 GaAs 电路比在 GaAs 衬底上的更能抵抗热击穿和烧毁。

（5）密度方面　Si 的密度比 GaAs 低，有利于空间利用。

但是，单晶硅的晶格常数与 GaAs 相差较大，在外延 GaAs 薄膜时，尽管采取缓冲层等技术，GaAs 薄膜的晶格失配依然较大（达到 4%），失配位错的密度较高，达到 $10^6 \sim 10^7 cm^{-2}$。另外，两者的热膨胀系数相差 60% 以上，在太阳电池制备过程中还会引入大的热应力，导致产生更多的位错。所以，到目前为止，尽管具有很多优越性，GaAs/Si 太阳电池还未规模化生产和应用。

因此，20 世纪 80 年代，研究者将衬底的目标移向了晶格常数与 GaAs 相近的单晶锗材料（其晶格失配仅为 0.07%）。而且，单晶锗材料的性质与单晶硅很相似，在 Ge 衬底上外延生长 GaAs 单晶薄膜，然后再制备太阳电池，同样具备很多优点。

① Ge 的晶格常数与 GaAs 非常接近，两者的热膨胀系数也相近，因此，Ge 上外延 GaAs 薄膜的晶格失配小、薄膜质量高、缺陷密度低。

② Ge 的机械强度是 GaAs 的 2 倍，在太阳电池加工过程中不易破碎，可以增加成品率。

③ 自然界中 Ge 相对丰富，其制备成本比 GaAs 低，其价格约是 GaAs 晶片的 40%。但是，GaAs 和 Ge 的界面会形成 p-n 结，导致电池性能的下降；同时，Ge 的温度系数大，使得 GaAs 太阳电池的耐热性降低。

在 Ge、Si 衬底上进行 GaAs 单晶薄膜外延生长，是整个电池工艺的基础和关键，一般利用金属-有机化学气相沉积技术[11,12]和分子束外延技术[13]。在薄膜生长过程中，由于晶格失配，在界面及界面附近必然产生大量的位错以释放晶格失配所产生的应力。一方面，位错是非

辐射复合中心，直接降低少数载流子的寿命，降低太阳电池效率；另一方面，Ge、Si 原子还可能沿位错向 GaAs 层中扩散，产生自掺杂现象，使 GaAs 的掺杂浓度不能精确控制。因此，在 Ge、Si 衬底上外延 GaAs 单晶薄膜时，位错密度的控制和降低是关键，目前，降低 GaAs 单晶薄膜缺陷密度的主要方法是利用应变超晶格（SLS）和循环热处理（TCA）技术。

所谓的应变超晶格消除失配位错技术，是指在衬底上外延薄膜时，将一附加的应力场引入到外延层中，它能够弯曲外延层中的位错，使之或者是弯曲到另一螺线位错从而两者相抵消，或者是弯曲到表面使其与生长面平行。在 GaAs 外延时，在 Si、Ge 衬底上首先生长晶格常数不同的 GaAs 缓冲层。在缓冲层上再生长应变超晶格层 AlGaAs、InGaAs 等，就引入了这一附加应力场。如果超晶格层厚度小于某一临界值，则超晶格的引入可以减少失配位错，而且不会产生新的位错。但是，若超晶格层过薄，则应变不足以弯曲位错。

循环热处理消除失配位错技术，是指将在 Si、Ge 上外延的 GaAs 薄膜在高温下进行适当多次热处理，导致外延层产生足够的应变弛豫，失配位错发生重新排列，部分位错线转变为与生长面平行，大大降低了外延层中的位错密度，从而改善外延层的质量。

当然，上述两种技术也可以结合起来。M. Yamaguchi 等[14]研究报道，如果 Si 衬底上外延的 GaAs 薄膜经单纯循环热处理 13 次后，其位错密度可由 $10^8\,cm^{-2}$ 降至 $2\times10^6\,cm^{-2}$。如果结合生长应变超晶格，热处理后位错密度可降至 $1\times10^6\,cm^{-2}$。

另外，在非极性的 Si、Ge 衬底上生长极性的 GaAs 材料，极易在薄膜中形成反相畴，导致电池力学性能的下降、表面形貌粗糙化、电池工艺的均匀性变差，而且在 GaAs 薄膜中形成了强的散射中心和复合中心的深能级缺陷，最终导致界面的电学和光学特性变差，影响 Si 基或 Ge 基太阳电池的效率。为了抑制这样的反相畴，在外延工艺中通常采用一定偏角的 Si、Ge 衬底，如 Si 或 Ge(100) 衬底向 〈110〉 晶向倾斜 3°～6°，可得到没有反相畴的外延层[15]。具体的机理目前还不清楚，一般认为反相畴的形成与 GaAs 外延成核及生长的初始阶段有关。另外，在外延生长前，在 AsH_3 气氛中对硅片进行高温（900～1020℃）清洗，也可避免反相畴，这可能是由于砷的作用消除了表面的单台阶结构。

11.4　GaAs 晶体中的杂质

11.4.1　GaAs 单晶掺杂

GaAs 的本征载流子浓度为 $1.3\times10^6\,cm^{-3}$（见表 11.1）。为了控制 GaAs 晶体的电阻率及其他电学性能，GaAs 晶体需要进行掺杂。掺杂的原则是：在满足器件要求的同时，掺杂剂的浓度尽可能低。因为过量的掺杂剂掺入会造成晶体中杂质的相互作用、杂质的局部沉淀，从而影响材料的电学性能。

根据不同的晶体生长方式，GaAs 利用的掺杂剂是不同的；而且，不同用途的 GaAs 单晶，其掺杂剂也是不同的。例如，利用液封直拉法生长 GaAs 单晶薄膜时，由于 Si 和液封物质 B_2O_3 可以起反应，引入大量的 B 污染，所以此时不能利用 Si 作为掺杂剂。一般而言，GaAs 体单晶的 n 型掺杂剂是 Te、S、Sn、Si、Se，p 型掺杂剂是 Be、Zn、Ge，而半绝缘 GaAs 的掺杂剂是 Cr、Fe 和 O。对于太阳电池用 GaAs 单晶，n 型掺杂剂一般是 Si，p 型掺杂剂是 Zn。而 MOCVD 技术生长 GaAs 薄膜时，可以以 SiH_4 为气体源掺 Si 作为 n 型掺杂剂，二乙基锌为气体源掺 Zn 作为 p 型掺杂剂；n 型掺杂剂还可以是氢稀释的硒化氢（H_2Se），p 型掺杂剂是二甲基锌等。

在利用 MOCVD 生长 GaAs 薄膜时，由于源材料为金属有机化合物，因此碳成为了不可避免的主要污染杂质之一。在早期的研究中，希望尽量降低碳的浓度，以减少其影响。但是，近年来人们发现，碳也可以作为 GaAs、AlGaAs 材料的 p 型掺杂剂，具有广泛的应用前景。与 GaAs 晶体中 Zn、Be、Mg 等传统受主杂质相比，碳具有其独特的优点[16]：掺杂水平高，活化率高，载流子浓度可在 $10^{17} \sim 10^{21} \, \mathrm{cm}^{-3}$ 范围内精确控制；碳杂质的扩散系数低，热稳定性好，如在 $800\,℃$ 下，碳在 GaAs 中的扩散系数仅为 $10^{-16} \, \mathrm{cm}^2/\mathrm{s}$，这比 Zn 杂质低 4 个数量级，有利于 p-n 结位置的精确控制；碳掺杂易于获得陡峭界面，这对很多光电器件包括太阳电池来说是至关重要的。例如，在 Ge 或 GaAs 衬底上外延的 GaInP/GaAs 级联电池结构中，常选用 p-GaAs 材料作隧道结。此时要求隧道结很薄、掺杂浓度高、p-n 结陡峭，而且需要在电池制备期间（温度 $650 \sim 700\,℃$，$45 \sim 50 \mathrm{min}$）和电池后工艺制作过程中仍然保持良好的隧道结特性，此时用 Zn 作 p 型掺杂剂难以满足要求，可选用碳作 p 型掺杂剂[17]。

GaAs 晶体的掺杂剂量是与晶体生长方式紧密相关的，主要应用一些经验公式。对于水平布里奇曼法生长的 GaAs 单晶中的掺杂剂质量为 m，可用式(11.9)表示[7]

$$m = K \frac{nWA}{N_0 d} \tag{11.9}$$

式中，A 为掺杂剂的摩尔质量；W、d 分别为 GaAs 的质量和密度；n 为载流子浓度；N_0 为阿伏伽德罗常数；K 为修正系数。对于 Sn、Se、Zn、Fe 掺杂剂，其 K 值分别为 20、$10 \sim 20$、$10 \sim 15$ 和 10。

对于液封直拉法生长 GaAs 单晶，不同的掺杂剂需要不同的经验公式，其掺杂量和掺杂剂的蒸发系数、分凝系数、晶体生长条件等密切相关。对掺杂剂 Te 的经验公式为

$$n = 1.85 \times 10^{18} c_0 - 0.62 \times 10^{18} \tag{11.10}$$

而对于掺杂剂 Se 的经验公式为

$$\lg n = 16.83 + 0.2 c_0 \tag{11.11}$$

式中，n 为所要求的载流子浓度；c_0 为所需掺杂杂质的浓度，单位为 1g GaAs 应掺杂的杂质毫克数。

11.4.2　GaAs 单晶中的杂质[7]

相比于晶体硅，GaAs 晶体的纯度较低，含有多种杂质。这些杂质对 GaAs 材料性能的影响取决于它们的性质和在 GaAs 晶体中的位置。一般而言，这些杂质在 GaAs 晶体中可能处于间隙位置或不同的替代位置，如果杂质 A 处于间隙位置，可以表示为 A_i；如果杂质 A 替代了 Ga 原子，处于替代位置，可以表示为 A_{Ga}；如果杂质 A 替代了 As 原子，则可以表示为 A_{As}。

对于 B、Al、In 等Ⅲ族元素，在 GaAs 中替代了 Ga 原子，处于替代位置，并没有改变原来的价电子数目，对材料的电学性能并没有影响；同样的，对于 P、Sb 等Ⅴ族元素，在 GaAs 中替代了 As 原子，对材料的电学性能也没有影响。当然，如果这些杂质的浓度过量，就会产生沉淀，形成诱生位错、层错，对 GaAs 材料就有严重的负面影响。

S、Te、Se 为Ⅵ族元素，在 GaAs 晶体中通常替代 As 原子，占据其晶格位置，由于Ⅵ族元素比 As 多一个价电子，所以这些元素在 GaAs 晶体中是施主杂质，表现出浅施主的性质。

Zn、Be、Mg、Cd 和 Hg 为Ⅱ族元素，在 GaAs 晶体中通常替代 Ga 原子，占据其晶格位置，由于Ⅱ族元素比 Ga 少一个价电子，所以这些元素在 GaAs 晶体中是受主杂质，表现出浅受主的性质。有时，这些杂质也可以与晶格缺陷结合，形成各种复合体，表现出深受主的性质。

而 C、Si、Ge、Sn 和 Pb 杂质为Ⅳ族元素，在 GaAs 晶体中既可以替代 Ga 原子，又可以替代 As 原子，甚至可以同时替代两者，表现出明显的两性杂质的特点。如果它们替代 Ga 原子，多提供一个价电子，为施主；如果它们替代 As 原子，少提供一个价电子，为受主。以 GaAs

中的 Si 杂质为例，研究证明，当 Si 掺杂的浓度小于 1×10^{18} cm^{-3}时，Si 原子取代 Ga 原子，起施主作用，这时掺 Si 浓度与电子浓度一致；而 Si 掺杂的浓度大于 1×10^{18} cm^{-3}时，部分 Si 原子又开始取代 As 原子的位置，出现补偿作用，导致电子浓度逐渐降低，如图 11.12 所示[7]。

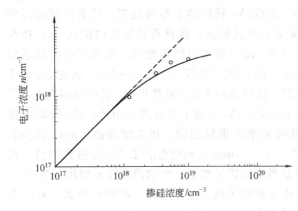

图 11.12　电子浓度和 Si 掺杂浓度的关系[7]

与晶体硅中一样，金属杂质（特别是过渡金属杂质）在 GaAs 中一般都是深能级杂质，有些还是多重深能级，可以利用深能级瞬态谱仪等测试技术进行探测。通常，Cu、Au、Fe、Cr 是主要的金属杂质，高浓度的金属杂质会影响载流子浓度，甚至使材料电阻率大大降低，最终变成半绝缘的 GaAs 晶体。例如，在制备半绝缘 GaAs 晶体时，通常是利用高浓度的 Cr 掺杂。一般来说，Cr 在 GaAs 晶体中主要是替位态杂质，当占据 Ga 位时，可以贡献出 3 个电子和 As 成共价键。根据不同情况，Cr 离子可以是 Cr$^+$、Cr^{2+}和 Cr^{3+}，从而引入不同的杂质能级。它在 GaAs 中是深能级杂质，主要能级为 $(E_v+0.88)$eV，与 EL1 能级相关。

实际上，杂质在 GaAs 中的性质比较复杂：一方面它们本身可以占据不同的晶格位置，表现出不同的性质；另一方面它们又可能与缺陷作用，形成各种复合体，更是表现出不同的性质。表 11.2 列出了不同杂质在 GaAs 晶体中的类型和能级位置。

表 11.2　不同杂质在 GaAs 晶体中的类型和能级位置[7]

族	杂质	类型	能级/eV	族	杂质	类型	能级/eV	族	杂质	类型	能级/eV
	H	N			C	A	+0.026		Cl	N	
	Li	A	+0.023		C	D	−0.0059	VII	Mn	A	+0.012
			+0.044		Ge	D	−0.00591		Mn	A	0.109
			+0.143	IV		A	+0.0404		Fe	A	+0.370
			+0.23				+0.08				+0.520
			+0.51		Sn		−0.00582		Co		+0.540
I	Na	A					+0.170	VIII			+0.840
	Cu	A	+0.145		Pb	D	−0.00577				+0.530
			0.44		N	N					+0.420
			0.463	V	P	N			Ga 空位-施主杂质		
	Ag	A	+0.238		Sb	N			（辐射受主中心）		
	Au	A	+0.31		V	A	+0.737		Si		+0.332
	Be	A	+0.028		O	D	−0.17		Ge		+0.312
	Ca	A 或 D			O		−0.4		Sn		+0.315
	Mg	A	+0.028				+0.63		S		+0.314
			+0.125		S	D	−0.00589		Se		+0.287
II		D	−0.03	VI	Se	D	−0.00587		Te		+0.295
	Zn	A	−0.0307			A	+0.53		As 空位-受主杂质		
	Cd	A	+0.0347		Te	D	−0.00589		（辐射施主中心）		
			+0.4				+0.03		Zn		−0.143
	Hg	A			Cr	A	+0.57		Cd		−0.148
III	Al	N					+0.810		Si		−0.94
	In	N							Ge		−0.57

注：D—施主；A—受主；N—中性；正号表示距离价带顶的数值；负号表示距离导带底的数值。

11.5　GaAs 晶体中的缺陷

GaAs 晶体的缺陷包括点缺陷、位错、层错等，最重要的缺陷是点缺陷和位错，其结构、组成、性质远比晶体硅复杂，很多问题到现在还没有清晰的结论，仍然在争论和研究中。但是，其影响是公认的，随着缺陷浓度的增加，漏电流增大，发光效率降低、器件寿命缩短，严重影响器件的性能。对于 GaAs 太阳电池，这些缺陷无疑会降低太阳电池的光电转换效率。

11.5.1　GaAs 单晶中的点缺陷

晶体硅中的点缺陷是空位和自间隙硅原子。但是，在 GaAs 中，点缺陷更加复杂。因为，GaAs 由 Ga 和 As 两种原子套构而成，有两种形式的空位：一种是 Ga 点阵位置上的空位，称为 Ga 空位（V_{Ga}）；另一种是 As 点阵位置上的空位，称为 As 空位（V_{As}）。同样，当 Ga、As 原子处于间隙位置时，分别称为 Ga 间隙原子（Ga_i）和 As 间隙原子（As_i）。

在 GaAs 晶体中，可能出现一种点缺陷，即 Ga 原子占据了 As 的空位（Ga_{As}），或 As 原子占据了 Ga 的空位（As_{Ga}），称为反结构缺陷，如图 11.13 所示。

除此之外，在 GaAs 晶体中两种或两种以上的点缺陷，通过库仑电作用、偶极矩作用、共价键作用和晶格的弹性作用，可以发生复杂的复合作用，生成 $Ga_{As}V_{Ga}$、$As_{Ga}V_{Ga}$、$V_{Ga}V_{As}$ 等复合（组合）缺陷。特别是带相反电荷的缺陷，更容易结合形成复合缺陷。当然，在一定温度下，这些复合缺陷也可能分解为简单的点缺陷。因此，按照质量作用定律，温度越高，复合缺陷的浓度越小，简单点缺陷的浓度越大；反之亦然。

图 11.13　GaAs 晶体的反结构缺陷

虽然 GaAs 晶体中可能存在多种点缺陷、复合（组合）缺陷，但是各种缺陷形成的能量是不同的，因此，形成能低的缺陷往往占主要地位，浓度较高；相比而言，其他缺陷由于浓度较低，其作用就可以忽略。对于实际的 GaAs 晶体，一般认为 V_{As}、V_{Ga} 是主要的点缺陷，特别是 V_{Ga} 缺陷，其深能级位置为 $0.82eV$，可能与 EL2 电子陷阱有关，其性质一直是人们研究的目标。另外，As_i 和反结构缺陷也是 GaAs 中重要的点缺陷。但是，到目前为止，这些缺陷的性质依然没有清楚地解决。

11.5.2　GaAs 单晶中的位错

显然，GaAs 晶体中的位错是非辐射复合中心，严重降低少数载流子的寿命[18]，在晶体制备过程中应该竭力避免。但是，无论是体单晶还是薄膜单晶，GaAs 很难生长成无位错的晶体，总是具有一定的位错密度，可以达到 $10^4 \sim 10^5 cm^{-2}$，这是由其基本性质决定。首先，GaAs 材料的热导率低，晶体生长时，固液界面维持结晶的温度梯度较大，因此，容易在晶体中产生较大的热应力，导致位错的产生；其次，GaAs 的临界剪切应力较低，在较低的热应力下，就可以产生位错；再者，GaAs 易于产生点缺陷，其偏聚就产生位错；最后，GaAs 中位错的激活能较低，易于运动，使得位错很容易增加。

GaAs 中位错的产生主要来源于籽晶位错、晶体生长中的热应力和晶体加工过程中的机械应力，影响因素众多，如籽晶的位错密度、温度梯度、固液界面形状、晶体生长速率等，与晶体生长的各种因素都紧密相关。显然，不同的晶体生长方法，其位错产生和控制的方法也不同。而努力减少位错密度，则是提高 GaAs 晶体质量的重要途径。

研究表明，对于液封直拉生长 GaAs 晶体，位错的产生与生长炉内 As 的压力有关，随着 As 压的增加，晶体的位错密度增加；而且，晶体边缘的位错密度要高于中心区域。

研究还证明，合理的掺杂可以减小晶体的位错密度。其中 S 抑制位错的作用最大，Zn 最小，可能的解释为高浓度的掺杂剂可以钉扎位错，降低了位错密度。当然，过多的掺杂会在晶体中引起沉淀，产生大量的应力，导致新的位错和层错的生成。在掺 Te 的 GaAs 晶体中，当 Te 的浓度达到 $3 \times 10^{18} cm^{-3}$ 时，就会出现 Ga_2Te_3 沉淀；在过量掺 Si 的 GaAs 晶体中，沉淀的尺寸可达 $10 \sim 200nm$，这些沉淀都会引起位错或层错。

11.5.3　GaAs 单晶中缺陷的氢钝化

为了克服 GaAs 晶体中，特别是 GaAs/Si 外延薄膜中，位错引起的材料性能的降低：一方面是努力降低位错密度；另一方面是利用氢钝化。与在晶体硅中一样，氢原子能够钝化 GaAs 晶体中位错的悬挂键以及其他缺陷、杂质的悬挂键，降低其电活性，从而降低它对太阳电池性能的影响。通常，氢钝化在 $250 \sim 400℃$ 温度范围内的氢等离子气氛中进行，但是在氢钝化过程中，氢等离子体容易引起表面损伤和粗糙，甚至导致 As 的外扩散，形成 As 的表面耗尽层，这也会引起太阳电池效率的降低。为了防止 GaAs 晶体中 As 的外扩散和降低表面损伤，氢钝化后往往要在 AsH_3/H_2 的混合气体中进行高温热处理。图 11.14 所示为 GaAs/Si 薄膜在不同温度的热处理条件下，少数载流子寿命的变化[19]。图 11.14 中虚线所示为氢钝化前的少数载流子寿命，氢钝化的温度为 250℃，气压为 0.1Torr，时间为 1h。由图 11.14 可知，刚刚氢钝化后，少数载流子寿命大幅度增加，导致太阳电池效率提高。随后续的热处理会导致材料少数载流子寿命的降低，后续热处理的温度越高，少数载流子寿命降低越严重。如果在 450℃ 以下后续热处理，与未氢钝化的材料相比，材料少数载流子的寿命仍然还是较高的；但在 450℃ 以上热处理，材料的少数载流子寿命将低于未氢钝化的材料。这是因为在后续热处理中，氢可能快速扩散到 GaAs 晶体的体外，氢钝化的效果消失，导致材料的少数载流子寿命降低。

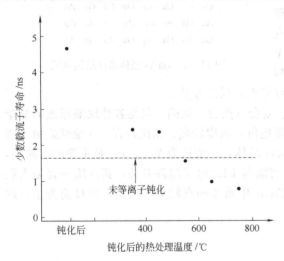

图 11.14　GaAs/Si 薄膜在 AsH_3/H_2 混合气体中不同温度的热处理条件下少数载流子寿命的变化[19]

研究还证明，随着氢钝化时间的延长和氢钝化时所用的等离子功率的增加，GaAs 太阳电池的效率逐渐提高，最后达到饱和并缓慢降低，显示了氢钝化位错等缺陷的效果。另外的研究还证明，450℃ 左右的氢钝化在随后的电池工艺（<450℃）中是稳定的。

除了在氢气氛中等离子处理进行氢钝化，有研究还提出，在 PH_3/H_2 混合气氛中氢钝化也能取得良好的钝化效果，P 既可以钝化与 As 相关的缺陷，也可以和氢一起钝化 GaAs 晶体中的位错。

参 考 文 献

［1］ Adolf Goetzberger，Christopher Hebling，Hans-Werner Schock. Materials Science and Engineering R，2003，40：1.

［2］ 雷永泉，万群，石永康. 新能源材料. 天津：天津大学出版社，2000.

［3］ Hovel H J，Woodall J M. Journal of the Electrochemical Society：Solid State Science and Technology，1973，120（9）：1246.

［4］ Masafumi Y. Ⅲ-Ⅴ Compound multi-junction solar cells：present and future. Solar Energy Materials and Solar Cells，2003，75：261.

［5］ Chen J C，Ristow M L，Cubbage J T，et al. High efficiency GaAs solar cells grown on passive-Ge substrates by atmospheric pressure MOVPE. In：Conf. Rec. IEEE Photo. Spec. Conf. 22th. New York，USA，1991.

［6］ Verson S M，Tobin S P，Haven V E，et al. High-efficiency concentrator cells from GaAs on Si. In：Conf. Rec. IEEE Photo. Spec. Conf. 22th. 1991.

［7］ 王季陶，刘明登. 半导体材料. 北京：高等教育出版社，1990.

［8］ 材料科学技术百科全书编委会. 材料科学技术百科全书. 北京：中国大百科全书出版社，1995.

［9］ 陈庭金，袁海荣，刘翔. 多片 LPE 生长 $Al_xGa_{1-x}As/GaAs$ 单晶薄膜. 半导体光电，1998，19（5）：305.

［10］ 邓志杰，郑安生. 半导体材料. 北京：化学工业出版社，2004.

［11］ Derluyna J，Desseinb K，Flamandc G，Molsa Y，Poortmansc J，Borghsc G，Moermana I. Journal of Crystal Growth，2003，247：237.

［12］ Saravanan S，Jeganathan K，Baskar K. J Crystal Growth，1998，192：23.

［13］ Gutakovsky A K，Katkov A V，Katkov M I，Pchelyakov O P，Revenko M A. J Cryst Growth，1999，201～202：232 .

［14］ Yamaguchi M，Ohmachi Y，Oh hara T，Kadota Y，Imaizumi M，Matsuda S. GaAs solar cells grown on Si substrates for space use. Prog Photovolt：Res Appl，2001，9：191.

［15］ Strite S，Biswas D，Kumar N S，Fradkin M，Morcoc H. Appl Phys Lett，1990，56：244.

［16］ Watanabe N，Hiresbi I. Mechanism of carbon incorporation from carbon tetrabromide in GaAs grown by metalorganic chemical vapor depositon. Journal of Crystal Growth，1997，178：213.

［17］ Takameto T，Yumaguchi M. Mechanism of Zn and Si diffusion from a highly doped tunnel junction for GaInP/GaAs tandem solar cells. Journal of Applied Physics，1999，85：1482.

［18］ Yamaguchi M，Amano C. J Appl Phys，1985，58：3601.

［19］ Wang G，Ogawa T，Soga T，Jimbo T，Umeno M. Solar Energy Materials and Solar Cells，2001，66：599.

第 12 章
CdTe 和 CdS 薄膜材料

除Ⅲ-Ⅴ化合物半导体材料和太阳电池以外，Ⅱ-Ⅵ化合物半导体材料在太阳能光电转换方面也得到了广泛的关注，其中 CdTe、CuInSe$_2$（或 CuInS）材料和电池是其中的典型。CdTe 多晶薄膜的禁带宽度为 1.45eV，太阳电池光电转换理论效率在 29% 左右，是一种高效、稳定且相对低成本的薄膜太阳电池材料，而且 CdTe 太阳电池结构简单，容易实现规模化生产，是近年来国内外太阳电池材料研究的热点之一。目前，在实验室中 CdTe 太阳电池的光电转换效率已经超过 21.5%，在国际上也已经大规模生产。

另外，CdS 也是一种重要的太阳电池材料，由于 CdS 是直接带隙的光电材料，间隙能带为 2.4eV 左右，其光吸收系数较高为 $10^4 \sim 10^5 \, \mathrm{cm}^{-1}$，所以主要作为薄膜太阳电池的 n 型窗口材料，可以和 CdTe、CuInSe$_2$ 等薄膜材料形成性能良好的异质结。

与硅太阳电池相比，CdTe 太阳电池的工艺简单、成本相对较低。虽然 CdTe 在常温下是相对稳定和无毒的，但是 Cd 和 Te 是有毒的，在实际工艺制备 CdTe 薄膜时，并非所有的 Cd^{2+} 都会沉积成薄膜，也会随着废气、废水等排出，对人、动物和环境具有致命的影响；尤其是制备 CdS 薄膜时，多采用化学浴方法，溶液中存在大量的 Cd^{2+}；在电池加工和失效后，尚需要回收处理。另外，地球上的 Cd 和 Te 资源十分有限，特别是稀有元素 Te，这也潜藏一个成本问题。

尽管，具有如此的弱点，CdTe 电池的低成本、高效率还是非常吸引人们的注意，是近年来发展迅速和应用广泛的一种主要薄膜材料及太阳电池。特别是美国第一太阳能公司（First Solar）开发了独特的 CdTe 材料和太阳电池制备工艺，实现了低成本、大规模产业化生产，曾多年在国际太阳电池和组件市场生产量排名第一，2015 年其电池和组件产量接近 2GW。同时，该公司还不断提升 CdTe 的太阳电池效率，刷新其世界纪录；2015 年其小面积 CdTe 太阳电池的效率已达到 21.5%，大面积电池组件（7038.8cm^2）效率达到 18.6%，产业化电池组件成本也降到 0.50 美元/W 左右。目前，研究者正致力于努力改善薄膜材料的质量，提高光电转换效率，降低生产成本。除了提高电池的稳定性之外，着重研究纳米 CdTe/CdS（大面积阵列排列纳米晶粒构成的 CdTe/CdS）太阳电池等材料和新结构。随着实验室、工业界研究的不断进展，CdTe 太阳电池有希望进一步成长。

本章首先介绍 CdTe 材料的基本性质及其电池的研究进展，随后阐述近空间升华法等制备 CdTe 薄膜的技术；在本章的后半部分，着重描述 CdTe 电池的窗口层材料 CdS 的性能和制备技术。

12.1 CdTe 材料和太阳电池

12.1.1 CdTe 薄膜材料的基本性质

CdTe 是一种直接带隙的Ⅱ-Ⅵ族化合物半导体材料，具有立方闪锌矿结构，其晶格常数为 6.481Å。图 12.1 所示为 CdTe 的晶体结构示意图。事实上，如果从〈111〉方向看，它还可以被认为是六方的密集面交替堆积而成的晶体结构。
CdTe 晶体主要以共价键结合，但含有一定的离子键，
具有很强的离子性，其结合能大于 5eV，因此，CdTe
晶体具有很好的化学稳定性和热稳定性。

300K 时 CdTe 材料的物理性质见表 12.1。从表 12.1 中
可以看出，CdTe 室温下的禁带宽度为 1.45eV。与 GaAs 材
料一样，非常接近光伏材料的理想禁带宽度，其光谱响应
与太阳光谱几乎相同。但是，随着温度的变化，禁带宽度
会发生变化，其变化系数为 $(2.3\sim5.4)\times10^{-4}eV/K$。

CdTe 材料具有很高的光吸收系数，在可见光部分，
其光吸收系数在 $10^5 cm^{-1}$ 左右，所以只需要 $1\mu m$ 厚度的
薄膜，便可以吸收 90% 以上的太阳光。

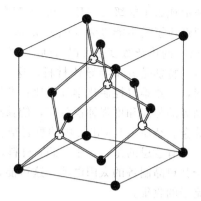

图 12.1　CdTe 的晶体结构示意图
● Cd；○ Te

表 12.1　CdTe 材料的物理性质（300K）

密度/(g/cm³)	5.86	禁带宽度/eV	1.45
晶格常数/Å	6.481	电子迁移率/[cm²/(V·s)]	500~1000
热膨胀系数/10⁻⁶K⁻¹	4.9	空穴迁移率/[cm²/(V·s)]	70~120
热导率/[W/(cm·K)]	0.075	折射率(1.4μm)	2.7
熔点/℃	1092	光学介电常数	10.26

图 12.2 所示为 CdTe 晶体的相图[1]。由图 12.2 可知，在 500℃ 以上时，化学计量比为
1:1 的 CdTe 可以稳定存在。另外，在真空条件下高温处理，CdTe 会分解为 Cd 原子和
Te₂ 分子，其饱和蒸气压的比例为 $p_{Cd}:p_{Te}=2:1$。

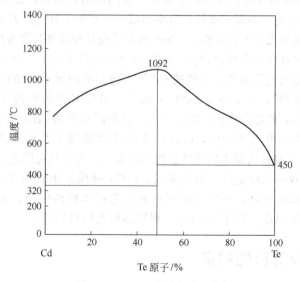

图 12.2　CdTe 晶体的相图[1]

CdTe 中主要的本征点缺陷是 Cd 间隙原子（Cd_i）和 Cd 空位（V_{Cd}），其能级分别为
$(E_c-0.02)eV$ 和 $(E_v+0.15)eV$。事实上，在高温下，CdTe 会稍微偏离化学计量比，通
常表现为缺 Cd，这可能与 V_{Cd}-CdTe 的复合体有关，自然容易形成 p 型半导体材料。

CdTe 可以通过掺入不同杂质来获得 n 型或 p 型半导体材料。当用 In 取代 Cd 的位置，

便形成施主能级为 $(E_c-0.6)$eV 的 n 型半导体材料。如果用 Cu、Ag、Au 取代 Cd 的位置，便形成了受主能级为 $(E_v+0.33)$eV 的 p 型半导体材料。实际上，对于 CdTe 单晶体，10^{17} cm^{-3} 的掺杂浓度是可以得到的，但是更高浓度的掺杂以及要精确控制掺杂浓度是非常困难的，特别是 p 型半导体材料，这是因为[2]：CdTe 具有自补偿效应；Cd 和 Te 的蒸气压不同，导致难以控制化学计量比；杂质在 CdTe 中的溶解度极低。对于 CdTe 多晶薄膜，由于晶界的分凝和增强补偿效应，使掺杂更加复杂和困难。另外，除掺杂杂质外，氧杂质和 Cu 等金属杂质也是 CdTe 中的重要杂质，会对薄膜材料的性能产生影响。

有意思的是，对于 CdTe 材料，人们发现以 CdTe 多晶薄膜制备的太阳电池的效率要高于其单晶制备的太阳电池，这可能是因为在 CdTe 的晶界处存在一个势垒，它有助于光生载流子的收集。

12.1.2　CdTe 薄膜太阳电池

第一个 CdTe 太阳电池是由 RCA 实验室在 CdTe 的单晶体上镀上 In 的合金制得的，其光电转换效率为 2.1%。几乎同时效率超过 4% 的 CdTe 太阳电池也被前苏联的科学家研制成功。1963 年，D. A. Cusano 制备了第一只 CdTe 薄膜太阳电池，其结构与 CdS 体电池相似，主要由 p-Cu$_2$Te/n-CdTe 组成，其光电转换效率达到了 6%[3]。

而在其后的 9 年中，CdTe 太阳电池的效率并没有得到提高，这主要是由于存在几个困难：CdTe 薄膜 p 型掺杂较困难；对 p 型 CdTe 薄膜低阻接触较困难；结之间的复合损失较大。因此，直到 1982 年，Kodak 实验室利用化学沉积的方法在 p-CdTe 上制备了一层非常薄的 CdS 薄膜，制备了效率超过 10% 的 n-CdS/p-CdTe 结太阳电池[4]，CdTe 太阳电池和材料又引起了人们的极大兴趣。20 世纪末，NREL 的 CdTe 太阳电池的效率已经超过 16%[5]。目前，已经建成年产 2GW CdTe/CdS 太阳电池的生产线。

由于 CdTe 存在自补偿效应，制备高电导率、浅同质结很困难，虽然由同质结 n-CdTe/p-CdTe 也可以制作太阳电池，但是光电转换效率很低，一般小于 10%。其原因是：CdTe 的光吸收系数很高，使得大部分光在电池表面 $1\sim2\mu m$ 内就已经被吸收并且激发出电子-空穴对，但是这些少数载流子几乎也就在表面被复合掉，即在电池的表面形成了"死区"，从而导致其光电转换效率较低。为了避免这种现象，实用的 CdTe 电池均采用异质结结构，一般是在 CdTe 的表面生长一层"窗口材料"，如 CdSe、ZnO、CdS 等，其中 CdS 的结构与 CdTe 相同，晶格常数和热膨胀系数差异小，最适合作窗口层，所以，目前高效率的 CdTe 电池的结构基本上都是 n-CdS/p-CdTe。在这样的电池结构中，CdS 产生的少数载流子几乎在表面上被复合掉，而 CdTe 产生的少数载流子则被内建电场分离扩散到两极上，为负载提供电流。

为了改善电池的效率和稳定性，研究发现，CdTe 薄膜沉积后的氯化物热处理工艺也是制备其电池的关键。除此之外，一些新的材料和工艺技术也被应用，如适当减薄 CdS 窗口层厚度、降低薄膜沉积温度（低于 600℃）、利用新型电极材料等。

12.2　CdTe 薄膜材料的制备

CdTe 薄膜材料可以用多种方法制备，如真空蒸发法、化学气相沉积法、近空间升华法（CSS）、电化学沉积法、喷涂热分解法、物理气相沉积法、气相输运沉积法、金属-有机化学气相沉积、分子束外延等。实际工艺中，制备 CdTe 薄膜最常用的技术是近空间升华法和电化学沉积法，前者的在线生长速率快，后者可以大面积生长。而气相输运沉积法是近年来发展最快方法，在产业化上取得了很大成功。

CdTe 电池通常是利用异质结结构，如常用的 CdS/CdTe 电池结构，所以在制备 CdTe 材料时，常常是在 CdS 等薄膜材料上直接沉积制备。因此，在制备工艺中，元素的扩散、界面的性质也是不得不考虑的问题；否则，容易引起太阳电池性能的下降。

12.2.1 近空间升华法

从相图上看（见图 12.2），高温下很容易制作出化学计量比为 1:1 的 CdTe 薄膜，最直接的方法是升华。即在真空中，将 CdTe 粉末加热至 700℃ 左右蒸发分解，这些活性 Cd、Te 便在温度较低的衬底上凝结下来，得到 CdTe 薄膜。反应方程式为

$$CdTe \rightleftharpoons Cd + Te \tag{12.1}$$

在简单升华法基础上发展起来的近空间升华技术，具有沉积速率高、设备简单、薄膜结晶质量好、蒸发材料少、生产成本低、电池的光电转换效率高等优点，得到了广泛的研究和应用。1982 年，Y. S. Tyan 等首次采用该技术制备了 CdTe 薄膜，并制作出光电转换效率为 10% 的太阳电池。到目前为止，CSS 技术制备的小面积 CdTe 电池的效率已达到 16% 以上，大面积组件的效率也已达到 10.1%。C. Ferekides 等利用 CSS 方法在化学沉积法（CBD）制备的 CdS 膜上沉积 CdTe 膜，其电池的 I-V 曲线如图 12.3 所示，其光电转换效率达到 15.8%[6]。

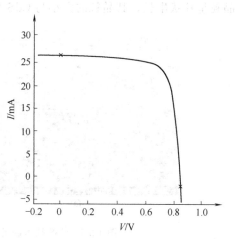

图 12.3 CSS 法制备的 CdTe/CdS 电池的 I-V 曲线[6]

近空间升华法制备 CdTe 的示意图如图 12.4 所示。从图 12.4 中可以看出，设备利用卤钨灯作为加热源，利用石墨作为衬底，在下石墨片上放置高纯的 CdTe 薄片或粉料作为源材料，在上石墨片上倒置衬底，以便 CdTe 升华后沉积。两石墨块的间距约 1～30mm，使得源材料与衬底之间的距离要小于衬底长度的 1/10，重要的是衬底和源材料要尽量靠近放置，使得两者的温度差尽量小，从而使薄膜的生长接近理想平衡状态。

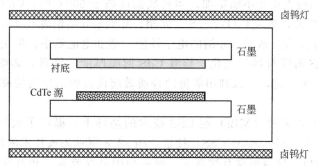

图 12.4 近空间升华法制备 CdTe 的示意图

通常衬底温度为 550～650℃，而源材料的温度比衬底要高 80～100℃，使得高温的 CdTe 源材料升华，在衬底上沉积 CdTe 多晶薄膜材料，其晶粒大小为 $(2～5)×10^3$nm。反应室利用高纯石英管，在反应开始时，首先将反应室抽真空，然后再在反应室中充入氮气或氩气作为保护气。实际工艺中，常常掺入 10% 左右的氧气，并保持 $7.5×10^2 ～ 7.5×10^3$ Pa 真空度，促使升华后的活性原子 Cd、Te_2 不直接蒸发到衬底上，而是与惰性气体分子碰撞

数次后才到达衬底表面，以便获得厚度均匀的致密薄膜晶体。

在利用 CSS 技术制备 CdTe 薄膜时，其薄膜沉积速率主要取决于源材料的温度和反应室气压，一般沉积速率为 $1.6 \sim 160$ nm/s，最高可达 750nm/s。而薄膜的微结构则取决于衬底温度、源材料与衬底的温度梯度和衬底的晶化状况。一般情况下，CSS 技术只能制备多晶 CdTe 薄膜，晶向大多偏向 ⟨111⟩ 方向，晶粒为柱状的多晶体，大小在数百纳米到数微米之间；而且，随着衬底温度的升高和薄膜厚度的增加，柱状晶粒的尺寸也在增大，直径可以达到 $15\mu m$ 以上。

图 12.5 所示为 CSS 技术制备的 CdTe 薄膜表面的扫描电镜照片[7]，源材料的温度为 650℃，衬底的温度为 575℃，图 12.5 中 CdTe 多晶颗粒的大小约为 $2 \sim 5\mu m$。图 12.6 所示为沉积在 CdS/ITO 上的 CdTe 薄膜的截面透射电镜照片[2]。从图 12.6 中可以看出，CdTe 晶粒呈柱状生长，其晶粒的大小与 CdS 基本一致，似乎说明了两者有密切的关系。

图 12.5 CSS 技术制备的 CdTe 薄膜表面的扫描电镜照片[7]

在制备 CdTe 薄膜时，为了增加 CdTe 的受主浓度，防止形成深埋同质结，通常在保护气中掺入一定量的氧。但是，如果控制不好，掺氧能使 CdTe 源材料不均匀氧化，而在 CdTe 薄膜表面生成 $5 \times 10^2 \sim 5 \times 10^4$ nm 的薄氧化层，降低源材料的升华效果，使电池效率降低，而且影响工艺的可重复性，不利于规模化生产。

如果在已沉积的 CdS 薄膜上直接制备 CdTe 薄膜，那么衬底温度就对薄膜和电池的质量具有重要的意义。图 12.7 所示为 CdTe 薄膜的晶粒大小与衬底温度的关系[7]。显然，随着衬度温度的升高，晶粒大小在不断增加。当衬底温度高于 600℃ 时，CdS/CdTe 薄膜界面两侧的 S、Te 将相互扩散，形成 $CdTe_{1-x}S$ 三元相，导致 p-n 结偏离 CdS/CdTe 界面，从而增加材料的少数载流子寿命，改善 p-n 结的电学性能，增加电池效率。但是，如果衬底的温度过高，可能造成 CdS 薄膜材料的气化，导致 CdS 薄膜厚度的降低，影响太阳电池的效率。而当衬底温度低于 600℃ 时，可以利用廉价的普通玻璃代替价格昂贵的硼硅玻璃，从而可以降低成本。

日本松下电池工业公司（MBI）在 CSS 技术的基础上，提出了大气近空间升华技术，即 APCSS（Atmospheric Pressure CSS）技术。图 12.8 所示为该技术的设备结构示意图[8]。从图 12.8 中可以看出，反应室没有抽真空，而是利用氮气或氮气和氧气的混合气体作保护气，进行流水作业，可以获得较高的生产效率，其电池的光电转换效率已达到 11% 以上。

12.2.2 电化学沉积法

电化学沉积法是另一种重要的制备 CdTe 薄膜的技术[9]，其优点是设备简单、易控制、易大规模工业化生产，而且制备的薄膜具有最佳组分配比。

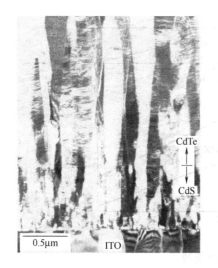

图 12.6　沉积在 CdS/ITO 上的 CdTe
薄膜的截面透射电镜照片[2]

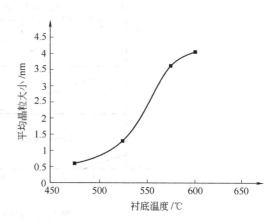

图 12.7　CSS 技术制备的 CdTe 薄膜的
晶粒大小与衬底温度的关系[7]

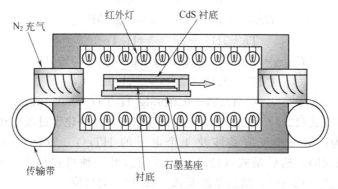

图 12.8　APCSS 技术制备 CdTe 薄膜的设备示意图[8]

在水溶液中利用阴极电沉积法制备 CdTe 薄膜的技术，首先是由 M. P. H. Panicker[10] 和 F. A. Kroger[11] 等提出的，他们几乎同时采用简单的电化学沉积方法制备出了均匀的、化学计量比可控的 CdTe 薄膜。其基本实验为：在含有 TeO_2 的 $CdSO_4$ 水溶液中，一个电极采用石墨，另一个电极采用 Te 电极，在镍片表面或表面镀有半导体氧化物——氧化锑的玻璃表面上沉积 CdTe 薄膜。

电化学沉积的电解液通常是含有 Cd 盐、TeO_2 的酸溶液，其中 TeO_2 溶液中的主要成分是 $HTeO_2^+$，利用 Te 作为阳极，阴极电位可以设计为 $-0.2 \sim 0.65V$（与标准甘汞电极相比），因此，在阴极上发生下述化学反应

$$HTeO^{2+} + 3H^+ + 4e^- \longrightarrow Te^+ + H_2O \tag{12.2}$$

$$Cd^{2+} + Te + 2e^- \longrightarrow CdTe \tag{12.3}$$

而实际的电化学反应远比上述两式复杂，存在多种反应，其机理仍然存在争议。图 12.9 所示为 CdTe 的极化曲线。由图 12.9 可知

对　　　　　　$$TeO_2 + 4H^+ + 4e^- \Longleftrightarrow Te + 2H_2O \tag{12.4a}$$

或　　　　　　$$HTeO_2^+ + 3H^+ + 4e^- \Longleftrightarrow Te + 2H_2O \tag{12.4b}$$

$$E_{Te} = 0.56 + 0.015 \lg[HTeO_2^+] - 0.045pH \tag{12.5}$$

对　　　　　　$$Te + Cd^{2+} + 2e^- \Longleftrightarrow CdTe \tag{12.6}$$

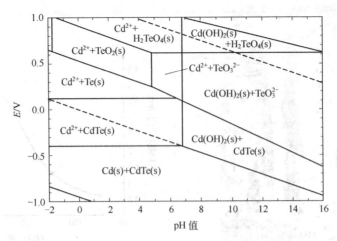

图 12.9　CdTe 的极化曲线

$$E_{CdTe} = 0.074 + 0.030 \lg[Cd^{2+}] \tag{12.7}$$

对
$$Cd^{2+} + 2e^- \Longrightarrow Cd \tag{12.8}$$

$$E_{CdTe} = -0.4025 + 0.059 \lg[Cd^{2+}] \tag{12.9}$$

对
$$Te + 2H^+ + 2e^- \Longrightarrow H_2Te \tag{12.10}$$

$$E_{H_2Te} = -0.74 - 0.0295 \lg[H_2Te] - 0.059pH \tag{12.11}$$

对
$$CdTe + 2H^+ + 2e^- \Longrightarrow H_2Te + Cd \tag{12.12}$$

$$E_{Cd+H_2Te} = -1.217 - 0.0295 \lg[H_2Te] - 0.059pH \tag{12.13}$$

因此，除了可能存在式(12.2) 和式(12.3)的机理以外，在电化学过程中还可能存在其他机理。一种机理认为：第一步反应是涉及 4 个电子的 $HTeO^{2+}$ 转化成 Te 的反应，即式(12.4a) 或式 (12.4b)，然后是式 (12.5) 的反应。另一种机理认为：式 (12.4a) 或式 (12.4b) 反应后是式 (12.10)，然后是涉及式 (12.14) 的反应

$$HTeO_2^+ + 5H^+ + 6e^- \Longrightarrow H_2Te + 2H_2O \tag{12.14}$$

最后是

$$H_2Te + Cd^{2+} \longrightarrow CdTe + 2H^+ \tag{12.15}$$

再一种机理类似于涉及表面反应。

$$HTeO_2^+ + S + 3H^+ + 4e^- \Longrightarrow Te_s + 2H_2O \tag{12.16}$$

式中，S 表示表面。

然后是

$$Te_s + Cd^{2+} + 2e^- \Longrightarrow CdTe + S \tag{12.17}$$

如果式 (12.17) 不是足够的快，那么将进行下述反应，导致形成过剩的 Te。

$$Te_s \longrightarrow Te + S \tag{12.18}$$

以上不同机理似乎都可以解释一定的实验事实，但是很难解释所有实验，因此，清晰的认识还需要更多的研究。

在电化学沉积制备 CdTe 薄膜时，由于 TeO_2 的溶解度很低，沉积过程主要由质量输运过程控制，即由 $HTeO^{2+}$ 的输运控制，所以利用电化学沉积 CdTe 薄膜的速率相当低，约为 $0.27\sim0.55nm/s$。

虽然不同的水溶液都可以作为电化学沉积液，但是最常用的是硫酸镉溶液。因为利用硫

酸镉溶液作为电化学沉积液不仅可以制备出 n 型的 CdTe 薄膜，而且可以制备出 p 型的 CdTe 薄膜，同时沉积的温度和毒性都较低。通常，硫酸镉溶液的 pH 值在 $1\sim3.5$ 之间，$CdSO_4$ 与 TeO_2 的浓度比在 $50\sim1000$ 之间。Donghawan Kim 等得出的优化工艺为：沉积电流为 $0.33\sim0.40mA/cm^2$，阳极电流/阴极电流比为 $R_{Te/Cd}=2.7$，相对于 Ag/AgCl 参比电极来说沉积电势为 $-600mV$。

一般情况下，利用电化学沉积技术制备的 CdTe 薄膜为 n 型材料，很难直接得到 p 型材料。虽然人们试图通过控制电势的方法来控制 CdTe 薄膜的 n 型或 p 型，但影响因素过多，可重复性不好。如 M. P. H. Panicker 等[10]指出当剩余电势高于饱和甘汞电极电势（SCE）$-0.3V$ 时，得到的是 p 型 CdTe 薄膜，否则就是 n 型 CdTe 薄膜；而 B. M. Basol 等[12]发现在 $-0.66\sim-0.61V/SCE$ 的区域中可以制备出 p 型 CdTe 薄膜。因此，B. M. Basol[13]等又提出热处理转型制备 p 型半导体材料，即先用电化学沉积法在玻璃/ITO 或 SnO_2/CdS 衬底上制备出 n 型 CdTe 薄膜，之后将其置于空气中 400℃ 预加热，接着在 400℃ 空气中热处理 15min，最后放在玻璃上冷却至室温，从而得到 p 型 CdTe 薄膜。

另外，由于电化学沉积技术生长的 CdTe 薄膜常常沉积在 CdS 薄膜上，因此，CdS 薄膜的质量和化学计量比也会影响 CdTe 薄膜的性能。图 12.10 所示为不同化学计量比的 CdS 薄膜上电化学沉积 CdTe 薄膜的 X 射线图谱[14]。这两种 CdTe 薄膜的制备条件是相同的，显然化学计量比为 1∶1.1 的 CdS 薄膜上生长的 CdTe 薄膜的结晶质量更好。

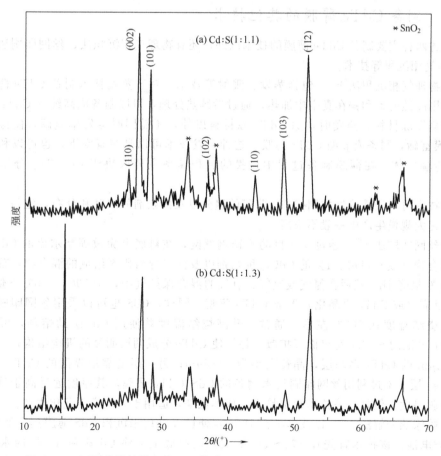

图 12.10　不同化学计量比的 CdS 薄膜上电化学沉积 CdTe 薄膜的 X 射线图谱
(a) Cd∶S=1∶1.1；(b) Cd∶S=1∶1.3

12.2.3 气相输运沉积法

美国第一太阳能公司的前身 Solar Cell Inc. 在 1995 年首先报道了气相输运沉积法，也是目前国际上不多见的掌握这种 CdTe 薄膜和电池的产业化技术的企业。气相输运沉积（vapor transport deposition，VTD）技术制备 CdTe 薄膜具有速度快、均匀性好、产量大、材料利用率高等优势，是 CdTe 薄膜电池技术产业化的主要技术，其产量占据全球 CdTe 太阳电池的 95％以上份额。

气相输运沉积法的基本原理是：通过加热等工艺，使物质挥发或分解出气体，然后通过气相输运至温度较低的位置，并与其他物质发生反应，制备新的材料。对于 CdTe 薄膜材料，是在一个密闭系统中，放置 CdTe 多晶粉末材料，通过加热使其升华，变成气相 CdTe；再通过气相输运，到达温度较低的衬底，进行沉积制备 CdTe 薄膜材料。

美国第一太阳能公司在 1995 年提出的气相输运沉积技术如下：利用电阻对进入沉积腔体内部 CdTe 粉体原料加热，加热温度为 700～1100℃；然后将升华的 CdTe 气体，通过在陶瓷管壁上的缝隙输运到玻璃基板表面；利用开缝的中间大、两头小的设计，可以来控制气流。最终在玻璃基板上制备均匀的 CdTe 薄膜。利用气相输运沉积法具有一定以下优势。

① 反应效率高，CdTe 气体可以源源不断地从原料中升华，反应连续不断。

② CdTe 薄膜材料的纯度高，因为 CdTe 原料升华后，难挥发的杂质留在原料区域。

12.2.4 制备 CdTe 薄膜的其他技术

除上述两种主要制备 CdTe 薄膜的技术以外，还有物理气相沉积法、丝网印刷法、金属-有机化学气相沉积等技术。

(1) 物理气相沉积法[15]　包括蒸发、溅射等技术。对于蒸发技术制备 CdTe 薄膜，一般首先利用高纯的碲和镉在真空中加热，通过后续热处理，可以制备成高纯的 CdTe 块体材料，作为蒸发源材料。蒸发时，除 CdTe 源材料以外，还需同时蒸发单质碲，使得生成的 CdTe 薄膜富碲，制备成 p 型 CdTe 薄膜。这种蒸发技术可以是在真空下，也可以利用 H_2、He 作为传输气体。在薄膜制备过程中，膜的沉积速率主要取决于 Cd、Te_2 分压和衬底温度。

这种技术可以较精确地控制 CdTe 薄膜的组分以及掺杂剂的浓度和分布，但是，相对成本较高，在大规模生产中一般不采用。

(2) 丝网印刷法[16]　透过 400 目的不锈钢丝网，在衬底上涂敷等摩尔比的 Cd、Te 微米颗粒混合物（或 CdTe）、1％的 $CdCl_2$ 助熔剂以及丙二醇阻碍剂组成的混合物，首先在氮气下 1200℃烘烤 1h，然后在氮气或氮气、氧气的混合保护气中，于 590～700℃下烧结 1h，Cd、Te 反应（或 CdTe 再晶化）形成 CdTe 薄膜。同样，CdS 也可以采用丝网印刷的方法制得，其烧结温度在 700℃左右。通常，升高烧结温度并使用 $CdCl_2$ 助熔剂，可以促进 CdS/CdTe 电池的 S、Te 跨界面互扩散，最终使 CdTe 分成两层明显的机构结构，一层是上层 10～12μm 的 CdTe 多晶层，晶粒大小为 3～5μm；另一层是靠近界面的 $CdTe_{1-y}S_y$ 或 $CdS_{1-y}Te_y$ 层。不过利用丝网印刷技术制备的 CdS/CdTe 薄膜，其厚度远远高于其他方法制得的薄膜厚度。但是，该技术简单易行、成本低廉，适用于大规模工业化生产。

(3) 喷涂热分解法[17]　该技术早在 1966 年便已经被用来沉积 CdS 薄膜用于制作 CdS/Cu_2S 太阳电池。该技术首先在 375～500℃加热的衬底上喷涂 Cd 盐和 Te 盐的水溶液或 CdTe 浆液，热解后具有活性的 Te 和 Cd 直接反应在衬底上形成 CdTe 薄膜。然后，用 $CdCl_2$ 水溶液和硫脲作反应物，沉积生成 CdS 膜。虽然利用这种方法生长的 CdTe 薄膜多孔，水蒸气也会限制沉积速率，但是太阳电池的效率能够达到12.7%。而且这种方法简单，不需要真空，Golden Photo 公司已将该技术工业化，在 $60cm \times 60cm$ 的太阳电池组件上效率达到了8%左右。

（4）金属-有机物化学气相沉积法[18]　用二甲基镉（DMCd）、异丙基碲醚（DIPTe）在氢气气氛中反应生长 CdTe 膜，沉积速率约为 0.1nm/s。膜由约为 1×10^4 nm 的柱状晶粒密实堆积而成。电导类型可由 DMCd/DIPTe 摩尔比控制，当比值低于 0.5 时，是 p 型电导；比值高于 0.5 时，是 n 型电导。制备薄膜时，也可以用三乙镓（TEGa）和 AsH_3 分别作为 n 型、p 型掺杂剂，以降低薄膜的电阻率。

12.2.5　CdTe 薄膜材料的热处理

在 CdTe 薄膜制备完成后，经常需要进行 $CdCl_2$ 热处理，以改善 CdTe 薄膜的质量。具体而言，CdTe 的 $CdCl_2$ 热处理可能有以下几种作用：促进晶粒粗化，提高 CdTe 的迁移率；阻止 Te 元素的氧化；促进组分均匀化。

热处理主要有两种技术：一是在 CdS/CdTe 结构的 CdTe 面，用超声喷雾等技术喷涂或浸入 $CdCl_2$ 和甲醇混合溶液中 20min 左右，然后取出吹干（烘干），在含氧的气氛中 400℃左右热处理 30～60min，最后用去离子水清洗掉 CdTe 膜面上的 $CdCl_2$ 残留物；二是利用热升华法，首先将 $CdCl_2$ 加热至 380～420℃，蒸发沉积在 CdTe 表面，形成 $CdCl_2$ 薄膜，此时气压约为 $(2.5 \sim 7.5) \times 10^3$ Pa，然后，在含氧气氛（干燥空气或者是 Ar、O_2 的混合气体）中将 CdTe 在 380～420℃继续热处理，气压约为 1×10^5 Pa。这种技术可以利用与 CSS 类似的设备，$CdCl_2$ 粉末置于下石墨块上的石英容器内，CdS/CdTe 置于石英容器上，紧贴上石墨块，因此可以结合 CSS 技术进行原位生长 CdTe 薄膜。另外，利用该工艺处理过的 CdTe 薄膜晶粒均匀，而且没有 $CdCl_2$ 残留物[19]。

在 $CdCl_2$ 热处理时，CdTe 晶体薄膜会发生再结晶以及晶粒长大的现象。图 12.11 所示为利用 CSS 技术生长的 CdTe 薄膜的扫描电镜照片[20]。薄膜经 $CdCl_2$ 气氛中的热处理，显然，CdTe 的晶粒大小已经达到 5～10μm。

在实验的基础上，Burke 和 Tumball 提出了热处理导致晶粒长大的经验公式

$$(D^2 - D_0{}^2)^{0.5} = \kappa t^{1/n}$$

但是，有研究者指出此经验公式并不适合原始薄膜中晶粒较大的情况。

通常原生 CdTe 薄膜中，晶粒大多呈〈111〉方向择优生长。但是，在 $CdCl_2$ 热处理后，各晶粒取向变得更加随机性，热处理的时间延长，CdTe 薄膜的晶粒又会呈现一定的取向。Moutinho 等利用 AFM 研究了不同温度下的再结晶过程，认为热处理初期在晶粒间出现了细小的晶粒，这些晶粒的长大导致晶粒晶向的随机性。

$CdCl_2$ 热处理还会造成成分的显著变化，整个薄膜变成富含 Cd，并且越接近薄膜表面，Cd 和 Cl 离子的浓度越高。CdS 中的 S 会扩散到 CdTe 中引起杂质的重新分布，可以降低 CdS 的有效厚度，增强窗口效应。较高浓度的氧作为替代杂质，则会分布在 CdTe/CdS 界面上。研究还发现 $CdCl_2$ 热处理时，加入少量氧气可以促进晶

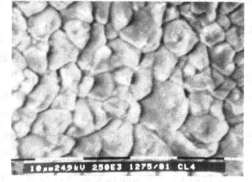

图 12.11　利用 CSS 技术生长的
CdTe 薄膜的扫描电镜照片[20]
（薄膜经 $CdCl_2$ 气氛中的热处理）

粒长大。另外，Cl^- 也可能会迁移到晶界上，降低晶界的势垒，从而促进 CdTe 中原子的迁移。

另外，研究发现在 $CdCl_2$ 热处理后，CdTe 的表面变得更加光滑，但在晶界处出现大的裂缝，出现 $CdCl_2$ 的富集，这可能是 $CdCl_2$ 在 CdTe 中溶解度较小，导致 $CdCl_2$ 分凝于 CdTe 的晶界处。这些 $CdCl_2$ 的富集，不仅能在晶界处形成电学活性区域，而且会影响其与金属的接触。

$CdCl_2$ 热处理后，不仅材料结构、组分会发生变化，而且原生 CdTe 薄膜和热处理后的 CdTe 薄膜的电流输运机制也发生了改变。研究认为[21]，在原生或空气中热处理，其电流输运是由隧道或界面复合机制控制的；而在 $CdCl_2$ 热处理后，电流输运机制变为由结复合机制控制。这表明界面态的密度显著下降，界面复合速率下降。

另外，在 $CdCl_2$ 热处理工艺过程中还需要注意两点：一是 $CdCl_2$ 膜烘干后，膜面可能形成涡漩状分布，会使热处理中 CdTe 与 $CdCl_2$ 反应不均匀；二是在热处理后，膜面会有 $CdCl_2$ 残留物，这些残留物必须清洗掉。

12.3　CdS 薄膜材料

12.3.1　CdS 薄膜材料的基本性质

CdS 是一种重要的直接带隙的 Ⅱ-Ⅵ 族太阳电池材料，具有纤锌矿结构。在室温下，其禁带宽度为 2.4eV 左右，具体的物理性质见表 12.2。

表 12.2　CdS 材料的物理性质（300K）

密度/(g/cm³)	4.83	禁带宽度/eV	2.41
晶格常数/Å	$a = 4.300$ $c = 6.714$	电子迁移率/[cm²/(V·s)]	300350
热膨胀系数/10^{-6}K^{-1}	3.6	空穴迁移率/[cm²/(V·s)]	1540
热导率/[W/(cm·K)]	0.20	折射率(1.4μm)	2.3
熔点/℃	1477	光学介电常数	8.45

CdS 的光吸收系数较高，约为 $10^4 \sim 10^5 cm^{-1}$，其电子亲和势为 4.50eV，可以与 CdTe、$CuInSe_2$ 材料组成低接触势垒的异质结构。因此，CdS 材料很少单独作为太阳电池材料，常与 CdTe、$CuInSe_2$ 结合作为太阳电池的 n 结和窗口层材料。

12.3.2　CdS 薄膜材料的制备

CdTe 太阳电池中 n 型 CdS 材料的掺杂浓度一般要求在 $10^{16} cm^{-3}$ 左右，厚度在 $50 \sim 100nm$ 之间，而且要求薄膜均匀。理论上，生长 CdS 薄膜的方法很多，如物理气相沉积、金属-有机物气相沉积、封闭空间升华-凝华法、化学水浴法（CBD）、丝网印刷法、电化学沉积法，都被应用来制备 CdS 薄膜。但是考虑到性能价格比，化学水浴法则具有明显的优势，是应用最广泛的生长方法，具有可控性好、均匀性好、成本低等特点，而且不同的衬底和不同的溶液都可以用来制备 CdS 薄膜。相对于高真空蒸发法制备 CdS 薄膜而言，化学水浴法生长的 CdS 薄膜晶粒更紧密，晶粒尺寸更大，而且表面更光滑。

利用化学水浴法制备 CdS 薄膜的基本机理可以分为三步：在氨水等水介质中，形成 Cd^{2+} 和 S^{2-}；水介质中的 Cd^{2+} 和 S^{2-} 固化在衬底上；CdS 颗粒形成并吸附在衬底表面上。图 12.12 所示为 CdS 的极化曲线[24]。

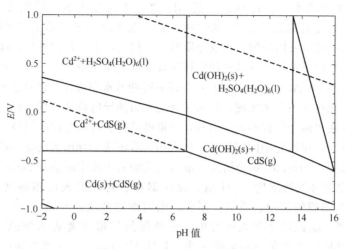

图 12.12　CdS 的极化曲线[24]

到目前为止，化学沉积制备 CdS 薄膜主要是利用氨水和硫脲体系，其原材料是含镉材料（如氯化镉 $CdCl_2$、硫酸镉 $CdSO_4$ 等）、硫脲 $[(NH_2)_2CS]$ 和氨水（$NH_3 \cdot H_2O$），前两者分别提供 Cd 源和 S 源。在薄膜制备过程中，为了很好地控制薄膜的生长速率，一般需要加入缓冲剂（NH_4Cl）。反应时，氨水首先和氯化镉等作用，形成含 Cd^{2+} 的络合物 $[Cd(NH_3)_4^{2+}]$，然后形成 CdS 薄膜，其具体过程如下[22,23]。

（1）NH_4^+ 的形成

$$NH_3 + H_2O \Longrightarrow NH_4^+ + OH^- \tag{12.19}$$

（2）Cd 盐阴离子形成复杂化合物

$$Cd^{2+} + 2OH^- \Longrightarrow Cd(OH)_2 \tag{12.20}$$

$$Cd^{2+} + 4NH_3 \Longrightarrow [Cd(NH_3)_4]^{2+} \tag{12.21}$$

（3）S^{2-} 的形成

在碱中

$$SC(NH_2)_2 + 3OH^- \Longrightarrow 2NH_3 + CO_3^{2-} + HS^- \tag{12.22}$$

$$HS^- + OH^- \Longrightarrow S^{2-} + H_2O \tag{12.23}$$

在酸中

$$H_2S + H_2O \Longrightarrow HS^- + H_3O^+ \tag{12.24}$$

$$HS^- + H_2O \Longrightarrow S^{2-} + H_3O^+ \tag{12.25}$$

（4）CdS 的形成

$$Cd^{2+} + S^{2-} \Longrightarrow CdS \tag{12.26}$$

因此，当 Cd^{2+} 与 S^{2-} 的离子积超过 CdS 的溶解度后，便有固体的 CdS 沉积下来。由于 CdS 的溶解度非常小，因此低浓度的 S^{2-} 便可以使 CdS 沉积下来。其总的反应式为

$$Cd(NH_3)_4^{2+} + SC(NH_2)_2 + 2OH^- \Longrightarrow CdS + CH_2N_2 + 2H_2O + 4NH_3 \tag{12.27}$$

除缓冲剂（NH_4Cl）以外，还可以加入其他缓冲剂，形成 $[Cd(CN)_4]^{2+}$、$[Cd(TEA)]^{2+}$ 等络合物，然后再沉积生成 CdS 薄膜，其反应式为

$$[Cd(CN)_4]^{2+} + SC(NH_2)_2 + 2OH^- \longrightarrow CdS + 4CN + OC(NH_2)_2 + H_2O \tag{12.28}$$

$$[Cd(TEA)]^{2+} + SC(NH_2)_2 + 2OH^- \longrightarrow CdS + TEA + OC(NH_2)_2 + H_2O \tag{12.29}$$

CdS 的沉积速率主要由氨水浓度、铵盐浓度和沉积温度等因素决定。在一定的温度下，CdS 的形成速率主要是由络合物提供的 Cd^{2+} 和 $SC(NH_2)_2$ 水解提供的 S^{2-} 的浓度决定的。例如，在 80℃下 pH=13 时，$SC(NH_2)_2$ 的水解常数至少是 pH=13.7 时的 2 倍，铵盐的存在会提高溶液中 $[Cd(NH_3)_4]^{2+}$ 的浓度，降低 S^{2-} 和 Cd^{2+} 的浓度，最终导致 CdS 的形成速

率降低。而增大氨水浓度，会提高溶液的 pH 值，从而促进 S^{2-} 的生成，但是也提高了 $[Cd(NH_3)_4]^{2+}$ 的浓度且降低了 Cd^{2+} 的浓度，最终也导致 CdS 的形成速率降低。

CdS 薄膜的形成可以采用均匀形核或异质形核。但是，由于均匀形核是通过吸收 CdS 颗粒而生长成膜的，不是离子沉积，所以这种形核生长的薄膜质量较差，一般应加以避免。抑制方法有：采用低浓度的 $Cd(Ac)_2$ 和 $SC(NH_2)_2$、高浓度的氨水和铵盐，以及剧烈搅拌等。异质形核生长可以通过优化衬底表面来实现，如采用清洗和腐蚀导电玻璃，导致衬底表面的粗糙。一般而言，光滑的衬底表面会导致不连续形核，而粗糙的衬底表面会提高形核的连续性。当采用 ITO 作为衬底材料时，可以先用丙酮清洗，接着用甲醇清洗和异丙醇的超声清洗，而后在异丙醇的蒸气中去除油脂，50%HCl 超声清洗，最后用流动的去离子水清洗 2min。

研究表明，化学溶液的浓度、pH 值、反应温度、衬底的表面粗糙度，甚至电场和磁场，都会影响 CdS 薄膜的结构、质量、厚度、电阻率等性质。如 A. Zehe 等[24]发现磁场可以改变薄膜的厚度、晶粒尺寸和光学性能，使薄膜的禁带宽度从 2.36eV 增加到 2.51eV，厚度增加 3 倍，而晶粒尺寸变为原来的一半。J. G. Vázquez-Luna 等发现[25]，加入电场后，CdS 薄膜表面光滑，非常结实；如果电场方向垂直于衬底，生长出的薄膜还呈现显著的光学性质择优性。而 R. Casto-Rodróguez 等认为[26]，化学沉积法生长的 CdS 薄膜，其表面粗糙度随衬底导电材料 ITO 的粗糙度呈线性增加，其厚度随 ITO 的粗糙度而增加，薄膜呈 $\langle 111 \rangle$ 方向择优生长，残余应力随 ITO 的粗糙度而增加，但是其禁带宽度不依赖于 ITO 的粗糙度。张辉等[27,28]的实验也证明，超声振动和 pH 值都对 CdS 薄膜具有重要的影响。G. Sasikala 等[29]的研究表明，pH 值通过沉积过程中伴生的 $Cd(OH)_2$ 中间体严重影响 CdS 薄膜的质量；高的水浴温度则促进晶化。如果 Cd^{2+} 的浓度从 0.2mol/L 增大到 1mol/L，CdS 晶体由 β 型变为 α 型，也就是晶体结构由立方结构变为六方结构，这种结构的变化会显著影响薄膜的光学和电学性能。他们还指出了 CdS 薄膜的优化生长条件[30]：$[Cd^{2+}]=(10 \sim 33) \times 10^{-3}$ mol/L，$[SC(NH_2)_2]=(3 \sim 5) \times 10^{-3}$ mol/L，$pH=9.0 \sim 9.5$，温度 85℃，时间 10 ~ 30min，缓冲溶液的浓度为 20×10^{-3} mol/L。在这种优化条件下，使用缓冲溶液可以降低沉淀颗粒的密度，生长出优质的具有良好化学计量比的薄膜，薄膜呈 $\langle 111 \rangle$ 或 $\langle 002 \rangle$ 方向择优生长。

研究者还提出利用柠檬酸钠-硫脲体系，在无搅拌、低溶液浓度的条件下，制备立方相的 CdS 薄膜[31,32]，在此体系中，采用柠檬酸钠代替氨水作为络合剂。图 12.13 所示为分别利用氨水和柠檬酸钠作为络合剂制备的 CdS 薄膜的 X 射线图谱。从图 12.13 中可以看出，两种薄膜都能很好地结晶。图 12.14 所示为分别利用氨水和柠檬酸钠作为络合剂制备的 CdS 薄膜的扫描电镜照片。从图 12.14 中可以看出，在同样的制备条件下，利用柠檬酸钠作为络合剂生成的薄膜质量更好，表面更平整。M. T. S. Nair 等[33]在 50 ~ 70℃下，利用含柠檬酸 Cd 盐和 $SC(NH_2)_2$ 的沉积液制备出 CdS 薄膜，然后在 400 ~ 500℃空气中热处理 1h，形成 n 型的 CdS 薄膜，其透过率为 80%左右，暗电导率约为 10^{-8} S/cm。

到目前为止，还没有一种公认的、成熟的化学溶液来制备 CdS 薄膜，研究者在做不断探索。

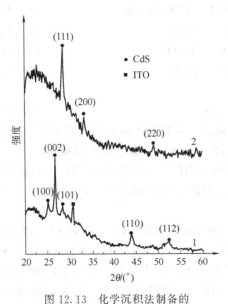

图 12.13　化学沉积法制备的
CdS 薄膜的 X 射线图谱
1—氨水作为络合剂；2—柠檬酸钠作为络合剂

也有研究者提出利用其他化学溶液来制备 CdS 薄膜,CdCl$_2$、KOH、NH$_4$NO$_3$ 和 SC(NH$_2$)$_2$ 的混合溶液就是其中的一种。G. Sasikala 等利用这种化学溶液沉积了 CdS 薄膜[29],他们发现 CdS 薄膜的生长速率与溶液中 Cd^{2+} 的浓度几乎呈线性增长关系,如图 12.15 所示。

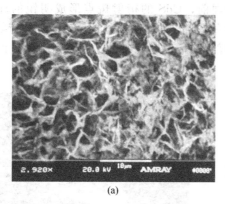
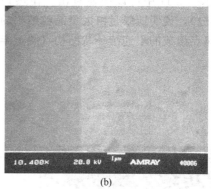

(a)   (b)

图 12.14 化学沉积法制备的 CdS 薄膜的扫描电镜照片

(a) 氨水作为络合剂;(b) 柠檬酸钠作为络合剂

作为 CdTe 电池窗口层的 CdS 薄膜,除了晶体薄膜的质量要好,即结晶程度高、表面平滑、薄膜厚度均匀以外,CdS 窗口层还应有较高的透过率、较低的缺陷态密度、适当的费米能级以及一定的电阻率。一般而言,对于 CdS 掺杂,可以在化学溶液中加入其他溶液,如 InCl$_3$、H$_3$BO$_3$、CuI 和 CuCl$_2$ 都可以作为 n 型半导体施主掺杂剂,而 In 离子是最常用的掺杂剂。但是,因为有其他 In 化合物的存在,如 In$_2$O$_3$、CdIn$_2$S$_4$。对于掺杂的 CdS 薄膜来说,In 的掺杂浓度很难精确控制,禁带宽度变化很大。研究证明,当 In 的浓度与 Cd 浓度的比为 2:25 时,可以得到最低的电阻率 3×10^{-2} Ω·cm。

厚度是制备 CdS 薄膜的另一个重要控制参数,也是制备高效率 CdS/CdTe 太阳电池的关键之一[34]。研究表明,当 CdS 薄膜的厚度为 60nm 时,制成的 CdTe 太阳电池的光电转换效率为最佳。但在后续沉积 CdTe

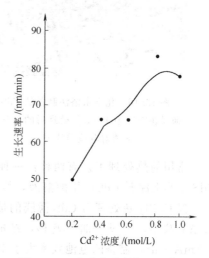

图 12.15 化学水浴制备 CdS 薄膜
时薄膜生长速率与
溶液中 Cd^{2+} 浓度的关系[29]

薄膜时,CdS 薄膜的厚度会出现显著下降,可以达到 30%。因此,利用化学水浴法制备 CdS 薄膜时,厚度通常需要 95nm 左右。利用该条件制备的 CdS/CdTe 太阳电池,在 AM1.5 测试条件下,其光电转换效率可以达到 15% 以上。

12.3.3 CdS 薄膜材料的热处理

CdS 窗口层应具有较高的透过率、较低的缺陷态密度及适当的费米能级,虽然化学水浴法生长的 CdS 薄膜晶粒比较紧密,晶粒的尺寸也比较大,表面相对光滑,但是,为了进一步改善 CdS 薄膜的质量,如同 CdTe 薄膜一样,CdS 薄膜生长后(在沉积 CdTe 薄膜前)一般也需要进行热处理,特别是在 CdCl$_2$ 气氛保护下的热处理[35]。经过热处理的薄膜,结晶度提高，缺陷态密度降低，晶粒尺寸增大，电学性能改善，从而提高了电池的效率。图 12.16 所示为化学水浴法制备的 CdS 薄膜在空气中 400℃ 热处理后的高分辨率透射电镜照片。图 12.16 中晶粒大小约为 10nm，显示出良好的结晶状态，内含层错缺陷。

图 12.17 所示为另一种化学水浴法制备的 CdS 薄膜在 CdCl$_2$ 热处理前后的电子衍射图[36]。从图 12.17 中可以明显看出，在热处理前，CdS 的衍射斑点形成明锐的环状结构（图下半部分），说明薄膜是由大量晶粒细小的多晶组成的；而热处理后，CdS 的衍射斑点变成由衍射斑点组成的不连续环状结构（图上半部分），说明此时的薄膜是由大晶粒的多晶组成的。

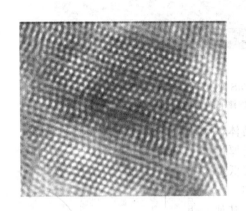

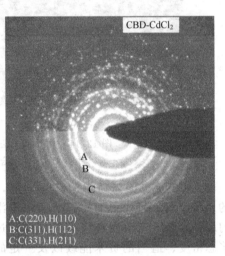

A:C(220),H(110)
B:C(311),H(112)
C:C(331),H(211)

图 12.16　化学水浴法制备的 CdS 薄膜在空气中 400℃ 热处理后的高分辨率透射电镜照片[35]

图 12.17　另一种化学水浴法制备的 CdS 薄膜在 CdCl$_2$ 热处理前后的电子衍射图[36]

常用的热处理工艺有两种：一种是在氢气气氛下 400℃ 热处理 5～10min，另一种是在 CdS 薄膜上涂敷 CdCl$_2$ 甲醇溶液，然后烘干，再在 400℃ 氮气气氛中热处理 30～50min。

经 CdCl$_2$ 热处理后 CdS 薄膜的带隙可以从刚沉积的 2.38eV 增至 2.42eV，薄膜的光吸收系数减小，透过率曲线蓝移，结的量子产额在短波端显著改善，短路电流因此增加了 2.7mA/cm^2，制备的电池效率大于 12%。可能的原因是：CdCl$_2$ 热处理降低了 CdS 薄膜中的缺陷态密度，Cl$^-$ 钝化了晶界缺陷，使随后制备的 CdTe 薄膜的缺陷态密度较低、少数载流子寿命增加、结的电学性能有所改善。

有研究表明，即使在 20%H$_2$＋N$_2$ 气氛中热处理，也会改善 CdS 薄膜的质量，其原因可能是氢原子钝化了杂质和缺陷（如晶界）的电活性。也有研究者在 CdCl$_2$ 热处理时，加入 CdS 以防止 CdS 薄膜的蒸发，并能够显著增大晶粒尺寸，使薄膜表面更加光滑。

12.3.4　CdS 薄膜材料的缺陷

由于材料制备方式的限制，CdS 薄膜材料含有大量的缺陷。如果没有合理使用工艺和材料组分，则 CdS 薄膜中可能存在针孔缺陷，这些针孔可能为 CdTe 与 SnO$_2$ 提供短路通道。通常而言，利用化学水浴法制备的 CdS 薄膜要比蒸发法制备的薄膜致密。而且，利用化学水浴法等制备的 CdS 薄膜都是多晶，存在大量晶界。另外，在 CdS 薄膜中还有高密度的层错和位错，这些层错和位错将对 CdTe/CdS 界面产生副作用，还将延伸到其后生长的 CdTe

薄膜中，降低 CdTe 薄膜的质量。

除线缺陷和面缺陷以外，研究还证实，在 CdS 中存在大量点缺陷。V. Komin 等用 DLTS（深能级瞬态谱）研究了 CdTe/CdS 太阳电池中的缺陷，发现激活能为 0.32eV、0.45eV 和 0.73eV 多种缺陷，成为了电子陷阱，但是其来源和作用仍然不清楚。R. K. Ahrenkiel 等利用定频率光导衰减法测试了 CdS 薄膜的光导寿命，发现经 CdCl$_2$ 热处理后浅能级缺陷效应减少，另外 Te 的掺入会显著降低空穴的寿命等。

到目前为止，无论是 CdS 薄膜还是 CdTe 薄膜，研究者的目光主要集中在如何制备高质量的材料和新型的电池结构方面，对缺陷和杂质对薄膜和电池的性能影响和控制还未开展大规模的研究。

参 考 文 献

[1] Zanio K. Semiconductors and Semimetals. San Diego，CA，USA：Academic Press，1976.

[2] Robert W. Birkmire and Erten Eser，Annu Rev Mater Sci，1997，27：625～653.

[3] Cusano D A. Solid State Electron，1963，6：217.

[4] Tyan Y，Perez-Albuerne E A. In：Proceeding of the 16th IEEE Photovoltaic Specialists Conference. San Diego，CA，USA：1982.

[5] Meyers P V，Albright S P. Prog Photovolt：Res Appl，2000，8：161.

[6] Ferekides C，Britt J，Ma Y，Killian L. In：Conf. Rec. 23rd IEEE PVSC. New York，USA：1993.

[7] Seth A，Lush G B，McClure J C，Singh V P，Flood D. Solar Energy Materials and Solar Cells，1999，59：35.

[8] Aramoto T，Adurodija F，Nishiyama Y，Arita T，Hanafusa A，Omura K，Morita A. Solar Energy Materials and Solar Cells，2003，75：211.

[9] Calixto M E，McClure J C，Singh V P，Bronson A，Sebastian P J，Mathew X. Solar Energy Materials and Solar Cells，2000，63：325.

[10] Panicker M P H，Knaster M，Kroger F A. J Electrochem Soc，1978，125：566.

[11] Kroger F A. J Electrochem Soc，1978，125：2028.

[12] Ou S S，Stafsudd O M，Basol B M. J Appl Phys，1984，55：3769～3772.

[13] Ou S S，Bindal A，Stafsudd O M，Wang K L，Basol B M. J Appl Phys，1984，55：1020～1022.

[14] Sharma R K，Kiran Jain，Rastogi A C. Current Applied Physics，2003，3：199.

[15] Ching Hua Su，Yi Gao Sha，Lehoczky S L，Hao Chieh Liu，Rei Fang，Brebirck R F. Journal of Crystal Growth，1998，183：519.

[16] Santana Aranda M A，Melendez Lira M. Applied Surface Science，2001，175：538.

[17] Vamsi Krishna，Dutta V. Solar Energy Materials and Solar Cells，2003，80：247.

[18] Irvine S J C，Hartley A，Stafford A. Journal of Crystal Growth，2000，221：117.

[19] Hiie J. Thin Solid Films，2003，431～432：90.

[20] Paulson P D，Dutta V. Thin Solid Films，2000，370：299.

[21] Rohatgi A，Sudharsanan R，Ringel S A，MacDougal M H. Solar Cells，1991，30：109.

[22] Dona J M，Herrrero J. J Electrochem Soc，1992，139：2810.

[23] Pavaskar N R，Menezes C A，Sinka A B P. J Electrochem Soc，1977，124：743.

[24] Zehe A，Vzaquez-Luna J G. Solar Energy Materials and Solar Cells，2001，68：217.

[25] Vigil O，Rodrýguez Y，Zelaya-Angel O，Vazquez-Lopez C，Morales-Acevedo A，Vázquez-Luna J G. Thin Solid Films，1998，322：329.

[26] Casto-Rodróguez R，Oliva A I，Victor Sosa，Caballero-Briones F，Peña J L. Applied Surface Science，2000，161：340.

[27] 张辉，马向阳，杨德仁. 太阳能学报，2003，24（6）：836.

[28] 张辉，杨德仁，马向阳，汤会香，阙端麟. 太阳能学报，2003，4：249.

[29] Sasikala G，Thilakan P，Subramanian C. Solar Energy Materials and Solar Cells，2000，62：275.

[30] Sasikala G，Thilakan P，Subramanian C. Solid State Phenomena，1999，67~68：291.

[31] Zhang Hui，Ma Xiangyang，Yang Deren. Material Letter，2003，58：5.

[32] 张辉，杨德仁，马向阳，阙端麟. 太阳能学报，2003，24（1）：1.

[33] Nair M T S，Nair P K，Zingare R A，Meyers E A. J Appl Phys，1994，75：1557.

[34] Kumazawa S，Shibutani S，Nishio T，Aramoto T，Higuchi H，Arita T，Hanafusa A，Omura K，Murozono M，Takakura H. Solar Energy Materials and Solar Cells，1997，49：205.

[35] Metin H，Esen R. Journal of Crystal Growth，2003，258：141.

[36] Moutinho H R，Albin D，Yan Y，Dhere R G，Li X，Perkins C，Jiang C-S，To B，Al-Jassim M M. Thin Solid Films，2003，436：175.

第 13 章

CuInSe$_2$（CuInGaSe$_2$）系列薄膜材料

在化合物半导体材料中，除 GaAs、CdTe 以外，三元化合物半导体 CuInSe$_2$（CIS）薄膜材料是另一种重要的太阳能光电材料。这种薄膜材料的光吸收系数较大，达到 $10^5\,\mathrm{cm}^{-1}$，其禁带宽度为 1.04eV 且为直接带隙材料，太阳电池的光电转换理论效率达到 25％～30％；而且只需要 1～2μm 厚的薄膜就可以吸收 99％以上的太阳光，从而可以大大降低太阳电池的成本。因此，它是一种具有良好发展前景的太阳能光电材料。

在 CuInSe$_2$ 基础上发展起来的相同体系的太阳能光电材料，包括 CuGaSe$_2$、CuIn$_x$Ga$_{1-x}$Se$_2$（CIGS）和 CuInS$_2$ 材料。CuGaSe$_2$ 是利用 Ga 替代了 CuInSe$_2$ 中的稀有元素 In；CuIn$_x$Ga$_{1-x}$Se$_2$ 则是 CuInSe$_2$ 材料中约 1％～30％的 In 被 Ga 原子替代而形成的；而 CuInS$_2$ 则是利用无毒的 S 原子替代了有毒的 Se 原子而形成的；这三种薄膜材料各有特点，得到了研究者的关注。其中，CuIn$_x$Ga$_{1-x}$Se$_2$（CIGS）薄膜材料由于性能更为突出，具有较低的温度系数、良好的光谱响应以及较好的弱光性能，其制备具有较低成本。因此，采用 CuIn$_x$Ga$_{1-x}$Se$_2$（CIGS）作为吸收层的薄膜太阳电池在过去 10 年中得到快速发展，产业化规模迅速增加。到 2015 年年底，CuIn$_x$Ga$_{1-x}$Se$_2$（CIGS）薄膜电池的产能已经达到 2GW，和 CdTe 薄膜电池并驾齐驱，成为薄膜太阳电池的主要类型之一。

CuIn$_x$Ga$_{1-x}$Se$_2$（CIGS）薄膜太阳电池的效率也不断提升。2008 年，美国可再生能源实验室（NREL）利用三步共蒸发技术制备出 CIGS 电池，其光电转换效率达到 19.9％；2013 年，瑞士的 EMPA 在聚酰亚胺衬底上制备出 CIGS 电池的光电转换效率达到 20.4％；2014 年，德国太阳能和氢能源研究中心（ZSW）制备出的 CIGS 电池为 21.7％。而在 2015 年，日本 Solar Frontier 公司制备了效率为 22.3％的 CIGS 薄膜太阳电池。由此可见，近年来 CIGS 薄膜太阳电池的技术进展非常迅速。从长期来看，如果以 CIGS 为底电池，再结合合适的宽带隙吸收层材料，形成化合物薄膜叠层电池，太阳电池的效率也有可能超过 30％。

可是，CIGS 太阳电池需要利用稀有元素 In、Se。虽然有研究认为，目前 In 的开采量可以供应 100GW 规模的 CIGS 太阳电池使用；但是 In、Se 的稀缺性依然让人们对 CIGS 的大规模与长久应用表示疑虑。近年来，不采用 In、Se 的 CuZnSnS（CZTS）薄膜太阳电池的研究和应用得到人们极大关注，成为 CuInSe$_2$ 系列薄膜电池中备受瞩目的新型太阳电池材料。

由于 CIS（CIGS）薄膜材料是多元组成的，元素配比敏感，多元晶体结构复杂，与多层界面匹配困难，使得材料制备的精度要求、重复性要求和稳定性要求都很高，因此，材料制备的技术难度高。

本章首先阐述 CuInSe$_2$（CuIn$_x$Ga$_{1-x}$Se$_2$）薄膜材料的基本性质，相关电池的发展历史；随后描述了 CuInSe$_2$（CuIn$_x$Ga$_{1-x}$Se$_2$）薄膜材料的制备技术，主要介绍硒化法和共蒸发法两种技术；之后介绍 CuInS$_2$ 薄膜材料的基本性质和制备技术。最后将简要介绍 Cu Zn Sn S 薄膜材料的基本性质和制备。

13.1 $CuInSe_2$($CuIn_xGa_{1-x}Se_2$)材料和太阳电池

13.1.1 $CuInSe_2$($CuIn_xGa_{1-x}Se_2$)材料的基本性质

$CuInSe_2$ 晶体具有两种同素异形的结构，一种是闪锌矿（δ 相），另一种是黄铜矿（γ

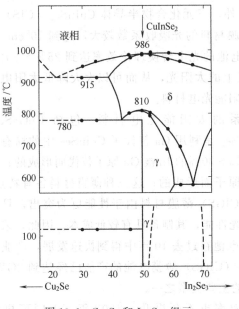

图 13.1　Cu_2Se 和 In_2Se_3 组元组成的 $CuInSe_2$ 相图[1]

相）。前者为高温相，相变温度为 980℃，属立方晶系，晶格常数 $a=5.8$Å，密度 5.55g/cm^3；后者为低温相，相变温度为 810℃，属立方晶系，晶格常数 $a=5.782$Å。图 13.1 所示为 Cu_2Se 和 In_2Se_3 组元组成的 $CuInSe_2$ 相图[1]。从图 13.1 中可以看出，闪锌矿结构在 570℃ 以上才稳定，而黄铜矿结构自室温至 810℃ 都是稳定的，显然，实际用于太阳电池材料的 $CuInSe_2$ 材料都是黄铜矿结构。

$CuInSe_2$ 为直接带隙半导体材料，电子亲和势为 4.58eV，其禁带宽度为 1.02eV，随着温度的降低，其禁带宽度的温度系数为（-2 ± 1）$\times10^{-4}$eV/K。另外，$CuInSe_2$ 材料的光吸收系数较大，在光子能量大于 1.4eV 的区域约为 $4\times10^5$$cm^{-1}$。300K 时 $CuInSe_2$ 材料的物理性质见表 13.1。

$CuInSe_2$ 为三元化合物半导体材料，要得到精确的化学计量比的材料是非常困难的，因此，它的光学性质、电学性质和材料的组分比、组分的均匀性、结晶程度、晶格结构等因素紧密相关。有研究者指出，在少量缺铜的情况下，黄铜矿的 CIS 单晶容易制备。而且，材料组分偏离化学计量比越小，元素组分越均匀，结晶度越好，晶体结构越单一，其光学吸收特性就越好。进一步地，当材料组分偏离化学计量比时，表现出不同的导电特性。当 Cu、In 不足时，Cu、In 的空位表现为受主；而当 Se 过量时，Se 空位也表现为受主，此时薄膜材料为 p 型。当 Cu、In 过量时，间隙 Cu、In 表现为施主；而当 Se 不足时，Se 空位也表现为施主，此时薄膜材料为 n 型。而且，在富 In 的薄膜材料中，施主型的 In 的反结构替位缺陷和受主型的 Cu 空位是主要缺陷，往往会起到相互补偿作用，会严重影响材料的导电类型；但在富 Cu 的薄膜材料中，受主型的 Cu 的反结构缺陷和受主型的 In 空位则是主要结构缺陷。另外，在 $CuInSe_2$ 薄膜中，Cu 空位和 In 易发生作用，形成中性的 $2(V_{Cu})^-+(In_{Cu})^{2+}$ 复合体，其能级在价带或导带中。通常，高效 $CuInSe_2$ 太阳电池都是利用稍多 In 的薄膜材料，而富 Cu 的薄膜太阳电池相对效率较低。

表 13.1　$CuInSe_2$ 材料的物理性质（300K）

密度/(g/cm^3)	5.77	热导率/[W/(cm·K)]	7.1
晶格常数/Å	$a=5.773$ $c=11.55$	熔点/℃	987
		禁带宽度/eV	1.02
热膨胀系数/$10^{-6}K^{-1}$	2.9	光学介电常数	15.2

CuIn$_x$Ga$_{1-x}$Se$_2$ 材料是在 CuInSe$_2$ 材料的基础上,通过少量 Ga 替代 In 而形成的,属于黄铜矿结构,为直接带隙半导体材料。通过调整组分 Ga 的浓度,可以使禁带宽度在 1.02 ~ 1.68eV 之间变化,以吸收更多的太阳光谱。研究者指出,随着薄膜中 Ga 浓度的增大,CIGS 薄膜的禁带宽度也不断增加,如图 13.2 所示[1]。

当然,在制备 CIGS 薄膜时,由于杂质的污染以及薄膜材料中的位错、二元杂相等晶体缺陷,使得实际制备的薄膜的禁带宽度和理论值存在一定误差。

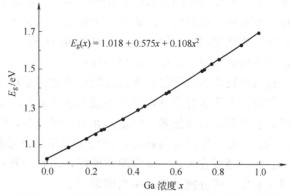

$$E_g(x) = 1.018 + 0.575x + 0.108x^2$$

图 13.2 CIGS 薄膜的禁带宽度随 Ga 浓度的变化[1]

13.1.2 CuInSe$_2$(CuIn$_x$Ga$_{1-x}$Se$_2$) 薄膜太阳电池

自 20 世纪 70 年代开始,人们就开始关注 CuInSe$_2$(CIS) 薄膜太阳电池。1974 年,美国贝尔实验室的 S. Wagner 等首先在 p-CuInSe$_2$ 单晶上外延 n-CdS,制成了 CuInSe$_2$/CdS 异质结薄膜太阳电池,效率达到 12%。然后,L. L. Kazmerski 在 1976 年也报道了 CuInSe$_2$ 薄膜太阳电池[2],显示了这种薄膜太阳电池的巨大潜力。随后,波音公司利用多元共蒸发并以部分 Ga 替代 In,发展了可以很好控制的 CuIn$_x$Ga$_{1-x}$Se$_2$ 薄膜材料及电池;80 年代中期,美国 ARCO Solar 公司开发了通过溅射金属薄膜作为预置层然后硒化的技术来制备 CuInSe$_2$ 薄膜太阳电池,电池效率达到 14.1%。

到了 90 年代,CuInSe$_2$(CuIn$_x$Ga$_{1-x}$Se$_2$) 薄膜太阳电池的效率已经达到 17.6% 以上,也发展了多种结构的 CuInSe$_2$(CuIn$_x$Ga$_{1-x}$Se$_2$) 薄膜太阳电池,如 n-CuInSe$_2$/p-CuInSe$_2$、(InCd)S$_2$/CuInSe$_2$、ITO/CuInSe$_2$、GaAs/CuInSe$_2$、ZnO/CuInSe$_2$ 等。但是,最受人关注的电池结构还是 ZnO:Al/i:ZnO/CdS//CuIn$_x$Ga$_{1-x}$Se$_2$。目前,该结构的薄膜太阳电池已经投入了大规模商业生产,2015 年产能达到 2GW。

为了最优吸收太阳光谱,太阳电池材料的最佳带隙应约为 1.45eV,但是,CuInSe$_2$ 薄膜材料在室温下的带隙只有 1.02eV,并不是最好的带隙结构。因此,人们在 CIS 材料中掺入一定浓度的 Ga,制备成 Cu(InGa)Se$_2$(CIGS) 薄膜材料。研究证明,利用 CIGS 薄膜作为吸收层,能够大幅度提高太阳电池的效率,可以达到 22.3% 以上。因此,目前实际 CuInSe$_2$ 薄膜太阳电池的材料都是掺 Ga 的。

13.2 CuInSe$_2$(CuInGaSe$_2$)薄膜材料的制备

一般而言,太阳电池用 CuInSe$_2$ 薄膜为 p 型,薄膜厚度在 1~2μm 左右,薄膜为多晶结构,晶粒大小在微米量级。在此基础上,通过掺 Ga 可以制备 CuIn$_x$Ga$_{1-x}$Se$_2$ 薄膜材料,因此,CuInSe$_2$ 薄膜的制备是 CuIn$_x$Ga$_{1-x}$Se$_2$ 薄膜材料制备的基础。

通常,CuInSe$_2$ 薄膜的制备大致可分为直接合成法和硒化法两种。前者包括单源、双源或三源共蒸发法和电化学法,而后者包括金属预置层(蒸发、溅射或电化学沉积)硒化(H$_2$Se)和可固态源法硒化法,最常用的则是共蒸发技术和金属预置层硒化法两种。共蒸发技术是指利用不同的源,在真空室内同时或者分步蒸发,沉积成 CuInSe$_2$ 薄膜材料。利用该技术在实验室小范围内制备的 $CuInSe_2$ 薄膜太阳电池的性能会更好一些，但是，蒸发量的精确控制和实现大面积均匀沉积是一个难题。而金属预置层硒化法是指首先利用蒸发、溅射或电化学沉积技术制备金属预置层，然后在 H_2Se 气氛中热处理硒化来制备 $CuInSe_2$ 的技术，但这种方法难以制备梯度可变化的材料。

这两种技术各有优势，金属预置层硒化技术由多个简单步骤组成，每个步骤技术简单、容易控制、工艺相对成熟，国际上最早由 Shell Solar 建成的 $CuInSe_2$ 薄膜太阳电池示范生产线，就是利用这种技术。但是，如果步骤过多，组合在一起显得费时费力，会增加生产成本，因此，在实际制备材料时，通常要尽量简化步骤，如 Shell Solar 公司基本上采用两步技术。而共蒸发技术，一步或两步处理，薄膜的制备速度快，节省时间。但是，该技术需要三组元蒸发，成分制备控制相当困难[3]。

上述两种技术（特别是三源共蒸发法和磁控溅射金属预置层法）是制备 CIS（CIGS）的主流技术，也是产业化生产的主要技术。除此之外，近年来国际上也利用其他薄膜技术研究 CIS（CIGS）薄膜材料和电池，如金属有机化学气相沉积技术、激光烧蚀沉积技术、全磁控溅射技术、全电化学沉积技术等。但是，由于效率、成本等因素，这些制备 CIS（CIGS）薄膜材料的技术基本上都没有实现商业化生产。

13.2.1　硒化法制备 $CuInSe_2$ 薄膜材料

硒化法制备 $CuInSe_2$ 薄膜材料，是指首先利用溅射、电化学沉积等技术制备 Cu-In 金属薄膜预置层，然后在 H_2Se 气氛中热处理硒化制备 $CuInSe_2$ 薄膜材料的一种技术。该技术制备的 $CuInSe_2$ 薄膜材料和电池的质量与共蒸发法相比较低，但是它可以实现大面积制备，总体成本低，所以仍具有一定的吸引力。

在制备 Cu-In 金属薄膜时，一般利用溅射和电化学沉积技术。因为在 Cu-In 二元系统中不存在 Cu/In 为 1：1 的合金或金属间化合物，所以通过对 Cu-In 合金热蒸发来制备均质的 Cu-In 薄膜几乎是不可能的。利用溅射制备 Cu-In 金属薄膜时，通常是利用高纯的 Cu、In 靶，相继溅射 Cu、In，在衬底上形成 Cu-In 金属薄膜，其中 Cu、In 的比由溅射时间来控制。这种技术工艺易于调节控制，适用于大规模工业化生产。利用电化学沉积技术制备 Cu-In 预置层金属薄膜时，一般采用先后电镀铜、铟层的工艺，即先在衬底上（钼片）电镀铜层，然后在铜层表面再电镀铟层。典型的电镀工艺大致如下。将经化学清洁处理过的钼片或钛片（在玻璃片上，真空蒸发一层 500～2000Å 厚的钛层）放置在电镀铜槽内，作为阴极，铜片作为阳极，通过恒电流技术沉积。此时，典型的镀铜电解液为 $CuSO_4 \cdot 5H_2O$ 和 H_2SO_4 混合液，电镀铜的时间为 20～60s，电流密度为 10～50mA/cm^2，电镀铜膜厚度约为 2000～6000Å。将镀铜后的钼片（或钛片）放入镀铟槽内，作为阴极，铟片作为阳极，仍采用恒电流技术沉积。此时，典型的镀铟电解液为 $In_2(SO_4)_3$ 和 $Na_2SO_4 \cdot 10H_2O$ 混合液，电镀铟的时间为 50～250s，此时电镀铟膜的厚度约为 4000～8000Å。

Cu-In 金属薄膜制备完成以后放入真空系统，在 350～450℃ H_2Se 气氛中热处理 60min 左右，利用氩气或氮气作载气，硒化制备成 2～3μm 厚的 $CuInSe_2$ 薄膜材料。目前，也有研究者利用快速热处理技术来硒化制备 $CuInSe_2$ 薄膜材料。

$CuInSe_2$ 为三元化合物半导体，其材料的制备受到多种元素的制约，对于不同的实验系统，常常有不同的优化工艺[4]。一般而言，利用硒化法制备具有较好电学性能的 $CuInSe_2$ 薄膜的实验条件大致为：Cu/In 为 85%～98%，硒化温度为 380～450℃，硒化时间为 20～30min，硒源温度为 200～220℃。

13.2.2 共蒸发法制备 CuInSe₂ 薄膜材料

共蒸发法制备 CuInSe₂ 薄膜材料，是指在真空中通过蒸发源材料，在加热的衬底上沉积成 CuInSe₂ 薄膜的技术。根据蒸发源的不同，可以分为单源真空蒸发法、双源真空蒸发法和三源真空蒸发法[5]。

（1）单源真空蒸发法　首先利用高纯的 Cu、In 和 Se 粉末，按照化学计量比配成 CuInSe₂ 原料。如果精确地按照化学计量比配料，由于晶体的本征缺陷，得到的 CuInSe₂ 一般是 n 型的。因此，为了制备成 p 型的 CuInSe₂ 薄膜，配料中 Se 粉末的质量通常要比准确的化学计量比超过 0.02% 左右。在制备 CuInSe₂ 源材料时，也可以利用高纯的 Cu、In 和 Se 粉末先分别合成 Cu₂Se 和 In₂Se₃ 材料，再利用它们最终合成 CuInSe₂ 原料。

将原料放入一个密闭的石英管中，管内抽成真空并将石英管放在烧结炉内加热，温度为 1050℃ 左右，制备成 p 型黄铜矿结构的 CuInSe₂ 多晶体。最后，利用 CuInSe₂ 多晶体作为蒸发源，在电子束或电阻加热的条件下蒸发，在 200～350℃ 的衬底上沉积出 p 型的 CuInSe₂ 多晶薄膜材料。

（2）双源真空蒸发法　单源真空蒸发法制备的 CuInSe₂ 薄膜具有不易控制组分和结构的弱点，人们发展了双源真空蒸发法进行克服。

双源真空蒸发法是指利用两个源进行蒸发：一个源依然是具有一定化学计量比的 CuInSe₂ 原料，作为主要蒸发源；另一个源是 Se 粉。在制备 CuInSe₂ 薄膜时，在电子束或电阻加热的作用下，同时蒸发两个源并控制两个源具有不同的蒸发条件，特别是通过控制 Se 源的蒸发，可以控制薄膜的导电类型和载流子浓度，并得到质量较好的 CuInSe₂ 多晶薄膜材料。

（3）三源真空蒸发法　与前两种真空蒸发法不同，三源真空蒸发法是分别利用高纯的 Cu、In、Se 粉作为独立的源材料，在电子束或电阻加热的作用下，三源同时共蒸发或者在 Se 蒸气下分步蒸发 Cu 或 In，通过控制各自的蒸发速率等参数，可以在 350～450℃ 左右的衬底上制备 CuInSe₂ 多晶薄膜材料。图 13.3 所示为利用三源共蒸发技术制备的 CuInSe₂ 多晶薄膜材料的扫描电镜图[1]。从图 13.3 中可以看出，晶粒大小约为 1μm 左右，晶粒呈柱状生长，晶界垂直于衬底表面。进一步透射电镜的研究表明，薄膜中含有大量的位错、层错、晶界等缺陷。

图 13.3　三源共蒸发技术制备的 CuInSe₂ 多晶薄膜材料的扫描电镜图[1]

利用多源共蒸发工艺可以很好地控制薄膜的晶体质量和电学性质，目前共蒸发工艺是稳定获得 10% 以上电池效率的两种主要工艺之一，也是应用最多的一种工艺。

13.2.3 CuInGaSe₂ 薄膜材料的制备

CuInSe₂ 薄膜材料的带隙为 1.02eV，不是吸收太阳光谱最好的带隙结构，因此，人们往往在 CuInSe₂ 材料中加入 Ga 元素，替代约 25%～30% 的 In 原子而形成 $CuIn_xGa_{1-x}Se_2$

(CIGS) 材料, 是实际 CIS 系列太阳电池采用的薄膜材料。

　　制备 CIGS 薄膜与制备 CIS 薄膜基本相似, 是在制备 CIS 薄膜的同时掺 Ga 而形成, 主要利用共蒸发法和硒化法[6]。图 13.4 所示为利用这两种技术制备 CIGS 太阳电池的示意图[3]。由图 13.4 可知, CIGS 太阳电池一般利用玻璃作衬底, 镀钼 (Mo) 作导电层。

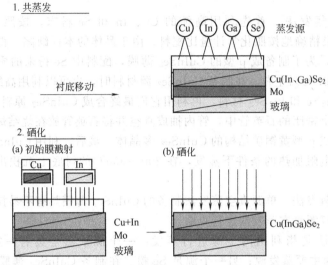

图 13.4　共蒸发 (a) 和金属预置层硒化 (b)
技术制备 CIGS 太阳电池的示意图[3]

　　多元共蒸发法制备 CIGS 薄膜可以采用一步法、二步法或三步法, 而后者更常采用, 所制备的薄膜质量更好。一步法是指按比例同时蒸发 Cu、In、Ga、Se 四种元素, 通过控制各源的蒸发, 制备具有一定浓度梯度的薄膜, 通过合金化制备成 CIGS 薄膜, 如图 13.4 (a) 所示。二步法是指首先在 $500℃$ 的衬底温度下, 同时共蒸发 Cu、In、Ga、Se 四种元素, 形成 $CIGS/Cu_xSe$ 薄膜, 然后升高衬底温度至 $550℃$, 再同时蒸发 In、Ga、Se 三种元素, 最终形成 CIGS 薄膜材料。而三步法是在硒蒸气中分步蒸发多种组元, 第一步是在 $350℃$ 左右的硒蒸气中蒸发 In 和 Ga, 即同时蒸发 In、Ga 和 Se 到衬底上, 形成 In_2Se_3 和 Ga_2Se_3; 第二步是在衬底温度 $550℃$ 左右, 在硒蒸气中蒸发 Cu, 形成富 Cu 的 CIGS 薄膜; 第三步是在衬底温度 $550℃$ 左右, 在硒蒸气中再蒸发少量的 In 和 Ga, 通过合金化形成 CIGS 薄膜。其中第三步的蒸发作用很重要, 不仅消除了前两步在薄膜表面形成的 $Cu_{2-x}Se$, 而且在薄膜表面形成了富 In 和 Ga 层, 实现了表面 Ga 的梯度分布, 较少载流子的界面复合, 可以提高电池的开路电压; 同时, 第三步处理可以在薄膜表面形成有序缺陷层, 为过渡层的镉离子扩散提供空位, 方便形成强 n 型的浅埋层, 可以改善异质结界面特性。

　　该技术制备的 CIGS 薄膜质量较好, 光电转换效率高。特别是三步共蒸发法在硒气氛中利用不同的衬底温度蒸发成薄膜, 易于形成柱状的大晶粒, 使得薄膜的结晶状态良好; 而且 Ga 容易被掺入, 容易形成 V 型浓度梯形分布。但是该技术难度大, 对设备要求高, 特别是规模化工业生产时, 需要精确控制各元素的蒸发量和薄膜的均匀性。

　　金属预置层硒化法是利用溅射、蒸发和电化学沉积等工艺在衬底上首先沉积一层 Cu、In、Ga 元素分布合理的薄膜层, 然后在 H_2Se 气氛中热处理硒化制备 CIGS 薄膜。在金属预置层沉积时, 一般利用分层溅射金属 Cu-Ga 合金靶和 In 靶, 其 Cu/(In＋Ga) 比例控制在 $0.85\sim0.9$ 之间。实际上, 研究表明, 在制备 CIGS 薄膜时, 只要控制好 Cu/(In＋Ga) 的配比, 硒化后都能得到高质量的薄膜, 与 Cu、In、Ga 的沉积方式无关。硒化时, 与制备 CIS

薄膜一样，一般采用 H_2Se 气体，利用氩气或氢气作载气，通过调节衬底温度和 H_2Se 气体压强来实现硒化反应。我国南开大学在预处理的衬底上，通过溅射 Cu、In 薄膜，蒸发 Ga，然后再进行硒化处理的方法，得到了均匀的 CIGS 薄膜。

利用硒化法制备 CIGS 薄膜时，H_2Se 气体有毒，易燃易爆，而且由于用量少使得气体来源困难。因此，最近人们发展了固态源硒化法，也就是说利用固态硒颗粒作为固态源，通过热蒸发调节硒气氛，从而使金属预置层实现硒化，制备 CIGS 薄膜材料。该技术成本低，安全无毒，设备和工艺容易实现，得到了人们的关注[6]。但是这种技术存在一个问题，就是硒化时衬底温度需要升高至 550℃ 以上，在升温过程中，Ga 原子很快迁移到 Mo 电极处以非晶态形式堆积，并未与硒化合形成 CIGS，因此，CIGS 薄膜中 Ga 的浓度纵向梯度难以实现 V 形结构，必须增加硫化工艺，利用部分 S 替代 Se。但是硫化工艺虽然导致 Ga 浓度梯度的 V 形分布，却同时又很容易在 CIGS 薄膜中生成 $Cu_{2-x}Se$ 二元相，存在于 CIGS 界面或晶界处，增加了载流子的界面复合，降低了电池的光电转换效率。

在综合共蒸发法和硒化法两种技术优点的基础上，人们发展了混合法制备 CIGS 薄膜。在三步法共蒸发技术中在两个温度区间需要分别按序蒸发 In＋Ga＋Se、Cu＋Se 和 In＋Ga＋Se 薄膜，但是第二步 Cu＋Se 蒸发时蒸发源需要高温 1200℃，此时稳定的蒸发源不易实现，而且精度不易控制。因此，利用三步共蒸发工艺的第一步和第三步工艺，将第二步 Cu＋Se 蒸发工艺改为溅射 Cu 层后硒化，从而保持共蒸发和硒化法的优点，制备出重复性好、质量高的 CIGS 薄膜。

另外，要提高 $CuIn_xGa_{1-x}Se_2$ 薄膜太阳电池的光电转换效率，必须把薄膜的载流子浓度和迁移率控制在一定范围内，因此通过后处理可以改善 CIGS 薄膜的质量。研究认为，硒化法制备 CIGS 薄膜后，可以利用化学溶液浸泡再进行快速退火（RTP），对薄膜扩散一定量的 Cu、In 离子；或在氢气中热处理，都可以改善 CIGS 薄膜材料的性能[7]。

但是，由于 CIGS 薄膜是多元化合物，其电学性能对原子配比及晶格匹配不当而产生的结构缺陷过于敏感，作为光伏层的 CIGS 薄膜材料在制备过程中需要控制的因素较多。因此，IGS 薄膜材料和电池的工艺重复性较低，高效电池成品率不高，制约产业化的进程。

13.3 CuInS₂ 材料的性质和太阳电池

$CuInSe_2$ 薄膜材料和电池中含有高价稀有元素 Se，而且硒化物有毒。因此，人们希望利用价格低廉的 S 替代 Se，制备 $CuInS_2$ 薄膜材料和电池，除有利资源、节约成本以外，还能改善薄膜的结晶状态，增加材料的电导率。虽然到目前为止对其机理还未完全清楚，但是，已经显示出了诱人的应用前景。

$CuInS_2$ 为直接能隙的 I-III-VI 半导体化合物材料，光吸收系数较大，适合作太阳能电池，而且具有以下优点：光吸收系数很大，膜可以做得很薄，降低了成本；$CuInS_2$ 的禁带宽度为 1.50eV，比 $CuInSe_2$ 薄膜材料更接近于太阳电池材料的最佳禁带宽度 1.45eV；可能产生更高的开路电压、较小的热系数，即随着温度升高，电压降低也减小；$CuInS_2$ 可制得高质量的 p 型和 n 型薄膜，易于制成同质结，并且价格较低，适合于大规模生产[8]。

在理论上，$CuInS_2$ 同质结太阳电池的光电转换效率可以超过 30%，而且制备简单、性能稳定、成本较低，因此是一种非常有发展前途的太阳电池材料，有可能替代 $CuInSe_2$ 薄膜成为新型的太阳电池材料。

13.3.1 CuInS₂ 材料的基本性质

$CuInS_2$ 是一种三元 I-III-VI 族化合物半导体，具有黄铜矿、闪锌矿及未知结构的三种同素异形的晶体结构。低温相为黄铜矿结构（相变温度为980℃），属于正方晶系，晶格常数为 $a=0.5545nm$，$c=1.1084nm$，与纤锌矿结构的CdS（$a=0.46nm$，$c=6.17nm$）的晶格失配率为5.59%，这比 CuInSe₂ 要大一些。而高温相为闪锌矿结构（980～1045℃），属于立方晶系。另一种结构的相变温度在 1045～1090℃ 之间，其结构尚不太清楚。显然，室温下太阳电池用的 CuInS₂ 为黄铜矿结构。

CuInS₂ 为直接带隙半导体材料，室温下其禁带宽度为1.50eV，是吸收太阳光谱的最佳禁带宽度，优于 CuInSe₂（$E_g=1.04eV$），其 300K 时的物理性质见表13.2。

表 13.2　CuInS₂ 材料的物理性质（300K）

密度/(g/cm³)	4.75	熔点/℃	997～1047
晶格常数/Å	$a=5.545$	禁带宽度/eV	1.5
	$c=11.08$	光学介电常数	15.2

CuInS₂ 的能带结构近似于抛物线形，一般来说，其光吸收系数 α 与禁带宽度 E_g 之间满足式（13.1）

$$\alpha=C(h\nu-E_g)^{1/2} \qquad (13.1)$$

式中，$h\nu$ 为光子能量；E_g 为光学禁带宽度；C 是与折射率、直接跃迁的振子强度等有关的常数。CuInS₂ 的吸收边为 $0.81\mu m$，光吸收系数为 $10^5 cm^{-1}$ 左右。具有这样高的光吸收系数，对于太阳电池基区光子的吸收、少数载流子的收集（即对光电流的收集）都是非常有利的。实验表明，$1\mu m$ 厚的 CuInS₂ 吸收层就足以吸收90%的太阳光。

CuInS₂ 的光学性质主要取决于材料各元素的组分比、各组分的均匀性、结晶程度、晶格结构及晶界的影响。许多实验表明，材料元素的组成与化学计量比偏离越小，结晶程度越好，元素组分均匀性越好，光学吸收特性越好。具有单一黄铜矿结构的 CuInS₂ 薄膜的吸收特性较含有其他成分和结构的薄膜要好。

与 CuInSe₂ 薄膜一样，CuInS₂ 的电学性质主要取决于材料各元素的组分比以及由于偏离化学计量比而引起的固有缺陷（如空位、间隙原子、替位原子），此外还与非本征掺杂和晶界有关。对于材料各元素组分比接近化学计量比的情况，按照缺陷导电理论，一般当 S 不足时，S 空位表现为施主；而当 S 过量时，表现为受主。当 Cu、In 不足时，Cu、In 空位表现为受主；而当 Cu、In 过量时，表现为施主。

与其他具有黄铜矿结构的 CuInSe₂、CuGaSe₂ 系列薄膜一样，从理论上讲，CuInS₂ 可以通过掺杂的方法控制薄膜的导电类型和电导率，但是由于两个原因：一是杂质相在三元化合物中的溶解度有限，很难掺入薄膜中；二是本征缺陷如空位、金属替位杂质等可能会起到补偿作用，所以，CuInS₂ 薄膜的掺杂很困难。在实际工艺中，可以通过控制 Cu/In 与 S/(Cu+In) 来控制导电类型。如果 S 过量，薄膜通常呈 p 型；而 In 过量，薄膜通常呈 n 型。一般来说，Cu/In 增大，薄膜的电阻率就降低，这可能是由于富 Cu 型 CuInS₂ 薄膜的表面出现了 Cu 的二元相，如 Cu₂S，促进较大晶粒的形成，从而提高了 CuInS₂ 薄膜的电导率与空穴浓度。

在 CuInS₂ 薄膜的杂质中，Na 是重要且主要的一种。研究已经指出，在 CuInS₂（CuInSe₂、CuGaSe₂）薄膜中掺入 Na，可以提高薄膜的电导率，也可以提高薄膜的晶化程度，从而达到提高太阳电池效率的目的。但是，薄膜中 Na 原子的浓度一定要尽量低，否则，极易在 CuInS₂ 薄膜的晶界或缺陷处产生偏聚，反而影响其太阳电池的效率。T. Watanabe 等指出[9]，掺 Na 的富 In 型 CuInS₂ 薄膜中，在晶界周围会出现三元化合物

NaInS₂ 杂相并随着 Cu/In 的降低，NaInS₂ 峰的强度增加；而且发现 Na 对晶粒的大小与形状也有显著影响。I. Luck 及合作者则认为[10]，对于掺 Ga 的富 Cu 型 CuInS₂ 薄膜而言，Na 虽然能改变光致发光谱，但对薄膜的形态和结构并无影响，而且，基本不影响其太阳电池的效率。

13.3.2　CuInS₂ 太阳电池

20 世纪 70 年代，L. L. Kazmerski 与 G. A. Samborn 在 CuInSe₂ 薄膜太阳电池的基础上，利用双源沉积法首先制备了 CuInS₂ 同质结太阳电池[11]，其光电转换效率为 3.33%。1979 年，S. P. Grindle 及合作者通过射频溅射制备了 Cu-In 金属薄膜预置层，然后在 H₂S 气氛中硫化，也制备了 CuInS₂ 薄膜[12]。80 年代，出现了多种制备 CuInS₂ 薄膜太阳电池的方法，但是光电转换效率提高得不多。1994 年，Walter 等利用 Mo/p-CuInS₂/n-CdS/ZnO 电池结构，制备了光电转换效率超过 12% 的 CuInS₂ 薄膜太阳电池。

对于 CuInS₂ 薄膜而言，掺 Ga 也能够提高其太阳电池的光电转换效率。但是，它与 CuInSe₂ 薄膜不同，CuInS₂ 薄膜的禁带宽度为 1.50eV，接近理想的太阳能光电材料的禁带宽度。在 CuInS₂ 薄膜中掺 Ga，一方面可以增加禁带宽度，提高开路电压；也有研究认为掺 Ga 可以提高薄膜在衬底上的附着力，有利于薄膜结晶质量的提高。Ga 对于 CuInS₂ 薄膜光学禁带宽度 E_g 的影响，可以用式（13.2）表示[13]

$$E_g = 2.487x + 1.551(1-x) - 0.31x(1-x) \tag{13.2}$$

式中，x 为 Ga/(Ga+In)。但是当 Ga/(Ga+In)≤0.5 时，其结果会稍有偏离。

目前，CuInS₂ 薄膜太阳电池的效率距离理论效率还有很大差距，人们在寻找新的技术，希望有所突破。CuInS₂ 由于具有良好的性质，被认为是一种非常有前途的太阳电池材料，但是它仍处于研究阶段，没有进入规模工业化生产，主要问题包括：如何开发最佳的沉积技术、生产工艺，以降低成本，适应大规模、低成本生产；如何理解 CuInS₂ 薄膜的生长机理及缺陷作用，进一步提高光电转换效率。

13.4　CuInS₂ 薄膜材料的制备

制备 CuInS₂ 薄膜的方法有很多种，如喷射热解法、电化学沉积法、化学沉积法、近空间化学气相输运法、化学气相沉积、分子束外延、反应溅射、真空蒸发法（单源、双源、三源）、金属-有机化学气相沉积等。其中应用最多的是硫化法、溅射法和化学水浴法。

13.4.1　硫化法制备 CuInS₂ 薄膜材料

硫化法制备 CuInS₂ 薄膜与硒化法制备 CuInSe₂ 薄膜相似，首先是把 Cu-In 或 Cu-In-O 预置层沉积在基体上，然后在 H₂S 或 S 气氛中对均质的 Cu-In 薄膜预置层进行热处理。

与制备 CuInSe₂ 薄膜的 Cu/In 金属薄膜预置层一样，在制备 CuInS₂ 薄膜的 Cu-In 薄膜预置层时，可以利用溅射、蒸发、电化学沉积等技术。完成 Cu-In 薄膜预置层制备之后，通常将 Cu-In 薄膜预置层置于通有 H₂S 气体或者 S 粉的低温炉中进行硫化处理，利用氩气或氢气作载气，炉温保持在 350～450℃ 左右，硫化时间为 10～30min。通常，由热处理的温度和时间来控制 S 的含量。硫化后可得到具有黄铜矿结构的 CuInS₂ 多晶薄膜，晶粒一般大于 1μm，膜厚一般为 1～2μm，电阻率在 1～100Ω·cm 之间。

在硫化 Cu-In 薄膜预置层时，由于 In 的熔点为 156.4℃，而硫化温度在 400℃ 左右，所以硫化处理时会损失一些 In。而且硫化时温度越高，In 的损失就越大。为保证硫化后所形成的薄膜有较适合的组分,通常需要在硫化前增加 In 的含量。另外,在采用硫化金属薄膜预置层制备 $CuInS_2$ 薄膜的过程中,会不可避免地引入 CuS、Cu_2S、In_2S_3 或 $CuIn_3S_5$ 等杂质相,影响太阳电池的效率。

为了制备单相的 $CuInS_2$ 薄膜,T. Negami 等[14]提出了硫化氧化物预置层的方法,即首先制备 Cu-In-O 薄膜预置层,然后在 H_2S 与 H_2 气氛下硫化制备 $CuInS_2$ 薄膜。研究表明,在 H_2S 与 Ar 气氛下,膜中会存在 In_2O_3 相;而在 H_2S 与 H_2 气氛下,膜中不存在 In_2O_3 相;这是由于 H_2 的还原性消除了 In_2O_3 相。但是,利用该技术制备 $CuInS_2$ 薄膜会引入极少量的氧杂质,对太阳电池的效率也有影响。目前,通过硫化氧化物预置层制得的 $CuInS_2$ 薄膜太阳电池的光电转换效率已达 7.5%。

13.4.2 溅射沉积法制备 $CuInS_2$ 薄膜材料

溅射沉积法制备 $CuInS_2$ 薄膜是利用 Cu、In、S 三种材料,按一定比例混合配制,然后加压成型、烧结,制成 Cu、In、S 复合靶。在烧结时,也可以用 Cu+In+2S 或 CuIn+2S 混合物,在前者的化学反应过程中,640℃时发生了一剧烈的放热反应,这被认为是 In-S 系物质的形成;后者是约在 700℃ 附近发生了剧烈的硫化反应,导致 $CuInS_2$ 相的完全形成。烧结后,直接将复合靶安装在高频溅射仪上进行一次溅射,最后热处理形成 $CuInS_2$ 薄膜。

该技术制备的 $CuInS_2$ 薄膜的均匀性和重复性很好。而控制这种靶的组分是控制所制成膜组分的关键。另外,溅射次序也会影响薄膜的质量,如为了减少硫化过程中 In 的损失,采用先溅射 In,后溅射 Cu,然后再硫化处理的工艺,薄膜将出现明显的 CuS 杂相。这是因为 Cu 和 S 极易发生反应而生成 CuS,因此不易将 Cu 层放在表面。如果采用先溅射沉积 Cu,再溅射沉积 In,最后再硫化处理的工艺,可以形成均匀性较好的 $CuInS_2$ 薄膜。

13.4.3 化学水浴法制备 $CuInS_2$ 薄膜材料

化学水浴法制备 $CuInS_2$ 薄膜,具有成本低、适于制备大面积薄膜、易于实现连续生产、无污染、能源消耗少等优点。通常是利用一步或二步化学水浴法,首先在衬底材料上沉积 $CuInS_2$ 非晶薄膜,然后在一定气氛中热处理,使薄膜晶化,制成 $CuInS_2$ 多晶薄膜。

1986 年,G. K. Padam 及合作者首先采用一步化学水浴法制备了 $CuInS_2$ 薄膜[15],后来研究者又研究了利用二步化学水浴法制备 $CuInS_2$ 薄膜的技术[16,17]。在后一种技术中,首先利用 $CuSO_4$ 和 $Na_3C_6H_5O_7$ 通过添加氨水调整 pH 值在 9.5~10.5 之间,然后加入硫脲,于 70℃ 水浴中在镀有金属 Mo 的玻璃衬底上生长 Cu_xS 薄膜。然后,在 $InCl_3$、柠檬酸钠和醋酸混合溶液中,加入硫代乙酰胺等,通过加入 HCl 调整 pH 值在 1.0 左右,最后于 95℃ 左右化学水浴中在 Cu_xS 薄膜上沉积 In_2S_3 薄膜。最后,在 S 的气氛中热处理,通过硫化 Cu_xS/In_2S_3 预置层得到 $CuInS_2$ 薄膜。

图 13.5 所示为化学水浴法制备的 $CuInS_2$ 薄膜在 S 气氛中经不同热处理后的 X 射线衍射图。从图 13.5 中可以看出,在 500℃ 热处理 30min 后,薄膜已经很好地晶化。图 13.6 所示为薄膜经不同处理后的扫描电镜照片。由图 13.6 可知,Cu_xS 薄膜均匀地覆盖在衬底上[见图 13.6(a)],经过 S 气氛中热处理后,薄膜部分晶化[见图 13.6(b)]。如果在 Cu_xS 薄膜上继续沉积 In_2S_3 薄膜,经 S 气氛热处理后,结晶状态良好,可以看出由棒状颗粒组成的多晶薄膜的表面[见图 13.6(c)];在制成 $CuInS_2$ 薄膜后,再在 S 气氛中热处理,可以看出,表面依然是棒状的多晶颗粒,说明 $CuInS_2$ 的形态主要取决于 In_2S_3 薄膜。

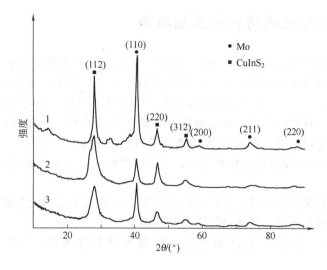

图 13.5　化学水浴法制备的 CuInS₂ 薄膜在 S 气氛中经不同热处理后的 X 射线衍射图

1—500℃，30min；2—500℃，20min；3—480℃，20min

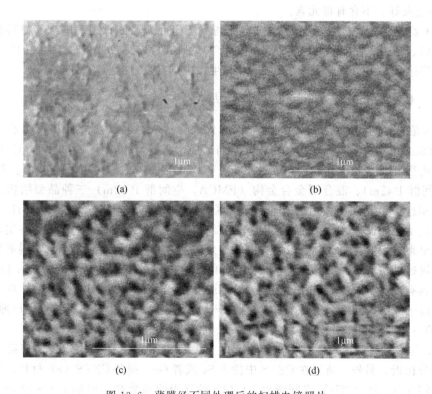

图 13.6　薄膜经不同处理后的扫描电镜照片

(a) 原生的 Cu$_x$S 薄膜；(b) 在 S 气氛中 500℃热处理 30min 后的 Cu$_x$S 薄膜；

(c) 在 S 气氛中 400℃热处理 30min 后的 In₂S₃ 薄膜；(d) 在 S 气氛中 500℃热处理 20min 后的 CuInS₂ 薄膜

　　研究者还发现，在非真空 N₂ 保护条件下，经过一步高温热处理以后，CuInS₂ 薄膜易被氧化；而在低真空条件下，经过低温-高温两步退火可以得到四方相结构的 CuInS₂ 薄膜，并且薄膜的结晶程度有了明显提高[18]。

13.5 Cu₂ZnSnS₄薄膜材料和太阳电池

尽管 CuInSe₂ 系列的 CuIn$_x$Ga$_{1-x}$Se₂（CIGS）薄膜材料和太阳电池已经取得很大进展，并在工业上实现大规模生产，但是 CIGS 薄膜材料中 In、Se 是稀有元素，Ga 占地球资源含量和其产量也甚少，而且 Ga 和 Ga 的化合物有微弱毒性。因此，人们一直在寻找一种性能更好、环境更友好、材料更丰富、价格更低廉的Ⅱ-Ⅵ族化合物半导体材料，而 Cu₂ZnSnS₄（CZTS）就是最重要的一种，在近 10 年来得到了研究者的极大关注[19]。

CZTS 和 CIGS 具有相似的结构和优点，是比较理想的薄膜太阳电池材料。其最重要的优点如下。

① CZTS 为直接带隙半导体，禁带宽度为 1.51eV，接近太阳电池材料的理想禁带宽度，有利于得到较高的转换效率，其理论转换效率达到 32.2%。

② 吸收光谱宽，在紫外光区和可见光区都可以很好吸收，吸收系数达到 $10^4 \sim 10^5 \, \mathrm{cm}^{-1}$。

③ 原料丰富、成本低，Cu、Zn、Sn、S 元素在地球上的丰度分别为 5×10^{-8}、2.5×10^{-5}、7.1×10^{-5} 和 5.5×10^{-6}。

④ 环境友好，不含有毒元素。

由于 CZTS 的上述优点，在过去 10 年中得到了研究人员的重视，围绕其材料和电池的制备、组成、结构、性能和光电转换效率进行大量研究，取得重要进展。到 2015 年，其光电转换效率达到了 12.6%[20]，在未来产业化生产中具有很好的前景。

13.5.1 Cu₂ZnSnS₄材料的基本性质

CZTS 是一种四元Ⅰ₂-Ⅱ-Ⅳ-Ⅵ₄族半导体化合物材料，可以视为将Ⅱ族元素（Zn）和Ⅳ元素（Sn）替换Ⅰ-Ⅲ-Ⅵ₂中的Ⅲ族元素而形成，所以与相关Ⅱ-Ⅵ和Ⅰ-Ⅲ-Ⅵ₂化合物半导体的结构很相似。它属于四方晶系，主要有锌黄锡矿（KS，空间群Ⅰ-4）、黄锡矿矿（ST，空间群 1-42m）、混合铜金合金构（PMCA，空间群 P-42m）三种晶型结构。前两种晶格排列相近，利用 X 射线衍射技术都很难区分，需要借助于拉曼光谱、非弹性 X 射线散射等测试技术才能加以区分；而混合铜金合金结构仅是理论模拟计算的结果，在实验室中还没有合成出来。一般认为，具有较高光电转换效率的 CZTS 薄膜材料都是锌黄锡矿结构的。

锌黄锡矿结构 CZTS 的晶格常数：$a = 5.424$Å，$c = 10.861$Å；类似于由 Zn 和 Sn 原子分别取代具有黄铜矿结构的 CuInS₂ 中 1/2 的 In 原子而构成。在 CZTS 晶格中，每个 S 离子与 4 个阳离子成键，而每个阳离子与 4 个硫离子成键；其中 Cu⁺ 与 Sn⁴⁺ 组成一层原子结构，和 Zn²⁺ 的一层原子结构交替出现，中间被 S²⁻ 原子层间隔。

CZTS 是 p 型直隙半导体材料，带隙宽度为 1.51eV，与太阳能电池最高转换效率要求的能隙十分接近。另外，通过在 CZTS 中掺入 Se 或者 Ge，制备 CZTS（e）材料，还可以将材料的带隙在 0.96～2.25eV 之间调整。CZTS 的光吸收系数高，可达 $10^4 \sim 10^5 \, \mathrm{cm}^{-1}$，1～2μm 厚的 CZTS 薄膜吸收层即可吸收绝大部分入射太阳光，是一种较理想的薄膜太阳电池材料。CZTS 薄膜太阳电池的理论最好光电转换效率为 32.2%，其时开路电压为 1.23V，短路电流为 29.0mA/cm²，充填因子为 0.90。

CZTS 的光学性质和电学性能主要取决于材料的化学计量比、结晶度、晶粒尺寸以及晶格缺陷的影响[19]。K. Tanaka 等人[21]采用溶胶凝胶硫化技术制备具有不同化学计量比的 CZTS 薄膜，他们认为 Cu/（Zn+Sn）比为 1.0、0.87、0.80 时，CZTS 薄膜材料的禁带宽度分别为 1.40eV、1.58eV 和 1.62eV。同样的，化学计量比也影响 CZTS 的电学性质。有研究者报道，CZTS 薄膜太阳电池的光电转换效率和 Cu/（Zn＋Sn）以及 Zn/Sn 比值之间具有一定关系，Cu/（Zn＋Sn）＝（0.8～0.9）以及 Zn/Sn＝（1.2～1.3）的 CZTS 薄膜太阳电池效率相对比较高。在通常情况下，CZTS 的化学计量比偏差越小、结晶程度越高、晶粒越大、组分越均匀、缺陷越少，CZTS 的光学和电学性能就越好。

在实际情况下，由于 CZTS 是四元半导体材料，这就增加材料的制备难度，特别是对材料缺陷控制的难度。首先是材料组分控制困难，使得精确控制、严格重复的难度很大。其次在制备 CZTS 时，存在多种二元或三元化合物的第二相，如 CuS、Cu_2S、ZnS、SnS、Cu_2SnS_3等。这些第二相存在于薄膜材料体内或者界面，或者改变载流子浓度，或者增加势垒，或者形成复合中心。最后，CZTS 的本征缺陷很多，导致材料的缺陷结构、类型和浓度都很难控制。例如，CZTS 中点缺陷类型就很多，不仅包括 Cu、Zn、Sn、S 的空位和自间隙原子，还包括这些原子占据不同的点空位形成的反结构缺陷，也包括金属杂质和这些点缺陷形成的复合体。这些缺陷或者影响少数载流子浓度，或者形成少数载流子的"杀手"，严重影响 CZTS 薄膜材料的电学性能，最终影响太阳电池的效率。

研究者一般认为，贫铜富锌的 CZTS 薄膜电池光电转换效率较高，其原因还存在争议。有研究者认为，这是由于在铜不足的情况下形成更多的 Cu 空位，增加 CZTS 材料中的浅受主浓度；而 Zn 过量则抑制 Cu 对 Zn 原子的替换，从而造成贫铜富锌的 CZTS 薄膜材料具有较高的光电转换效率。最近，也有研究人员通过理论计算指出，在非化学计量比的 CZTS 中主要是 $V_{Cu}+Zn_{Cu}$、$Zn+2Zn_{Cu}$ 和 $2Cu_{Zn}+Sn_{Zn}$ 等自补偿的缺陷，其中 $2Cu_{Zn}+Sn_{Zn}$ 是电子的复合中心，将会导致电池光电转化效率较低；而在富 Zn 和贫 Cu、Sn 的情况下，这类缺陷可以被抑制。因此，如何制备出高质量的贫铜富锌的 CZTS 薄膜是制备高效率薄膜太阳电池的关键。

研究者还建议，Na 离子的掺入对 CZTS 的光电性能提高有益。由于 CZTS 薄膜一般是在钠钙玻璃衬底上沉积，因此衬底中的钠（Na）离子通过扩散进入 CZTS 薄膜会对薄膜的性能造成影响。Na 离子是碱金属，原子半径小，很容易扩散进入 CZTS 薄膜，它电离时失去 1 个电子，会影响材料的载流子浓度。有研究说明，Na 离子的扩散掺入会明显提高 CZTS 薄膜材料的载流子浓度；同时，Na 离子的扩散掺入还增大 CZTS 的颗粒尺寸，减小晶界面积，有效地减少载流子的复合，提高薄膜的电学性能。因此，研究结果建议玻璃衬底中的钠离子的扩散有助于提高 CZTS 薄膜材料和电池的性能。

13.5.2　Cu_2ZnSnS_4 的太阳电池

与 CIGS 薄膜太阳电池相比，CZTS 太阳电池的研究比较晚。1997 年，Friedlmeier[22]首先报道以真空蒸镀金属单质和二元硫化物的方法制备 CZTS 薄膜，并制备 CdS/ZnO 构成的 ZnO/CdS/CZTS 异质结薄膜太阳电池，其光电效率为 2.3%，开路电压为 570mV。这个研究结果引起了人们的关注，开始了对 CZTS 薄膜电池的研究。

在 2005 年之后，H. Katagiri 等人利用沉积预置层的气相硫化法制备 CZTS 薄膜，并采用 ZnO：Al/CdS/CZTS/Mo/玻璃的电池结构，光电转换效率达到 6.77%。在 2009～2010 年，美国普渡大学的 QijieGuo 等人采用热注入法制备出 CZTSSe 纳米晶体，其相关太阳电池的转换效率达到 7.2%。同年，美国 IBM 公司[23]采用溶液法制备出 $Cu_2ZnSn(S，Se)_4$/CdS 太阳电池，简称 CZTSSe，其转换效率达 9.66%。2014 年，Wang 等人[20]利用溶液法制备 CZTS 电池，电池效率达到 12.6%。

13.6 Cu₂ZnSnS₄薄膜材料的制备

在 1988 年，Ito 等人采用原子束溅射技术，首次成功制备 CZTS 薄膜，研究 CZTS/CTO 异质结二极管的性质，从此开始 CZTS 薄膜材料和器件的研究。

与 CIGS 一样，CZTS 薄膜材料的制备也分为直接合成和预置层后硫化处理两大技术途径。其中，直接合成又分为共蒸发法和电化学沉积法，而共蒸发法则是主流的制备技术之一。后硒化处理是首先利用蒸发、溅射或化学沉积的方法制备金属预置层（金属前驱体），然后再在硫化氢或硫蒸气中进行硫化处理。一般而言，共蒸发法制备 CZTS 薄膜的结晶质量较好、工艺流程简单，但大面积沉积均匀性较差，而预置层后硫化热法易于大面积均匀成膜，但薄膜质量较差，工艺流程复杂。

CZTS 薄膜材料制备的另外一种简单的分类方法分为物理真空沉积法和化学溶液沉积法。前者是利用磁控溅射、蒸发法、脉冲激光沉积法等真空物理沉积技术，相对而言，薄膜材料质量好，但是真空设备成本高、能耗高、元素沉积配比较难精确控制。后者是利用电化学、水热、溶胶凝胶等化学沉积技术，薄膜质量较差，但是设备简单、能耗低、材料利用率高，而且具有适合大面积涂覆，可以丝网印刷、卷对卷连续涂布等特点。

13.6.1 蒸发法制备 CZTS 薄膜材料

蒸发是制备化合物薄膜半导体材料的一种常用技术，包括电子束蒸发、热蒸发等方法，是制备 CZTS 薄膜材料和太阳电池的常用方法之一。

研究者利用共蒸发技术制备 CZTS 薄膜时，可以分别利用 Cu、Zn、Sn、S 粉末材料作为蒸发源，也可以制备 CZTS 的多晶块体材料作为蒸发源，通过不同的蒸发技术，在镀 Mo 的玻璃衬底上沉积直接得到 CZTS 薄膜材料。但是，这样的薄膜材料通常在表面会有 CuS 第二相，需要进行薄膜表面的 CuS 刻蚀。

蒸发法制备 CZTS 薄膜材料也可以利用后硫化法。首先利用两种途径制备金属预置层。一种方法是采用同步蒸发沉积预置层薄膜，另外一种方法分步叠层沉积，将 Cu-Zn-Sn、Cu-Zn-SnCu 或者 Cu-ZnS-SnS 预置层薄膜顺序沉积在镀 Mo 玻璃衬底上，然后通过硫化而得到 CZTS 薄膜材料。H. Iotagiri 等人[24]采用电子束蒸发的方法，在镀 Mo 玻璃衬底上依次蒸发 Cu/Sn/Zn 叠层结构，然后在 N₂+H₂S（5%）的气氛下，于 500℃进行硫化热处理，制备出 CZTS 薄膜材料及电池，电池效率为 0.66%。在随后的几年中，他们不断优化制备技术，使电池效率不断提升，到 2005 年达到 6.77%。

Schubea 等人[25]利用热蒸发技术，在镀 Mo 的钠钙玻璃衬底上，共蒸发 Cu、Sn 和 ZnS，然后利用一个爆破的 S 源，其中喷射腔的温度为 210℃，而爆破区域的温度是 500℃。S 源的气压是由喷射腔温度控制的，在整个制备过程中大致控制在（2~3）×10⁻³Pa。在沉积 Cu、Sn 和 ZnS 之前，镀 Mo 的钠钙玻璃衬底以每 50℃/min 的速度升温到 500℃并保持 10min，然后共蒸发 Cu、Sn 和 ZnS 大约 16min，之后衬底以 15℃/min 的速度降温到 200℃。最后，关闭 S 源，让衬底自然冷却到室温。但是，这样制备出来的 CZTS 薄膜材料表面有 CuS 第二相。本书作者利用 KCN 溶液刻蚀，去除 ZnS。图 13.7(a) 显示了 CZTS 薄膜材料在 KCN 溶液刻蚀前后的 X 射线图，可以看出，经过 KCN 处理后，CuS 已经去除。图 13.7(b) 显示去除 CuS 后的 CZTS 扫描电镜图像。

蒸发技术制备 CZTS 薄膜材料存在一些问题：一是成分、结构的均匀性不好；二是容易有第二相出现。人们对此进行很多探索。例如，采用不同叠层结构的预置层薄膜，改善预置

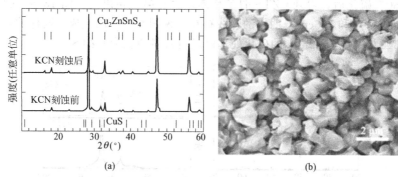

图 13.7　CZTS 薄膜材料在 KCN 刻蚀前后的 X 射线图 (a)
与 KCN 刻蚀后的 CZTS 薄膜材料的扫描电镜图像[25] (b)

层薄膜的质量；利用 ZnS 替代 Zn，减少在蒸发过程中 Zn 的损失，保证尽量靠近理论化学计量比；硫化气氛改为硫蒸气，提高硫化效率。

13.6.2　溅射法制备 CZTS 薄膜材料

溅射沉积技术也被应用在制备 CZTS 薄膜材料和太阳电池。按溅射方法的不同，可分为磁控溅射、射频溅射、反应溅射、离子束溅射等；其中，磁控溅射法具有沉积速率快、沉积温度低、工艺简单等优点，在薄膜制备技术中得到广泛应用，也是 CZTS 薄膜材料制备最常用的溅射技术。

对于溅射法制备 CZTS，人们一般采用金属预置层后硫化技术途径。通常，利用磁控溅射的方法在镀 Mo 的玻璃衬底上沉积金属叠层结构的预置层薄膜。这个预置层薄膜可以是金属预置层，也可以是含硫的金属预置层，然后在 H₂S 或者 S 蒸气下进行硫化热处理，从而形成结晶质量较好的 CZTS 薄膜材料。

由于 Zn、Sn 金属的熔点较低，在硫化热处理时 Zn、Sn 会挥发流失，从而使金属成分将严重偏离理论化学计量比，导致薄膜材料性能的降低。因此，在制备金属预置层时，研究者首先采用 Mo/Zn/Sn/Cu 叠层结构，在保证贫铜富锌要求的同时，来避免金属比例的偏离。但是，这种结构会在硫化后薄膜表面产生 ZnS 第二相，从而影响薄膜材料性能。因此，研究者后来一般采用 Mo/Cu/Zn/Sn/Cu 的叠层结构，可以形成性能较好的金属预置层。为了完全避免金属元素的流失，也有研究人员利用共溅射 Cu、ZnS 和 SnS 靶材，制备金属预置层，然后再进行硫化后处理。

Chalapathy 等人[26]报道利用磁控溅射技术制备金属预置层，然后利用二步硫化工艺制备 CZTS 薄膜和太阳电池。他们首先采用直流磁控溅射方法，在室温依次溅射沉积 Cu、ZnSn（Zn∶Sn 原子量比为 60∶40）、Cu 在 (5×5) cm⁻² 的镀 Mo 玻璃上，Cu、ZnSn 的溅射功率分别为 80W 和 20W，沉积腔中采用氩气保护，气压为 2 mTorr（1mTorr = 0.133Pa）。通过控制 Cu 层的厚度，控制 Cu/（Zn+Sn）= 0.9。预置层中的厚度约为 630nm。然后，硫化在石英管中硫气氛下进行。硫化时，500mg 的 S 放在石墨盒中，再置于石英管中。石英管以 100℃/min 速度升温，然后在 560℃ 和 580℃ 分别保温 30min，最终形成 CZTS 薄膜材料。

他们在硫化升温的不同温度去除实验样品，用 X 射线研究样品成分。研究说明，在硫化热处理时，S 原子扩散到 ZnSn 层，在不同温度、不同阶段可以形成中间相 Cu₆Sn₅、Cu₃Sn、CuZn、Cu₂S、SnS₂ 等。然后，他们将硫化温度提高到 560℃ 和 580℃，并分别保温 30min，图 13.8 显示 CZTS 硫化后的 X 射线和 Raman 图谱。从图 13.8 (a) 中可以看出，在 560℃ 和 580℃ 硫化后，得到 CZTS 的多晶体，没有第二相出现。图 13.8（b）的 Raman 谱说明，有 289cm^{-1} 和 338cm^{-1} 明锐的峰线存在，说明 CZTS 的生成。同样的，Ranman 谱中没有出现第二相，说明 30min 的硫化处理已经将材料转变为 CZTS。

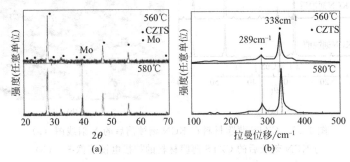

图 13.8 磁控激射和硫化处理制备的 CZTS 薄膜材料的 X 射线和 Raman 图谱[26]

对于磁控溅射法制备 CZTS 薄膜，主要问题是控制金属元素之间的比例。如前所述，一般认为需要控制 Cu/（Zn＋Sn）＝（0.8～0.9），Zn/Sn＝（1.2～1.3）。由于 CZTS 在相图中的形成区域很小，如果稍有比例偏差，很容易出现 ZnS 等第二相，从而会影响磁控溅射 CZTS 薄膜的性能。

13.6.3 化学溶液法制备 CZTS 薄膜材料

化学溶液法制备 CZTS 薄膜材料具有简单方便、薄膜表面平整、成分均匀、成本低廉等优点，得到研究者的关注。根据制备工艺的不同，可以分为溶胶-凝胶法、溶剂（水）热法、热注入法、电沉积法、喷雾法、墨水（颗粒）沉积溶液法等。通常，利用溶液制备金属盐的前驱体溶液，并通过有机添加剂，制备前驱体（预置层）薄膜，最后经硫化热处理，形成 CZTS 晶体薄膜材料。

要利用化学溶液法制备 CZTS，首先要选择一种能够溶解 Cu、Zn、Sn 金属或者金属化合物的溶剂。肼（N_2H_4）是一种具有较强极性的溶液，具有很强的还原性，可以在硫存在的条件下溶解金属硫化物，Cu_2S，In_2Se_3，SnS_2 等铜或者锡的硫族化合物可以在 S 或 Se 存在的情况下溶解在肼中，这些化合物可以和肼以金属硫化物、金属硒化物配合物形式而稳定存在；而且肼中没有碳原子存在，不会再硫化后在薄膜中残留碳杂质。因此，肼被认为一种很好的溶剂，常常被用来制备 CZTS 薄膜材料。

Todorov 等人[23]利用肼溶液制备高质量 CZTS 和 CZTSSe 薄膜材料，获得 9.9% 的电池效率。他们将肼溶液配制和旋涂制膜在一只氮保护气的手套箱中进行，利用 1.2mol/L 的 Cu_2S-S 的肼溶液和 0.57mol/L 的 SnSe-Se 肼溶液，通过加入等化学计量比的 Zn 粉进入 Sn 的肼溶液制备分散性好的 ZnSe（N_2H_4）颗粒；然后将含有 Cu 和 Zn、Sn 的肼溶液混合，使得 Cu/(Zn＋Sn)＝0.8，Zn/Sn＝1.22，获得掺 Se 的 0.4mol/L 的 CZTS 溶液；溶液分 5 次以 800r/min 的速度旋涂成膜，然后在陶瓷加热板上在 540℃ 加热，在硫气氛中热处理实现硫化。在这种方法中，各种金属前驱体都是以肼溶液形式存在，而且 Se，S 元素也存在于溶液中。因此，可以在较低温度情况下制备 CZTSSe 薄膜，并有很好的结晶质量；同时，在溶液中可以轻易地改变金属前驱体的添加量，可以很好地控制薄膜材料中的金属比例，达到贫铜富锌的目的。最终，制备的薄膜太阳电池获得 9.66% 的电池光电效率。

利用 Todorov 等人的方法，Wang 等人[20]利用肼溶液法制备 CZTSSe 薄膜材料，他们也利用贫铜富锌的成分，控制 Cu/(Zn＋Sn)＝0.8，Zn/Sn＝1.1，然后将溶液连续旋涂在镀 Mo 的玻璃上，在 500℃以上进行热处理获得高质量的 CZTSSe 薄膜材料。图 3.19 显示的是 CZSTSe 薄膜的表面和截面的扫描电镜图，从图中可以看出，Mo 层的厚度约 1μm，CZTS 层厚度约 2～3μm，CZTS 的晶粒大小约为 1～3μm，在 Mo 和 CZTS 界面上形成一层 Mo（S，Se)₂ 的中间层。

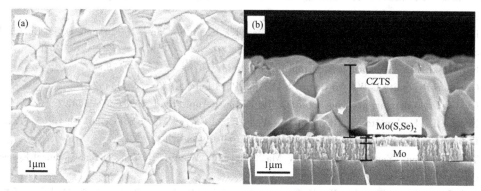

图 13.9　CZSTSe 薄膜的表面（a）和截面（b）的扫描电镜图

然后，他们利用化学水浴法制备 25mm 的 CdS 薄膜作为窗口层，再以溅射 10mm 的 ZnO 作为透明导电膜，最后在器件顶部电子束蒸发沉积 2μm 的 Ni/Al 顶金属接触和 MgF₂ 层，最终获得 12.6%的太阳电池效率。

尽管采用肼方法制备的 CZTSSe 薄膜具有很高的光电转化效率，而且成本较低，但是肼是有毒的，需要在一定的防护设备中进行实验，以防液体或者气体的肼和人体直接接触，造成对人体的伤害，这就限制肼溶液制备 CZTS 薄膜电池的大规模产业化应用。

采用化学溶液法制备 CZTS 薄膜材料也有一些缺点：一是 Cu、Zn、Sn 在溶剂中的固溶度的限制，导致溶剂或溶液的选择不容易；二是在薄膜固化时，薄膜材料中会产生应力，容易在薄膜中引入裂纹；三是为了得到致密的薄膜，在溶液中常添加高分子有机溶剂，解决颗粒的分散性和浸润性，以避免薄膜裂纹和分层问题。但是，有机溶剂经硫化热处理后，会在薄膜中有残留碳杂质，成为载流子的复合中心，降低太阳电池的光电转化效率。因此，一般而言，以物理真空沉积的材料制备质量比以非真空、溶液方法要好。

和 CIGS 相比，由于 CZTS 具有原料丰富、环境友好等优点，一直被认为是 CIGS 的可能替代者，具有很好的发展前景。近年来，在研究者努力下，CZTS 薄膜材料和太阳能电池研究都有了长足进展，但是离 32.2%的理论光电转换效率还有很大距离，其材料及太阳电池的制备还处在实验室阶段。因此，CZTS 材料的制备技术、组分和结构的精确控制、太阳电池结构的优化设计、光电转换效率的提升以及制造成本的控制等，还需要深入研究；一旦有重要突破，相信 CZTS 会成为一种重要的新型化合物薄膜太阳电池。

参 考 文 献

［1］ Robert W Birkmire，Erten Eser. Annu Rev Mater Sci，1997，27：625.

［2］ Kazmerski L L，White F R，Morgan G K. Appl Phys Lett，1976，46：268.

［3］ Adolf Goetzbergera，Christopher Heblinga，Hans-Werner Schock. Materials Science and Engineering R，2003，40：1.

［4］ 汤会香，严密，张辉，张加友，孙云，薛玉明，杨德仁. 半导体学报，2004，25（6）：741.

［5］ 雷永泉，万群，石永康. 新能源材料. 天津：天津大学出版社，2000.

［6］ 李伟．溅射预制层固态源硒化法制备 CIGS（铜铟镓硒）薄膜太阳电池：［博士论文］．天津：南开大学，2006.

［7］ 张辉，丁绍林，汤会香，张会锐，马向阳，杨德仁．太阳能学报，2004，25（4）：430.

［8］ 汤会香，严密，张辉，杨德仁．材料导报，2002，16：30.

［9］ Watanabe T，Nakazawa H，Matsui M，Ohbo H，Nakada T. Sol Energy Mater SolCells，1997，49：357.

［10］ Luck I，Kneisel J，Siemer K，Bruns J，Scheer R，Klenk R，Janke N，Bräunig D. Sol Energy Mater Sol Cells，2001，67：151.

［11］ Kazmerski L L，Samborn G A. J Appl Phys Letters，1977，48（7）：3178.

［12］ Grindle S P，Smith C W，Mittleman S D. Appl Phys Lett，1979，35（1）：24.

［13］ Ohashi T，Wakamori M，Hashmoto Y，Ito K. Jpn J Appl Phys，1998，37：6530.

［14］ Negami T，Hashimoto Y，Nishitani M，Wada T. Sol Energy Mater Sol Cells，1994，35：121.

［15］ Padam G K，Rao S U M. Sol Energy Mater Sol Cells，1986，13：297.

［16］ Tang Huixiang，Yan Mi，Zhang Hui，Ma Xiangyang，Wang Lei，Yang Deren. Chemical Research in Chinese Universities，2005，21（2）：236.

［17］ 汤会香，严密，张辉，马向阳，杨德仁．化学水浴法制备 CuInS₂ 薄膜的研究．21 世纪太阳能新技术．上海：上海交通大学出版社，2003.

［18］ 汤会香，严密，张辉，杨德仁．太阳能学报，2006，26（3）：363.

［19］ 向卫东，王京，杨海龙，赵寅生，钟家松，赵斌宇，骆乐，谢翠萍．材料导报 A：综述篇，2012，26（5）：129.

［20］ W Wang，T M Winkler，O Gunaman，et al. Adv. Energy Mater. 2014，4（7）：513.

［21］ K Tanaka，Y Fukui，N Moritake，et al，Solar Energy Materials and Solar Cells，2011，95（3）：838.

［22］ M Th Friedlmeier，Wieser N，Walter T，et al，Proceedings of the 14th European Conference of Photovoltaic Science and Engineering，Bedford，1997：1242.

［23］ K T Todorov，B K Reuter，B D Mitzi，Advanced Materials，2010，22（20）：156.

［24］ H. Iotagiri，N. Sasaguchi，S. Hando，S. Hoshino，J. Ohashi and T. Yokota，SolarEnergy Mater. and Solar. Cells，1 997，49：407.

［25］ B A Schubea，B Marsen，S Cinque，et al. Progress in Photovoltaics：Research and Applications，201 1，19（1）：93.

［26］ R. B. V. Chalapathy，S. J. Gwang and T. A. Byung，Sol. Energy Sol. Mater. Cells，2011，（95），3216.